高等学校“十三五”规划教材

有机化学学习指导

陈维一　主编　　李　敏　副主编

化学工业出版社
·北京·

内容简介

《有机化学学习指导》是《有机化学》（虞虹、张振江主编）的配套参考书，全书分为三部分：有机化学概论、基础有机化合物、生物有机化合物，共二十章，每章包括目的要求、本章要点、例题解析、习题和习题参考答案。另外，还附有六套有机化学水平测试卷及其参考答案。

本书可作为高等院校非化学化工专业、农林类、医药类等专业学生本科化学基础课程的参考书，也可供青年教师作为参考资料使用。

图书在版编目（CIP）数据

有机化学学习指导/陈维一主编．—北京：化学工业出版社，2021.1（2022.1重印）
高等学校“十三五”规划教材
ISBN 978-7-122-38041-8

Ⅰ.①有… Ⅱ.①陈… Ⅲ.①有机化学-高等学校-教学参考资料 Ⅳ.①O62

中国版本图书馆CIP数据核字（2020）第244579号

责任编辑：李 琰 宋林青　　装帧设计：关 飞
责任校对：宋 夏

出版发行：化学工业出版社（北京市东城区青年湖南街13号 邮政编码100011）
印　　装：涿州市般润文化传播有限公司
787mm×1092mm 1/16 印张15½ 字数379千字 2022年1月北京第1版第2次印刷

购书咨询：010-64518888　　售后服务：010-64518899
网　　址：http://www.cip.com.cn
凡购买本书，如有缺损质量问题，本社销售中心负责调换。

定　价：39.80元

《有机化学学习指导》编写人员

主　编　陈维一
副主编　李　敏
编　委　虞　虹　邱丽华　张振江

前言

《有机化学（虞虹、张振江主编）》及配套的《有机化学学习指导》将内容分设为“有机化学概论”“基础有机化合物”“生物有机化合物”三个篇章，首先介绍有机化学基本知识点和理论，然后以官能团为主线展开各类有机化合物的学习，再着重介绍与医学专业相关的生物有机化合物，最后对日常生活中如药物、食品添加剂、毒素等耳熟能详的有机分子进行了介绍，进一步让有机化学走进生活，不仅对有机化学基本原理进行详尽的阐述，还从知识点及理论规律等多方面延伸出绿色化学、生物技术、纳米材料等前沿性科学研究成果。《有机化学学习指导》共二十章，每章包括目的要求、本章要点、例题解析、习题和习题参考答案。另外，还附有六套有机化学水平测试卷及其参考答案。

（1）目的要求：概括了教学大纲的要求，是学生应该掌握或了解的有关内容。

（2）本章要点：按照教学大纲，概括了每章的重要内容，供学生学习或复习时参考。

（3）例题解析：精选典型例题并作详细解析，使难懂或者易混淆的概念更容易被理解和掌握。

（4）习题和习题参考答案：与教材各章的习题基本相同，针对每章重要内容设计了有代表性的习题，并有对应的参考答案。

（5）有机化学水平测试卷：共有六套测试卷，其中 1～5 套是根据教学大纲编写的，第 6 套难度稍大。六套测试卷均配有参考答案。

本书既可以作为教材《有机化学》的配套使用书，也可以作为学生学习和复习的参考书和辅导书。

本书由陈维一主编，李敏副主编，陈维一、李敏负责统稿。具体编写情况如下：第一章、第二章、第三章、第十五章、第十九章和第二十章由虞虹编写；第四章、第十章、第十四章和第十六章由陈维一编写；第五章、第六章和第十三章由张振江编写；第七章、第八章和第九章由邱丽华编写；第十一章、第十二章、第十七章和第十八章由李敏编写。本书的出版得到了苏州大学东吴学院公共化学系所有老师的支持和帮助，也得到了苏州大学材料与化学化工学部姚英明教授、周年琛教授的关心和支持，在此一并表示感谢。

由于编者的水平有限，书中的疏漏和不当之处在所难免，恳请读者批评和指正。

编者

2020 年 8 月

目 录

有机化学水平测试卷 / 204

参考文献 / 237

有机化学概论

第一章　绪　论

一、目的要求

1. 掌握有机化合物和有机化学的概念。
2. 了解有机化合物的一般特性。
3. 掌握有机化合物的分类、结构和官能团等概念。
4. 了解共价键理论及其属性。
5. 重点掌握杂化轨道理论、碳原子的杂化类型。
6. 掌握有机化学反应的基本类型和反应中间体的概念。
7. 了解研究有机化合物的一般步骤。
8. 了解有机化学中的酸碱理论。

二、本章要点

1. 有机化学和有机化合物的概念

有机化合物是指烃类化合物及其衍生物。有机化学是研究有机化合物的来源、组成、结构、性质、合成、变化和伴随这些变化所发生的一系列现象以及应用，并发展与之相关的理论和方法的一门学科。

2. 有机化合物的一般特性

有机化合物的一般特性是：能燃烧；热稳定性差，受热易分解；大多数为非极性或极性较弱的化合物，难溶于水，易溶于有机溶剂；有机化学反应一般较慢并常伴有副产物生成。

3. 有机化合物的分类

按碳链骨架分类：开链化合物、碳环（脂环、芳环）化合物、杂环（脂杂环、芳杂环）

化合物。

按官能团分类：见表 1-1。

表 1-1　常见官能团及有机物类别

官能团	官能团名称	化合物类别	实例结构式	实例名称
$>C=C<$	碳碳双键	烯烃	$CH_2=CH_2$	乙烯
$-C\equiv C-$	碳碳三键	炔烃	$CH\equiv CH$	乙炔
$-X$	卤素	卤代烃	CH_3CH_2Br	溴乙烷
$-OH$	羟基	醇/酚	C_2H_5OH/C_6H_5OH	乙醇/苯酚
$-\overset{O}{\overset{\Vert}{C}}-H$	醛基	醛	CH_3CHO	乙醛
$-\overset{O}{\overset{\Vert}{C}}-$	羰基(酮基)	酮	CH_3COCH_3	丙酮
$-\overset{O}{\overset{\Vert}{C}}-OH$	羧基	羧酸	CH_3COOH	乙酸
$-O-$	醚键	醚	CH_3OCH_3	甲醚
$-\overset{O}{\overset{\Vert}{C}}-O-$	酯键	酯	$C_2H_5COOC_2H_5$	丙酸乙酯
$-NH_2$	氨基	胺	CH_3NH_2	甲胺
$-NO_2$	硝基	硝基化合物	$C_6H_5NO_2$	硝基苯
$-CN$	氰基	腈	CH_3CN	乙腈
$-SH$	巯基	硫醇/硫酚	C_2H_5SH/C_6H_5SH	乙硫醇/苯硫酚
$-S-S-$	二硫键	二硫化物	$CH_3CH_2CH_2S-SCH_2CH_2CH_3$	正丙基二硫化物
$-\underset{O}{\underset{\Vert}{\overset{O}{\overset{\Vert}{S}}}}-OH$	磺酸基	磺酸	$C_6H_5SO_3H$	苯磺酸

4. 有机化合物的结构

(1) 构造及其表示

分子中原子间的连接顺序和方式称为分子的构造，表示构造的化学式称为构造式，也叫结构式，早期因分析测试技术落后认为构造即代表了结构而得名，本课程若无具体要求，提及结构式一般就是指构造式。

构造式的表示有多种方法。常见的有价键式、结构简式、键线式。其中结构简式和键线式较为常用。

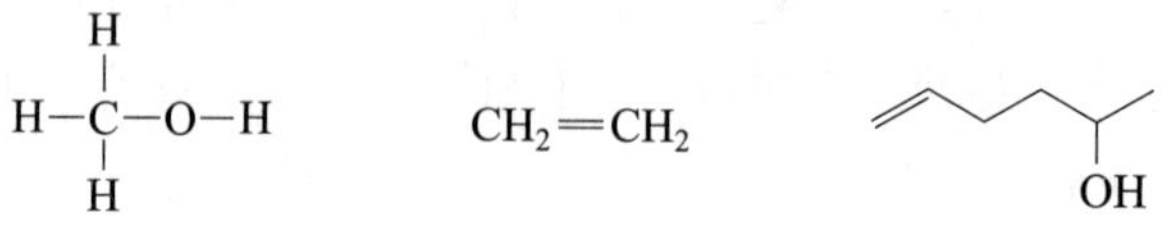

$$H-\underset{H}{\underset{|}{\overset{H}{\overset{|}{C}}}}-O-H \qquad CH_2=CH_2$$

价键式　　结构简式　　键线式

(2) 构型、构象及其表示

分子中原子或基团的空间排布（即原子和基团的空间伸展方向，有线型、面型或体型）统称立体结构，包括构型和构象。

构型指分子中由于存在限制单键自由旋转的因素（双键或环），使受限键端的原子和基团在空间的相对位置被固定，不同构型之间的转变需要通过共价键的断裂和重建才能完成。构象指分子中由碳碳单键旋转而产生的原子和基团在空间排列的无数特定的形象。不同构象之间可以相互转变，不要求共价键的断裂和重建。各种构象中，势能最低、最稳定的构象称优势构象。

立体结构的表示主要有：伞形透视式、锯架透视式、纽曼投影式、费歇尔投影式、哈沃斯透视式。例如：

伞形透视式　　锯架透视式　　纽曼投影式　　费歇尔投影式　　哈沃斯透视式

5. 杂化轨道理论

碳原子经激发，其最外层不同的原子轨道间发生线性组合，形成能量等同的新轨道，这个过程称为杂化，形成的新轨道称为杂化轨道。

碳原子有三种杂化类型：sp^3、sp^2 和 sp：

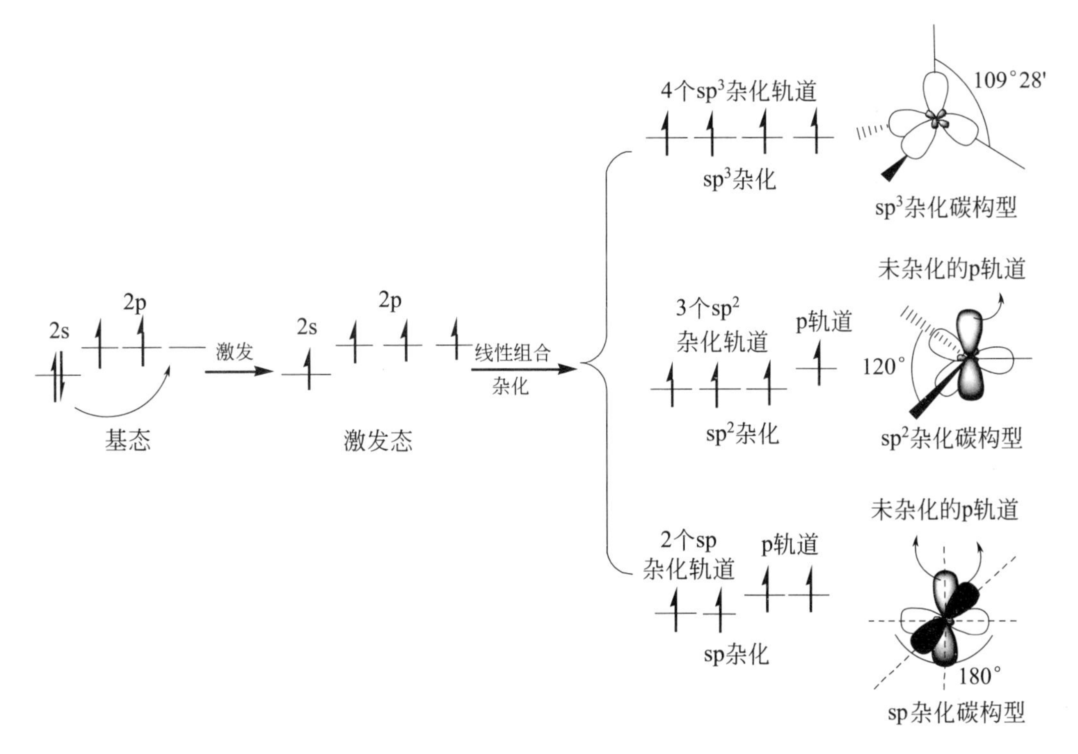

6. 共价键属性

共价键属性指共价键的重要参数，主要有键长、键角、键能、键的极性和极化。

键长：形成共价键的两个原子核间的平均距离。

键角：同一原子上两个共价键之间的夹角。

键能：双原子气态分子分解为气态原子所需要的能量，即离解能。对于双原子分子，键的离解能就是键能。多原子分子的键能则是分子中全部同类共价键断裂所需总离解能的平均值。

7. 键的极性和极化

共价键分为非极性共价键和极性共价键。成键的两个原子电负性无差异、成键原子间电子云均匀分布在两核之间的称为非极性共价键；反之，成键原子间的电子云不是平均分布，而是偏向电负性大的原子一边，使一个原子带有部分负电荷而另一个原子带有部分正电荷，这样的共价键称为极性共价键。

键的极性取决于两个成键原子的电负性差异，差异越大，极性越大。例如，C—X 键的极性大小顺序为：C—F>C—Cl>C—Br>C—I。

在外界电场作用下使共价键极性发生改变称为极化。共价键极化的难易程度称为极化度。键的极化的难易与原子核对最外层电子云的吸引能力有关，吸引力越大，键的极化越难，反之则越易。例如，C—X 键的极化度大小顺序为：C—I>C—Br>C—Cl>C—F。

键的极性是永久现象，键的极化是暂时现象，外界电场消失，键的极化也消失。

极性大小用偶极矩表示，偶极矩是矢量，方向由正极指向负极。分子的极性是分子中全部偶极矩的矢量和，矢量和为零则是非极性分子，矢量和不为零则是极性分子。

8. 共价键的断裂方式

共价键断裂方式分为均裂和异裂。

均裂：共价键断裂时，成键原子之间的一对共用电子对均匀分裂，两原子各获一个电子，生成两个带单电子的自由基。

异裂：共价键断裂时，成键原子之间的一对共用电子对由一个原子或基团独得形成负离子，另一个原子失去一个电子形成正离子。

9. 有机反应类型和有机反应中间体

有机反应类型按共价键断裂方式的不同分为自由基反应、离子型反应和周环反应。

自由基反应：发生共价键均裂的反应称为自由基反应。均裂后形成带单电子的碳原子称为碳自由基，为反应中间产物，即反应中间体。发生自由基反应的条件一般是键合原子的电负性相差不大、在光照或高温及自由基引发剂（如有机过氧化物）作用下进行。

离子型反应：由共价键异裂而进行的反应称为离子型反应。其中间体是正负离子，分别称碳正离子和碳负离子。发生离子型反应的条件一般是键合的两原子电负性相差较大，在酸、碱或极性物质的作用下进行。

碳自由基和碳正离子都是 sp^2 杂化的平面构型；简单的碳负离子为 sp^3 杂化的三角锥形，但也有以 sp^2 杂化出现而呈平面型几何结构（如环戊二烯碳负离子等）。

10. 有机化学中的酸碱理论

布朗斯特酸碱质子理论：凡能给出质子的分子或离子是酸，凡能接受质子的分子或离子是碱。酸失去质子，剩余的基团就是这个酸的共轭碱；碱得到质子，生成的物质就是这个碱的共轭酸。

路易斯酸碱理论：酸是能接受外来电子对的电子接受体，碱是能给出电子对的电子给予体。酸碱反应是酸从碱中接受一对电子。

路易斯酸一般至少有一个原子具有空轨道，具有接受电子对的能力。例如，$AlCl_3$、$ZnCl_2$、Li^+、Ag^+、H^+等都是路易斯酸。路易斯碱至少含有一对未共用电子对（孤对电子），具有给出电子对的能力。例如，H_2O、NH_3、ROH、X^-、OH^-、RO^-等都是路易斯碱。

三、例题解析

【例 1】 排列下列一卤代甲烷中 C—X 键的极性大小顺序。

1. CH_3F　2. CH_3Cl　3. CH_3Br　4. CH_3I

解： 极性大小与原子间电负性差异有关，差异越大，共价键的极性越强。卤素的电负性大小次序为：F>Cl>Br>I，故 C—X 键的极性大小次序为：1>2>3>4。

【例 2】 下列物质中哪些是路易斯酸？哪些是路易斯碱？

1. BF_3　2. NH_3　3. $(C_2H_5)_2O$　4. NO_2^+　5. RCH_2^-　6. RCH_2^+

7. $AlCl_3$　8. F^-　9. H_2O　10. HOR

解： 电子对给予体是路易斯碱，电子对接受体是路易斯酸。

路易斯酸：1、4、6、7。　　路易斯碱：2、3、5、8。

9 和 10 既是路易斯酸也是路易斯碱。例如，在水形成的氢键中，氧原子是路易斯碱，而氢原子是路易斯酸。同样，醇也可形成氢键。

【例 3】 用 δ^+ 和 δ^- 表示下列极性共价键各原子上所带的电荷，并指出共价键偶极矩的方向。

1. N—H　2. C—Br　3. C=O　4. C—Cl

解： 极性共价键中，共用电子对偏向电负性较大的原子，该原子带部分负电荷，另一个原子带部分正电荷；偶极矩方向由正极指向负极。

$$\overset{\delta^-}{N}—\overset{\delta^+}{H}\ (\leftarrow\!\!+)\qquad \overset{\delta^+}{C}—\overset{\delta^-}{Br}\ (+\!\!\rightarrow)\qquad \overset{\delta^+}{C}=\overset{\delta^-}{O}\ (+\!\!\rightarrow)\qquad \overset{\delta^+}{C}—\overset{\delta^-}{Cl}\ (+\!\!\rightarrow)$$

【例 4】 按官能团分类，下列化合物属于哪一种类型？指出相应官能团名称。

1. 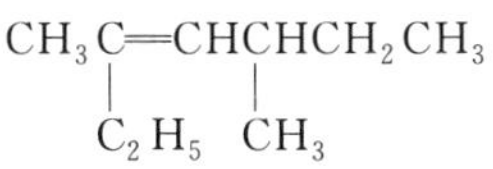 $CH_3C(C_2H_5)=CHCH(CH_3)CH_2CH_3$　2. $CH_3C\equiv CCH_2CH_3$　3. CH_3CH_2Br　4. 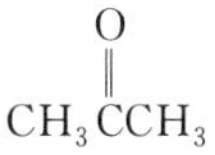 CH_3COCH_3

5. 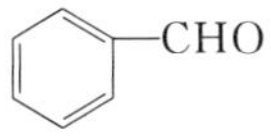 C_6H_5—CHO　6. CH_3COOH　7. 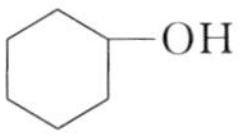 环己基—OH　8. 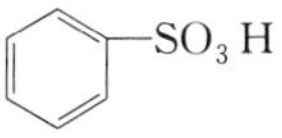 C_6H_5—SO_3H　9. 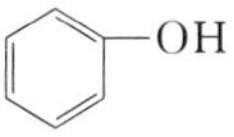 C_6H_5—OH

10. CH_3—O—CH_3　11. CH_3CN　12. 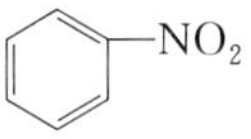 C_6H_5—NO_2　13. 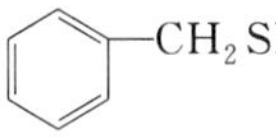 C_6H_5—CH_2SH

解： 1. 烯烃，碳碳双键　2. 炔烃，碳碳三键　3. 卤代烃，溴原子　4. 酮，羰基

5. 醛，醛基　6. 羧酸，羧基　7. 醇，醇羟基　8. 磺酸，磺酸基

9. 酚，酚羟基　10. 醚，醚键　11. 腈，氰基　12. 硝基化合物，硝基

13. 硫醇，巯基

【例 5】 把下列结构简式改写成键线式。

1. 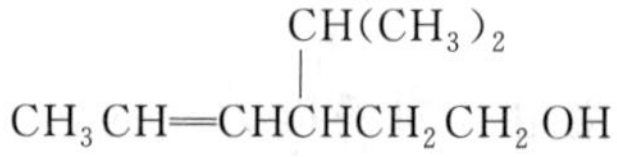 $CH_3CH{=}CHCH(CH(CH_3)_2)CH_2CH_2OH$

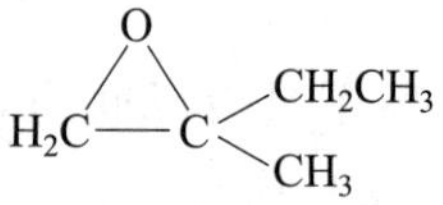

   （取代基 $CH(CH_3)_2$）

2. $H_2C\text{—}C(CH_2CH_3)(CH_3)$，O 桥连两碳（环氧）

3. $(CH_3)_2C{=}CHCH_2C(OH)(CH_3)CH_3$

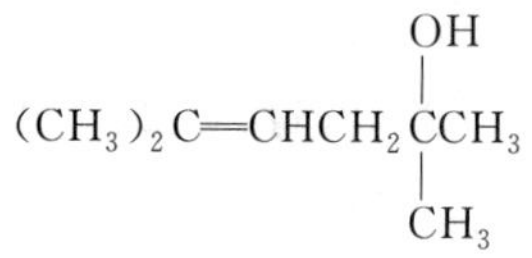

4. 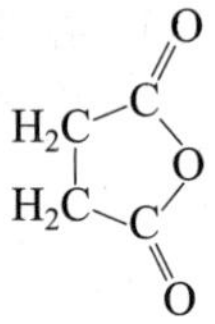 $H_2C\text{—}C(=O)\text{—}O\text{—}C(=O)\text{—}CH_2$（环状）

5. 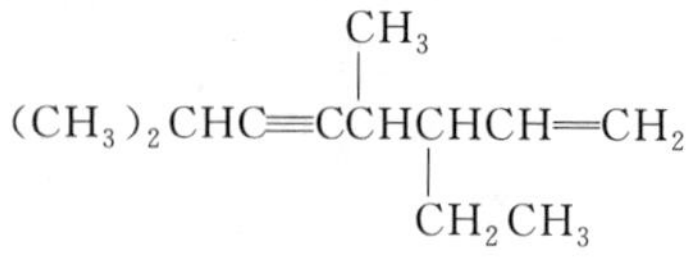 $(CH_3)_2CHC{\equiv}CCH(CH_3)CH(CH_2CH_3)CH{=}CH_2$

解：键线式骨架中不标出碳和氢的元素符号，键线的始端、终端和折角均表示碳原子。官能团在键线式中须标出。上述结构中的氧原子（醚键）、羟基、羰基、碳碳双键和碳碳三键均属于官能团，必须标出。

1. 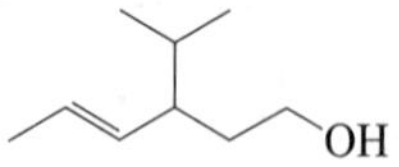 OH

2. 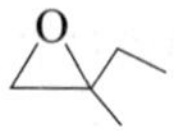 O

3. 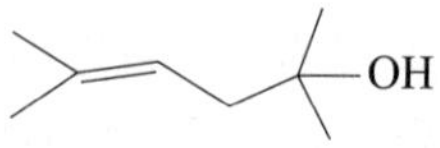 OH

4. 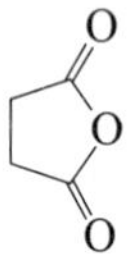 O O O

5.

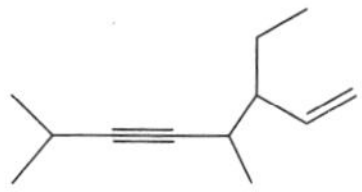

【例 6】 为何 C—X 键的极性大小顺序为 C—F>C—Cl>C—Br>C—I，而 C—X 键的极化度大小顺序为 C—I>C—Br>C—Cl>C—F？

解：键的极性取决于两个成键原子的电负性差异，相差越大，键的极性越大。卤原子电负性大小顺序是 F>Cl>Br>I，所以 C—X 键的极性大小顺序为 C—F>C—Cl>C—Br>C—I。

键的极化难易程度与成键原子的半径有关，即与原子核对最外层电子云的吸引能力有关。同族原子半径越大，其核对最外层电子云的束缚力越小，电子云越容易发生偏向，即极化度越大。卤原子半径大小顺序为 I>Br>Cl>F，故 C—X 键的极化度大小顺序为 C—I>C—Br>C—Cl>C—F。

【例 7】 下列各化合物中哪些属于极性溶剂？哪些属于质子性极性溶剂？

1. H_2O　　2. HCOOH　　3. CH_3OH　　4. $HCCl_3$

5. 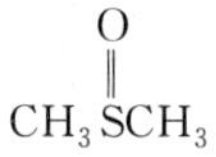 $CH_3S(=O)CH_3$　　6.  O（四氢呋喃）　　7.（苯）　　8.  $HC(=O)N(CH_3)_2$

解：极性溶剂为分子有极性的溶剂。苯的结构高度对称，电子云平均分布，因此苯是非极性溶剂。上述化合物除苯外，其余都是极性溶剂。

质子性极性溶剂为可发生电离并生成质子的极性溶剂。其中水、甲酸和甲醇都可以电离出质子，属于质子性极性溶剂。

四、习题

1. 说一说有机化合物的特点。

2. 名词解释。

(1) 键长　(2) 键角　(3) 键能　(4) 极性　(5) 极化

(6) 偶极矩　(7) 均裂　(8) 异裂　(9) 自由基　(10) 碳正离子

(11) 碳负离子 (12) 自由基型反应 (13) 离子型反应 (14) 亲电反应 (15) 亲核反应

(16) 亲电试剂　(17) 亲核试剂　(18) 路易斯酸　(19) 路易斯碱　(20) 亲核性

3. 下列化合物哪些是同分异构体？哪些不是？

(1) $CH_3CH_2OCH_2CH_3$　　$CH_3OCH_2CH_2CH_3$　　$CH_3CH_2CH_2CH_2OH$

(2) $CH_3CH_2CH_2CH_2CH_3$　　$CH_3CH_2CH(CH_3)CH_3$　　$CH_3C(CH_3)_2CH_3$

(3) 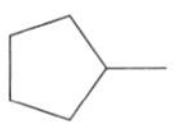 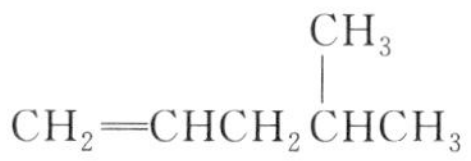 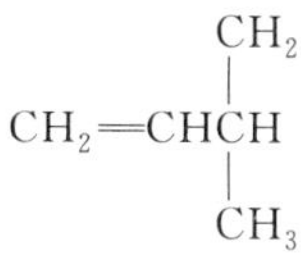 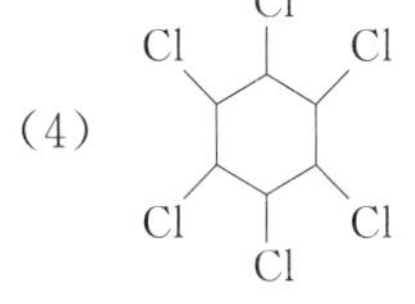　　$CH_2{=}CHCH_2CH(CH_3)CH_3$　　$CH_2{=}CHCH(CH_2CH_3)CH_3$

(4) CH_3CH_3　　$CH_3CH_2CH_3$　　$CH_3CH_2CH_2CH_3$

4. 指出下列化合物中各碳原子的杂化类型。

(1) $HC\equiv CCH_2CH_2CH{=}CH_2$　　(2) $CH_3C\equiv N$　　(3) $CH_3CH{=}C{=}CHCH_3$

5. 指出下列化合物属于哪一类化合物？

(1) $CH_3CH_2CH_3$　　(2) CH_3OCH_3　　(3) $CH_3CH{=}CHCOOH$

(4) Cl Cl Cl Cl Cl Cl　　(5) 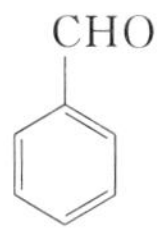 CHO　　(6) 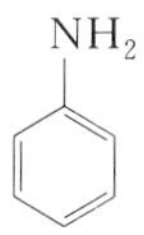 NH_2

6. 下列化合物中哪些是极性分子？哪些不是？

(1) H_2O　　(2) NH_3　　(3) $CHCl_3$　　(4) CH_2Cl_2

(5) CF_2Cl_2　　(6) CH_3OCH_3　　(7)  F—⟨苯环⟩—F　　(8) Cl_3CCCl_3

7. 比较 A 组化合物的酸性强弱，大致估计 B 组各试剂亲核性的大小。

A 组　CH_3CH_2OH　　NH_3　　CH_3COOH　　HCl　　H_2O

B 组　OH^-　　$CH_3CH_2O^-$　　Cl^-　　CH_3COO^-　　NH_2^-

五、习题参考答案

1. 略

2. 略

3. 同分异构体：(1) (2) (3)；非同分异构体：(4)。

4. (1) $\overset{sp}{HC}\equiv\overset{sp}{C}\overset{sp^3}{CH_2}\overset{sp^3}{CH_2}\overset{sp^2}{CH}{=}\overset{sp^2}{CH_2}$　(2) $\overset{sp^3}{CH_3}\overset{sp}{C}\equiv N$　(3) $\overset{sp^3}{CH_3}\overset{sp^2}{CH}{=}\overset{sp}{C}{=}\overset{sp^2}{CH}\overset{sp^3}{CH_3}$

5. (1) 烷烃　(2) 醚　(3) 烯酸　(4) 氯代环烷烃　(5) 芳香醛　(6) 芳胺

6. 分子中极性共价键矢量和不为零的是极性分子，为零的是非极性分子。上述属于极性分子的有：(1) (2) (3) (4) (5) (6)；非极性分子由：(7) (8)。

7. A 组酸性从强到弱顺序为：$HCl > CH_3COOH > H_2O > CH_3CH_2OH > NH_3$

B 组亲核性由大到小顺序为：$NH_2^- > CH_3CH_2O^- > OH^- > CH_3COO^- > Cl^-$

第二章　立体化学

一、目的要求

1. 了解立体化学的概念及其研究对象。
2. 掌握立体异构的概念及其分类。
3. 掌握手性碳原子、分子的手性和对映异构体概念。
4. 掌握化合物的光学活性与结构的关系以及对称面和对称中心的判断。
5. 掌握费歇尔投影式的意义和书写。
6. 掌握旋光异构体的D/L和R/S构型标记。
7. 了解平面偏振光、比旋光度、旋光性等概念。
8. 掌握内、外消旋体和非对映体的概念以及了解外消旋体的拆分。
9. 了解化学反应中的立体化学。
10. 了解手性分子的生物学意义。

二、本章要点

（一）立体化学及其研究对象

立体化学是研究有机分子的立体结构、反应的立体选择性及其相关规律和应用的科学，是现代有机化学的一个重要分支。有机分子具有三维立体结构，它们的许多性质都与其三维立体结构息息相关，因此立体化学的观点和方法在研究有机化合物的结构与反应性能及研究天然产物化学、生物化学、药物化学、高分子化学等方面发挥着重要作用。立体化学根据其研究对象可分为静态立体化学和动态立体化学。

静态立体化学讨论分子的立体形象及其与物理性质的关系等，研究分子中原子或基团在分子内的空间位置（即空间伸展方向）及其相互关系，即研究分子的构型和构象，以及由于构型和构象异构导致的分子之间性质的差异。

动态立体化学讨论分子的立体形象对化学反应的影响及产物分子与反应物分子在立体结构上的关系等，即研究有机反应中，分子内或分子间的原子或基团重新组合，其在空间上的要求条件以及变化过程是怎样的，及由此如何决定产物分子中各原子或基团的空间向位。

本章讨论静态立体异构之一的旋光异构现象。

（二）立体异构

立体异构指构造相同的分子中，原子或基团的空间排布不同而使分子具有不同的结构，分为构型异构和构象异构。

构型异构：成键两端碳原子所连原子或基团的不同的空间排布，不能通过键的旋转而相互转换的立体异构现象，又可分为顺反异构和旋光异构。

顺反异构：因共价键旋转受阻而产生的立体异构。例如下面两对化合物中，由于双键或环系的影响，共价键旋转受阻，使端基碳上连接的取代基被固定于不同的空间伸展方向上，其中相同的原子或基团分列在双键或环的同侧时称为顺式，异侧时称为反式，谓之顺反异构。

旋光异构：因分子中手性因素而产生的立体异构，因对平面偏振光的作用不同而得名。旋光异构是本章的重点。

构象异构：成键两端碳原子所连原子或基团的不同的空间排布，可以通过单键“自由”旋转而相互转换的立体异构现象（详见烷烃和环烷烃），构象可以有无数个，其中能量最低最稳定的一个称为“优势构象”。例如：

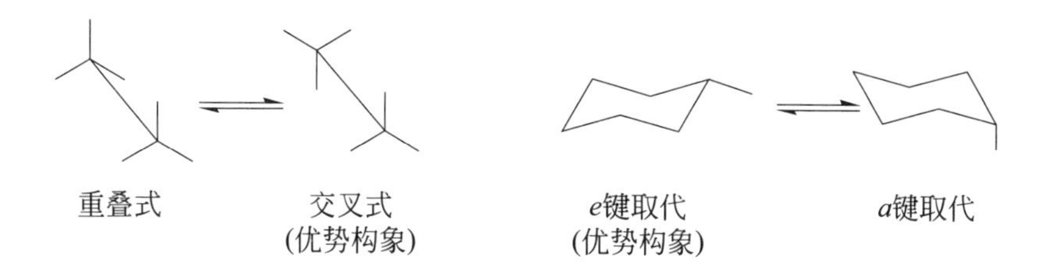

（三）旋光异构

1. 旋光性物质

旋光性物质是指能使偏振光平面旋转的物质。当偏振光通过旋光性物质时，它的振动平面就会发生旋转。能使偏振光振动平面向右旋转的物质称为右旋体，能使偏振光振动平面向左旋转的物质称为左旋体，旋转过的角度称为旋光度，用 α 表示。乳酸、葡萄糖等都是旋光性物质，它们能使偏振光平面旋转过一定的角度，而水、酒精、乙酸等对偏振光无此影响，它们都是非旋光性物质。

2. 比旋光度

比旋光度是旋光性物质特有的物理常数，用 $[\alpha]_{\lambda}^{t}$ 表示，t 为测定时的温度，λ 为采用光的波长，常用钠光（$\lambda=589$nm）。

实际工作中，可用适当浓度 c（单位为 g/mL）的溶液装在长度为 L（单位为分米，dm）的盛液管中进行测定，然后将测得的旋光度按下式换算为比旋光度。

$$[\alpha]_{\lambda}^{t}=\frac{\alpha}{Lc}$$

3. 手性、手性分子和手性碳原子

物质分子互为实物与镜像关系（像左手和右手关系一样），彼此不能完全重叠的特征，称为分子的手性。具有手性的分子（不能与自身的镜像重叠）叫作手性分子。sp^3 杂化且连有四个不同原子或基团的碳原子称为手性碳原子（或手性中心），用 C^* 表示。凡含有一个手性碳原子的分子是手性分子，该有机化合物具有旋光性。

4. 对称因素

对称面（σ）：一个平面如果能把一个分子切成两个部分，且一部分正好是另一部分的镜像，则这个平面就是该分子的对称面，常用符号“σ”表示，如图 2-1 所示。

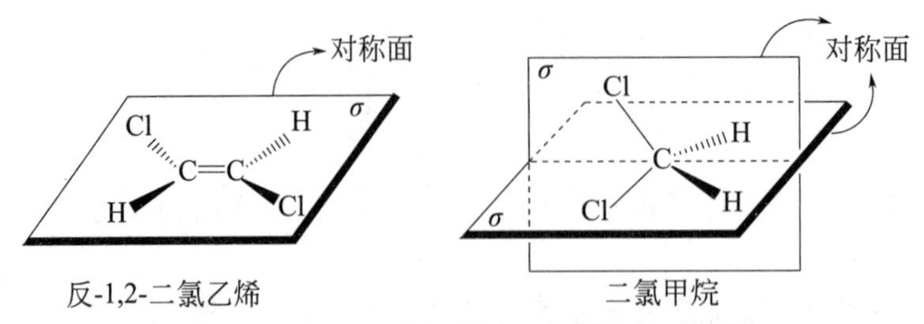

图 2-1　反-1,2-二氯乙烯和二氯甲烷的对称面

对称中心（i）：若分子中有一点 P，通过 P 点画直线，若在离 P 点等距离的直线两端有相同的原子或基团，则 P 点为该分子的对称中心，用 i 表示，如图 2-2 所示。

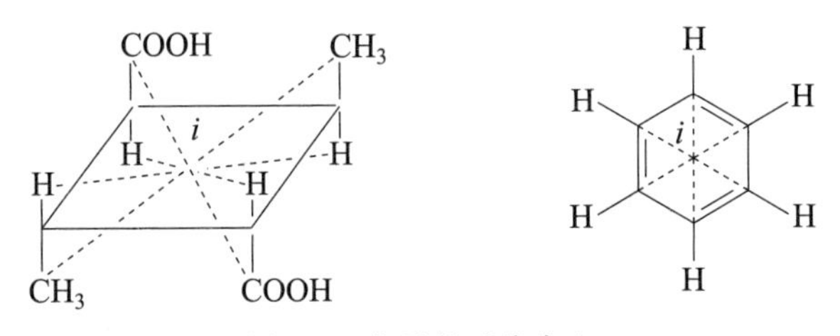

图 2-2　分子的对称中心

对称因素除了对称平面和对称中心外，还有对称轴 C_n 和更替对称轴 S_n。具有对称轴的化合物，大都是非手性分子，但也有少数化合物例外。

具有对称面或对称中心的分子，无手性，因而该物质没有旋光性。在结构上既无对称面也无对称中心的分子，具有手性，是手性分子，因而该物质具有旋光性。

5. 费歇尔投影式

为了便于书写和进行比较，旋光异构体的构型常用费歇尔（Fischer）投影式表示。

将旋光异构体的立体模型，以手性碳原子为中心投影到纸平面上所得的投影式，称为费歇尔投影式，如下所示。

CHO　H—C—OH　CH₂OH　≡　CHO　H—┼—OH　CH₂OH　|　CHO　HO—┼—H　CH₂OH　≡　CHO　HO—C—H　CH₂OH

费歇尔投影式

(1) 费歇尔投影式的投影原则

① 横、竖两条直线的交叉点代表手性碳原子，位于纸平面上。

② 横线代表与手性碳原子相连的两个键指向纸平面的前面，竖线表示指向纸平面的后面。

③ 一般将主链放在垂直方向上，编号最小的碳原子放在竖线最上端。

(2) 使用费歇尔投影式应注意的问题

① 基团的位置关系是“横前竖后”。

② 不能离开纸平面翻转 180°，也不能在纸平面上旋转 90°或 270°，否则构型正好相反。

③ 将投影式在纸平面上旋转 180°，或围绕手性碳原子将基团进行偶数次对调（一般两次对调即可），仍为原构型。

6. 旋光异构体的构型标记

(1) D/L 标记法

以甘油醛的构型为对照标准来进行标记，因此也称相对构型标记法。人为规定右旋甘油醛的构型为 D 构型（投影式中与 C* 相连的－OH 在右侧），左旋甘油醛的构型为 L 构型（投影式中与 C* 相连的－OH 在左侧），其他化合物和它们比较而标记为 D 构型或 L 构型。

(2) *R*/*S* 标记法

又称绝对构型标记法，方法如下：

① 把分子写成透视式或费歇尔投影式，按次序规则将 C* 上的四个原子或基团进行排序。

② 若是透视式，则把排序最小的放在离观察者最远的位置，将其余三个按大→中→小顺序连接，顺时针方向的是 *R* 构型，逆时针方向的是 *S* 构型。

③ 若是费歇尔投影式，次序最小的位于竖线（无论上或下），其余三个按大→中→小顺序连接成顺时针方向的是 *R* 构型，逆时针的是 *S* 构型；当次序最小的位于横线（无论左或右），其余三个按大→中→小顺序连接成顺时针方向的是 *S* 构型，逆时针的是 *R* 构型。

7. 含手性碳原子化合物的对映异构

含有一个手性碳原子化合物的对映异构：这类化合物的分子中因为没有对称面和对称中心，所以一定是手性分子，有两种不同的构型，互为实物与镜像关系，称为对映异构体，简称对映体。对映体旋光能力相同，旋光方向相反，其中一个左旋，另一个右旋。等量的左旋体和右旋体混合，对外将不显旋光性，称为外消旋体。

对映体之间的异同点如下：

(1) 物理化学性质一般都相同，比旋光度在数值上相等，仅旋光方向相反。

(2) 在手性环境条件下，对映体表现出某些不同性质，如反应速度有差异、生理作用不同等。

含有两个不同手性碳原子化合物的对映异构：当两个手性碳原子各自连接的四个不同的原子或基团之间不完全对应时，它们称为不同的手性碳原子。以 2-羟基-3-氯丁二酸为例进行讨论。

该化合物具有两个不相同的手性碳原子，存在四个旋光异构体，其费歇尔投影式如下：

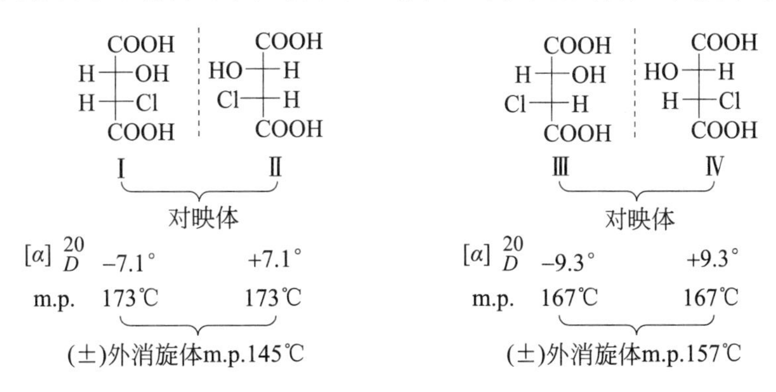

Ⅰ与Ⅱ、Ⅲ与Ⅳ之间互为对映体（互呈物像关系）；Ⅰ与Ⅱ、Ⅲ与Ⅳ可分别构成两组外消旋体；Ⅰ与Ⅲ或Ⅳ、Ⅱ与Ⅲ或Ⅳ之间互为非对映体（不呈物像关系）。

非对映异构体的特征如下：

① 物理性质（熔点、沸点、溶解度等）不同。

② 比旋光度不同。

③ 旋光方向可能相同，也可能不同。

④ 化学性质相似，但反应速度有差异。

含有两个相同手性碳原子化合物的对映异构：当两个手性碳原子各自连接的四个不同的原子或基团之间可以完全对应时，它们称为相同的手性碳原子。以 2,3-二羟基丁二酸（酒石酸）为例进行讨论。

该化合物具有两个相同手性碳原子，也可写出四个旋光异构体，其费歇尔投影式如下：

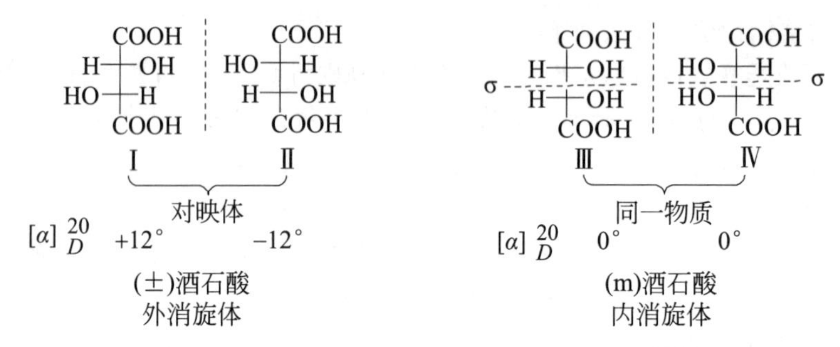

Ⅰ与Ⅱ之间互为对映体，可构成一个外消旋体；Ⅲ与Ⅳ之间看似对映，但其分子内具有一个对称面 σ，两个手性碳的旋光作用相互抵消，整个分子没有手性，该物质没有旋光性，称为内消旋体，用 meso 或 i-表示。因此，酒石酸只有三个旋光异构体：一对对映体和一个内消旋体。

由内消旋酒石酸可看出，具有两个手性碳原子的分子不一定是手性分子，故不能说含有手性碳原子的分子一定具有手性。

内消旋体与外消旋体的异同如下。

相同点：都没有旋光性。

不同点：内消旋体是纯物质，外消旋体是两个对映体的等量混合物，可用适当方法进行拆分。

当含有 n 个不相同手性碳原子时，具有 2^n 个旋光异构体，组成 2^{n-1} 对对映异构体；当含有相同的手性碳原子时，其旋光异构体数目少于 2^n 个。

8. 不含手性碳原子化合物的对映异构

2,3-戊二烯的分子中没有手性碳原子，但由于双键两端碳原子上所连四个基团两两各在相互垂直的平面上，整个分子没有对称面和对称中心，因此具有手性。

H_3C C—C—C CH_3 H H ⋮ H_3C C—C—C CH_3 H H

2, 3-戊二烯的对映异构体

但如果丙二烯型化合物的分子中，任何一端的双键碳原子上连有两个相同的原子或基团，则分子内就存在对称面，从而不具有手性。

三、例题解析

【例 1】 什么是手性中心？

解： 当原子或原子团围绕某一点成非对称排列，从而使分子与其镜像不能重叠时，分子具有手性，这个点就是手性中心。通常手性中心为碳原子，然而氮、硫、磷、硅等原子也可以成为手性中心。例如，季铵盐中，连有四个不同基团的氮原子，这个氮原子就是手性中心。手性中心通常在该原子符号的右上角用“*”标记。

【例 2】 用 R/S 标记下列化合物的构型，并改写成费歇尔投影式。

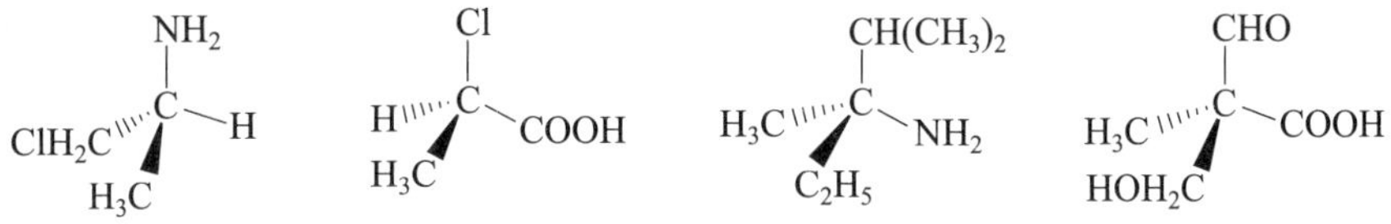

(1) (2) (3) (4)

解： 上述四个化合物中，实线代表在页面所在的平面内，粗实线代表伸出页面的前方，虚线代表伸向页面的后方。确定手性碳原子 R/S 构型的方法如下：

1. 按次序规则将手性碳上的四个不同原子或基团进行优先排序；
2. 把最小的放在离观察者眼睛最远的位置；
3. 将剩余三个基团，按照“由大到小”顺序划圈，成顺时针方向的为 R 型，逆时针方向的为 S 型。

以（1）为例具体说明：手性碳所连四个基团的优先顺序为$—NH_2>—CH_2Cl>—CH_3>—H$。将 H 远离观察者，其余由$—NH_2 \rightarrow —CH_2Cl \rightarrow —CH_3$ 进行划圈，为逆时针方向，是 S 构型。

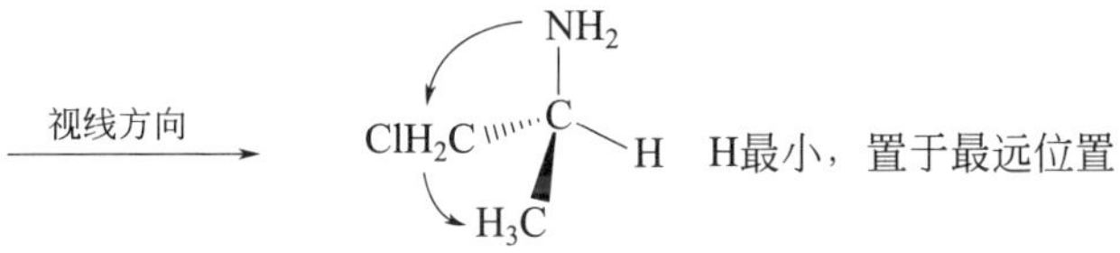

视线方向　H最小，置于最远位置

同理可推出：（2）R，（3）S，（4）S。

Fischer 投影式的书写：

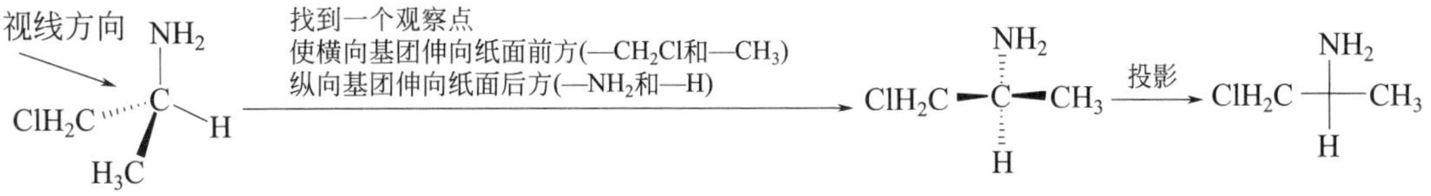

视线方向　找到一个观察点　使横向基团伸向纸面前方($—CH_2Cl$和$—CH_3$)　纵向基团伸向纸面后方($—NH_2$和—H)　投影

不同视线方向可写出不同费歇尔投影式，通过“旋转”或“基团互换”的方法进行判断，可知它们是否为同一个构型。

上述四个构型的费歇尔投影式如下所示：

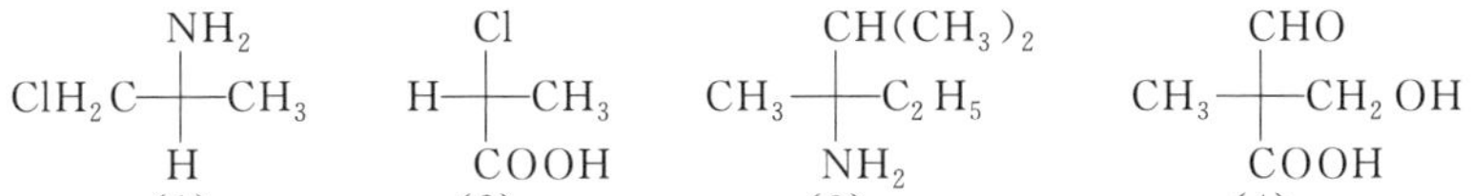

(1) (2) (3) (4)

【例 3】 用 R/S 标记下列环形化合物的构型。

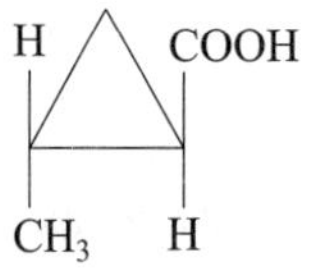

(1) 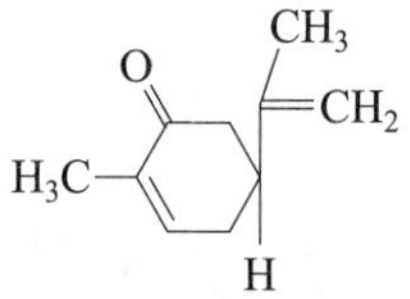　　(2)

解：环形化合物 R/S 标记可采用下面的方法，步骤如下：

第一步：将环形化合物改写成透视式。

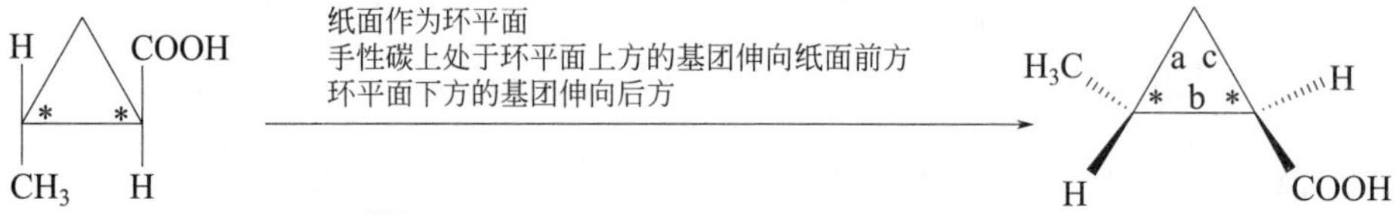

纸面作为环平面
手性碳上处于环平面上方的基团伸向纸面前方
环平面下方的基团伸向后方

(1)　　(1)

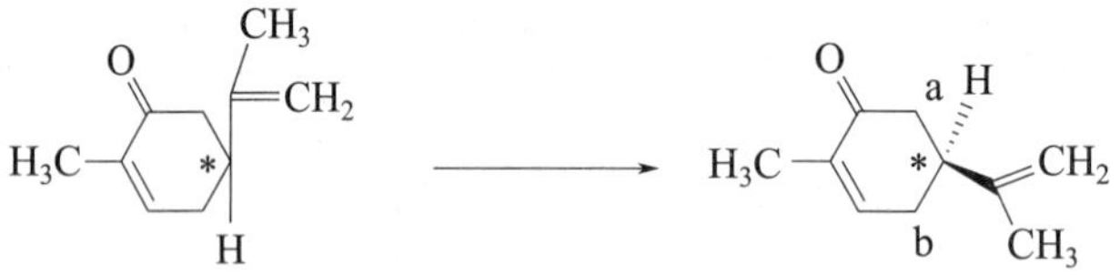

(2)　　(2)

第二步：确定手性碳原子上四个不同基团的优先顺序。

化合物（1）中，含甲基的手性碳原子，其周围的四个不同基团是：$—CH_3$，—H，a 和 b［a 相当于$—CH_2—CH(COOH)—$基团，b 相当于$—CH(COOH)—CH_2—$基团］，优先顺序为：b＞a＞$—CH_3$＞—H。含羧基的手性碳原子，周围的四个不同基团是：—COOH，—H，b 和 c［b 相当于$—CH(CH_3)—CH_2—$基团，c 相当于$—CH_2—CH(CH_3)—$基团］，优先顺序为：—COOH＞b＞c＞—H。

化合物（2）中，手性碳原子周围的四个不同基团是：a，b，$—C(CH_3)═CH_2$ 和 —H（a 相当于$—CH_2—$羰基碳原子，b 相当于$—CH_2—$碳碳双键碳原子），优先顺序为：$—C(CH_3)═CH_2$＞a＞b＞H。

第三步：根据透视式　确定手性碳原子构型。

环形化合物透视式 R/S 的标记一般符合以下规律：当优先顺序最小的基团远离视线，将其余三个基团由大到小划圈，顺时针方向为 R 型，逆时针方向为 S 型，即顺 R 逆 S；当优先顺序最小的基团朝向观察者，此时不需将最小的基团调整到远离视线，可直接观察，将其余三个基团由大到小划圈，顺时针方向为 S，反之则为 R，即顺 S 逆 R。

化合物（1）中，含甲基的手性碳原子，最小的基团 H 伸向纸面前方，表示朝向观察者，将其余三个基团由大到小划圈（b→a→$—CH_3$）为逆时针方向，则为 R 型；含羧基的手性碳原子，最小的基团 H 伸向纸面后方，表示远离视线，将其余三个基团由大到小划圈为顺时针方向（—COOH→b→c），则为 R 型，如下图所示：

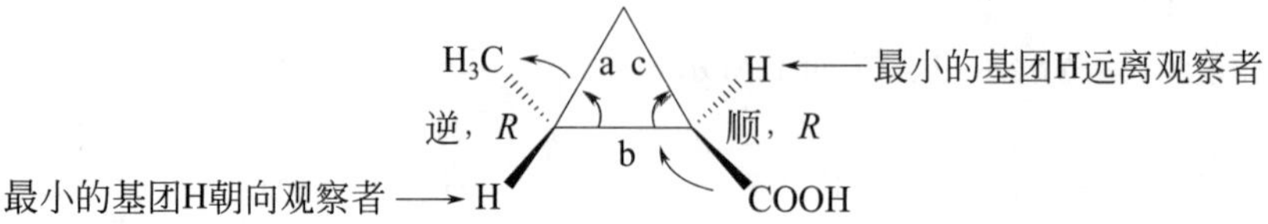

最小的基团H远离观察者
逆，R　　顺，R
最小的基团H朝向观察者

同理可判断化合物（2）为 S 构型。

【**例 4**】 分别用透视式和 Fischer 投影式表示下列化合物的结构。

（1）（*S*）-2-氯丙酸乙酯　　　　（2）（*R*）-2，3-二溴丙醛

解：（一）把手性化合物的分子用透视式表示，可采用下面的步骤：

第一步：写出化合物的构造式并用“ * ”标记出手性碳原子。化合物（1）和（2）的构造式如下：

（1）$CH_3\overset{*}{C}HCOOC_2H_5$（手性碳上连 Cl）　　（2）$BrCH_2\overset{*}{C}HCHO$（手性碳上连 Br）

第二步：确定手性碳原子周围的四个不同基团的优先顺序。化合物（1）和（2）中手性碳原子上四个不同基团的优先顺序分别为：（1）—Cl＞—$COOC_2H_5$＞—CH_3＞—H；（2）—Br＞—CH_2Br＞—CHO＞—H。

第三步：将构造式改写成透视式。将构造式中手性碳原子上最小的基团放在远离观察者的视线处，再判断构型是 *R* 或 *S*，将其余三个基团由“大→中→小”顺序按顺时针（*R* 构型）或逆时针（*S* 构型）划圈的方向排列。化合物（1）为 *S* 构型，从 Cl→$COOC_2H_5$→CH_3 按逆时针划圈，化合物（2）为 *R* 构型，从 Br→CH_2Br→CHO 按顺时针划圈。

综上可得化合物（1）和（2）的透视式如下：

(1) $COOC_2H_5$ / H / Cl / CH_3

(S)-2-氯丙酸乙酯

(2) CHO / H / Br / CH_2Br

(R)-2,3-二溴丙醛

（二）把手性化合物的分子，用 Fischer 投影式表示。方法有二：一是先将化合物改写成透视式（参照上述透视式改写方法），然后由透视式改写（参照【例 2】）；二是从化合物的名称直接改写，步骤如下：

第一步和第二步与上述透视式的改写方法相同。

第三步：根据化合物是 *R* 或 *S* 构型，再根据 Fischer 投影式判断 *R*/*S* 构型规则，将手性碳原子上的四个不同基团放在 Fischer 投影式十字交叉线相应的位置上。基团放置的位置并无定律，只要符合判断 *R*/*S* 构型的规则即可，因此同一构型可以写出几个 Fischer 投影式。如化合物（1）中，当最小的基团 H 分别放在十字交叉线横向右侧或纵向的下方，可以得到两个 Fischer 投影式：

最小基团在横线　　　　最小基团在纵线

事实上，还可以写出化合物（1）的其他几个 Fischer 投影式（略）。这些 Fischer 投影式虽然貌似不同，但构型都相同，代表的都是同一种化合物。

综上可写出化合物（1）和（2）的 Fischer 投影式如下：

$$\begin{array}{ccc} & COOC_2H_5 & \\ Cl & — & H \\ & CH_3 & \end{array}$$

（1）(S)-2-氯丙酸乙酯

$$\begin{array}{ccc} & CHO & \\ Br & — & H \\ & CH_2Br & \end{array}$$

（2）(R)-2,3-二溴丙醛

【例 5】 下图所示的化合物共有几个旋光异构体？其中有几对对映体？每个旋光异构体有几个非对映体？

$$\begin{array}{ccc} & CHO & \\ H & — & OH \\ H & — & OH \\ H & — & OH \\ & CH_2OH & \end{array}$$

解：该化合物共有三个不同的手性碳原子，旋光异构体的数目为 2^n，即 8 个；其中有 4 对对映体；每一个旋光异构体有 6 个非对映体。

【例 6】 麻黄素的结构为 $PhCH(OH)\text{-}CH(NHCH_3)\text{-}CH_3$，写出它所有光学活性异构体的构型。

解：$PhCH(OH)\text{-}CH(NHCH_3)\text{-}CH_3$ 有两个不同的手性碳原子，因此可以写出 4 个光学活性异构体，表达如下，其中（a）和（b）以及（c）和（d）互为对映异构体。

$$\begin{array}{ccc} & CH_3 & \\ H & — & NHCH_3 \\ H & — & OH \\ & Ph & \end{array} \quad\Big|\quad \begin{array}{ccc} & CH_3 & \\ H_3CHN & — & H \\ HO & — & H \\ & Ph & \end{array} \qquad \begin{array}{ccc} & CH_3 & \\ H & — & NHCH_3 \\ HO & — & H \\ & Ph & \end{array} \quad\Big|\quad \begin{array}{ccc} & CH_3 & \\ H_3CHN & — & H \\ H & — & OH \\ & Ph & \end{array}$$

(a)　　(b)　　(c)　　(d)

【例 7】 在酸催化下，(－)-α-羟基丙酸与甲醇反应，生成（＋）-α-羟基丙酸甲酯：

$$(-)\text{-}CH_3\underset{\displaystyle OH}{\underset{|}{C}}HCOOH + CH_3OH \xrightarrow{H^+} (+)\text{-}CH_3\underset{\displaystyle OH}{\underset{|}{C}}HCOOCH_3$$

推测反应前后构型的变化。

解：反应前后构型没有发生变化。虽然反应产物的旋光方向就反应底物而言发生了改变，但是和手性碳原子相连的原子之间没有发生键的断裂，基团的优先次序也没有改变，所以不可能发生构型的变化。这说明物质的旋光方向和构型之间没有必然的关系。

【例 8】 写出（2*R*,3*S*）-2-溴-3-碘戊烷的 Fischer 投影式，并写出其优势构象的锯架式、透视式、纽曼式。

解：2-溴-3-碘戊烷有两个不相同的手性碳原子，其 Fischer 投影式的书写参照【例 4】：

$$CH_3—\underset{\displaystyle Br}{\underset{|}{\overset{*}{C}H}}—\underset{\displaystyle I}{\underset{|}{\overset{*}{C}H}}—CH_2CH_3$$

构造式

$$\begin{array}{ccc} & CH_3 & \\ Br & — & H \\ I & — & H \\ & CH_2CH_3 & \end{array}$$

费歇尔投影式

从 Fischer 投影式改写成优势构象的锯架式方法如下：第一步，将 Fischer 投影式（1）向纸平面后方推倒成锯架式（2），使观察者从锯架式上面往下看，仍然遵循"横前竖后"原则。第二步，将锯架式（2）调整成优势构象。以 C(a)—C(b) 为键轴，保持 a 或 b 一端碳原子不动，逆时针或顺时针转动 C(a)—C(b) 键轴 180°，使 a 和 b 两个碳原子上的基团处于完全交叉的构象，即可得到优势构象的锯架式（3）。

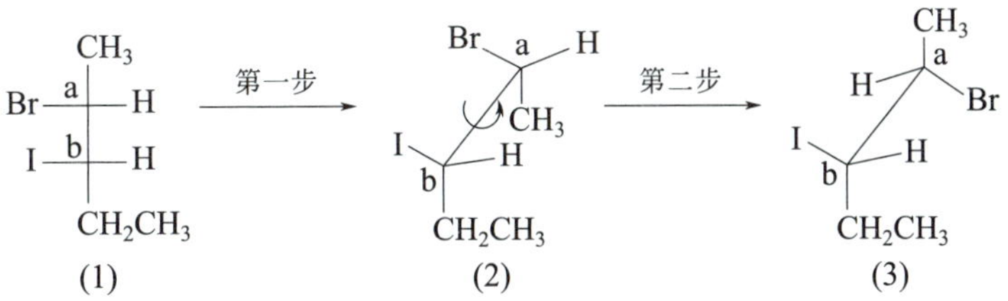

第一步　　第二步

(1)　　(2)　　(3)

从锯架式改写透视式时，观察者可从锯架式的左边或右边观察，用粗楔形线表示靠近观察者的基团，虚楔形线表示远离观察者的基团，细实线表示在纸平面上的基团。如下所示：

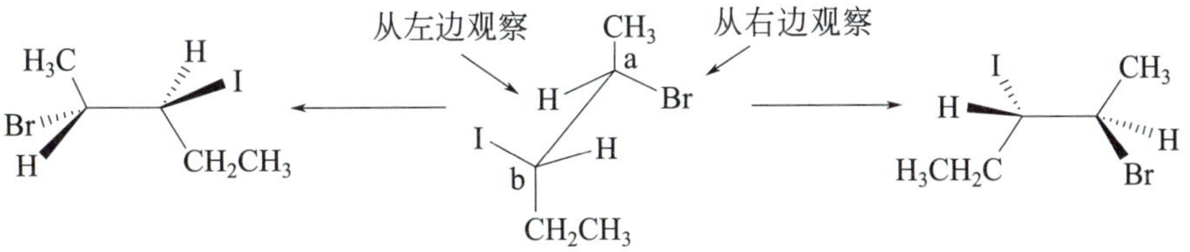

从左边观察　　从右边观察

纽曼式是观察者沿锯架式（3）的 C(a)—C(b) 键轴延长线进行观察而投影得到的表达式。纽曼式中的圆圈表示远离观察者的手性碳原子，圆心表示靠近观察者的手性碳原子，再分别连接各自手性碳原子上的基团至圆心和圆圈上。如下所示：

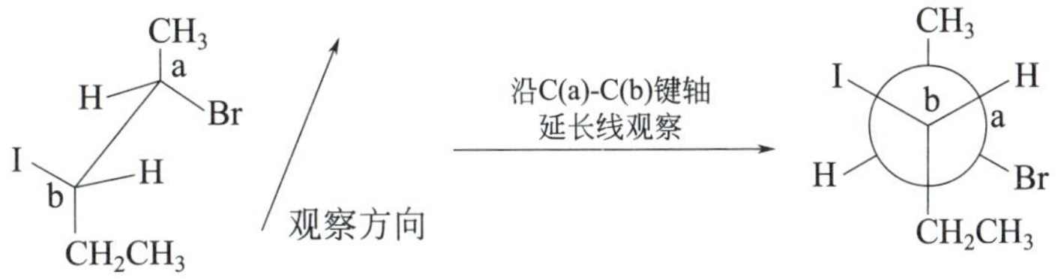

观察方向　　沿C(a)-C(b)键轴延长线观察

综上，答案如下：

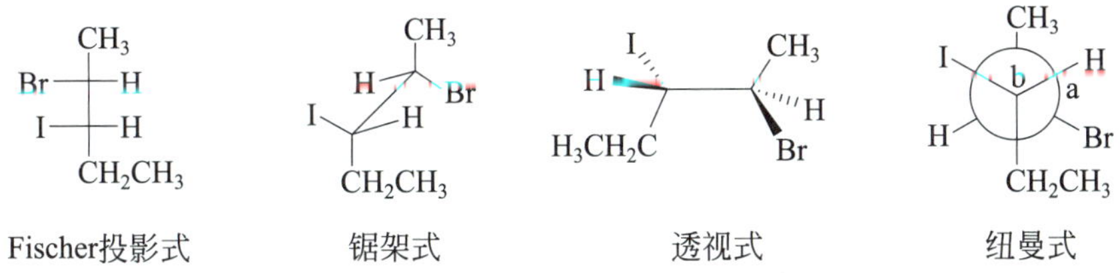

Fischer投影式　　锯架式　　透视式　　纽曼式

【例 9】 将（2*R*，3*R*）-3-甲基-2，3-己二醇的锯架式改写成 Fischer 投影式。

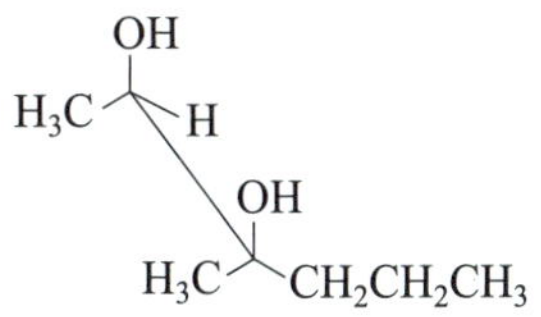

解： 从锯架式改写成 Fischer 投影式，遵循的依然是“横前竖后”排列原则。第一步，观察者从锯架式的上面往下看，以 C(a)—C(b) 键为轴，将 C(a) 逆时针转动 60°，将 C(b) 顺时针转动 60°。第二步，将靠近观察者的基团分别写到 Fischer 投影式十字交叉线横线相对应的左右位置上，远离观察者的基团分别写到相应的竖向位置上。

OH
H_3C a H
OH
b
H_3C C_3H_7

第一步 →

HO H
a
CH_3
H_3C OH
b
C_3H_7

第二步 →

CH_3
HO —a— H
H_3C —b— OH
C_3H_7

四、习题

1. 解释下列概念。

(1) 旋光性　(2) 比旋光度　(3) 手性分子　(4) 手性碳原子

(5) 对映体　(6) 非对映体　(7) 外消旋体　(8) 内消旋体

2. 下列说法是否正确？说明理由。

(1) 构造相同的情况下，原子或基团在空间排布不同的异构都称为构型异构。

(2) 分子具有手性，该物质就有旋光性。

(3) 旋光性物质的分子中必有手性碳原子存在。

(4) 有对称面的分子无手性，该物质无旋光性。

(5) 对映异构体具有完全相同的化学性质。

(6) 含有手性碳原子的分子，结构中都不存在任何对称因素，因而该物质有旋光性。

3. 指出下列化合物中有无手性碳原子（以 * 表示）。

(1) $C_2H_5CH=C(CH_3)-CH=CHC_2H_5$　(2) $ClCH_2-CHD-CH_2Cl$

(3) $C_2H_5CH=CH-CH(CH_3)-CH=CH_2$　(4) COOH—CHBr—COOH

(5) 环己烷（1-Br，2-OH）　(6) OH，H_3C，H_3C，CH_3（环己烷衍生物）

4. 下列化合物中，哪对互为对映体？

(1) Br；H—CH_3；H—OH；CH_3　(2) CH_3；H—Br；H_3C—H；OH　(3) CH_3；Br—H；H—CH_3；OH　(4) CH_3；H—Br；H_3C—OH；H

5. 下列化合物中，哪些存在内消旋体？

(1) 2,3-二溴丁烷　(2) 2,3-二溴戊烷　(3) 2,4-二溴戊烷

6. 写出分子式为 C_3H_6DCl 的所有构造异构体的结构式。在这些化合物中哪些具有手性？用费歇尔投影式表示其对映体。

7. 指出下列化合物中每个手性碳原子的 *R/S* 构型。

(1) H；HOOC；Br；H_3C　(2) C_2H_5；D；H；C_6H_5　(3) SO_3H；H；Cl；CH_3　(4) $CH(CH_3)_2$；H—$CH_2CH_2CH_3$；CH_3

（5） CHO / H—+—OH / CH_3　　（6） COOH / H—+—OH / H—+—OH / CH_3　　（7） H, OH　　（8） H_3C, CH_3, HO, OH

8.写出下列化合物的费歇尔投影式。

（1）CDHBrCl（*R*）　　（2）C_2H_5—CHBr—CH═CH_2（*S*）

（3） C_6H_5—C(H)(OH)—CH_3（*R*）　　（4）C_2H_5—CHCl—CHCl—CH_3（2*R*,3*S*）

（5）(*R*)-2-氯丁烷　　（6）*meso*-3,4-二硝基己烷

9.判断下列各对化合物之间的关系（对映体？非对映体？顺反异构体？构造异构体？同一化合物？）

（1） CH_3 / H—+—OH / H—+—Br / CH_3　　Br / H—+—CH_3 / H—+—OH / CH_3

（2） H, CH_3, Br, Cl, H, CH_3　　H, CH_3, CH_3, H, Cl, Br

（3） H, C, C, C, H, H_3C, CH_3　　H, C, C, C, CH_3, H_3C, H

（4）

（5） CH_3, H, H, CH_3　　H, H, CH_3, CH_3

（6） CH_3, H, Br, C_3H_7, H, Br　　C_3H_7, Br, H, CH_3, H, Br

10.用*R*/*S*构型命名下列化合物，并将（2）、（3）、（5）改写成费歇尔投影式。

（1） COOH / Br—+—H / CH_2OH　　（2） CH_3, H, Cl, H, F, C_2H_5　　（3） OH, H_3C, H, OH, H_3C, $CH_2CH_2CH_3$

（4） CH_3 / Br—+—H / C_6H_5—+—H / CH_3　　（5） H, Br, H_3C, C—C, C_2H_5, Br, H

11.将下列化合物的费歇尔投影式改写成纽曼投影式（对位交叉式和重叠式，包括其对

映体）。

(1) $\begin{array}{c} CH_3 \\ H-\!\!\!+\!\!\!-Br \\ H-\!\!\!+\!\!\!-Br \\ C_2H_5 \end{array}$　　(2) $\begin{array}{c} CH_3 \\ H-\!\!\!+\!\!\!-OH \\ H-\!\!\!+\!\!\!-C_6H_5 \\ CH_3 \end{array}$

12. A、B、C、D是丙烷氯化得到的二氯化合物 $C_3H_6Cl_2$ 的4种构造异构体，其中C具有旋光性。将A、B、C、D进一步氯化后得到的三氯化物（$C_3H_5Cl_3$）的数目已由气相色谱法确定：从A得到一个三氯化物，B得到两个，C和D各得到三个。旋光性的C氯化得到的三氯丙烷中，E也具有旋光性，而F和G没有。试推断出A、B、C、D、E、F和G的可能结构。

五、习题参考答案

1.(1) 旋光性：物质能使偏振光振动平面旋转的性质称为物质的旋光性。

(2) 比旋光度：偏振光透过旋光管长度为1dm，浓度为1g/mL样品溶液所产生的旋光度。

(3) 手性分子：实物与镜像不能重叠的特点叫作手性或手征性。具有手性的分子称为手性分子。

(4) 手性碳原子：手性碳原子也称不对称碳原子，即连接四个不相同的原子或基团的碳原子，常用“*”表示。

(5) 对映体：互成镜像，不重合，也就是说它们具有对映关系，两者互为对映异构体，所以是两个不同的化合物。

(6) 非对映体：不呈对映关系的旋光异构体称为非对映异构体。

(7) 外消旋体：等量的左旋体和右旋体的混合物。

(8) 内消旋体：分子内具有对称因素（一般只考虑对称平面和对称中心），虽含手性碳原子，但旋光作用内部抵消，对外不显旋光性的合物。

2.(1) √ (2) √ (3) × (4) √ (5) × (6) ×

3.(1) (2) (4) 无

(3) (5) (6) 有，分别为：

$C_2H_5CH{=}CH{-}\overset{*}{C}H(CH_3){-}CH{=}CH_2$　　（环己烷环上相邻两碳分别连 *Br 和 *OH）　　（环己烷环：*C 连 OH，相邻碳连 $(H_3C)_2CH$，对位连 CH_3）

4.(1) 与 (4)、(2) 与 (3) 分别互为对映体。

5.(1) 和 (3) 存在内消旋体。

6.(1) $CH_3CH_2C^*HDCl$（手性）　　(2) $CH_3CDClCH_3$（无手性）

(3) $CH_3C^*HDCH_2Cl$（手性）　　(4) $CH_2ClCH_2CH_2D$（无手性）

(5) $CH_3C^*HClCH_2D$（手性）

对映体：

(1) $\begin{array}{c} C_2H_5 \\ H-\!\!\!+\!\!\!-D \\ Cl \end{array}$ ⋮ $\begin{array}{c} C_2H_5 \\ D-\!\!\!+\!\!\!-H \\ Cl \end{array}$　(3) $\begin{array}{c} CH_3 \\ H-\!\!\!+\!\!\!-D \\ CH_2Cl \end{array}$ ⋮ $\begin{array}{c} CH_3 \\ D-\!\!\!+\!\!\!-H \\ CH_2Cl \end{array}$　(5) $\begin{array}{c} CH_3 \\ H-\!\!\!+\!\!\!-Cl \\ CH_2D \end{array}$ ⋮ $\begin{array}{c} CH_3 \\ Cl-\!\!\!+\!\!\!-H \\ CH_2D \end{array}$

7.（1）R　（2）S　（3）S　（4）S　（5）R　（6）$2R,3R$　（7）S　（8）R,S

8. 费歇尔投影式：

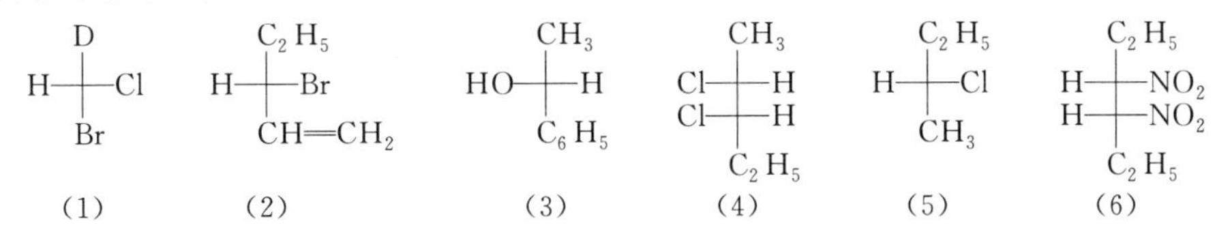

9.（1）非对映体　（2）对映体　（3）同一化合物　（4）构造异构体　（5）顺反异构体　（6）非对映体

10.（1）(S)-3-羟基-2-溴丙酸

（2）

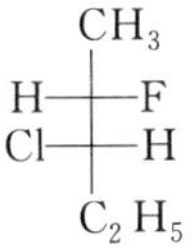

```
    CH3
 H──┼──F
Cl──┼──H
    C2H5
```

（2S,3S）-2-氟-3-氯戊烷

（3）

```
     CH3
  HO──┼──H
 H3C──┼──OH
     C3H7
```

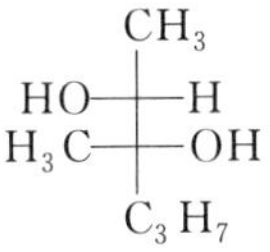

（2R,3R）-3-甲基-2,3-己二醇

（4）（2R,3R）-2-苯基-3-溴丁烷

（5）

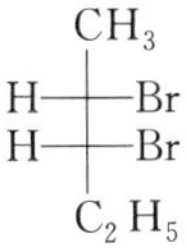

```
    CH3
 H──┼──Br
 H──┼──Br
    C2H5
```

（2S,3R）-2,3-二溴戊烷

11.

（1）

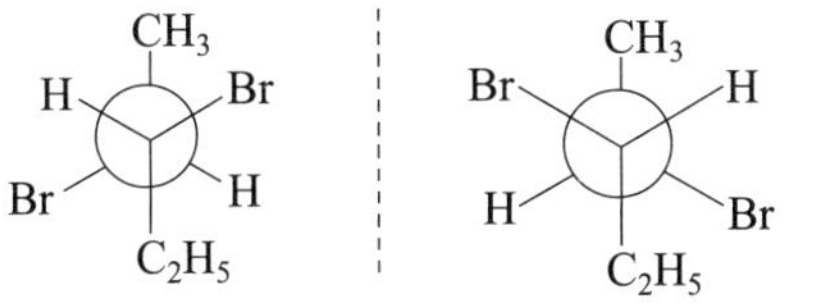

对位交叉式：CH3, H, Br, Br, H, C2H5 ┆ CH3, Br, H, H, Br, C2H5

全重叠式：H, H, Br, Br, C2H5, CH3 ┆ Br, Br, H, H, C2H5, CH3

对位交叉式 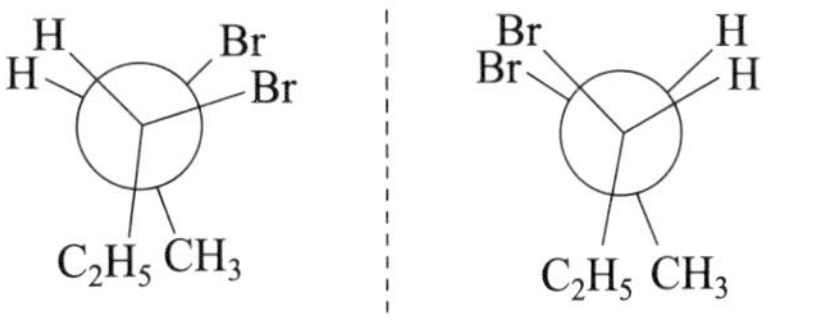　　　　全重叠式

（2）

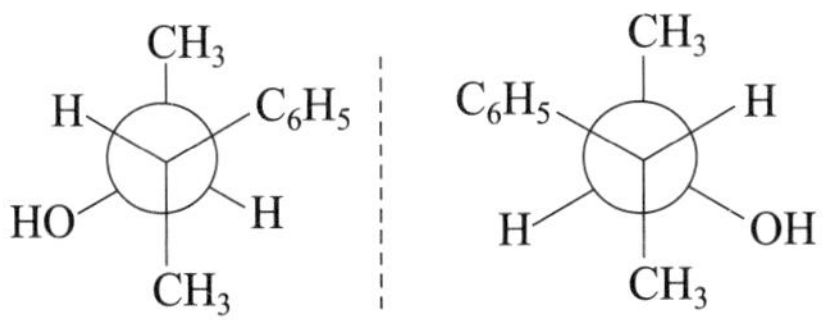

对位交叉式：CH3, H, C6H5, HO, H, CH3 ┆ CH3, C6H5, H, H, OH, CH3

全重叠式：H H, C6H5, OH, H3C, H3C ┆ H H, C6H5, HO, CH3, CH3

对位交叉式　　　　全重叠式

12.

A：$H_3C-CCl_2-CH_3$　B：$ClH_2C-CH_2-CH_2Cl$　C：$H_3C-\overset{*}{C}HCl-CH_2Cl$　D：$Cl_2HC-CH_2-CH_3$

E：$H_3C-\overset{*}{C}HCl-CHCl_2$　F/G：$H_3C-CCl_2-CH_2Cl$　　$ClH_2C-CHCl-CH_2Cl$

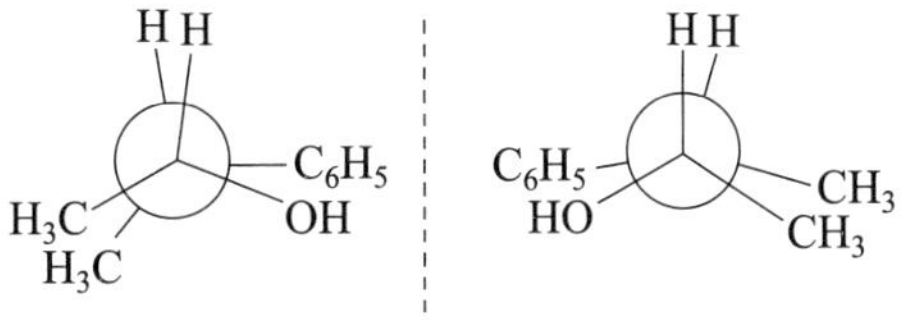

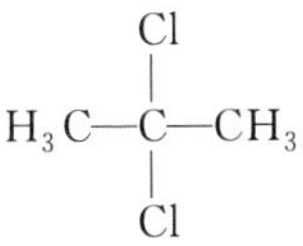

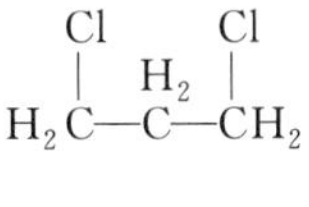

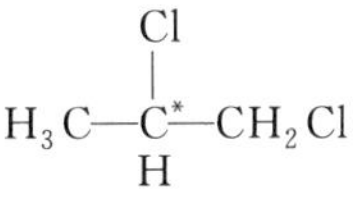

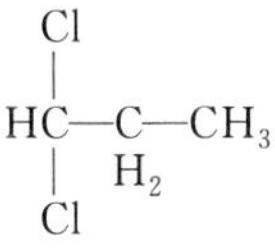

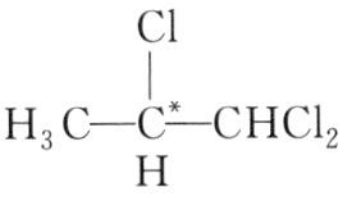

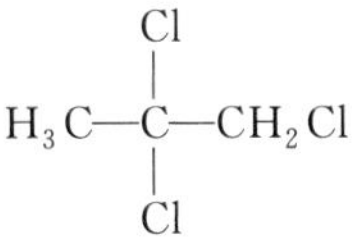

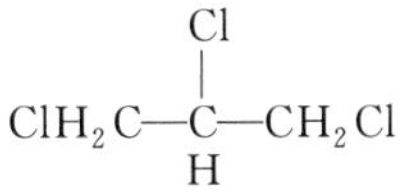

第三章　基础波谱解析

一、目的要求

1. 了解原子吸收光谱的原理及电磁波与分子运动跃迁的关系。
2. 了解紫外光谱的原理，掌握图谱解析。
3. 了解红外光谱的原理，掌握图谱解析。
4. 了解核磁共振谱的原理，掌握图谱解析。
5. 了解质谱的基本知识及其在有机物结构测定方面的应用。

二、本章要点

1. 吸收光谱的产生

微观运动中，组成分子的原子之间的化学键在不断振动。电磁波照射物质时，当电磁波的频率等于振动频率时，分子就可以吸收电磁波，使振动加剧（表 3-1）。当化学键的振动频率位于红外区时，这种吸收光谱称为红外吸收光谱；当用紫外-可见光照射物质时，分子中的最外层价电子吸收特定波长的紫外-可见光，从基态跃迁到激发态，由此产生的电磁波谱称为紫外-可见吸收光谱；原子核也处于不断的运动中，具有自旋的原子核置于外磁场中时可以吸收电磁波谱中的无线电波，发生核磁共振，由此得到核磁共振谱。

表 3-1　电磁波区与分子运动跃迁的关系

电磁波	光谱	波长/nm	能量/kJ・mol^{-1}	跃迁类型
远紫外线	真空紫外光谱	4～200	1196～598	σ电子跃迁
近紫外线	紫外光谱	200～400	598～301	n及π电子跃迁
可见光线	可见光谱	400～800	301～150	n及π电子跃迁
中红外线	红外光谱	2500～25000 （4000～400cm^{-1}）	46～0.52	分子振动及转动 能级跃迁
无线电波	核磁共振谱	10^{-6}～10^{-5}	4.2×10^{-5}	核自旋

2. 紫外-可见吸收光谱（UV）

（1）紫外-可见吸收光区域的划分

紫外光波长范围为 4～400nm。根据波长的不同又可分为远紫外和近紫外两个区域，远紫外波长范围 4～200nm，近紫外波长范围 200～400nm。远紫外区又称真空紫外区，在有机分析中用处不大。近紫外区又称石英紫外，在有机分析中很有用。近紫外区的光谱可被普通玻璃吸收，测定时要用石英玻璃。可见光的波长范围为 400～800nm，它由红、橙、黄、绿、蓝、紫等单色光组成。

(2) 电子跃迁类型

分子在吸收紫外光后，电子从基态跃迁到激发态。一般有以下四种类型跃迁。

$\sigma \rightarrow \sigma^*$ 跃迁：位于 σ 成键轨道上的电子向 σ^* 反键轨道跃迁。此类跃迁需较大能量，一般发生在<200nm 的远紫外区域。吸收强度强。

$n \rightarrow \sigma^*$ 跃迁：位于 n 轨道上的电子向 σ^* 反键轨道跃迁。此类跃迁所需要能量小于 $\sigma \rightarrow \sigma^*$ 跃迁，多见于 O、N、X 等原子上的未成键 n 电子吸收紫外光时激发跃迁；大部分吸收波长<250nm。吸收强度很弱。

$n \rightarrow \pi^*$ 跃迁：位于 n 轨道上的电子向 π^* 反键轨道跃迁。在分子中既有 π 键又存在 n 电子对时（如在羰基中），常发生此类跃迁，所需要的能量小于 $n \rightarrow \sigma^*$ 跃迁，吸收波长在 170～200nm 范围内。吸收强度弱。

$\pi \rightarrow \pi^*$ 跃迁：位于 π 成键轨道上的电子向 π^* 反键轨道跃迁。孤立双键的 π 电子发生 $\pi \rightarrow \pi^*$ 跃迁，吸收波长在 170～200nm 范围内，双键上连有取代基或共轭双键的 π 电子发生 $\pi \rightarrow \pi^*$ 跃迁，吸收波长在近紫外区域，随着共轭程度的增大，吸收波长增大。吸收强度强。

(3) 几个基本术语

发色团：凡是可以使分子在紫外光或可见光区产生吸收带的原子团。一般来说，发色团中含有不饱和基团，如 C═C，C═O，C═N 等。

助色团：含有孤对电子的基团，如—OH、—OR、—NH_2、—NR_2、—NHR、—X 等，当它们与发色团相连接时，由于 p-π 共轭作用，分子的共轭体系增大，发色团的最大吸收波长增大或吸收强度增大。

红移、蓝移：由于取代基或官能团或溶剂的影响，分子的吸收峰向长波方向移动的现象称为红移，向短波方向移动的现象称为蓝移。

3. 红外光谱（IR）

(1) 红外光区域的划分

红外区位于可见区和微波区之间，波长位于 0.5(500nm)～1000μm（10^6nm）。其中 0.6～2.5μm 称为近红外区；2.5～1.4μm 称为中红外区；大于 500μm 的称为远红外区。一般所说的红外光谱是指中红外区域的红外光谱。

(2) 基本原理

用红外光（0.76～1000μm）照射有机化合物时，分子吸收红外光使分子中键的振动从低能态向高能态跃迁，所得的吸收光谱为红外光谱。

(3) 红外光谱图的表示方法

一般以百分透光率（T%）为纵坐标，波数（Wavenumbers，cm^{-1}）为横坐标作图，得到红外吸收曲线。波数是指每 1cm 距离中通过波的个数。

IR 谱图可用吸收峰位置（峰位）、形状（峰型）和强度（峰强）来描述。IR 谱图分为两个区域：①特征谱带区（官能团区）：4000～1350cm^{-1}；②指纹区：1350～600cm^{-1}。

(4) 红外光谱图的解析

有机化合物中的官能团可以吸收特定波长的光。由红外光谱图的高波数区开始往低波数区，检查有哪些特征吸收峰及相关峰，以判断化合物可能的类型和所含的主要官能团。一些常见基团的特征吸收频率可查阅相关资料获得。因此，红外光谱图可以用来鉴别有机物中的官能团。

4. 核磁共振（NMR）氢谱

（1）基本原理

^{1}H 核带一个正电荷，它可以像电子那样自旋而产生磁矩（就像极小的磁铁）。在外加磁场中时，^{1}H 核自旋运动发生能级裂分（跃迁），与此同时，当外加的一定频率的电磁波的辐射能量与核自旋裂分的能级差相匹配时，则产生核磁共振氢谱。

（2）化学位移

外磁场中，氢原子在不同化合物或同一化合物的不同位置时（即磁不等性质子），由于化学环境不同，氢核受到的屏蔽作用程度不同，即实际感受到的磁场强度不同；因此而产生的核磁共振的信号位置的变化称为化学位移。

化学位移以 δ（ppm）表示，基准参照物 TMS 的 δ 值定为零。

影响化学位移的因素很多：氢核周边的基团或原子的电负性、杂化态与共振效应、各向异性、氢键、温度、溶剂及溶液浓度等。常见的各种 ^{1}H 的化学位移可查阅相关资料。

（3）自旋偶合裂分

由于氢原子核的自旋磁矩在外磁场中的取向不同，相邻氢核感受到的外加磁场强度发生微小的变化，从而使相邻氢核原有的核磁共振吸收峰发生分裂，这种作用结果称为自旋偶合裂分。自旋偶合裂分峰中，相邻两个裂分峰之间的距离为偶合常数（用 J 表示，以 Hz 为单位）；峰的裂分数目与邻位质子的数目 n 的关系符合（$n+1$）规律。

（4）^{1}H-NMR 谱图解析

从 ^{1}H-NMR 谱图上可以得到如下信息：①化学位移；②偶合裂分情况；③峰面积大小。通过这些信息，推测化合物的确切结构或对照标准谱图判断化合物的结构是否正确。

5. 质谱（Mz）

（1）基本原理

质谱分析法是用具有一定能量的电子流去轰击被分析的有机分子 M，M 失去一个电子生成分子离子峰 M^{+}，分子离子中的化学键在电子流轰击下会连续发生断裂生成各种阳离子碎片。在外加静电场和磁场的作用下，按质荷比将这些碎片逐一进行分析和检测。在获得的质谱图上，各种碎片离子的质荷比数值提供了分子结构的组成信息，结合分子断裂过程的机理，可推测被测物质的分子结构，并确定其分子量、组成元素的种类和分子式。

各种正离子的质量与其所带的电荷之比（质荷比）m/z 是不同的，在电场、磁场作用下，可按 m/z 的大小分离得到质谱。

（2）质谱图解析

解析质谱图上出现的峰，确定这些峰是怎么产生的，它们的位置和强度与化合物的分子种类和结构的关系。质谱图上出现的峰主要有分子离子峰、碎片离子峰、同位素离子峰等。

分子离子峰：分子离子峰一般位于质谱图的最右端。但质谱最右端的峰不一定都是分子离子峰，根据情况做具体分析。有机分子失去一个电子后生成分子离子，因为一个电子的质量很小，可忽略，因此分子离子峰的 m/z 值就等于有机分子的相对分子质量。

碎片离子峰：分子离子在电子流轰击下会连续开裂生成各种碎片离子。碎片离子的相对丰度与化合物的分子结构有密切的关系。

同位素离子峰：组成有机化合物的元素中，C、H、O、N、S、Cl、Br 等都有同位素，因此在质谱中会出现M+1、M+2等同位素峰，这些峰的强度与分子中所含该元素的原子数目及该同位素的天然丰度有关。

三、例题解析

【例1】 下列官能团在红外光谱中吸收峰频率最高的是哪个？

(1) $>C=C<$　(2) $HC\equiv CH$　(3) $>N-H$　(4) $-O-H$

解：(4)—O—H的吸收峰频率最高。

氧氢键的伸缩振动比氮氢键的伸缩振动高些，且从强度可以区分两者。羟基的吸收峰宽而强，氨基的吸收峰尖而弱。

【例2】 下列化合物各有几种磁不等性质子？

(1) $CH_3CH_2CH=CH_2$　(2) $C_6H_5CH_3$（甲苯）　(3) 邻羟基苯甲醛（苯环上连CHO和OH）

解：化学环境不同的质子称为磁不等性质子。

(1) 的“$=CH_2$”上的两个氢原子属于磁不等性质子，加上其他三种磁不等性质子，所以有5种磁不等性质子；

(2) 的苯环上有三种磁不等性质子，加上甲基的一种，所以有4种磁不等性质子；

(3) 的苯环上的四个氢都处在磁不等性的位置，加上醛基的一个氢和羟基的一个氢，所以有6种磁不等性质子。

【例3】 下列化合物中，甲基上质子的化学位移最大的是哪一个？

(1) $CH_3CH_2CH_3$　(2) $CH_3CH=CH_2$　(3) $CH_3C\equiv CH$　(4) $C_6H_5CH_3$

解：磁各向异性效应对化学位移产生影响。苯环的π电子在外加磁场中所产生的感应磁场方向与外加磁场方向相反，且磁力线是闭合的，苯环上的质子正好处在感应磁场与外加磁场方向一致的区域（去屏蔽区），故信号出现在低场。所以甲苯（$CH_3C_6H_5$）中甲基上质子化学位移值最大。

【例4】 A、B两种化合物的分子式均为$C_3H_6Cl_2$，分别测得它们的^{1}H-NMR谱的数据为：

A. 多重峰 $\delta=2.2$　2H；三重峰 $\delta=3.7$　4H

B. 单峰　$\delta=2.4$　6H

试推测A、B的结构式。

解：A有两组峰，说明有两种磁不等性质子。一组$\delta=2.2$，2H，多重峰表示邻近有多个氢，可能是$—CH_2CH_2CH_2—$；另一组为：三重峰$\delta=3.7$，4H，说明周围有两个质子，δ值较大，说明靠近氯原子。所以A的结构式为：$ClCH_2CH_2CH_2Cl$。B只有一组峰，只有一种等性质子。所以B的结构式为：$CH_3CCl_2CH_3$。

【例5】 根据光谱分析，推测分子式为C_4H_7N的结构式。已知：IR谱2273cm^{-1}；^{1}H-NMR谱：$\delta=2.82$（1H）七重峰；$\delta=1.33$（6H）双重峰，$J=6.7$Hz。

解：IR谱2273cm^{-1}表明有—CN基团的伸缩振动；^{1}H-NMR谱：$\delta=2.82$（1H）七

重峰，表明是—$CH(CH_3)_2$ 中 CH 上的氢；$\delta=1.33$（6H）双重峰，$J=6.7Hz$，表明是—$CH(CH_3)_2$ 中两个 CH_3 上的氢。所以，此化合物的结构式为：$(CH_3)_2CHCN$。

四、习题

1. 用红外光谱可以鉴别下列哪几对化合物？说明理由。

（1）$CH_3CH_2CH_2OH$ 与 $CH_3CH_2NHCH_3$

（2）CH_3COCH_3 与 CH_3CH_2CHO

（3）$CH_3CH_2CH_2OCH_3$ 与 $CH_3CH_2COCH_3$

2. 应用 IR 或 ^{1}H-NMR 谱中的哪一种，可使下列各对化合物被快速而有效地鉴别？

（1）$CH_3CH_2CH_2CHO$ 与 $CH_3COCH_2CH_3$

（2）环己醇与环己酮

（3）2-丁醇与四氢呋喃

3. 具有下列各分子式的化合物，在 ^{1}H-NMR 谱中均出现 1 个信号，其可能的结构式是什么？

（1）C_5H_{10}　（2）$C_3H_6Br_2$　（3）C_2H_6O　（4）C_3H_6O　（5）C_4H_6

4. 如何用 ^{1}H-NMR 谱区分下列各组化合物？

（1）环丁烷与甲基环丙烷

（2）$C(CH_3)_4$ 与 $CH_3CH_2CH_2CH_2CH_3$

（3）$ClCH_2CH_2Br$ 与 $BrCH_2CH_2Br$

5. 某化合物的分子式为 C_4H_8O，其红外光谱在 $1751cm^{-1}$ 有强吸收，它的核磁共振谱中有一个单峰相当于 3 个 H，有一个四重峰相当于 2 个 H，有一个三重峰相当于 3 个 H。试写出该化合物的结构式。

6. 某化合物元素分析结果为 C 62.5%，H 10.3%，O 27.5%。常温时，该化合物与碘无作用，但加入 NaOH 并加热，则得到黄色沉淀。它的一些波谱数据如下：

MS　分子离子峰 m/z 为 116；

UV　无吸收峰；

IR　$3300cm^{-1}$ 有强宽吸收峰，$1700cm^{-1}$ 有强吸收峰；

^{1}H-NMR　$\delta1.3$ 单峰；$\delta2.6$ 单峰；$\delta3.8$ 单峰，峰面积比为 6∶3∶2。

请根据以上提供的数据推导该化合物的结构。

五、习题参考答案

1. 可以鉴别（3）。因为 $CH_3CH_2COCH_3$ 中的羰基在 $1700cm^{-1}$ 左右有强的特征峰。

2.（1）用 ^{1}H-NMR 谱鉴别；（2）用 IR 谱；（3）用 IR 谱。

3. 可能的结构式如下：

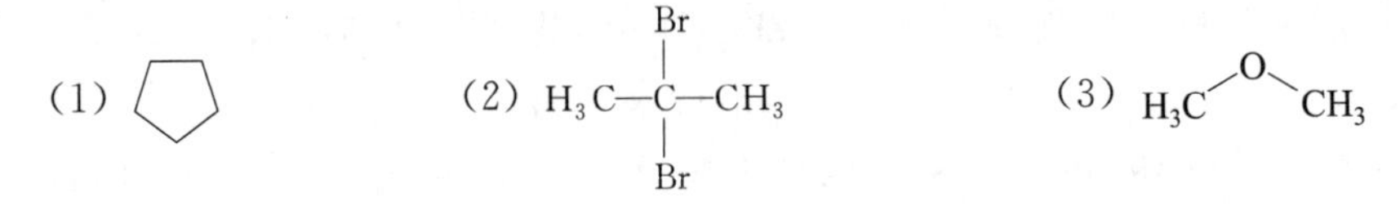

(4) $H_3C—\overset{\overset{\displaystyle O}{\|}}{C}—CH_3$　　　　(5) $CH_3C\equiv CCH_3$

4.(1) 环丁烷只有一个信号。　　　　(2) $C(CH_3)_4$ 只有一个信号。

(3) $BrCH_2CH_2Br$ 只有一个信号。

5. $CH_3CH_2COCH_3$

6.该化合物的结构式为：$CH_3\overset{\overset{\displaystyle O}{\|}}{C}CH_2\underset{\underset{\displaystyle OH}{|}}{\overset{\overset{\displaystyle CH_3}{|}}{C}}CH_3$

第四章　周环反应

一、目的要求

1. 了解分子轨道对称守恒原理。
2. 学会用分子轨道图判断周环反应。
3. 掌握电环化反应、环加成反应和 σ 迁移反应。

二、本章要点

1. 周环反应的定义和特点

周环反应主要包括电环化反应、环加成反应和 σ 迁移反应。它是一类具有高度的立体专一性的反应，在一定的反应条件下，生成转移构型的产物。周环反应的主要特点是反应过程中没有自由基或离子等活性中间体；反应速率与溶剂、催化剂、引发剂及抑制剂的关系不大；反应条件一般只需加热或光照；反应具有高度的立体选择性。

2. 周环反应的研究背景

由美国化学家 Woodward R B 和 Hoffmann R 创立的分子轨道对称守恒原理认为，化学反应是分子轨道进行重新组合的过程，在一个协同反应中，分子轨道的对称性是守恒的，即由原料到产物，轨道对称性始终不变。

3. 电环化反应

电环化反应是在热或光的作用下，链状的共轭多烯烃通过分子内的环化，在共轭体系的两端形成 σ 键而关环，同时减少一个双键而生成环烯烃的反应及其逆反应。这种反应的特点是，在热或光的作用下都反应，常用顺旋和对旋来描述两种立体化学方式，其规律为：

反应物 π 电子数	旋转方式	热作用	光作用
$4n$	顺旋	允许	禁阻
	对旋	禁阻	允许
$4n+2$	对旋	允许	禁阻
	顺旋	禁阻	允许

4. 环加成反应

环加成反应是在热或光的作用下，两个烯烃或共轭多烯烃或其他 π 体系的分子相互作用，形成一个稳定的环状化合物的反应。环加成反应的规律为：

参与反应的π电子数	反应条件	反应结果
$4n+2$	加热	允许
	光照	禁阻
$4n$	加热	禁阻
	光照	允许

5. σ 迁移反应

σ迁移反应是一个以σ键相连的原子或基团，从共轭体系的一端迁移到另一端，同时还伴随着π键转移的协同反应。σ迁移反应有［1,j］和［i,j］。在立体选择性方面σ迁移反应有同面迁移和异面迁移。σ迁移反应的规律为：

［1,j］迁移：［1,3］异面；［1,5］同面；［1,7］异面。

［i,j］迁移：［3,3］同面；［3,5］异面；［3,7］同面；［5,5］同面；［5,7］异面。

三、例题解析

【例 1】 推测下列化合物发生电环化反应时产物的结构。

(1)

(2)

解：(1) $4n+2$ 体系，加热对旋允许 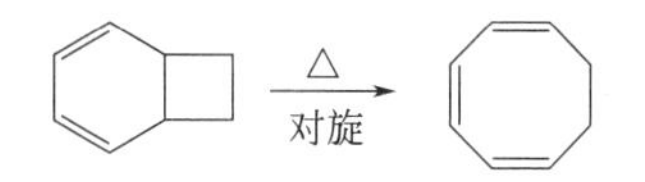

(2) $4n$ 体系，加热顺旋允许 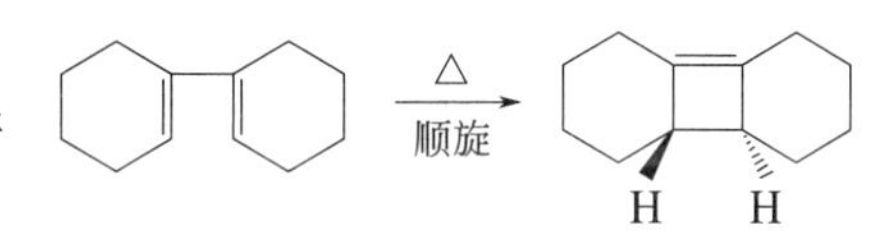

【例 2】 推测下列化合物环加成时产物的结构。

(1)

(2)

解：(1) 加热条件下，两次都是［4+2］环加成反应。

(2) 加热条件下，［4+2］环加成反应。

【例 3】 加热下列化合物会发生什么样的变化

(1)

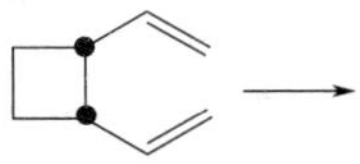

(2)

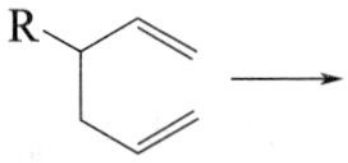

解： 加热条件下这两个反应都是 Cope 重排，1,5-二丁烯及其衍生物的［3，3］碳迁移反应。

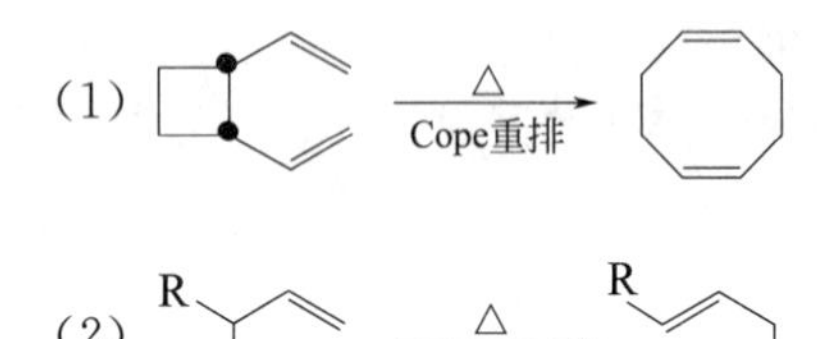

(2)

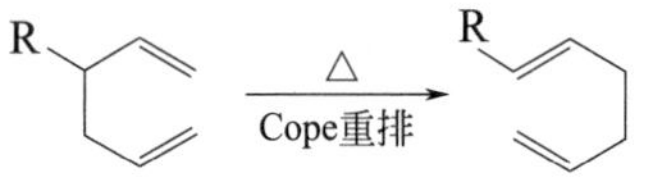

四、习题

1. 试预测下列反应的产物。

(1)

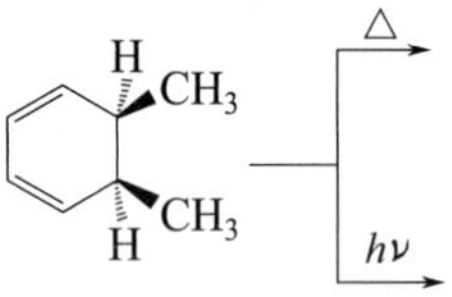

(2)

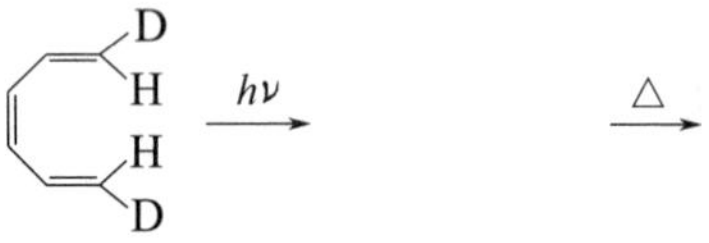

(3)

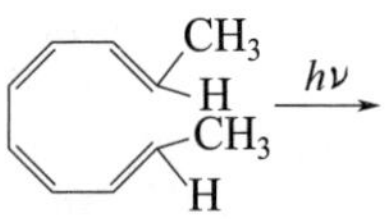

2. 试判断下列反应所需要的条件是光还是热。

(1)

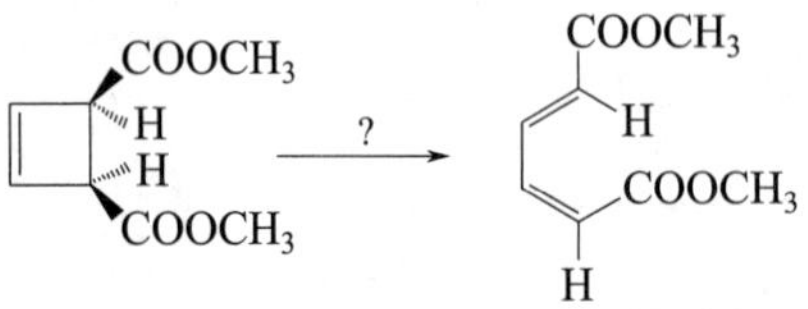

(2)

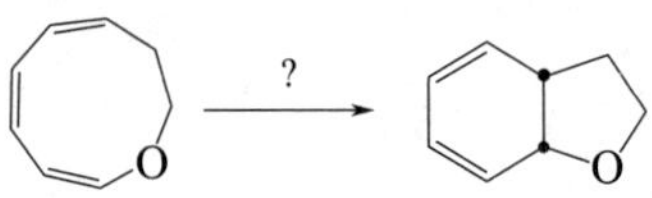

3. 完成下列反应。

（1）  + O △

（2） R H H R △ ? O O O R H O O H R O

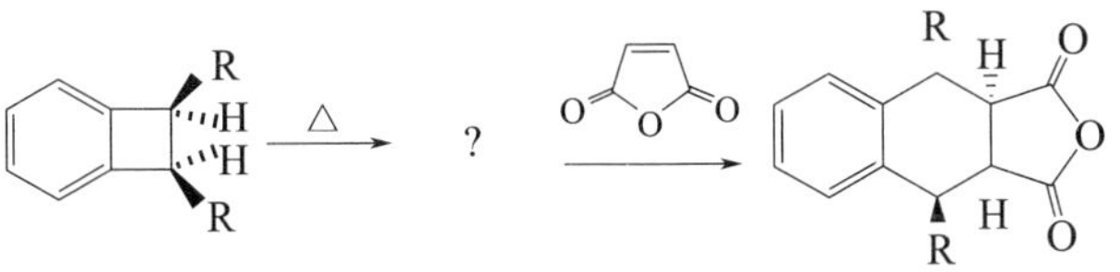

4. 下列反应的产物张力很大，但可以生成，为什么？

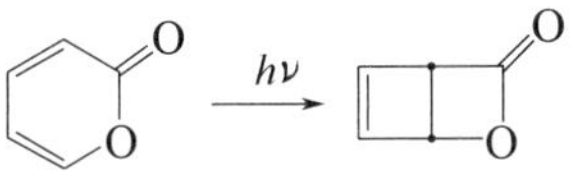

O O $h\nu$ O O

5. 推断结构。

下列化合物中，（A）在加热时，示踪原子氘要受到所有非苯环的三个位置的争夺，而产生（B）和（C）。其中主要发生了氢或氘的 σ 迁移，如按［1,3］迁移不可能产生（B）。试推测发生了什么反应，怎样产生的（B），用反应式写出平衡关系式。

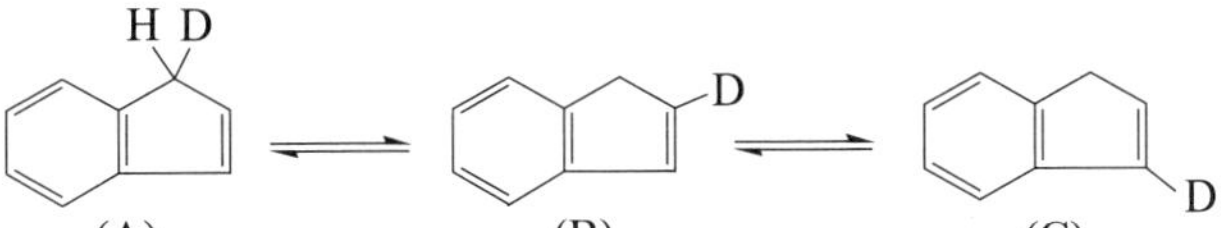

H D (A) D (B) (C) D

6. 解释下列现象。

（1）1,3-环戊二烯与顺-丁烯二酸酯环加成，生成产物 COOR COOR，而与反-丁烯二酸酯环加成得到 COOR COOR 。

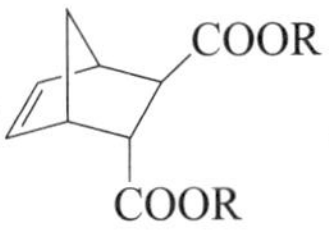

（2） $O—CH_2CH═CH_2$ H_3C $CH_2CH═CHCH_3$ 发生 Claisen 重排反应生成两个产物（A）和（B）：

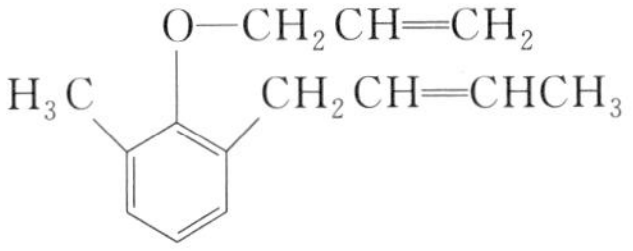

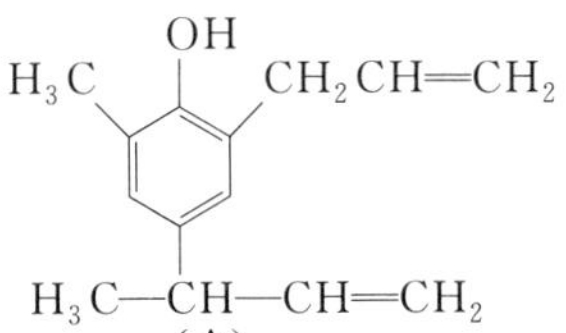

OH H_3C $CH_2CH═CH_2$ $H_3C—CH—CH═CH_2$ （A）

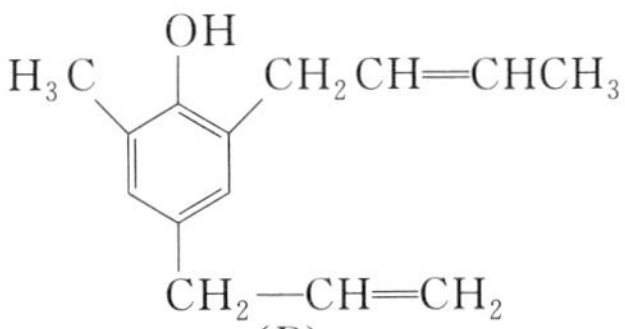

OH H_3C $CH_2CH═CHCH_3$ $CH_2—CH═CH_2$ （B）

7. 给出下面反应的中间产物。

Me Me Me △ 对旋关环 ? △ [1, 5]碳迁移 ? △ 对旋开环 Me Me Me

五、习题参考答案

1.

(1) 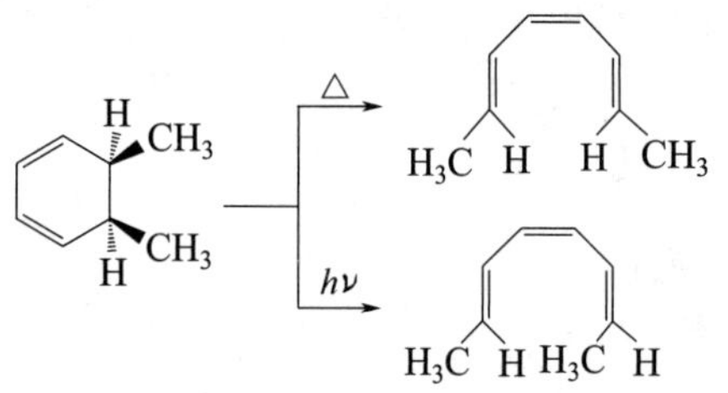 H CH_3 CH_3 H —△→ H_3C H H CH_3 ; —$h\nu$→ H_3C H H_3C H

(2) 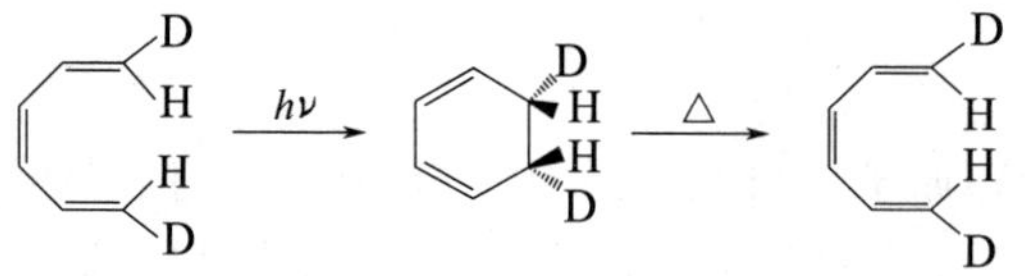 D H H D —$h\nu$→ D H H D —△→ D H H D

(3) CH_3 H CH_3 H —$h\nu$→ CH_3 H H CH_3

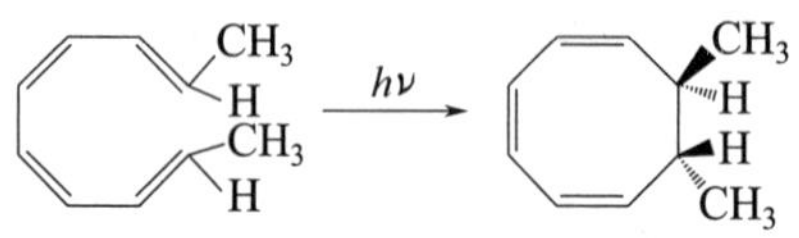

2.（1）热（顺旋）　　（2）热（对旋）

3.

(1)  O　　(2) 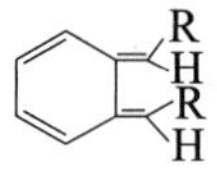 R H R H

4. 为 $4n$ 体系，光催化对旋关环。

5.

D H H ⇌[1, 5]-H D H 1 2 3 4 5 (A) ⇌[1, 5]-D D H ⇌[1, 5]-H D (B)

⇌[1, 5]-H D (C)

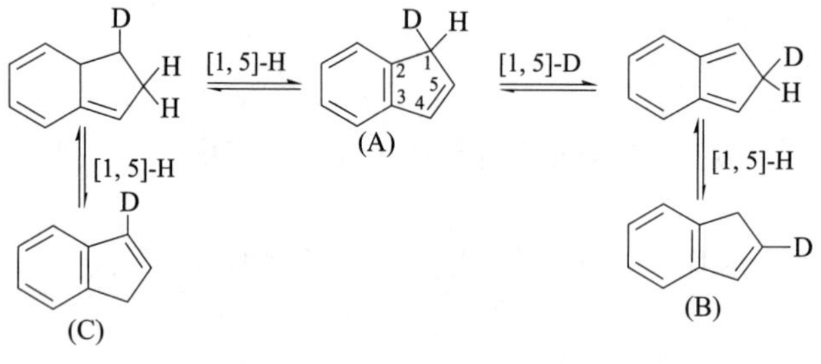

6.（1）Diels-Alder 反应时立体专属性的顺式加成。

（2）

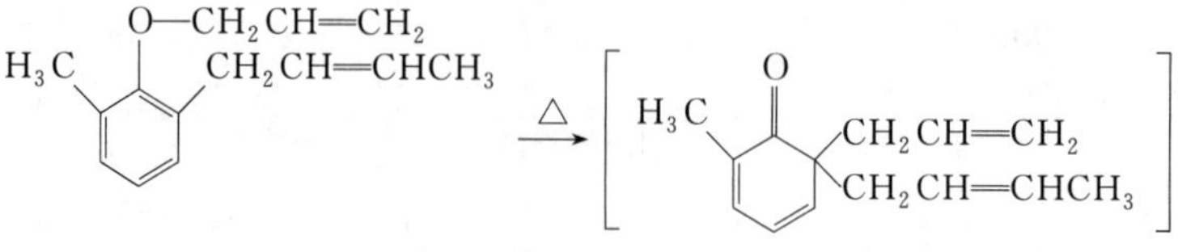

O—CH_2CH═CH_2

H_3C　CH_2CH═$CHCH_3$

—△→ [H_3C O CH_2CH═CH_2 CH_2CH═$CHCH_3$]

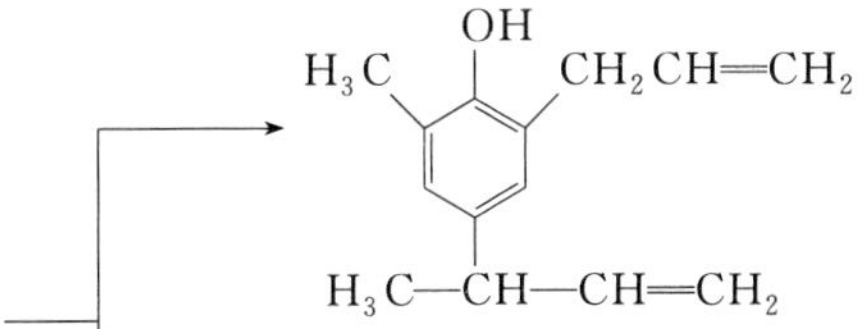

OH

H_3C $CH_2CH{=}CH_2$

$H_3C{-}CH{-}CH{=}CH_2$ (A)

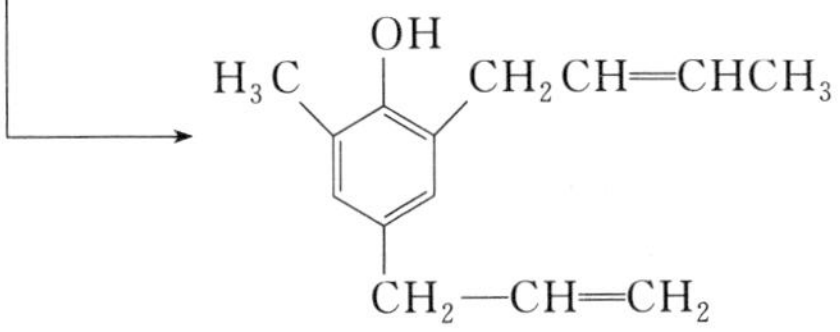

OH

H_3C $CH_2CH{=}CHCH_3$

$CH_2{-}CH{=}CH_2$ (B)

7.

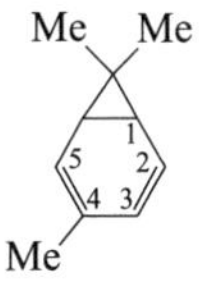

Me Me

1 2 3 4 5

Me

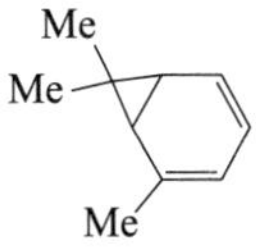

Me

Me

Me

第二部分

基础有机化合物

第五章 饱和脂肪烃

一、目的要求

1. 熟悉同系列、同系物的概念和同分异构现象。
2. 掌握烷烃和环烷烃的分子结构、分类和命名方法以及环烷烃的稳定性。
3. 熟悉烷烃和环烷烃的构象特点，掌握环己烷及其衍生物的构象，学会判断稳定构象。
4. 掌握烷烃和环烷烃的化学性质，了解其物理性质。
5. 了解自由基取代反应的历程。

二、本章要点

1. 同系列和同分异构

结构相似，性质也很相似，而在组成上相差 CH_2 或它的倍数的许多化合物，组成一个系列，叫作同系列。同系列中的各化合物称为同系物。CH_2 则叫作同系列的系差。

分子式相同而结构不同的化合物称为同分异构体，简称为异构体。烷烃的同分异构现象主要是碳架异构，即由于分子中碳原子的连接顺序和排列方式不同而引起的异构现象。

碳原子和氢原子的分类：碳原子可以分为伯、仲、叔和季碳原子或一级、二级、三级和四级碳原子；而与伯、仲、叔碳原子相连的氢原子，分别称为伯、仲、叔氢原子。

2. 烷烃和环烷烃的结构和命名

形成烷烃的碳原子都是 sp^3 杂化的碳原子，碳原子在以四个单键与其他四个原子结合时，四个 sp^3 杂化轨道的对称轴在空间的取向相当于从正四面体的中心伸向四个顶点的方向，键角均为 109.5°。

三个碳以上直链烷烃的碳链主要是以锯齿型存在。所谓“直链”烷烃，其“直链”二字的含意仅指不带有支链。

环烷烃的环的稳定性与环的大小有关，三元环最不稳定，四元环比三元环稍稳定一点，五元环较稳定，六元环最稳定。大环烷烃，趋近于环己烷的稳定性。

烷烃的命名主要有普通命名法和系统命名法。

普通命名法一般只适用于简单的、含碳较少的烷烃。其基本原则是：根据碳原子的数目称为某烷，十个碳原子以下用甲、乙、丙、丁、戊、己、庚、辛、壬、癸的顺序命名，十一个碳原子以上就用十一、十二、十三……命名。用正（*n*-）、异（*i*-）、新（*nec*-）等前缀区别同分异构体。

烷烃系统命名法的原则如下：

（1）选取主链（母体），按照最长原则。

（2）将主链以外的其他烷基看作主链上的取代基（或叫支链）。

（3）主链碳原子编号，从靠近支链的一端编号。若有几种编号的可能时，应当选使取代基的位次最小，即“最低系列”的编号方法。

（4）相同取代基合并；不同取代基按“次序规则”，较优基团写在后面。

（5）当有两条或两条以上相同长度的碳链作为主链时，则应选定具有支链数目最多的碳链为主链。

单环烷烃的系统命名与相应的烷烃基本相同，只是在相应烷烃的名称前冠以“环”字。环上只有一个取代基时，不必编号；有两个或两个以上取代基时，连接最小的取代基的碳原子编为1，其他取代基的位置的编号尽可能小。取代基不同时，则根据“次序规则”，较优基团给以较大的编号。

螺环烃和桥环烃：两个环共用一个碳原子的环烷烃称为螺环烃；两个环共用两个或两个以上碳原子的环烷烃称为桥环烃。根据螺环烃和桥环烃中环上碳原子的数目分别叫螺某烷或二环某烷。

3. 烷烃和环烷烃的构象

由于围绕单键旋转而产生的分子中的原子或基团在空间的不同排列形式叫构象。构象有无限多种，乙烷的两种典型构象是重叠式和交叉式（图5-1）。交叉式构象中两个碳原子上的氢原子间的距离最远，相互间的排斥力最小，分子的内能最低，因而稳定性也最大，这种构象称为优势构象。内能最高、最不稳定的构象则是重叠式。

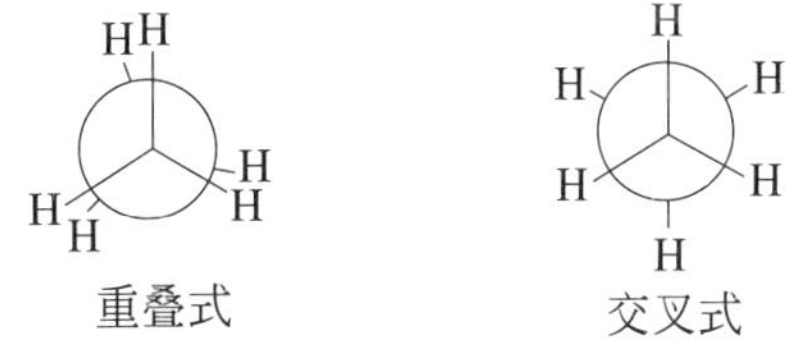

图5-1　乙烷构象的纽曼投影式

丁烷可以看作乙烷的二甲基衍生物，以C-2—C-3键为轴旋转可形成无数种构象。丁烷的典型构象有四种：对位交叉式、部分重叠式、邻位交叉式和全重叠式，其稳定性大小顺序为：全重叠式＜部分重叠式＜邻位交叉式＜对位交叉式。

由于对位交叉式是最稳定的构象，所以三个碳以上烷烃的碳链应以锯齿形为最稳定。

环己烷具有两种保持正常键角的构象：椅式和船式构象。在椅式中，相邻碳原子的键都处于邻位交叉式的位置，是优势构象，具有与烷烃相似的稳定性。而船式的2、3和5、6两对碳原子的构象是重叠型的，且船头和船尾的氢原子距离较近，斥力较大，故船式构象能量高，不稳定。在常温下环己烷几乎完全以较稳定的椅式构象存在（图5-2）。

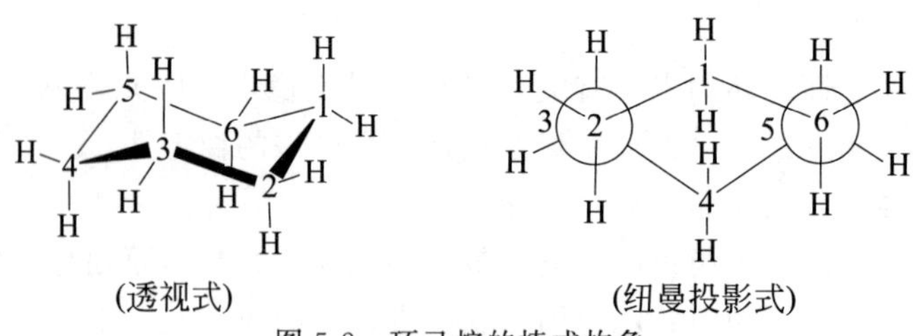

图 5-2　环己烷的椅式构象

在环己烷的椅式构象中的 12 个 C—H 键分成两类：第一类六个 C—H 键是垂直于 C-1、C-3、C-5（或 C-2、C-4、C-6）形成的平面，叫直立键，以 a 键表示，其中三个在环的上方，其余三个在环的下方，相邻两个则一上一下（图 5-3）；第二类六个 C—H 键与直立键形成接近 109°28′夹角，叫平伏键，以 e 键表示。

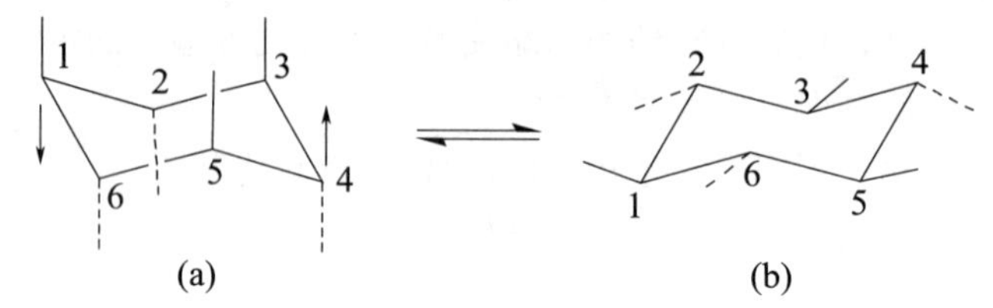

图 5-3　椅式构象的 C—H 键

在室温下，两种椅式构象在不断地相互翻转，翻转以后 C-1、C-3 和 C-5 形成的平面转至 C-2、C-4 与 C-6 形成的平面之下，因此 a 键变为 e 键，而 e 键则变为 a 键。

取代环烷烃如甲基环烷烃（见图 5-4 中Ⅰ），由于甲基的体积比氢大，所以它与 C-3、C-5 上的氢之间的距离要小于两个氢的范德华半径，使得它们之间产生相互排斥作用，环就产生了一定的张力。但如甲基连在 e 键上，（见图 5-4 中Ⅱ），由于甲基伸向环外，离非键合氢原子（无论 a 键还是 e 键上的氢原子）较远，不产生张力。这样在各种构象的平衡体系中，甲基处在 e 键上的构象是占有绝对优势的构象。

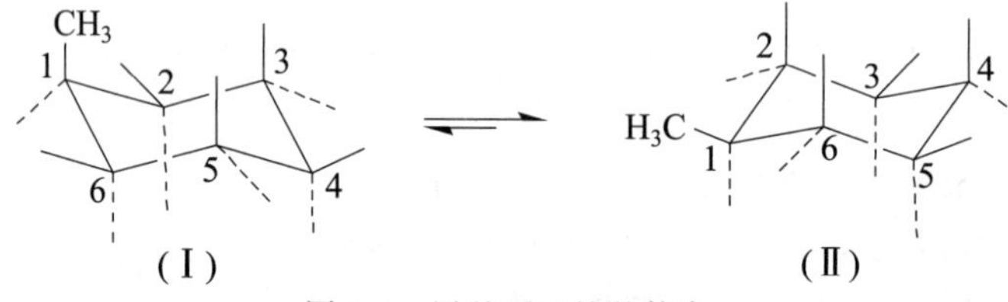

图 5-4　甲基环己烷的构象

环己烷的多取代衍生物中，最大基团处在 e 键上的构象最稳定；且取代基处在 *e* 键上越多的构象则越稳定。

4. 烷烃和环烷烃的化学性质

烷烃的化学性质比较稳定。在一定条件下，烷烃主要发生燃烧、氧化以及卤代反应。环烷烃的化学性质与相应的烷烃性质基本相似，但小环烷烃如三元及四元环烷烃，由于碳碳间电子云重叠程度较差，化学性质比较活泼，容易发生加成开环反应。

燃烧和氧化：烷烃可燃烧生成水和二氧化碳，同时放出大量的热。

烷烃的卤代反应：在加热或光照条件下，烷烃分子中的氢原子可以被卤原子（氯、溴）取代，发生卤代反应。例如：

$$Cl_2 + CH_4 \xrightarrow{光} CH_3Cl + CH_2Cl_2 + CHCl_3 + CCl_4 + HCl$$

烷烃的卤代反应对伯、仲、叔氢原子有一定的选择性。烷烃分子中氢原子卤代的反应活泼性为：叔氢＞仲氢＞伯氢。例如：

$$CH_3CH(CH_3)CH_3 + Br_2 \xrightarrow[\text{或高温}]{\text{光照}} \underset{99\%}{(CH_3)_3CBr} + \underset{1\%}{CH_3CH(CH_3)CH_2Br}$$

烷烃卤代反应中卤素的反应活泼性是：$F_2 \gg Cl_2 > Br_2 \gg I_2$。

环烷烃的取代反应：在光照或高温下，环戊烷以及更高级的环烷烃可以发生卤代反应生成卤代环烷烃。例如：

$$\text{环己烷} + Br_2 \xrightarrow{\text{日光}} \text{溴代环己烷} + HBr$$

环烷烃的开环加成反应：三元及四元环烷烃可以发生催化加氢、加卤素和加卤化氢等开环加成反应。例如：

$$\text{环丙烷} + H_2 \xrightarrow[80℃]{Ni} CH_3CH_2CH_3$$

$$\text{环丙烷} + Br_2 \xrightarrow[CCl_4]{\text{室温}} BrCH_2CH_2CH_2Br$$

一般取代三元环的开环规律为：从含 H 最多和含 H 最少的 C—C 之间开环；与 HX 反应时，H 加在含 H 多的碳原子上。例如：

$$\text{1,1,2-三甲基环丙烷} + HBr \longrightarrow CH_3CHCH_2CBr(CH_3)CH_3$$

5. 自由基取代反应的历程

烷烃卤代反应属于自由基取代反应。它的反应过程包括链的引发、链的增长和链的终止三个阶段。自由基反应常需在光照、加热或在能产生自由基的引发剂的存在下进行。

三、例题解析

【例 1】 下列烷烃的系统命名中，指出哪些命名是错误的并予以更正。

（1）（螺环结构，两个 H_3C 取代）

2,9-二甲基螺[4.5]癸烷

（2）$CH_3CHCH_2CH(CH_3)CH_2CH_3$，其中 C2 上连 $CH(CH_3)_2$

3- 甲基 -5- 异丙基己烷

（3）$CH_3CH_2CH_2C(CH_3)_2CH_2CH_3$

3- 二甲基己烷

（4）$CH_3CH_2CH(C_2H_5)CH(CH_3)CH_2CH_2CH_3$

4- 甲基 -3- 乙基庚烷

(5) CH_2CH_3 / CH_3

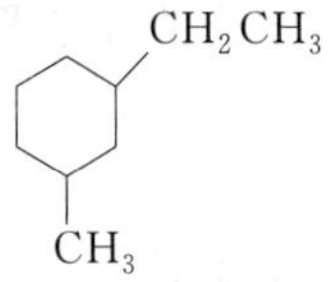

1- 乙基 -3- 甲基环己烷

(6) CH_3

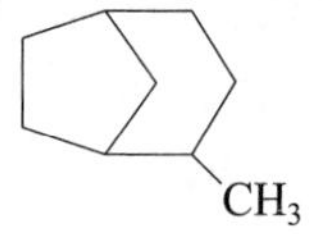

1-甲基二环[1.2.3]辛烷

解：（1）错。

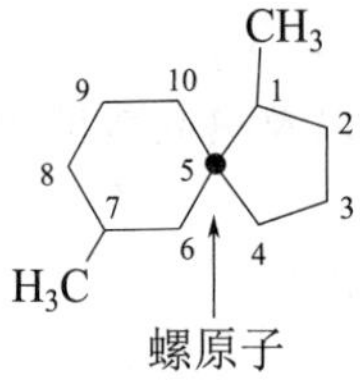

CH_3 1 2 3 4 5 6 7 8 9 10 H_3C

螺原子

1, 7-二甲基螺[4.5]癸烷

螺环化合物命名的编号规则：从小环上与螺原子相邻的碳原子开始，把小环上的碳原子依次编号，然后通过螺原子到大环，再把大环的碳原子进行编号。取代基位次在满足螺环编号的前提下遵循最低系列规则，方括号内注明两个环中除去螺原子以外的碳原子数目，且先小后大。所以两个甲基的编号应该是 1 位和 7 位。正确名称是 1,7-二甲基螺［4.5］癸烷。

（2）错。应采用最长碳链为主链，主链碳原子的编号应从靠近取代基链端开始。故应为 2,3,5-三甲基庚烷。

（3）错。有多个相同的取代基时，每个取代基的编号都要标出，故应为 3,3-二甲基己烷。

（4）对。

（5）错。环烷烃命名时，环碳原子编号应从较小烷基所在碳原子开始，且小基团写在前面。故应为 1-甲基-3-乙基环己烷。

（6）错。

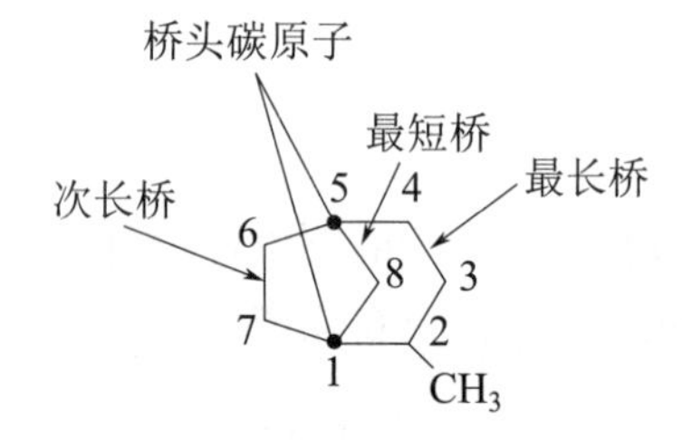

桥环烷烃命名的编号从桥头碳开始，先编最长桥，然后次长桥，最后是最短桥，取代基位次在满足桥环编号的前提下遵循最低系列规则，方括号内数字表示除去桥头碳原子以外各条桥上的碳原子数目，且先大后小。此桥环烷烃的碳原子共 8 个，母体烃的名称为辛烷。故应为 2-甲基二环［3.2.1］辛烷。

【例 2】 写出 3,5-二甲基-3-乙基-6-异丙基壬烷的结构式，并指出各碳原子的类型。

解： 3,5-二甲基-3-乙基-6-异丙基壬烷的结构式为：

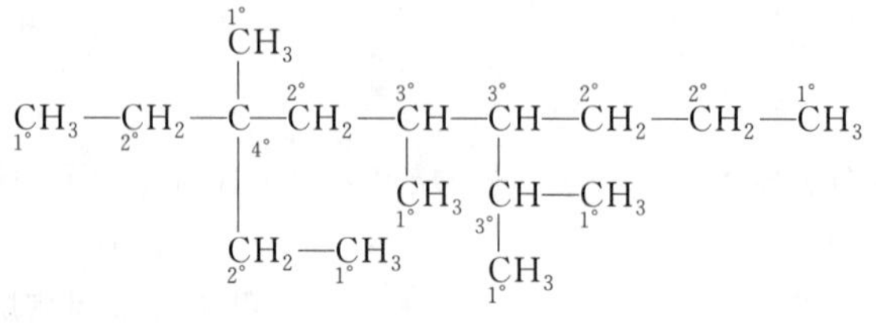

$$\overset{1°}{CH_3}-\overset{2°}{CH_2}-\overset{4°}{C}(\overset{1°}{CH_3})(\overset{2°}{CH_2}-\overset{1°}{CH_3})-\overset{2°}{CH_2}-\overset{3°}{CH}(\overset{1°}{CH_3})-\overset{3°}{CH}(\overset{3°}{CH}(\overset{1°}{CH_3})_2)-\overset{2°}{CH_2}-\overset{2°}{CH_2}-\overset{1°}{CH_3}$$

上述结构中1°表示伯碳原子，此碳原子只与一个碳原子相连；2°表示仲碳原子，此碳原子与两个碳原子相连；3°表示叔碳原子，此碳原子与三个碳原子相连；4°表示季碳原子，此碳原子与四个碳原子相连。伯、仲、叔、季碳原子又分别称为一级、二级、三级、四级碳原子。与伯、仲、叔碳原子相连的氢原子分别称为伯、仲、叔氢原子。

【例3】 回答下列问题：

（1）为什么烷烃的化学性质不活泼？

（2）为什么直链烷烃的沸点随分子量的增加而增加，支链烷烃的沸点比碳原子数相同的直链烷烃低？

（3）为什么正丁烷的熔点（−138.4℃）要高于异丁烷的熔点（−159.6℃）？

解：（1）烷烃分子中只含有C—C和C—H的σ键，而且C—C和C—H键的键能较大，要破坏这些键而发生化学反应要求有很高的能量，所以烷烃分子都比较稳定，化学性质不活泼。

（2）烷烃分子是非极性分子，分子中碳原子和氢原子越多，即分子越大，色散力（分子间的相互作用力）就越大，分子运动所需要的能量就要增加，所以直链烷烃的沸点随分子量的增加而增加。有支链的分子由于支链的阻碍，分子间不能紧密地靠在一起，因此带支链的烷烃分子间的色散力比直链烷烃的小，沸点也相应地低一些。

（3）晶体的熔点与其晶格能有关，碳原子数相同的烷烃异构体的对称性越好，它们在晶体中填充得越好，晶格能越高，需要更多的能量才能破坏其晶格，因此其熔点越高。

【例4】 预测2,3-二甲基丁烷在室温下进行氯代反应时，所得各种一氯代产物的得率的比例。

解：2,3-二甲基丁烷的一氯代反应为：

$$\overset{1°}{CH_3}\underset{\substack{|\\ \underset{1°}{CH_3}}}{\overset{3°}{CH}}-\underset{\substack{|\\ \underset{1°}{CH_3}}}{\overset{3°}{CH}}\overset{1°}{CH_3}+Cl_2\xrightarrow{\text{光照}}CH_3\underset{\substack{|\\ CH_3}}{CH}-\underset{\substack{|\\ CH_3}}{CH}CH_2Cl+CH_3\overset{\substack{Cl\\ |}}{\underset{\substack{|\\ CH_3}}{C}}-\underset{\substack{|\\ CH_3}}{CH}CH_3$$

2,3-二甲基-1-氯丁烷(a)　2,3-二甲基-2-氯丁烷(b)

根据叔氢的活泼性为伯氢的5倍，即伯氢和叔氢相对一氯代产物比例是1∶5，然后再根据反应物中所含有的伯氢和叔氢的总数，则可根据下面的计算公式预测此反应一氯代产物（a）和（b）的得率之比为6∶5。

$$\frac{\text{a的得率}}{\text{b的得率}}=\frac{\text{伯氢的总数}}{\text{叔氢的总数}}\times\frac{\text{伯氢的相对反应活性}}{\text{叔氢的相对反应活性}}=\frac{12}{2}\times\frac{1}{5}=\frac{6}{5}$$

【例5】 画出2,3-二甲基丁烷以C-2—C-3键为轴旋转所产生的最稳定构象的纽曼投影式。

解：如果相对旋转轴有多个基团时，完全交叉的结构是最稳定的。所以，2,3-二甲基丁烷以C-2—C-3键为轴旋转所产生的最稳定的构象是对位交叉式。其纽曼投影式为：

H

H_3C　　CH_3

H_3C　　CH_3

H

【例6】 写出乙基环己烷、顺-1-甲基-4-叔丁基环己烷和反-1-甲基-4-叔丁基环己烷最稳定的构象，并说明原因。

解：

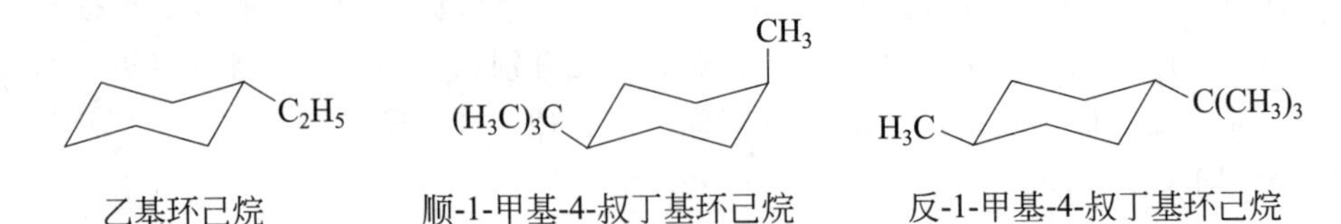

乙基环己烷　　顺-1-甲基-4-叔丁基环己烷　　反-1-甲基-4-叔丁基环己烷

在一取代环己烷的构象异构体中，取代基在平伏键（e 键）上的椅式构象是最稳定的构象。在多取代环己烷的构象异构体中，取代基处于 e 键上越多的构象则越稳定；且体积大的基团处在 e 键上的构象最稳定。按照环己烷中的相邻的 e 键或 a 键在环上的位置是一上一下的规则，对于顺-1-甲基-4-叔丁基环己烷，甲基和叔丁基不可能同时处于 e 键上，因此叔丁基处在 e 键，甲基处在 a 键的构象最稳定。而反-1-甲基-4-叔丁基环己烷，可以有甲基和叔丁基都处于 e 键上的最稳定构象。

【例 7】 将下列自由基的稳定性按从大到小排列成序。

（1）$\dot{C}H_3$　（2）$CH_3CH(CH_3)CH_2\dot{C}H_2$　（3）$CH_3\dot{C}(CH_3)CH_2CH_3$　（4）$CH_3CH(CH_3)\dot{C}HCH_3$

解：（3）>（4）>（2）>（1）。自由基的稳定性顺序是叔碳自由基>仲碳自由基>伯碳自由基>甲基自由基。

【例 8】 完成下列反应：

（1）甲基环己烷 $+ Br_2 \xrightarrow[\text{一溴代}]{\text{光照}}$

（2）1,1-二甲基环丙烷（H_3C　CH_3）$+ HBr \xrightarrow{\text{室温}}$

解：

（1）甲基环己烷（叔碳原子）$-CH_3 + Br_2 \xrightarrow[\text{一溴代}]{\text{光照}}$ 1-溴-1-甲基环己烷（CH_3, Br）$+ HBr$

甲基环己烷与溴在光照条件下发生的环上氢原子被溴取代的反应，属于自由基反应。叔氢的反应活性要大于仲氢和伯氢，所以此反应的一溴代主要产物为叔氢取代产物。

（2）1,1-二甲基环丙烷（H_3C　CH_3）$+ HBr \xrightarrow{\text{室温}} CH_3CBr(CH_3)CH_2CH_3$

此反应是小环化合物的开环加成反应，属于离子型反应。开环反应的规律是：从含 H 最多和含 H 最少的 C—C 之间开环。因此环丙烷的烷基衍生物与 HBr 反应时，H 加在含 H 多的碳原子上，Br 加在含 H 少的碳原子上。

四、习题

1. 用系统命名法（如果可能的话，同时用普通命名法）命名下列化合物。

(1) $CH_3CH_2CHCH_2CH_3$
$\qquad\qquad|$
$\qquad\quad CH_2CH_2CH_2CH_3$

(2) $CH_3(CH_2)_3CH(CH_2)_3CH_3$
$\qquad\qquad\quad|$
$\qquad\qquad C(CH_3)_2$
$\qquad\qquad\quad|$
$\qquad\qquad CH_2CH(CH_3)_2$

(3) $CH_3CH_2C(CH_2CH_3)_2CH_2CH_3$

(4) $(CH_3)_4C$

(5)
H H H H
| | | |
H—C—C—C—C—H
| | | | H
H H | H |
H—C——C—H
| |
H H

(6)
$\qquad\qquad\quad CH_3$
$\qquad\qquad\qquad|$
$CH_3CHCH_2C—CH_3$
$\qquad|\qquad\quad|$
$\quad CH_3\qquad CH_3$

(7) H, CH_2CH_3, H, CH_3

(8)

(9) H_3C—   —CH_3

(10)

(11)

(12)

(13)

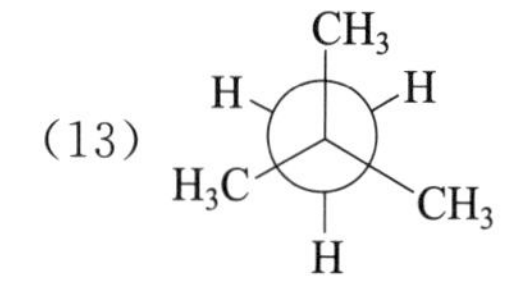

2.写出下列化合物的结构式，假如某个名称违反系统命名法，请予以更正。

(1) 2,4-二甲基戊烷
(2) 2,4-二甲基-5-异丙基壬烷
(3) 2,4,5,5-四甲基-4-乙基庚烷
(4) 2,3-二甲基-2-乙基丁烷
(5) 2-异丙基-4-甲基己烷
(6) 异丙基环戊烷
(7) 反-1-甲基-3-异丙基环己烷的优势构象
(8) 二环［4.1.0］庚烷
(9) 顺-1,3-二甲基环己烷
(10) 1,4-二甲基螺［2.4］庚烷

3.写出 C_7H_{16} 的所有同分异构体的结构式，用系统命名法命名之，并指出含有异丙基、异丁基、仲丁基或叔丁基的分子。

4.将下列化合物按沸点由高至低排列（不查表）。

(1) 3,3-二甲基戊烷　(2) 正庚烷　(3) 2-甲基己烷　(4) 正戊烷　(5) 2-甲基庚烷

5.完成下列反应式。

(1) $CH_3CH_2CH_3 + Br_2 \xrightarrow[\text{一取代}]{\text{光照}}$

(2)
$\qquad\quad CH_3$
$\qquad\qquad|$
$CH_3CCH_3 \ + Cl_2 \xrightarrow[\text{一取代}]{\text{光照}}$
$\qquad\qquad|$
$\qquad\quad H$

(3) + HCl ⟶

(4) 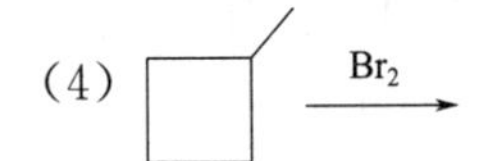

6.用化学方法区别下列各组化合物。

(1) 环丙烷和丙烷

(2) 1,2-二甲基环丙烷和环戊烷

7.写出乙烷氯代反应（光照条件下）生成一氯乙烷的反应机理。

8.指出下列几种操作条件和过程，哪些可以得到氯代产物，哪些不能发生反应，并解释之。

(1) 将甲烷和氯气的混合物放置在室温和黑暗中。

(2) 将氯气先用光照射，然后在黑暗中放置一段时间，再与甲烷混合。

(3) 将氯气先用光照射，然后迅速在黑暗中与甲烷混合。

(4) 将甲烷先用光照射，然后迅速在黑暗中与氯气混合。

(5) 将甲烷和氯气的混合物放置在日光下。

9.把下列锯架透视式或伞形透视式写成纽曼投影式，并判断是否为同一构象。

(1)

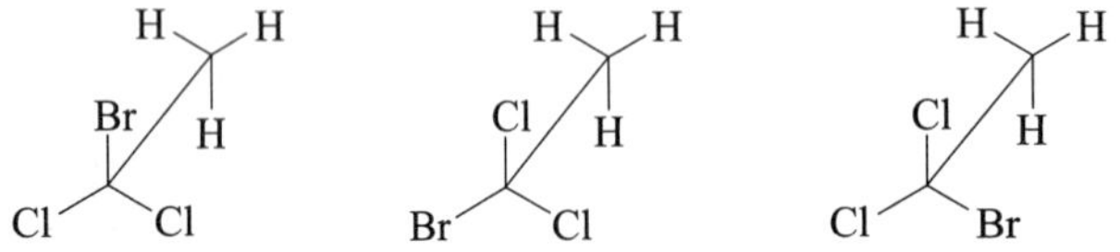

(2)

10.用纽曼投影式表示1-氯丙烷绕C-1—C-2轴旋转的四种代表性的构象，并比较四种构象的稳定性。

11.将下列1-甲基-4-叔丁基环己烷的不同构象按稳定性大小排列。

(1) 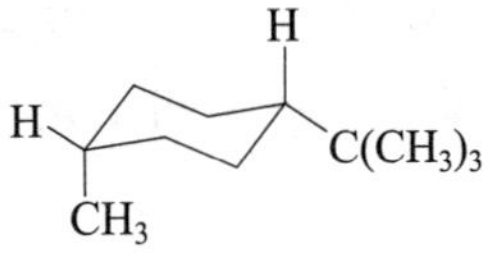 (2)

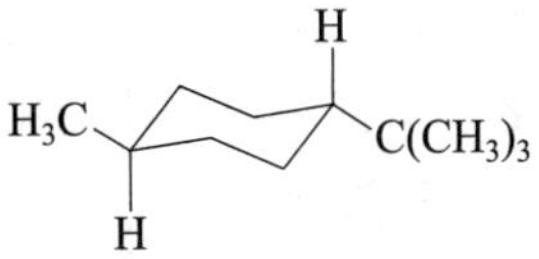

(3) 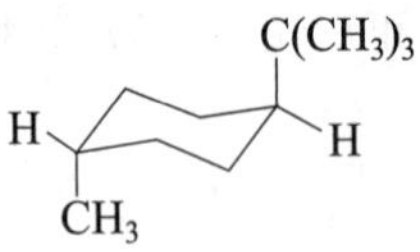 (4)

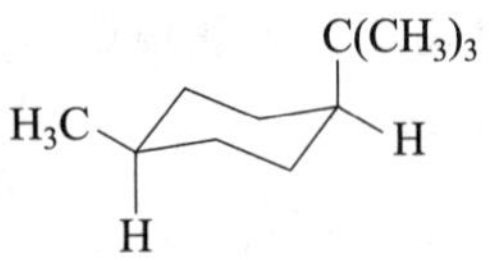

五、习题参考答案

1.(1) 3-乙基庚烷

(2) 2,4,4-三甲基-5-丁基壬烷

(3) 3,3-二乙基戊烷

(4) 2,2-二甲基丙烷（新戊烷）

(5) 3-甲基戊烷

(6) 2,2,4-三甲基戊烷

(7) 顺-1-甲基-4-乙基环己烷　　(8) 二环［2.1.0］戊烷

(9) 2,6-二甲基螺［3.3］庚烷　　(10) 二环［4.4.0］-2-癸烯

(11) 7,7-二甲基二环［2.2.1］庚烷　　(12) 6,6-二甲基螺［3.4］辛烷

(13) 2,2-二甲基丙烷（新戊烷）

2.

(1) $(CH_3)_2CHCH_2CH(CH_3)_2$

(2)  $(CH_3)_2CHCH_2CH(CH_3)CH(CH_2)_3CH_3$（CH 上连 $CH(CH_3)_2$）

(3)

CH_3　　CH_3　CH_3

CH_3CHCH_2C——CCH_2CH_3

C_2H_5　CH_3

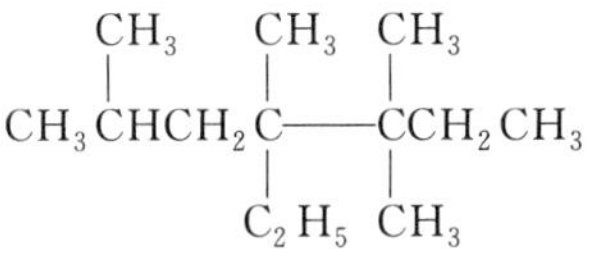

(4) 错

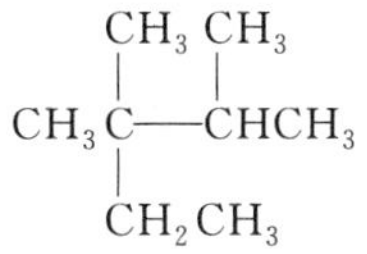

CH_3 CH_3

CH_3C—$CHCH_3$

CH_2CH_3

2,3,3- 三甲基戊烷

(5) 错

CH_3

$CH_3CHCH_2CHCH_2CH_3$

$CH(CH_3)_2$

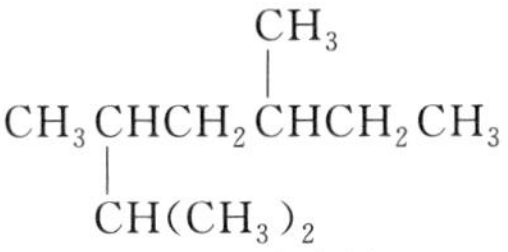

2,3,5- 三甲基庚烷

(6)

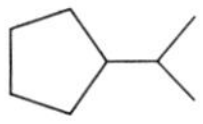

(7)

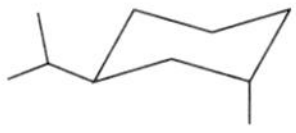

(8)

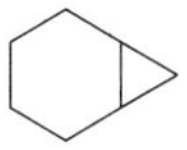

(9)

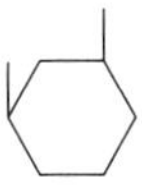

(10)

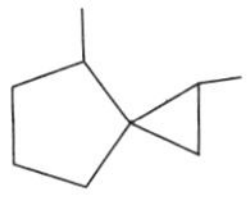

3.

$CH_3CH_2CH_2CH_2CH_2CH_2CH_3$

正庚烷

CH_3

$CH_3CH_2CH_2CH_2CHCH_3$

2-甲基己烷

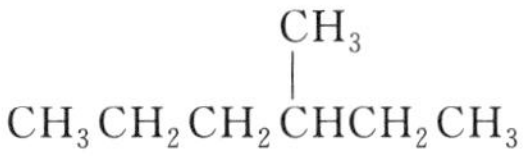

CH_3

$CH_3CH_2CH_2CHCH_2CH_3$

3-甲基己烷

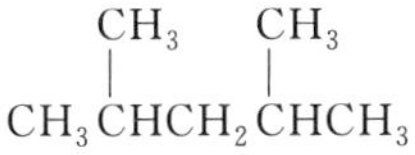

CH_3　CH_3

$CH_3CHCH_2CHCH_3$

2,4-二甲基戊烷

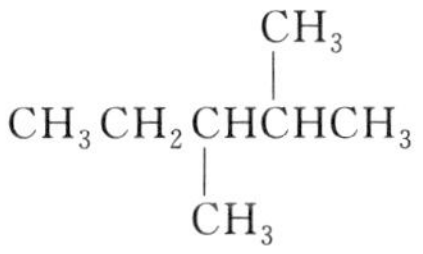

CH_3

$CH_3CH_2CHCHCH_3$

CH_3

2,3-二甲基戊烷

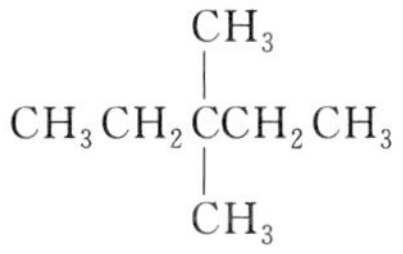

CH_3

$CH_3CH_2CCH_2CH_3$

CH_3

3,3-二甲基戊烷

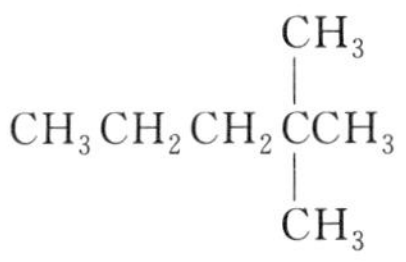

CH_3

$CH_3CH_2CH_2CCH_3$

CH_3

2,2-二甲基戊烷

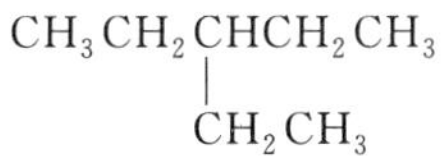

$CH_3CH_2CHCH_2CH_3$

CH_2CH_3

3-乙甲基戊烷

CH_3

CH_3CHCCH_3

CH_3CH_3

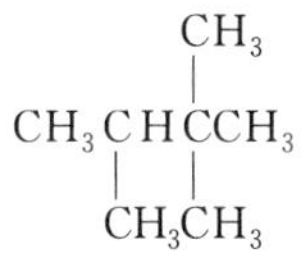

2,2,3-三甲基丁烷

含异丙基的是2-甲基己烷，2,4-二甲基戊烷，2,3-二甲基戊烷，2,2,3-三甲基丁烷；含异丁基的是2-甲基己烷，2,4-二甲基戊烷；含仲丁基的是3-甲基己烷，2,3-二甲基戊烷；含叔丁基的是2,2-二甲基戊烷，2,2,3-三甲基丁烷。

4. e＞b＞c＞a＞d

5. (1) $CH_3CHBrCH_3$　　(2) $CH_3CH(CH_3)CH_2Cl+(CH_3)_3CCl$

(3) $CH_3CH_2CHClCH_3$　　(4) $CH_3CHBrCH_2CH_2CH_3$

6.

(1) 环丙烷 / 丙烷 $\xrightarrow{Br_2/CCl_4}$ 褪色 / (－)

(2) 1,2-二甲基环丙烷 $\xrightarrow{Br_2/CCl_4}$ 褪色

环戊烷 (一)

7.

链的引发 $Cl_2 \xrightarrow{光照} 2Cl\cdot$

链的增长 $\begin{cases} Cl\cdot + CH_3CH_3 \longrightarrow CH_3CH_2\cdot + HCl \\ CH_3CH_2\cdot + Cl—Cl \longrightarrow CH_3CH_2Cl + Cl\cdot \end{cases}$

链的终止 $\begin{cases} 2Cl\cdot \longrightarrow Cl_2 \\ CH_3CH_2\cdot + Cl\cdot \longrightarrow CH_3CH_2Cl \end{cases}$

8.(1) 不发生反应。自由基需光照或高温才能生成。

(2) 不发生反应。生成的 $Cl\cdot$ 在黑暗中相互碰撞结合为 Cl_2，反应即终止。

(3) 能反应。生成的 $Cl\cdot$ 与甲烷随后进行自由基的连锁反应。

(4) 不发生反应。1mol 光子的能量可使 Cl_2 产生氯自由基（$Cl\cdot$），但不能产生甲基自由基（$CH_3\cdot$）。

(5) 能反应。

9.

(1) 同一构象　　(2) 不同构象

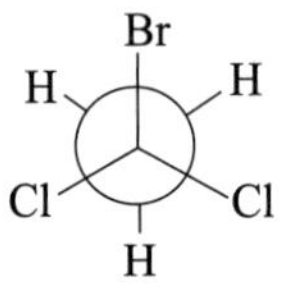

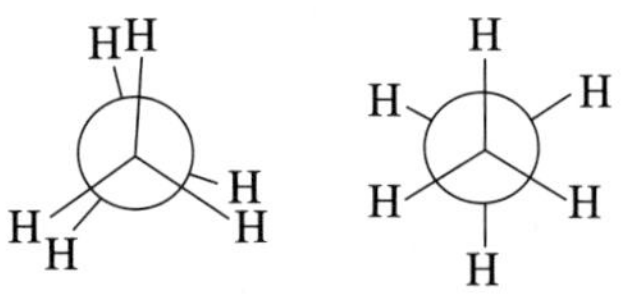

10.

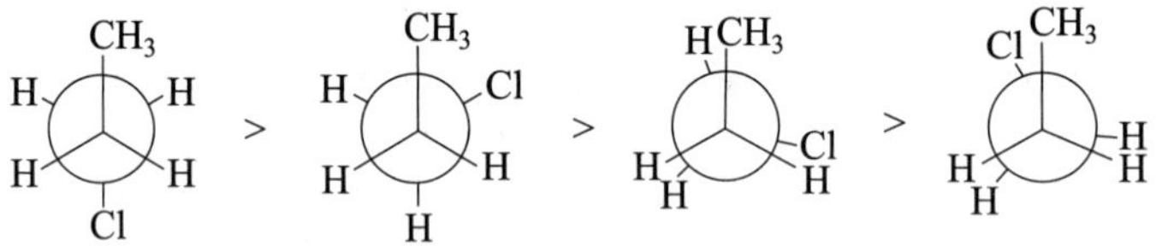

$>$　$>$　$>$

11. (2)＞(1)＞(4)＞(3)

第六章　不饱和脂肪烃

一、目的要求

1. 掌握不饱和脂肪烃中的碳碳双键和碳碳叁键碳原子的 sp^2 和 sp^3 杂化，掌握π键的形成和特点。

2. 掌握不饱和脂肪烃的分类、命名和异构现象。

3. 掌握不饱和脂肪烃的化学性质，了解其物理性质。

4. 熟悉烯烃的亲电加成反应机理。

5. 掌握不对称烯烃与极性试剂加成的规律——马氏规则及其解释。

6. 掌握1,3-丁二烯的结构及其共轭二烯烃的化学特性，理解共轭体系和共轭效应。

7. 了解不饱和脂肪烃的主要制备方法及其应用。

二、本章要点

1. 烯烃和炔烃的结构

烯烃的结构特征是含有碳碳双键。双键碳原子以一个2s轨道和两个2p轨道杂化，组成三个等同的 sp^2 杂化轨道。这三个 sp^2 杂化轨道对称轴在一个平面上，相互之间的键角都是120°，还有一个未杂化的p轨道，其对称轴垂直于三个 sp^2 杂化轨道形成的平面。碳碳双键有一个σ键和一个π键组成。

炔烃的官能团是碳碳叁键，叁键碳原子以一个2s轨道与一个2p轨道杂化，组成两个等同的sp杂化轨道，这两个sp杂化轨道的对称轴在一条直线上，还有两个未杂化p轨道（各带一个电子），其对称轴互相垂直且分别与sp杂化轨道的对称轴垂直。碳碳叁键由一个σ键和两个π键组成。

乙烯分子中，所有的原子都在同一平面上，π键的电子云分布在分子平面的上、下两侧。分子中σ键的键角接近于120°，碳碳双键的键长为0.134nm，比碳碳单键的键长（0.154nm）短。碳碳双键的键能为 $610kJ \cdot mol^{-1}$，比碳碳单键的键能（$347kJ \cdot mol^{-1}$）大，但比它的两倍小，这说明π键的键能比σ键的要小。这是由于形成π键的p轨道重叠程度比σ键小，π键不如σ键牢固，比较容易断裂，所以π键活泼。π键的存在也使得双键不能自由旋转，因为旋转会使两个p轨道的重叠受到破坏，导致π键断裂。

乙炔分子的四个原子处在一条直线上，即键角为180°，为直线型分子。碳碳叁键的键长比碳碳双键短，为0.120nm，说明乙炔分子中两个碳原子比乙烯中的两个碳原子距离更近，原子核对电子的吸引力更强了。碳碳叁键的键能为 $835kJ \cdot mol^{-1}$，比碳碳双键（$610kJ \cdot mol^{-1}$）和碳碳单键（$347kJ \cdot mol^{-1}$）都要大。

2. 烯烃和炔烃的结构命名和异构

烯烃的命名包括普通命名法和系统命名法，系统命名法和烷烃相似，其要点如下所述。

(1) 选择含有双键的最长碳链为主链（含有双键的最长碳链有时可能不是该化合物分子中最长的碳链），按主链碳原子的数目命名为某烯。如主链的碳原子数超过 10 个，应在烯字前加一“碳”字。

(2) 主链碳原子的编号从距离双键最近的一端开始。

(3) 双键的位置必须标明，其位置以双键所在碳原子的编号较小的一个来表示，写在母体名称之前。若双键正好在主链中央，主链碳原子则应从靠近取代基的一端开始编号。

(4) 其他同烷烃的命名原则。

含四个或四个以上碳原子的烯烃除了有碳链异构，还有因双键位置不同而产生的位置异构。此外，还由于双键不能自由旋转，导致与双键碳原子直接相连的原子或基团在空间的相对位置被固定，从而产生顺反异构，属立体异构中的构型异构。

H　　　H
C=C
H_3C　　　CH_3

顺-2-丁烯（沸点 3.7℃）

H　　　CH_3
C=C
H_3C　　　H

反-2-丁烯（沸点 0.9℃）

“构型”和“构象”是两个不同的概念。分子中各原子或基团在空间的不同排列可以通过单键的旋转而相互转化的，叫作构象。不同的构象间的转变是通过单键的旋转来实现的，属于同一种分子，因为它们之间的互变速度实在太快而无法把它们分离。而不同的构型是不同的化合物，它们之间的相互转化必须通过键的断裂来完成，因此可以根据理化性质的差异，把它们分离开来。

分子产生顺反异构现象的条件如下：

(1) 分子中必须有限制旋转的因素，如碳碳双键、脂环等结构；

(2) 在不能自由旋转的两端原子上，必须各自连接两个不同的原子或基团。

对于顺、反异构体的命名，常用的有两种方法：一种是顺、反表示法，如前所示相同基团在同侧的为顺式，反之则为反式；另一种是 Z、E 表示法。顺、反表示法有局限性，对于大多数烯烃的顺反异构来说，广泛应用的是 Z、E 表示法。

根据 IUPAC 命名法的规定：如果双键上两个碳原子连接的较优基团在双键平面的同侧时，其构型用 Z 表示；在异侧时，其构型用 E 表示。书写时，将 Z 或 E 写在括号内，放在化合物名称之前，并用连字符“-”相连接。

顺、反表示法和 Z、E 表示法在很多情况下是一致的，但有时也有不一致的。它们没有直接的对应关系。

较优基团的判断可由“次序规则”来确定。次序规则的主要内容如下：

(1) 按直接与双键碳原子相连的原子的原子序数大小排列，原子序数大的原子较优先，称为“较优基团”；如果是同位素，则质量大的优先；孤对电子排在氢之后。以下是常见原子的优先次序：I>Br>Cl>S>P>F>O>N>C>D>H>孤对电子；

(2) 如果与双键碳原子相连原子的原子序数相同，则比较第二位的原子；若再相同，则再依次比较下去，直至出现差别。如：$—CH_2Br > —CH_2Cl > —CH_2SH > —CH_2OH > —C(CH_3)_3 > —CH(CH_3)_2 > —CH_2CH_3 > —CH_3$；

(3) 如果取代基含有双键或叁键，则可认为连有两个或三个相同的原子。

如果烯烃分子中含有两个或两个以上的双键，而且每个双键上所连基团都有顺、反异构，就应标出每个双键的构型。

炔烃的命名原则和烯烃相似，只是将“烯”字改为“炔”。即选择包含叁键的最长碳链作为主链，编号由距离叁键最近的一端开始，将叁键的位置注于炔名之前。

含有四个碳以上的炔烃有碳链异构和叁键官能团位置异构，但没有顺反异构。

分子中同时含有叁键和双键时，选取同时含叁键和双键最长的碳链做主链，根据碳链所含碳原子数，称“某烯炔”。碳链的编号应从最先遇到双键或叁键的一端开始。如果碰到双键或叁键处在相同的位置时，则给予双键较小的编号，从靠近双键的一端开始编号。

3. 烯烃和炔烃的化学性质

由于 π 键电子云受核约束力小，流动性大，易给出电子，容易被亲电试剂进攻，因此烯烃和炔烃均易发生亲电加成反应，其中炔烃的反应活性一般比烯烃的要小。不对称烯烃与卤化氢等极性试剂发生亲电加成反应时，一般服从马氏规则，即通常试剂中带正电部分（如 H^+）总是加在含氢较多的双键碳原子上，而带负电部分（如 X^-）则加到含氢较少的双键碳原子上。但也有特例，如果双键碳上有强吸电子基团，如—CF_3、—CN、—COOH、—NO_2 等，在很多情况下，加成反应的方向是反马氏规则的，但仍符合电性规律。在过氧化物存在下，烯烃与 HBr 发生自由基加成反应，也得到反马氏规则的加成产物。还有硼氢化反应也可以得到反马氏规则的醇。

马氏规则可以从两个方面解释：一方面是用诱导效应来解释，另一方面可以用反应过程中的活泼中间体——碳正离子的相对稳定性来解释。

亲电加成反应分两步进行，活性中间体为碳正离子，碳正离子的稳定性顺序为：叔碳正离子＞仲碳正离子＞伯碳正离子＞甲基正离子。

除亲电加成外，烯烃和炔烃还能进行氧化、聚合等反应，炔烃还能进行亲核加成反应，含有炔氢的炔烃（R—C≡CH），具有弱酸性，炔氢能被一些金属离子取代生成金属炔化物。烯烃在光照、高温或引发剂存在下可以发生 α-H 的自由基型卤代反应。

烯烃和炔烃的化学性质可总结如下：

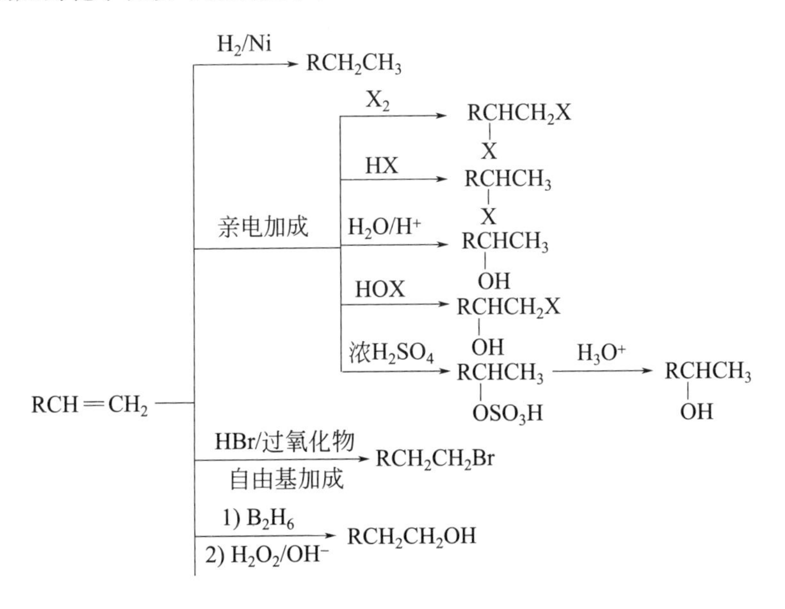

氧化

$\xrightarrow{KMnO_4/OH^-}$ $RCH(OH)CH_2OH$

$\xrightarrow{KMnO_4/H^+}$ $RCOOH + CO_2$

$\xrightarrow[2)\ Zn/H_2O]{1)\ O_3}$ $RCHO + HCHO$

催化氧化

$\xrightarrow{O_2, Ag}$ $R-CH-CH_2$（环氧，O 桥连）

$\xrightarrow{O_2, PdCl_2-CuCl_2}$ $RCOCH_3$

聚合反应

$\longrightarrow$ $-\!\!\left(CH(R)-CH_2\right)_n\!\!-$

$$X_3C \leftarrow \overset{\delta^-}{C}H=\overset{\delta^+}{C}H_2 + HX' \longrightarrow X_3C-CH_2-CH_2X'$$（X 和 X′表示卤原子，它们可以相同也可以不同）

$$RCH_2CH=CH_2 \xrightarrow[\text{高温或光照或引发剂}]{X_2} RCH(X)CH=CH_2$$

$RCH\equiv CR'$

$\xrightarrow{H_2/Ni}$ RCH_2CH_2R'

$\xrightarrow[\text{Lindlar催化剂}]{H_2}$ $R(H)C=C(R')H$ 顺式

$\xrightarrow{Na/\text{液}NH_3}$ $R(H)C=C(H)R'$ 反式

$RC\equiv CH$

亲电加成

$\xrightarrow{X_2}$ $RC(X)=CHX \xrightarrow{X_2} RCX_2CHX_2$

$\xrightarrow{HX}$ $RC(X)=CH_2 \xrightarrow{HX} RCX_2CH_3$

$\xrightarrow[Hg^{2+}]{H_2O/H^+}$ $RC(=O)-CH_3$

亲核加成

$\xrightarrow[150\sim180℃]{HOC_2H_5}$ $RC(OC_2H_5)=CH_2$

$\xrightarrow[Cu_2Cl_2\text{水溶液}, 70℃]{HCN}$ $RC(CN)=CH_2$

氧化

$\xrightarrow[2)\ Zn/H_2O]{1)\ O_3}$ $RCHO + HCHO$

$\xrightarrow{KMnO_4/H^+}$ $RCOOH + CO_2$

炔氢的酸性
生成金属炔化物

$\xrightarrow{Ag(NH_3)_2^+}$ $RC\equiv CAg\downarrow$

$\xrightarrow{Cu(NH_3)_2^+}$ $RC\equiv Cu\downarrow$

$$HC\equiv CH \xrightarrow[\text{聚合反应}]{Cu_2Cl_2/NH_4Cl} CH_2=CH-C\equiv CH$$

4. 1,3-丁二烯的结构及共轭体系和共轭效应

1,3-丁二烯是最简单的共轭二烯烃，具有共轭二烯烃的典型结构特征（图 6-1）。1,3-丁二烯的四个碳原子都是 sp^2 杂化，相邻碳原子之间均以 sp^2 杂化轨道沿轴向重叠形成三个碳碳 σ 键，每个碳的三个 sp^2 杂化轨道都处于同一平面上，使得 1,3-丁二烯分子呈平面型。每个碳原子未参与杂化的 p 轨道都垂直于这个平面，互相平行并发生侧面重叠，形成了一个包含四个碳原子和四个 p 电子的大 π 键。在这里每个 p 电子的运动范围不是局限在两个碳原子之间，而是扩展到四个碳原子的周围，形成离域 π 键，也称共轭双键。π 电子离域的结果，使键长平均化，体系内能降低，分子结构更加稳定，这是共轭烯烃的特性。

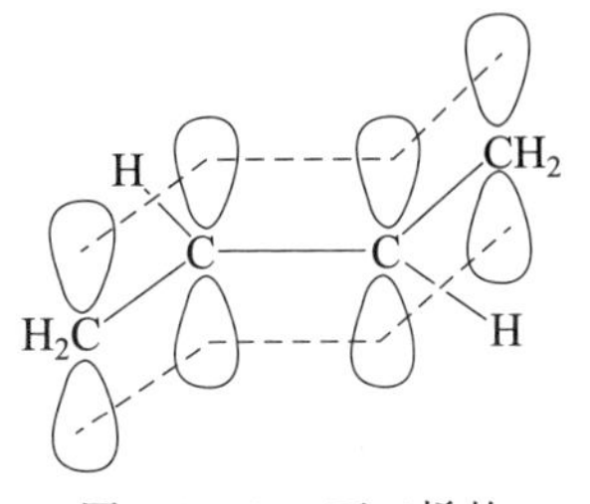

图 6-1　1,3-丁二烯的结构示意图

共轭体系是指含有共轭 π 键（或 p 轨道）的体系，可以是分子的一部分或是整个分子。共轭效应是指在共轭体系中原子间的一种互相影响，这种影响使得分子更稳定，内能更低，键长趋于平均化，并引起理化性质改变的电子效应。

形成共轭体系的条件是：

（1）参与共轭的原子必须在同一平面上；

（2）必须有可实现轨道平行重叠的 p 轨道；

（3）要有一定数量供成键用的 p 电子。

共轭体系有以下几种类型。

π-π 共轭：在链状分子中，凡双键、单键交替排列的结构都属 π-π 共轭体系。

p-π 共轭：与双键原子相连的原子的 p 轨道与双键的 π 轨道平行并发生侧面重叠，形成共轭。p 轨道可以是有未共用电子对或一个游离的单电子，也可以是空轨道。

超共轭：此类是 C—H 参与的共轭，包括 σ-π 超共轭和 σ-p 超共轭。碳氢 σ 键与双键共轭的体系称为 σ-π 超共轭体系，σ-p 超共轭与 σ-π 超共轭相似，只是与碳氢 σ 键发生共轭的不是双键而是与之相连的碳原子上的 p 轨道。超共轭效应产生的是给电子（+C）效应。

5. 共轭二烯烃的化学特性

共轭二烯烃和烯烃一样可以和卤素、卤化氢等发生亲电加成反应。但共轭二烯烃加成时有两种可能：1,2-加成和 1,4-加成。1,4-加成是共轭二烯作为一个整体参与反应的，是共轭体系特有的加成方式，所以又称为共轭加成。

在光或热作用下，共轭二烯烃与烯烃或炔烃发生加成反应，生成含有碳碳双键的六元环状化合物，这类反应叫双烯合成反应，也称为狄尔斯-阿尔德（Diels-Alder）反应。这个反应是共轭二烯烃特有的反应，它是将链状化合物变为六元环化合物的一个方法。

+　　200℃ / 高压 →

1,3-丁二烯　　乙烯　　环己烯

三、例题解析

【例 1】 命名下列化合物。

(1) $CH_3CH_2C—CHCH_3$ (with $=CH_2$ on C and CH_3 on CH: CH_2 CH_3)　　(2) $(CH_3)_2CH$, C_2H_5, CH_3, H (Z/E)

(3) $H_2C=CHCH=CHC \equiv CH$　　(4) $CH_3CH=CHC \equiv CC \equiv CH$

解：(1) 3-甲基-2-乙基-1-丁烯。烯烃的命名首先选择一个含有双键的最长碳链为主链，按主链碳原子的数目命名为某烯，主链碳原子的编号从距离双键最近的一端开始，双键的位置必须标明出来，其他同烷烃的命名原则。

(2) (*Z*)-2,3-二甲基-3-己烯。此题用顺、反法确定其构型不适用，需用 *Z*、*E* 法，因为连在两个双键碳原子上的原子或基团不同。一个双键碳原子上连接的是$—CH_3$ 和$—CH(CH_3)_2$，$—CH(CH_3)_2$ 是较优基团；另一个双键碳原子上连接的是—H 和$—C_2H_5$，$—C_2H_5$ 是较优基团；两个较优基团在双键的同侧，所以其构型是 *Z* 型。

(3) 1,3-己二烯-5-炔。

(4) 5-庚烯-1,3-二炔。

(3) 和 (4) 为同时含有双键和叁键的化合物，称为烯炔。命名时首先选取含双键和叁键的最长碳链为主链，碳链的编号应从最先遇到双键或叁键的一端开始。如果碰到双键或叁键处在相同的位置，则给予双键较小的编号，从靠近双键的一端开始编号。

【例 2】 写出下列烯烃结合一个质子后可能生成的两种碳正离子的结构式，并指出哪一种较为稳定？

(1) $CH_2=CHCH_2CH(CH_3)_2$　(2) $CH_3CH=CHCH_2CH_2CH_3$　(3) 1-甲基环戊烯（环戊烯—CH_3）

解：碳正离子的稳定性顺序是：叔碳正离子＞仲碳正离子＞伯碳正离子＞甲基正离子。

(1) $\overset{+}{C}H_2CH_2CH_2CH(CH_3)_2$，$CH_3\overset{+}{C}HCH_2CH(CH_3)_2$

$CH_3\overset{+}{C}HCH_2CH(CH_3)_2$ ＞ $\overset{+}{C}H_2CH_2CH_2CH(CH_3)_2$

仲碳正离子　　伯碳正离子

(2) $CH_3\overset{+}{C}HCH_2CH_2CH_2CH_3$，$CH_3CH_2\overset{+}{C}HCH_2CH_2CH_3$

两种碳正离子都是仲碳正离子，而且连接在带正电碳原子上的两个烷基的给电子作用基本相同，所以这两种碳正离子的稳定性差不多。

(3) 环戊基（+ 在连 CH_3 的碳上）—CH_3，环戊基（+ 在相邻碳上）—CH_3

环戊基（+ 在连 CH_3 的碳上）—CH_3 ＞ 环戊基（+ 在相邻碳上）—CH_3

叔碳正离子　　仲碳正离子

【例 3】 烯烃与溴在不同介质中进行反应得到如下结果：

$$H_2C=CH_2 + Br_2 \xrightarrow{H_2O} BrCH_2CH_2Br + BrCH_2CH_2OH$$

$$H_2C=CH_2 + Br_2 \xrightarrow{H_2O，Cl^-} BrCH_2CH_2Br + BrCH_2CH_2Cl + BrCH_2CH_2OH$$

$$H_2C=CH_2 + Br_2 \xrightarrow{CH_3OH} BrCH_2CH_2Br + BrCH_2CH_2OCH_3$$

这个结果说明了烯烃与溴的反应经历了什么样的反应历程？

解：说明烯烃与溴经历了亲电加成反应历程。每个反应中均有 $BrCH_2CH_2Br$ 产生，说明反应的第一步均生成了碳正离子中间体——溴鎓离子，此步骤是决速步骤。第二步，溴鎓离子快速与反应体系中的负离子反应得到产物。反应历程如下：

$$\text{第一步}\quad \begin{matrix}CH_2\\ \Vert\\ CH_2\end{matrix} + \overset{\delta+}{Br}-\overset{\delta-}{Br} \longrightarrow \underset{\text{溴鎓离子}}{\triangle^{\oplus}Br} + Br^-$$

$$\text{第二步}\quad \underset{\text{溴鎓离子}}{\triangle^{\oplus}Br} + \begin{cases}Br^-\\ H_2O\\ Cl^-\\ CH_3OH\end{cases} \longrightarrow \begin{cases}BrCH_2CH_2Br\\ BrCH_2CH_2OH\\ BrCH_2CH_2Cl\\ BrCH_2CH_2OCH_3\end{cases}$$

【例 4】 完成下列反应：

(1) $CH_3CH{=}CH_2 + HBr \longrightarrow$

(2) $CCl_3CH{=}CH_2 + HBr \longrightarrow$

(3) $ClCH{=}CH_2 + HBr \longrightarrow$

(4) $CH_3CH{=}CH_2 + HBr \xrightarrow{ROOR'}$

(5) 1-甲基环己烯（环己烯环上连 $-CH_3$）$\xrightarrow[H_2O_2,\ OH^-]{B_2H_6}$

解：(1) 丙烯与 HBr 反应，是亲电加成反应，生成两种碳正离子 $CH_3\overset{+}{C}HCH_3$ 和 $CH_3CH_2\overset{+}{C}H_2$。前者是仲碳正离子，后者是伯碳正离子。仲碳正离子比伯碳正离子更加稳定，所以主产物是 $CH_3CHBrCH_3$。

$$CH_3CH{=}CH_2 + HBr \longrightarrow CH_3CHBrCH_3$$

(2) $CCl_3CH{=}CH_2 + HBr \longrightarrow CCl_3CH_2CH_2Br$

三氯丙烯与 HBr 反应，也是亲电加成反应，生成两种碳正离子 $CCl_3\overset{+}{C}HCH_3$ (A) 和 $CCl_3\overset{+}{C}H_2CH_2$ (B)。但是三氯甲基是强吸电子基，使得 A 的稳定性不如 B。所以主产物是 $CCl_3CH_2CH_2Br$。

(3) 从电子效应考虑，氯原子与双键碳原子直接相连，氯原子对双键产生较强的吸电子诱导效应（$-I$），但氯原子外层 p 轨道上的孤对电子与相邻的碳碳双键发生 p-π 共轭，起到给电子的作用（$+C$），二种电子效应方向相反：

$$\overset{\delta-}{C}H_2{=}\overset{\delta+}{C}H-\ddot{C}l \qquad \text{p-π共轭效应} \qquad +C$$

$$\overset{\delta+}{C}H_2{=}\overset{\delta-}{C}H\rightarrow Cl \qquad \text{诱导效应} \qquad -I$$

其中 $-I>+C$，总的结果氯原子使双键上的电子云密度降低。当化合物中共轭效应和诱导效应方向相反并且 $-I>+C$ 时，使该反应的反应速率有所降低。

但是从碳正离子的稳定性考虑，此反应过程中可能会产生二种碳正离子：（Ⅰ）和（Ⅱ）。在（Ⅰ）中，氯原子与带正电荷的碳原子处于相邻位置，氯原子含有孤电子对的 p 轨道能与带正电荷碳的空 p 轨道共轭，正电荷分散而使体系稳定。在（Ⅱ）中，氯原子与带正电荷碳原子之间隔了一个碳原子，不处在相邻位置。因此，氯原子不能与带正电荷碳的空 p 轨道共轭，正电荷不能分散。故（Ⅱ）的稳定性不如（Ⅰ），H^+ 优先与氯乙烯中含氢较多的双键碳原子结合得到（Ⅰ）。

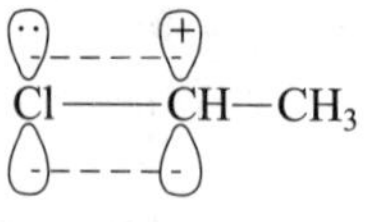

$Cl-\overset{+}{C}H-CH_3$ (Ⅰ)　　$Cl-CH_2-\overset{+}{C}H_2$ (Ⅱ)

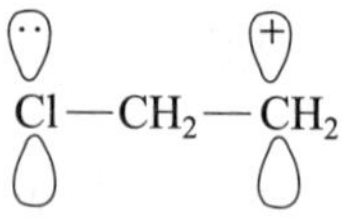

综合以上原因，氯乙烯与 HBr 的反应比丙烯慢，但是产物结构仍然符合马氏规则，主产物是 $ClCHBrCH_3$。

$$ClCH=CH_2 + HBr \longrightarrow ClCHBrCH_3$$

（4）过氧化物存在时，烯烃与 HBr 发生自由基类型的加成反应，得到的产物是反马氏规则的。

$$CH_3CH=CH_2 + HBr \xrightarrow{ROOR'} CH_3CH_2CH_2Br$$

（5）1-甲基环己烯 $\xrightarrow[H_2O_2,\ OH^-]{B_2H_6}$ 反式-2-甲基环己醇（H、CH_3；HO、H）

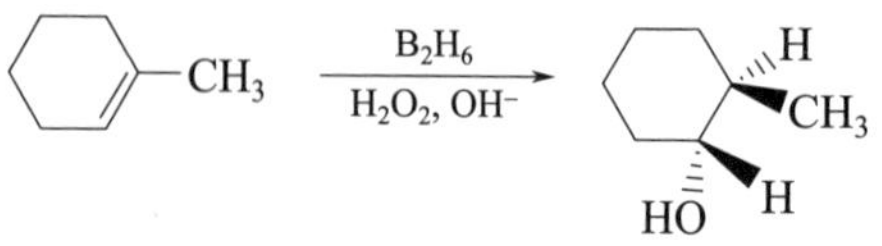

属于不对称烯烃的硼氢化-氧化反应，产物醇为反马氏规则的，即羟基连在含氢多的双键碳原子上，而且氢与羟基是同面加成。

【例 5】 请指出下列化合物与 HBr 进行亲电加成反应的相对活性。

（1）$H_2C=CHCH_2CH_3$　　（2）$CH_3CH=CHCH_3$

（3）$H_2C=CHCH=CH_2$　　（4）$H_2C=C(CH_3)-C(CH_3)=CH_2$

解： 亲电加成反应的相对活性与双键上的电子云密度有关，电子云密度越高，越有利于亲电加成反应；另外，亲电加成反应的相对活性与生成的中间产物稳定性也有关，中间产物稳定性越高，越有利于反应的进行。共轭二烯烃发生亲电加成反应时，生成比叔碳正离子还要稳定的烯丙基碳正离子中间体，因此它比一般的烯烃更活泼，易发生亲电加成反应。双键碳原子上的烷基越多，对双键的给电子作用越强，双键的亲电加成反应活性越大。（3）和（4）是共轭二烯烃，（1）和（2）是单烯烃，因此（3）和（4）的相对反应活性大于（1）和（2）。（4）的双键碳原子上的烷基多于（3），（2）的双键碳原子上的烷基多于（1）。因此上述化合物的相对反应活性是：(4)＞(3)＞(2)＞(1)。

【例 6】 在 1g 化合物 A 中加入 1.9g 溴，恰好使溴完全褪色。A 与 $KMnO_4$ 溶液一起回流，在反应液中的有机产物为 2-戊酮 $CH_3\overset{O}{\overset{\|}{C}}CH_2CH_2CH_3$ 。写出化合物 A 的结构式。

解： 1.9g 溴的物质的量是 0.0119mol。因为 A 能使溴褪色，所以分子中含有不饱和键，假设 A 为烯烃，则 1mol 溴可与 1mol A 发生加成反应。由于 1g A 恰好使 1.9g 溴褪色，故 1g A 的物质的量也是 0.0119mol。由此可得 A 的相对分子质量为 84。由 A 和 $KMnO_4$ 反应得 2-戊酮可推断出：产物中的羰基是由 A 的双键氧化得到的，产物除羰基氧原子外，其余由 5 个碳和 10 个氢组成，该部分相对原子质量的和是 70，与 A 的相对分子质量 84 相差 14，即一个 CH_2 单元，所以 A 的结构是：

$$CH_3\overset{\overset{CH_2}{\|}}{C}CH_2CH_2CH_3$$

反应为 $CH_3\overset{\overset{CH_2}{\|}}{C}CH_2CH_2CH_3 \xrightarrow{KMnO_4} CH_3\overset{\overset{O}{\|}}{C}CH_2CH_2CH_3 + CO_2 + H_2O$

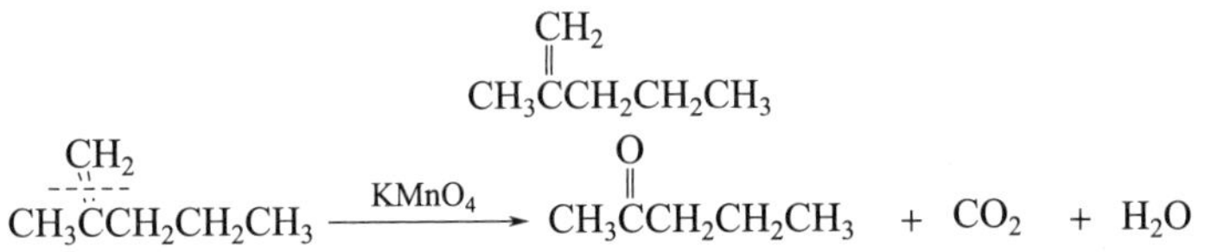

【例 7】 以不多于四个碳原子的烃为原料合成以下化合物：

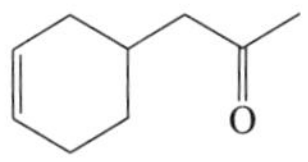

解：根据目标化合物进行逆向分析：链端的甲基酮可以由链端叁键水合得到；而链端叁键可由乙炔钠和卤代烃反应得到；环己烯可由 1,3-丁二烯和烯烃通过狄尔斯-阿尔德反应得到；卤代烃可以由卤代反应得到。合成路线设计如下：

$$CH_3CH{=}CH_2 + Cl_2 \xrightarrow{500℃} ClCH_2CH{=}CH_2 + Cl_2$$

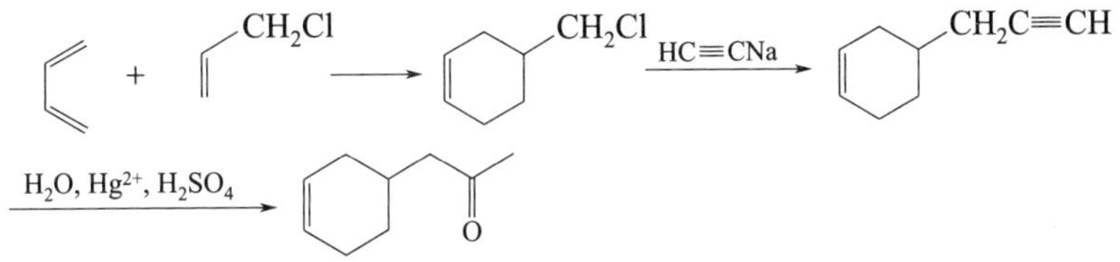

CH_2Cl CH_2Cl $\xrightarrow{HC\equiv CNa}$ $CH_2C\equiv CH$

$\xrightarrow{H_2O,\ Hg^{2+},\ H_2SO_4}$ O

【例 8】 某化合物 A，分子式为 C_6H_{10} 的，加 2mol H_2 生成 2-甲基戊烷，在 H_2SO_4-$HgSO_4$ 的水溶液中生成羰基化合物，但和银氨溶液不发生反应。试推测该化合物的结构式。

解：由分子式 C_6H_{10} 可看出 A 的不饱和度是 2，推测 A 可能是二烯烃、环状烯烃或炔烃。能与 2mol H_2 加成，且在 H_2SO_4-$HgSO_4$ 的水溶液中水解生成羰基化合物，说明 A 为炔烃。从其还原产物可确定 A 的骨架是：C—C(CH_3)—C—C—C，具有这种骨架的两个炔烃是：$(CH_3)_2CHCH_2C\equiv CH$ 和 $(CH_3)_2CHC\equiv CCH_3$。但 A 和银氨溶液不反应说明叁键不是链端的，所以可以推断 A 的结构为 $(CH_3)_2CHC\equiv CCH_3$ 。

四、习题

1. 用系统命名法（如果可能的话，同时用普通命名法）命名下列化合物。

（1） 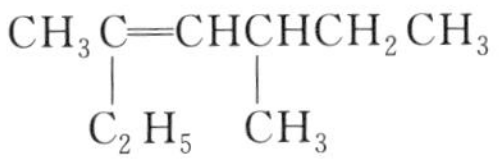 $CH_3C{=}CHCHCH_2CH_3$（C 上连 C_2H_5，CH 上连 CH_3）

（2） $(CH_3)_2CHCH_2CH{=}C(CH_3)_2$

（3） 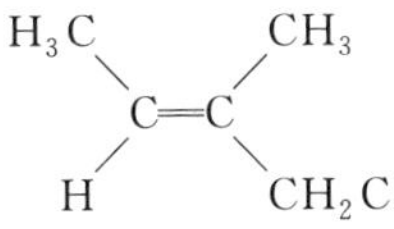 H_3C CH_3 C=C H CH_2CH_3 （Z/E）

（4） 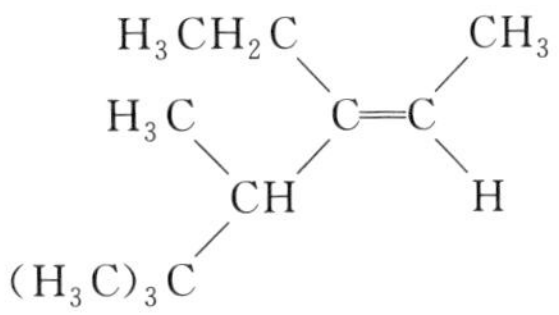 H_3CH_2C CH_3 H_3C C=C CH H $(H_3C)_3C$ （Z/E）

（5） $CH\equiv C—CH{=}CH—CH{=}CH_2$

（6） 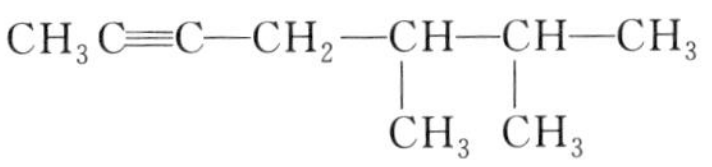 $CH_3C\equiv C—CH_2—\underset{CH_3}{CH}—\underset{CH_3}{CH}—CH_3$

（7） 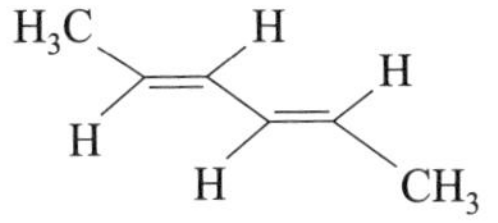 H_3C H H H H CH_3 (Z/E)

（8）

2.写出下列化合物的结构式。

(1) 2,4-二甲基-2-戊烯　(2) 异丁烯

(3) (*Z*)-3-甲基-4-异丙基-3-庚烯　(4) (*E*)-1-氯-1-戊烯

(5) (3*E*)-2-甲基-1,3-戊二烯　(6) 3-戊烯-1-炔

(7) 1,4-环己二烯　(8) 顺-二乙炔基乙烯

3.写出分子式为 C_5H_{10} 的开链烯烃的各种异构体（包括顺、反异构）的结构式，并用系统命名法命名。

4.下列烯烃哪些有顺、反异构？写出顺、反异构体的构型并命名之。

(1) $CH_2=C(Cl)CH_3$

(2) $CH_3CH_2C(CH_3)=C(C_2H_5)CH_2CH_3$

(3) $CH_3CH=CHCH(CH_3)_2$

(4) $C_2H_5CH=CHCH_2I$

(5) $CH_3CH=CHCH=CH_2$

(6) $CH_3CH=CHCH=CHC_2H_5$

5.下列各组烯烃与 HBr 发生亲电加成反应，按其反应活性大小排列成序。

(1) 1-戊烯、2-甲基-1-丁烯和 2,3-二甲基-2-丁烯

(2) 丙烯、3-氯丙烯和 2-甲基丙烯

(3) 溴乙烯、1,2-二氯乙烯、氯乙烯和乙烯

6.试举出区别烷烃和烯烃的两种化学方法。

7.完成下列反应式。

(1) $(CH_3)_2C=CH_2 + HCl \longrightarrow$

(2) $CH_3-CH(CH_3)-CH=CH_2 + H_2O \xrightarrow{H^+}$

(3) $CH_3CH=C(CH_3)_2 \xrightarrow{冷\ KMnO_4/OH^-}$

(4) 亚甲基环己烷 $=CH_2 + HBr \xrightarrow{ROOR'}$

(5) $CH_3-CH(CH_3)-CH=CH_2 \xrightarrow[2)\ H_2O_2,\ OH^-]{1)\ B_2H_6}$

(6) $PhC\equiv CH + H_2O \xrightarrow[HgSO_4]{H_2SO_4}$

(7) $CH_3C\equiv CCH_3 \xrightarrow[Pd/CaCO_3]{H_2}$

(8) $CH_3C\equiv CH + Ag(NH_3)_2^+ \longrightarrow$

(9) $HC\equiv CCH_2CH=CH_2 + HCl \longrightarrow$

(10) 1,3-环己二烯 + 马来酸酐 $\xrightarrow{\triangle}$

(11) 1-甲基环戊烯 $\xrightarrow[2)\ Zn/H_2O]{1)\ O_3}$

8.将下列碳正离子按稳定性大小排列。

(1) 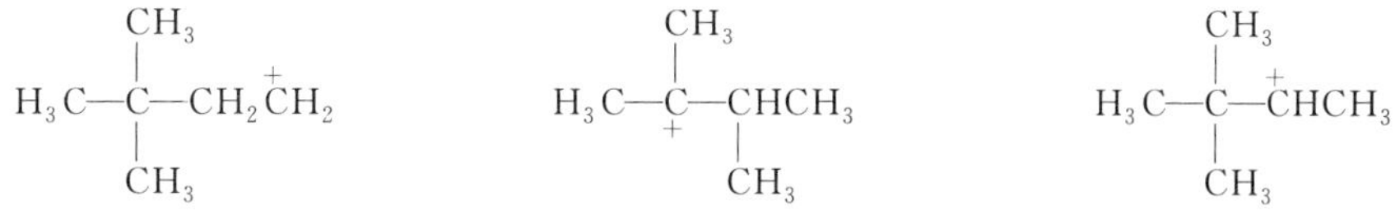 $H_3C-C(CH_3)_2-CH_2\overset{+}{C}H_2$　　$H_3C-\overset{+}{C}(CH_3)-CH(CH_3)CH_3$　　$H_3C-C(CH_3)_2-\overset{+}{C}HCH_3$

(2) $(CH_3)_2\overset{+}{C}-CH=CH_2$　　$CH_3\overset{+}{C}H-CH=CH_2$　　$CH_2=CH-\overset{+}{C}H_2$

9.用化学方法鉴别下列各组化合物。

(1) 正己烷　1,4-己二烯　1-己炔

(2) 1-戊炔　2-戊炔　2-甲基丁烷

10.以适当的炔烃为原料合成下列化合物。

(1) $CH_2=CH_2$　(2) $CH_2=CHCl$　(3) $CH_3C(Br)_2CH_3$

(4) 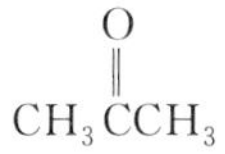 $CH_3\overset{O}{\overset{\|}{C}}CH_3$　(5) $(CH_3)_2CHBr$　(6) 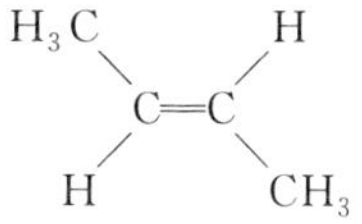 $\overset{H_3C}{\underset{H}{}}C=C\overset{H}{\underset{CH_3}{}}$

11.推断结构。

(1) 分子式为 C_6H_{10} 的化合物 A，经催化氢化得 2-甲基戊烷。A 与银氨溶液作用生成灰白色沉淀。A 在汞盐催化下与水作用得到 $(CH_3)_2CHCH_2COCH_3$。试推测 A 的结构式，写出反应方程式并简要说明推断过程。

(2) 某化合物的分子量为 82，每摩尔该化合物可吸收 2mol 的氢，当它和银氨溶液作用时，没有沉淀生成；当它吸收 1mol 氢时，产物为 2,3-二甲基-1-丁烯，试写出该化合物的结构式及相应的反应方程式。

(3) 有三个化合物 A、B 和 C，分子式均为 C_5H_8，它们都能使 Br_2/CCl_4 溶液迅速褪色。A 与银氨溶液反应产生沉淀，而 B、C 没有。A、B 经催化氢化都生成正戊烷，而 C 在一般情况下只吸收 1mol 的 H_2，产物为 C_5H_{10}。B 与热的 $KMnO_4/H^+$ 反应得到乙酸和丙酸，C 与热的 $KMnO_4/H^+$ 反应则得到戊二酸。试推测 A、B、C 的结构。

五、习题参考答案

1.(1) 3,5-二甲基-3-庚烯　(2) 2,5-二甲基-2-己烯

(3) (*E*)-3-甲基-2-戊烯　(4) (*E*)-4,5,5-三甲基-3-乙基-2-己烯

(5) 1,3-己二烯-5-炔　(6) 5,6-二甲基-2-庚炔

(7) (2*E*,4*E*)-2,4-己二烯　(8) 1,3-环戊二烯

2.

(1) $(CH_3)_2C=CHCH(CH_3)_2$　(2) $(CH_3)_2C=CH_2$

(3) 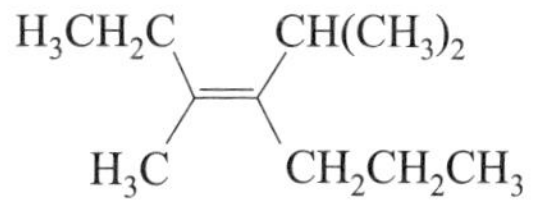 $\overset{H_3CH_2C}{\underset{H_3C}{}}C=C\overset{CH(CH_3)_2}{\underset{CH_2CH_2CH_3}{}}$　(4) 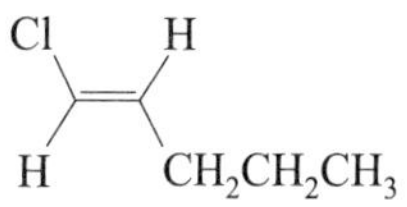 $\overset{Cl}{\underset{H}{}}C=C\overset{H}{\underset{CH_2CH_2CH_3}{}}$

(5) 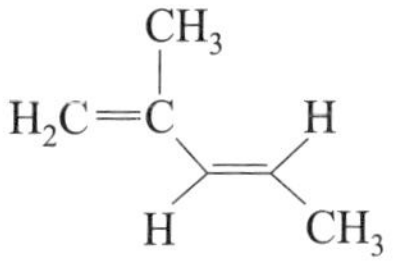 $H_2C=C(CH_3)-CH=CH-CH_3$（$\overset{H}{}C=C\overset{H}{}$ 顺式：H 与 H 分列两侧，CH 上 H 在下，另一 C 上 H 在上、CH_3 在下）　(6) $HC\equiv C-CH=CHCH_3$

（7）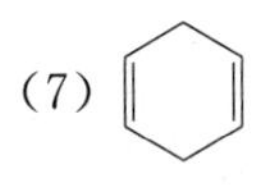

（8）

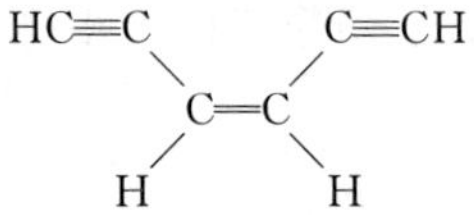

HC≡C　　　　C≡CH

　　　C=C

　H　　　　H

3.

CH_2=$CHCH_2CH_2CH_3$

1-戊烯

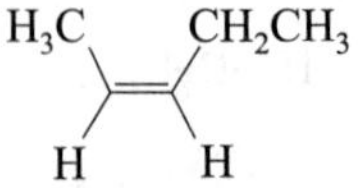

H_3C　　CH_2CH_3

H　　H

(*Z*)-2-戊烯

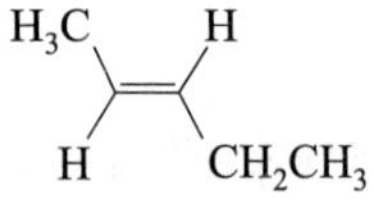

H_3C　　H

H　　CH_2CH_3

(*E*)-2-戊烯

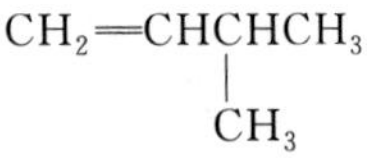

CH_2=CHCHCH_3（3位连 CH_3）

3-甲基-1-丁烯

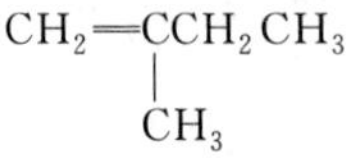

CH_2=CCH_2CH_3（2位连 CH_3）

2-甲基-1-丁烯

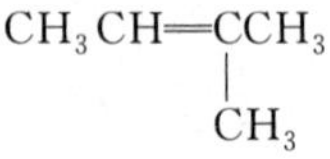

CH_3CH=CCH_3（2位连 CH_3）

2-甲基-2-丁烯

4.（1）无，　　（2）无

（3）有

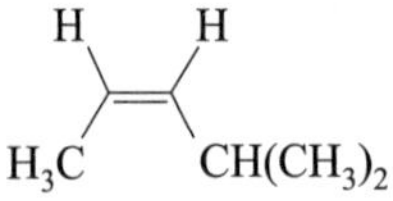

H　　H

H_3C　　$CH(CH_3)_2$

(*Z*)-4-甲基-2-戊烯

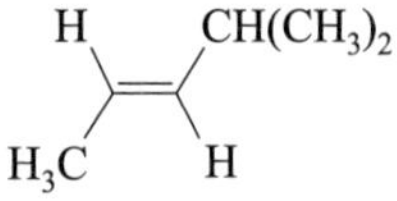

H　　$CH(CH_3)_2$

H_3C　　H

(*E*)-4-甲基-2-戊烯

（4）有

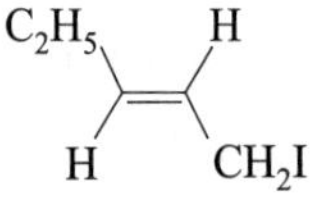

C_2H_5　　H

H　　CH_2I

(*E*)-1-碘-2-戊烯

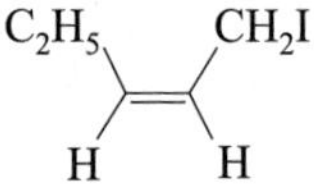

C_2H_5　　CH_2I

H　　H

(*Z*)-1-碘-2-戊烯

（5）有

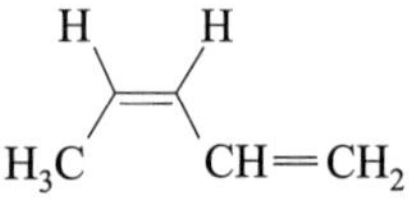

H　　H

H_3C　　CH=CH_2

(3*Z*)-1,3-戊二烯

H　　CH=CH_2

H_3C　　H

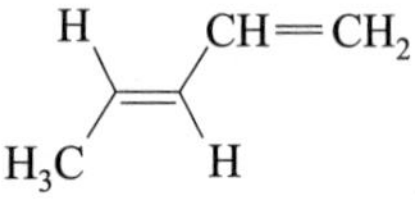

(3*E*)-1,3-戊二烯

（6）有

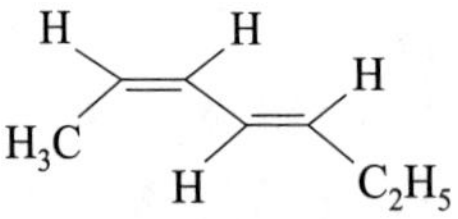

(2*Z*,4*E*)-2,4-庚二烯

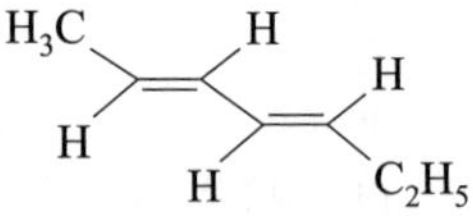

(2*E*,4*E*)-2,4-庚二烯

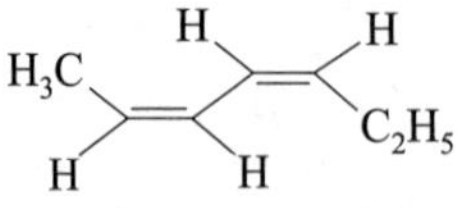

(2*Z*,4*Z*)-2,4-庚二烯

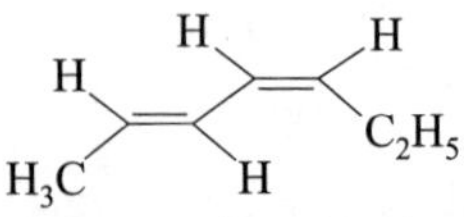

(2*E*,4*Z*)-2,4-庚二烯

5.（1）2,3-二甲基-2-丁烯＞2-甲基-1-丁烯＞1-戊烯

（2）2-甲基丙烯＞丙烯＞3-氯丙烯

（3）乙烯＞溴乙烯＞氯乙烯＞1,2-二氯乙烯

6.

(1) 烷烃 / 烯烃 $\xrightarrow{\text{溴水}}$ (—) / 褪色

(2) 烷烃 / 烯烃 $\xrightarrow{\text{高锰酸钾}}$ (—) / 褪色

7.

(1) $(CH_3)_3CCl$ (2) $(CH_3)_2CHCHOHCH_3$ (3) $CH_3CH(OH)C(OH)(CH_3)_2$

(4) C_6H_{11}—CH_2Br (5) CH_3—$CH(CH_3)$—CH_2CH_2OH (6) $C_6H_5COCH_3$

(7) H_3C(H)C=C(H)CH_3 (8) $CH_3C\equiv CAg$ (9) $HC\equiv CCH_2CHClCH_3$

(10) O O O (11) $CH_3CO(CH_2)_3CHO$

8.(1) 2>3>1 (2) 1>2>3

9.

(1) 正己烷 / 1,4-己二烯 / 1-己炔 $\xrightarrow{\text{银氨溶液}}$ (—) / (—) / 灰白色沉淀 ; (—) / (—) $\xrightarrow{Br_2/CCl_4}$ (—) / 褪色

(2) 1-戊炔 / 2-戊炔 / 2-甲基丁烷 $\xrightarrow{\text{银氨溶液}}$ 灰白色沉淀 / (—) / (—) ; (—) / (—) $\xrightarrow{Br_2/CCl_4}$ 褪色 / (—)

10.

(1) $HC\equiv CH \xrightarrow[\text{Lindlar 催化剂}]{H_2} CH_2=CH_2$

(2) $HC\equiv CH + HCl \longrightarrow CH_2=CHCl$

(3) $CH_3C\equiv CH + 2HBr \longrightarrow CH_3C(Br)_2CH_3$

(4) $CH_3C\equiv CH + H_2O \xrightarrow[HgSO_4]{H_2SO_4} CH_3COCH_3$

(5) $CH_3C\equiv CH + H_2 \xrightarrow{\text{Lindlar 催化剂}} CH_3CH=CH_2 \xrightarrow{HBr} (CH_3)_2CHBr$

(6) $CH_3C\equiv CCH_3 \xrightarrow{Na/NH_3(l)}$ H_3C(H)C=C(H)CH_3

11.

(1) A： $HC\equiv CCH_2CH(CH_3)_2$

$HC\equiv CCH_2CH(CH_3)_2 \xrightarrow{\text{催化氢化}} CH_3CH_2CH_2CH(CH_3)_2$

$\underset{(A)}{HC\equiv CCH_2CH(CH_3)_2} \xrightarrow{\text{银氨溶液}} AgC\equiv CCH_2CH(CH_3)_2$

$$\underset{(A)}{HC{\equiv}CCH_2CH(CH_3)_2} + H_2O \xrightarrow[HgSO_4]{H_2SO_4} (CH_3)_2CHCH_2COCH_3$$

A 的不饱和度是 2，A 与银氨溶液作用生成白色沉淀，说明 A 是端基炔烃，根据 A 经催化得 2-甲基戊烷，推断 A 的结构式是 $HC{\equiv}CCH_2CH(CH_3)_2$。

（2）$CH_2{=}C(CH_3)C(CH_3){=}CH_2$

$CH_2{=}C(CH_3)C(CH_3){=}CH_2 + 2H_2 \longrightarrow CH_3CH(CH_3)CH(CH_3)CH_3$

$CH_2{=}C(CH_3)C(CH_3){=}CH_2 + H_2 \longrightarrow CH_2{=}C(CH_3)CH(CH_3)_2$

（3）A：$HC{\equiv}CCH_2CH_2CH_3$　　B：$H_3CC{\equiv}CCH_2CH_3$　　C：（环戊烯结构式）

第七章　芳香烃

一、目的要求

1. 熟悉苯的结构特点，掌握苯衍生物的异构和命名。

2. 掌握苯及其同系物的化学性质和亲电取代反应机理，了解其物理性质。

3. 掌握苯亲电取代反应的两类定位基及其定位规律，熟悉苯的衍生物亲电取代反应的活性大小。

4. 掌握萘、蒽、菲的结构及其主要的化学性质。

5. 学会用休克尔规则判断化合物的芳香性。

二、本章要点

1. 苯的结构

苯分子中的六个碳原子以 sp^2 杂化，每个碳原子用两个 sp^2 杂化轨道相互形成六个碳碳 σ 键，又各以一个 sp^2 杂化轨道和六个氢原子的 s 轨道形成六个碳氢 σ 键，所有 σ 键之间的夹角均为 120°。所以，苯分子的六个碳原子和六个氢原子都在同一个平面上，是平面正六边形结构。另外，每个碳原子都还保留了一个和这个平面垂直的 p 轨道，它们彼此平行，相互侧面重叠而形成了一个包含六个碳原子在内的闭合的大 π 键。π 电子云均匀、对称地分布在分子平面的上方和下方。

2. 苯衍生物的异构和命名

苯环上的氢原子被其他基团取代后的产物称为苯的衍生物，其中苯环上的氢原子被烷基取代后的产物又称为苯的同系物。

由于苯的六个氢原子是等同的，因此一元取代苯没有因取代基位置不同而产生构造异构体。二元取代苯和多元取代苯，因取代基在苯环上的相对位置的不同，而产生构造异构体。

苯的二元取代物有三种异构体，可用邻（*ortho*，简写 *o*_）、间（*meta*，简写 *m*_）、对（*para*，简写 *p*_）表示，也可以用阿拉伯数字 1,2-、1,3-、1,4-表示。对于苯环上连有一个甲基和一个非烃基取代基如硝基（$-NO_2$）、亚硝基（—NO）、卤素（—X）等官能团的二元取代苯，把甲基和苯连在一起称为某基甲苯，即以甲苯为母体，而把另一个基团称为取代基。

若苯环上连有多个官能团时，一般以下列顺序排列：

—NO，$-NO_2$，—X（F、Cl、Br、I），—R，—OR，$-NH_2$，—SH，—OH，>C=O，—CHO，—CN，$-CONH_2$，—COX，—COOR，$-SO_3H$，—COOH

上述顺序中，排在后面的官能团作为主官能团，与苯环一起作为母体，将主官能团所连位置编号为“1”，其他取代基的编号按系统命名法的原则沿苯环编号。写名称时，将优先顺序较小的基团排在前面。例如：

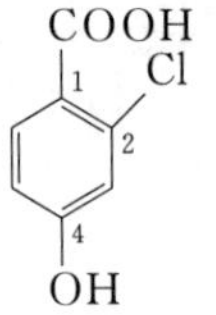

COOH
Cl
OH

4-羟基-2-氯苯甲酸

3. 苯及其同系物的化学性质

苯及其同系物的反应可分为发生在苯环上和侧链上两大类。苯具有特殊的“芳香性”，主要表现在苯环易发生亲电取代反应，加成与氧化反应一般不易进行；苯环上的侧链烷基易氧化，其 α-H 易被卤代。

(1) 苯环上的亲电反应

苯环上的亲电反应是指在一定的条件下苯环上的氢原子被亲电试剂取代的反应。其亲电取代反应历程如下：

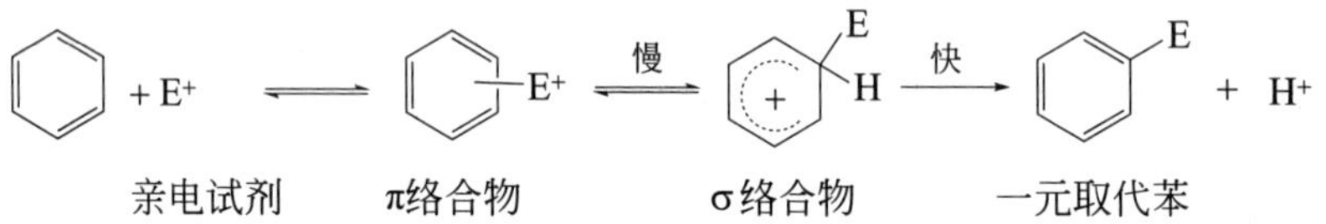

$+ E^+ \rightleftharpoons$ π络合物 $\xrightarrow{慢}$ σ络合物 $\xrightarrow{快}$ 一元取代苯 $+ H^+$

亲电试剂　π络合物　σ络合物　一元取代苯

反应分两步完成。第一步，亲电试剂 E^+ 进攻苯环，与离域的 π 电子相互作用形成不稳定的中间体 π 络合物，然后亲电试剂从苯环 π 体系中获得两个电子，与苯环的一个碳原子形成 σ 键，生成 σ 络合物（中间体碳正离子）。中间体碳正离子的形成必须经过一个势能很高的过渡态，这是决速步；第二步，σ 络合物快速地从 sp^3 杂化碳原子上失去一个质子，从而恢复原来的 sp^2 杂化状态，重新形成苯环的闭合共轭体系，生成取代产物。

苯及其同系物的亲电取代反应有：卤代、硝化、磺化和傅-克反应（傅-克烷基化和傅克酰基化反应）。

苯环上的亲电取代总结如下：

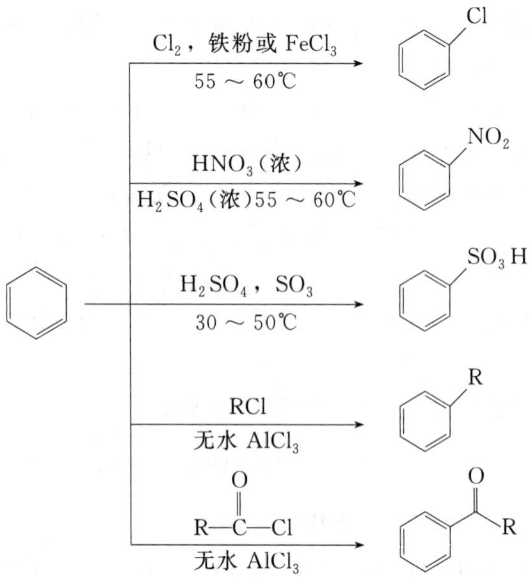

Cl_2，铁粉或 $FeCl_3$，55 ～ 60℃ → 氯苯（Cl）

HNO_3(浓)，H_2SO_4(浓)55 ～ 60℃ → 硝基苯（NO_2）

H_2SO_4，SO_3，30 ～ 50℃ → 苯磺酸（SO_3H）

RCl，无水 $AlCl_3$ → 烷基苯（R）

R—C(=O)—Cl，无水 $AlCl_3$ → 芳酮（C(=O)R）

甲苯比苯更容易发生亲电反应，且主要得到邻、对位产物，而硝基苯和苯磺酸进一步硝化或进一步磺化，不但比苯的反应条件高，而且主要得到间位产物。

（2）苯的加成和氧化反应

苯在一般条件下不易发生加成和氧化反应，但在特殊条件下也可以发生。例如：

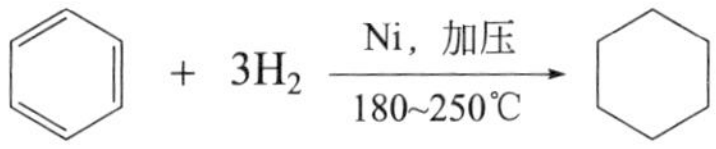

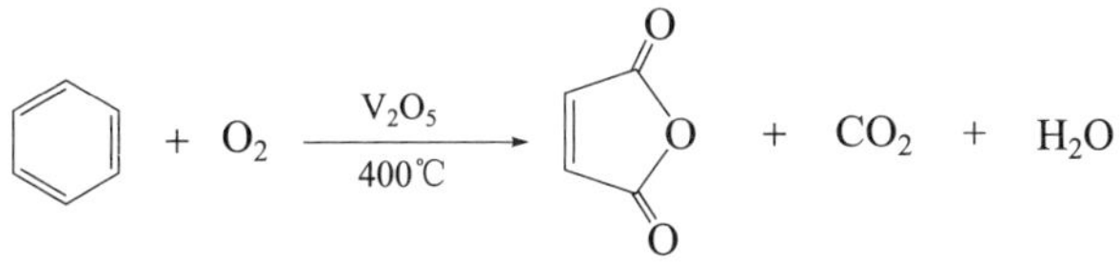

$$+ \ 3H_2 \xrightarrow[180\sim250℃]{Ni，加压}$$

$$+ \ O_2 \xrightarrow[400℃]{V_2O_5} \quad + \ CO_2 \ + \ H_2O$$

（3）烷基苯的侧链反应

在高锰酸钾等氧化剂作用下，烷基苯中含有 α-H 的侧链被氧化，生成苯甲酸。不管侧链有多长，最终都被氧化成羧基。如果侧链上无 α-H，则很难被氧化。例如：

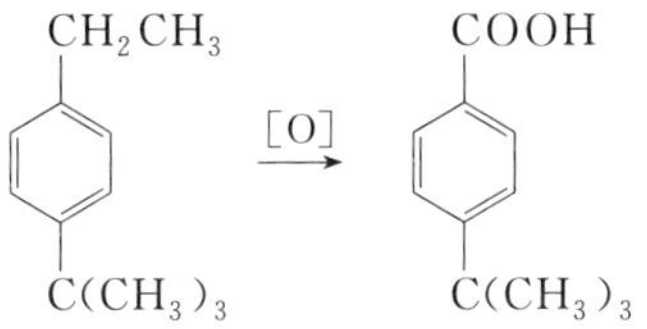

$$CH_2CH_3 \ (C(CH_3)_3) \xrightarrow{[O]} COOH \ (C(CH_3)_3)$$

烷基苯在光照或加热条件下与卤素反应，侧链上的 α-H 被卤原子取代。例如：

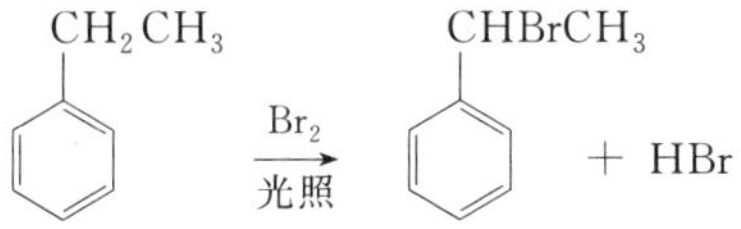

$$CH_2CH_3 \xrightarrow[光照]{Br_2} CHBrCH_3 \ + \ HBr$$

4. 苯环亲电取代反应的定位规律

苯环上原有的取代基决定亲电取代反应的活性和新引入取代基进入苯环的位置，其规律称为苯环亲电取代反应的定位规律。苯环上原有取代基称为定位基。按所得产物比例的不同，可以把苯环上的定位基分为邻、对位定位基（产物邻、对位异构体之和大于60%）和间位定位基（间位产物异构体大于40%）两类。

邻、对位定位基（又称第一类定位基）：使新进入的取代基主要进入它的邻位和对位的定位基。除卤素外，这类定位基对苯环产生活化作用（增加苯环上的电子云密度）。邻、对位定位基在结构上的特征是，定位基中与苯环直接相连的原子以单键和其他原子相连，多数具有未共用电子对。

间位定位基（又称第二类定位基）：使新进入的取代基主要进入它的间位的定位基。这类定位基对苯环产生钝化作用（降低苯环上的电子云密度）。间位定位基在结构上的特征是，定位基中与苯环直接相连的原子一般是以不饱和键（双键或叁键）和其他原子相连或者带有正电荷。

苯环上连有两个取代基的二元取代苯在进行亲电取代反应时，基团进入苯环的位置一般有如下规律。

（1）若两个取代基的定位作用一致，第三个基团进入它们共同确定的位置。

（2）若两个取代基的定位作用不一致，有以下两种情况：

① 若两个取代基不同类，定位效应受邻、对位定位基控制；

② 若两个取代基为同一类，定位效应受定位能力较强的基团控制。

5. 稠环芳烃

（1）萘、蒽、菲的结构

萘的分子式为 $C_{10}H_8$，由两个苯环稠合而成。蒽和菲分子式均为 $C_{14}H_{10}$，互为同分异构体，由三个苯环稠合而成。萘、蒽和菲的 π 电子云没有像苯那样完全平均化。

萘、蒽、菲的结构及环上碳原子的编号如下：

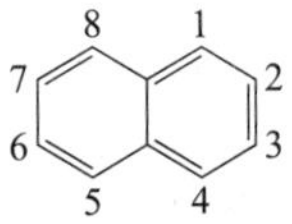

萘 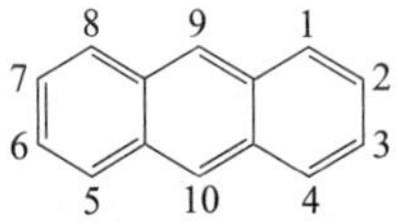　　蒽 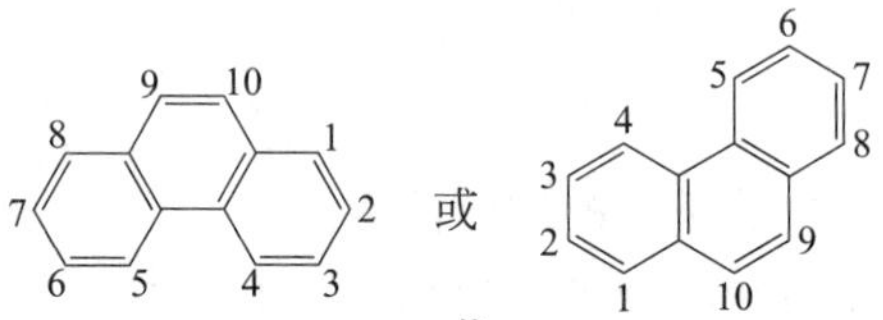　　菲

萘和蒽的 1,4,5,8 位等同，称为 α 位；2,3,6,7 位等同，称 β 位。蒽中的 9,10 位等同，称为 γ 位。菲的情况例外。菲分子中的 1,2,3,4,10 和 8,7,6,5,9 是对应的，但这五种位置均各不相同。

（2）萘、蒽和菲的化学性质

萘与苯相似，能发生亲电取代反应，但比苯更容易发生氧化、加成等反应。萘的亲电取代反应主要有卤代、磺化等。萘亲电取代反应易发生在 α 位上。萘的磺化反应是可逆的，在较低的温度（＜80℃）下主要生成 α-萘磺酸，在较高温度（165℃）下主要生成 β-萘磺酸。α-萘磺酸加热到 165℃也会转变为 β-萘磺酸。

一取代萘进行亲电取代反应时，当取代基为邻对位定位基时，新进入的基团主要进入同环原取代基的邻位或对位中的 α 位。当萘环上的取代基为间位取代基，则新进入的基团主要进入异环的 α 位（即 5,8 位）。

萘的加成反应和氧化反应的产物与反应条件有关。在不同的条件下，萘加成可分别得到 1,4-二氢萘、1,2,3,4-四氢萘和顺十氢萘。在缓和的氧化条件下，萘被氧化成 1,4-萘醌，在激烈的氧化条件下，萘被氧化成邻苯二甲酸酐。

6. 非苯芳烃

休克尔规则或称 $4n+2$ 规则：在一个单环多烯结构的化合物中，当成环原子共处一个平面，并形成环状闭合共轭体系时，如果它的 π 电子数目为 $4n+2$（$n=0,1,2,3,\cdots$），则这个化合物具有芳香性。

苯、萘、蒽和菲等在结构上形成了环状闭合共轭体系，环上 π 电子数目都等于 $4n+2$，它们都具有芳香性。一些不含苯环的环状共轭多烯，结构上符合休克尔规则，具有芳香性，称为非苯系芳烃。

奇数碳的单环多烯，如果是中性分子，因为必定有一个 sp^3 杂化的碳原子，不可能构成环状共轭体系，因而就不可能有芳香性。但当它们转变为正、负离子或者游离基时，就可能构成环状共轭体系，那么就可能具有芳香性。常见的非苯芳烃有：环戊二烯负离子、环辛四烯二负离子、环丙烯正离子、薁以及一些轮烯等。

三、例题解析

【例 1】 命名下列化合物

(1) 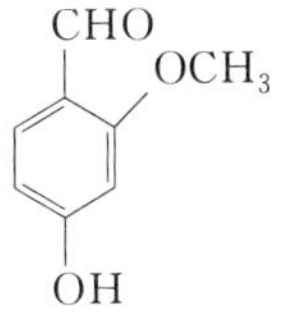 （结构式：苯环，1位 CHO，2位 OCH_3，4位 OH） (2) （结构式：萘环，1位 Cl，6位 CH_3） (3) （结构式：H_3C、苯基与 $CH_2CH_2CH_3$、CH_3 分别连于 C=C 两端）

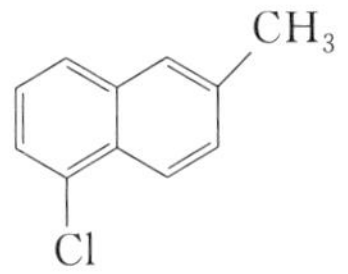

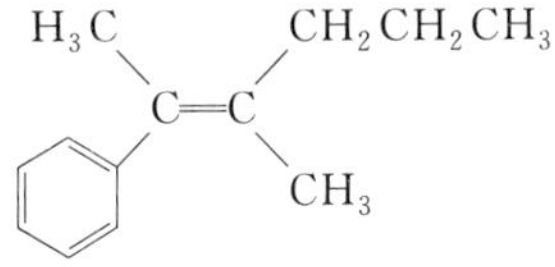

解：(1) 该化合物的苯环上有 3 种官能团。首先按主官能团的选择原则，选定其中一个官能团为主官能团，将它与苯环一起作为母体。此化合物的主官能团为醛基，母体名称苯甲醛。醛基与苯环连接的碳原子编号为 1，其他取代基的位置按系统命名法的原则沿苯环编号。写名称时，将优先顺序较小的基团排在前面。命名为：2-甲氧基-4-羟基苯甲醛。

(2) 该化合物的萘环上有 2 种取代基，没有主官能团，母体名称萘。萘的编号是固定的，萘环有四个 α-位（都可以是 1 号位），从其中一个基团的 α-位沿萘环编号。氯为 1 号，甲基为 6 号。命名为：6-甲基-1-氯萘。

(3) 该化合物命名时要注意两个问题：第一，侧链为复杂烃基，应以烃为母体；第二，有顺/反异构体，应注明构型。

命名为：(E)-3-甲基-2-苯基-2-己烯或反-3-甲基-2-苯基-2-己烯。

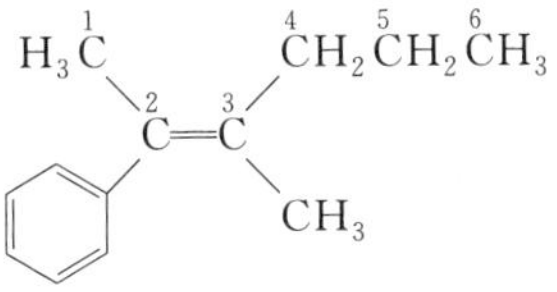

（结构式：$H_3\overset{1}{C}$—$\overset{2}{C}$(苯基)=$\overset{3}{C}$(CH_3)—$\overset{4}{C}H_2\overset{5}{C}H_2\overset{6}{C}H_3$）

【例 2】 下列反应中的主要产物是错误的，给予纠正，简要说明原因。

(1)  苯 + $CH_3CH_2CH_2Cl$ $\xrightarrow{\text{无水 } AlCl_3}$ 苯基—$CH_2CH_2CH_3$

(2) O_2N—苯 + CH_3—C(=O)—Cl $\xrightarrow{\text{无水 } AlCl_3}$ 邻-NO_2-$COCH_3$ 苯 + 对-NO_2-$COCH_3$ 苯

(3) H_3C—苯—$C(CH_3)_3$ $\xrightarrow{KMnO_4/H^+}$ HOOC—苯—COOH

(4) 1-甲基萘（CH_3） $\xrightarrow{HNO_3}$ 萘（1位 NO_2，8位 CH_3）

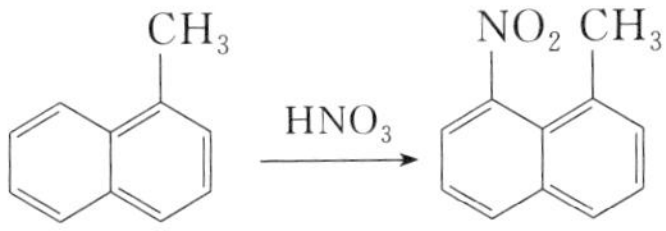

(5) 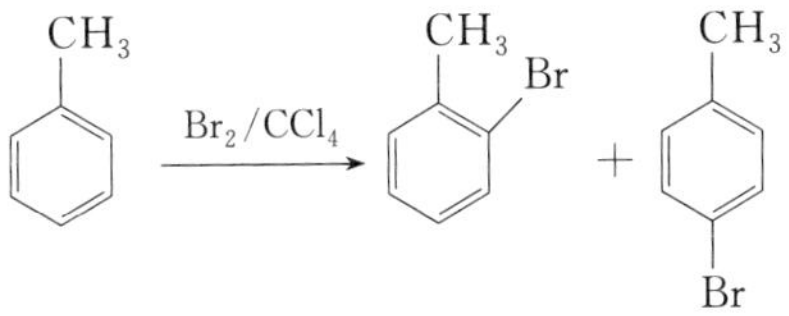 甲苯（CH_3） $\xrightarrow{Br_2/CCl_4}$ 邻溴甲苯（CH_3、Br） + 对溴甲苯（CH_3、Br）

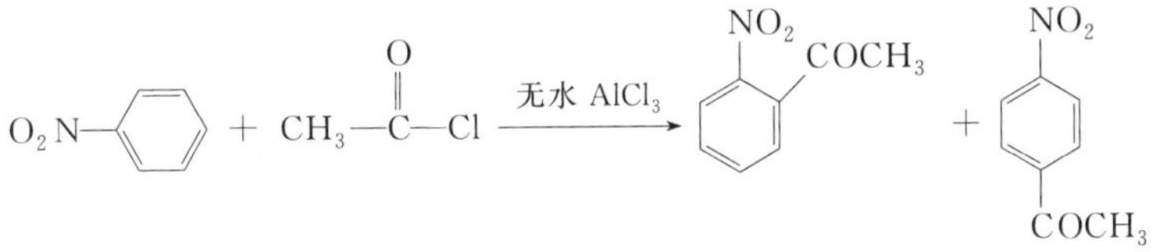

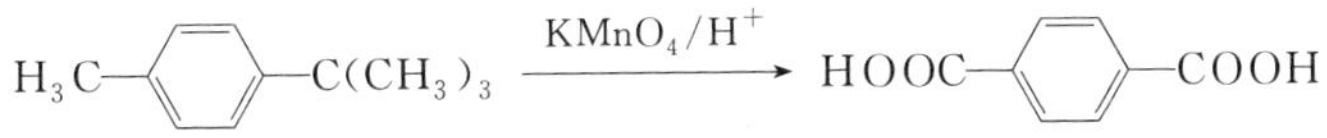

解：(1) 产物错误，这是一个傅-克烷基化反应，由 $CH_3CH_2CH_2CH_2Cl$ 离解生成的丙

基碳正离子 $CH_3CH_2\overset{+}{C}H_2$（一级碳正离子）会重排成较稳定的异丙基碳正离子 $CH_3\overset{+}{C}HCH_3$（二级碳正离子），应以重排产物为主。正确答案：

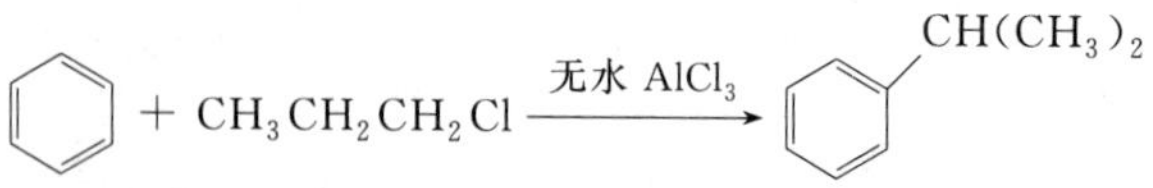

$$+ CH_3CH_2CH_2Cl \xrightarrow{\text{无水 } AlCl_3} \quad CH(CH_3)_2$$

（2）产物错误。硝基是强钝化基团，硝基苯不能发生傅-克反应。正确答案：

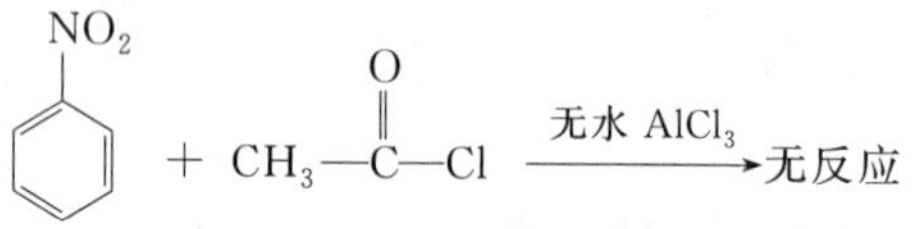

$$NO_2 \quad + CH_3—\overset{O}{\overset{\|}{C}}—Cl \xrightarrow{\text{无水 } AlCl_3} \text{无反应}$$

（3）产物错误。苯环侧链上的氧化发生在 α-碳氢键上，叔丁基与苯环相连的 α 碳上无氢，故不被氧化。正确答案：

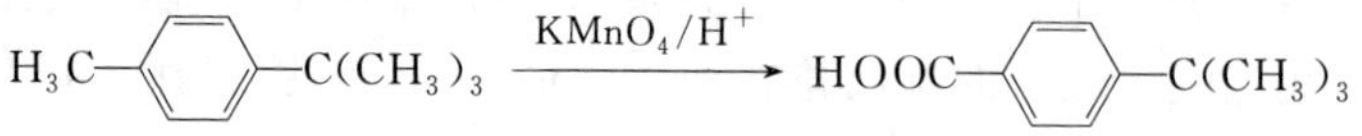

$$H_3C—\quad—C(CH_3)_3 \xrightarrow{KMnO_4/H^+} HOOC—\quad—C(CH_3)_3$$

（4）产物错误。一取代萘进行亲电取代反应时，当取代基为致活的邻、对位定位基时，新进入的基团主要进入同环。如果原有的取代基在 1 位，则主要进入 2 位和 4 位，以 4 位为主。甲基是邻、对位定位基且在萘环的 1 位上，则硝基主要进入 4 位。正确答案：

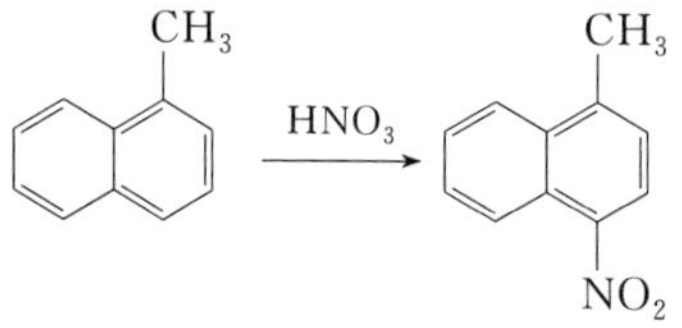

$$CH_3 \xrightarrow{HNO_3} CH_3, \ NO_2$$

（5）反应条件错误。在一般情况下，苯及其同系物在 Br_2/CCl_4 条件下不发生反应，但在催化剂（如铁粉或三溴化铁）存在下与溴可发生亲电取代反应。生成邻、对位产物的混合物。正确答案：

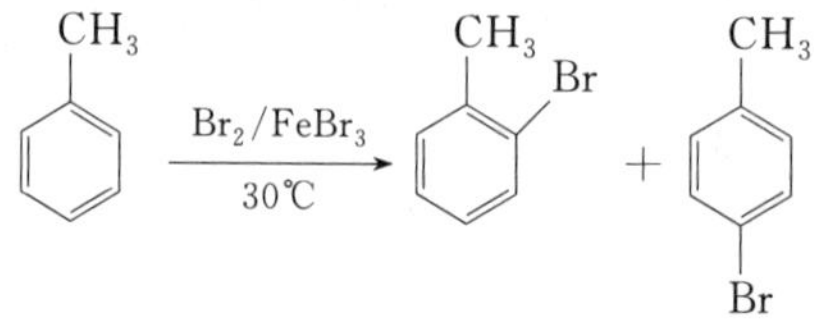

$$CH_3 \xrightarrow[30℃]{Br_2/FeBr_3} CH_3, Br \ + \ CH_3, Br$$

【例 3】 比较下列各组化合物硝化反应的活性大小，说明理由。

（1） 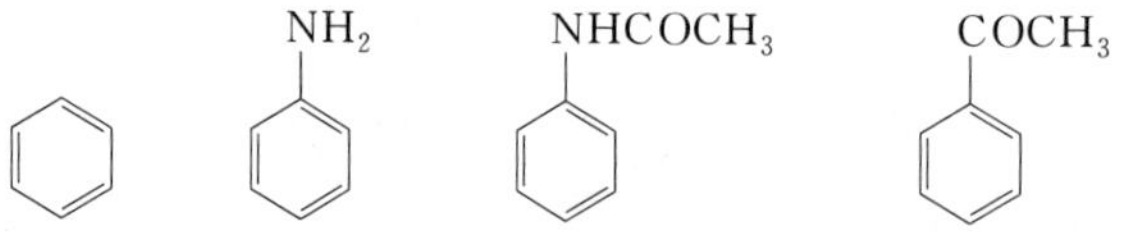 苯　NH_2　$NHCOCH_3$　$COCH_3$

（2） 苯　NO_2　CH_3　Cl　OH　$\overset{+}{N}(CH_3)_3$

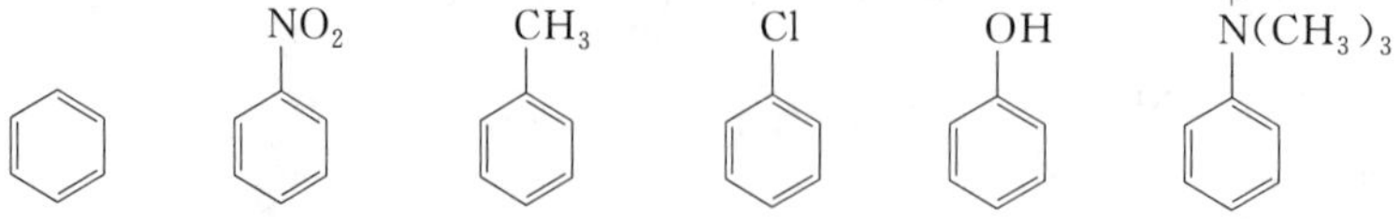

（3） Cl　Cl, NO_2　Cl, NO_2, NO_2

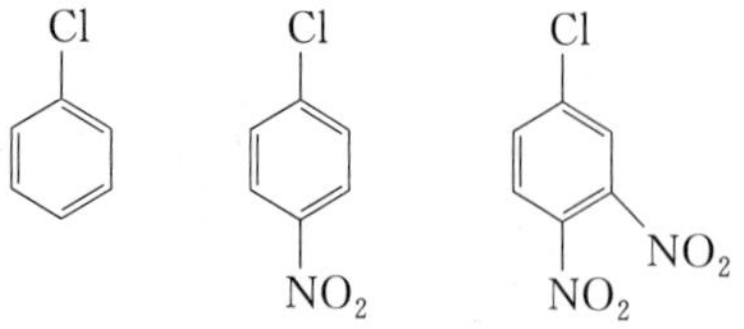

解：上述化合物的硝化反应均属于亲电取代反应，亲电取代反应的活性与化合物苯环上的电子云密度有关，苯环上的电子云密度越大，其反应活性越大，反之则越小。

（1）四种化合物用结构式表示为 Ph—X，X 分别表示—H、—NH_2、—$NHCOCH_3$、—$COCH_3$。它们对苯环活化次序为—NH_2>—$NHCOCH_3$>—H>—$COCH_3$。其中—NH_2和—$NHCOCH_3$属于第一类定位基，—NH_2是强活化基团，—$NHCOCH_3$由于有乙酰基而活性减弱。所以苯胺比乙酰苯胺硝化反应活性大。—$COCH_3$（乙酰基）属于第二类定位基，由于第二类定位基对苯环产生钝化作用，乙酰基能降低苯环上的电子云密度，使亲电取代反应与苯相比较难以进行。—H 介于活化和钝化基团之间，作为对照标准。所以活性顺序为：

NH_2 > $NHCOCH_3$ > > $COCH_3$

（2）六种化合物用结构通式表示为 Ph—X，X 分别表示为—H、—NO_2、—CH_3、—Cl、—OH、—$\overset{+}{N}(CH_3)_3$。其中，—OH 和—CH_3是活化基团，—OH 为强活化基团，—CH_3为弱活化基团；—NO_2、—Cl、—$\overset{+}{N}(CH_3)_3$为钝化基团，其中—$\overset{+}{N}(CH_3)_3$是最强钝化基团，—NO_2属于第二强钝化基团，—Cl 为弱钝化基团。所以其亲电取代反应的活性顺序为：

OH > CH_3 > > Cl > NO_2 > $\overset{+}{N}(CH_3)_3$

（3）硝基是钝化基团，苯环上的硝基越多，对苯环的钝化作用越强，亲电取代反应活性越小。所以活性顺序为：

Cl > Cl NO_2 > Cl NO_2 NO_2

【例 4】 薁由环戊二烯和环庚三烯稠合而成，但薁有明显的极性，试解释。

解： 虽然环庚三烯的 π 电子数等于 6，符合 $4n+2$，但环上含有一个 sp^3 杂化碳，此碳无 p 轨道，不能与其他碳原子形成封闭的大 π 键。因此，环庚三烯没有芳香性。但环庚三烯失去一个电子变成正离子后，sp^3 杂化碳变成 sp^2 杂化碳，此碳空 p 轨道与环上其他碳原子的 p 轨道相邻，侧面交盖形成封闭的大 π 键，π 电子数等于 6，符合休克尔规则。因此，环庚三烯正离子具有芳香性。

环戊二烯没有芳香性，因为 π 电子数为 4，而且有一个 sp^3 杂化碳。但环戊二烯得到一个电子变成环戊二烯负离子后，sp^3 杂化碳变成 sp^2 杂化碳，此碳 p 轨道上占有 2 个电子，π 电子总数等于 6。因此环戊二烯负离子具有芳香性。

薁

具有芳香性的化合物体系能量低，因而稳定性好，容易形成。由于环戊二烯负离子和环庚三烯正离子具有芳香性，因此我们可以把薁看成由环戊二烯负离子和环庚三烯正离子稠合而成，故薁具有明显的极性，其偶极矩指向带负电荷的环戊二烯负离子一端。

【例 5】（1）由甲苯合成 邻硝基苯甲酸（NO_2，—COOH）

（2）由苯合成 C_6H_5—$CH_2CH_2CH_3$

解：（1）方法一：

$$C_6H_5CH_3 \xrightarrow{HNO_3/H_2SO_4} \text{邻-}CH_3C_6H_4NO_2 + \text{对-}CH_3C_6H_4NO_2 \xrightarrow{\text{分离}}$$

$$\text{邻-}CH_3C_6H_4NO_2 \xrightarrow{KMnO_4/H^+} \text{邻-}HOOCC_6H_4NO_2$$

方法二：甲苯硝化将得到邻位和对位硝基苯混合物，分离比较麻烦；如果先用浓硫酸在一定温度下磺化，则主要得到对甲苯磺酸，然后硝化，由于磺酸基是间位定位基，甲基是邻、对位定位基，硝基恰好进入要求位置，收率较好。最后通过水解将磺酸基脱去，再氧化，即可得到目标产物。

$$C_6H_5CH_3 \xrightarrow[\triangle]{\text{浓 } H_2SO_4} \text{对-}CH_3C_6H_4SO_3H \xrightarrow[HNO_3]{H_2SO_4} CH_3(NO_2)C_6H_3SO_3H \xrightarrow[\triangle]{H_3O^+}$$

$$\text{邻-}CH_3C_6H_4NO_2 \xrightarrow{KMnO_4/H^+} \text{邻-}O_2NC_6H_4COOH$$

（2）如果用 $CH_3CH_2CH_2Cl$ 为试剂进行傅-克烷基化反应，会产生较多的副反应，目标产物收率很低。如果用 CH_3CH_2COCl 为试剂，进行傅-克酰基化反应，然后采用克莱门森还原法还原（参见第十章中醛、酮的还原），副反应少，目标产物收率较好。

$$C_6H_6 + CH_3CH_2COCl \xrightarrow{AlCl_3} C_6H_5COCH_2CH_3 \xrightarrow[\text{浓 } HCl]{Zn\text{-}Hg} C_6H_5CH_2CH_2CH_3$$

【例 6】 分析苯的亲电取代反应历程和烯烃的亲电加成反应历程，它们有什么相同处，又有什么不同处？为什么苯及其同系物易发生亲电取代反应而不易发生亲电加成反应？

解：苯环的亲电取代反应历程如下：

$$C_6H_6 + E^+ \rightleftharpoons [C_6H_6—E^+] \overset{\text{慢}}{\rightleftharpoons} [C_6H_6E]^+ \xrightarrow{\text{快}} C_6H_5E + H^+$$

亲电试剂　　π络合物　　σ络合物（环碳正离子）　　一元取代苯

以烯烃与氯化氢的加成为例，其亲电加成反应历程如下：

$$>C=C< + H^+ \xrightarrow{\text{慢}} H-\overset{|}{C}-\overset{+}{C}< \xrightarrow[Cl^-]{\text{快}} H-\overset{|}{C}-\overset{|}{C}-Cl$$

亲电试剂　　碳正离子　　加成产物

相同处：苯环的亲电取代反应和烯烃的亲电加成反应的第一步都是亲电试剂进攻苯环的大 π 键或烯烃的双键形成碳正离子，这一步是两个反应历程的决速步骤。不同处：由烯烃生成的碳正离子接着迅速地和体系中的负基团结合而形成加成产物；而苯生成的 σ 络合物随即失去一个质子，重新恢复为稳定的苯环结构，最后得到取代产物。

如果苯发生加成反应，则会破坏苯环封闭的共轭体系，使体系能量升高而不稳定。所以，苯及其同系物不易发生亲电加成反应，而易发生亲电取代反应。

【例 7】 用下列合成路线制备苯甲酸，设计分离方法分离苯甲酸。

$$C_6H_5CH_3 \xrightarrow[\text{NaOH，}H_2O\text{，回流}]{KMnO_4} \xrightarrow{H^+} C_6H_5COOH$$

解： 甲苯在碱性溶液中被氧化为苯甲酸钠，高锰酸钾被还原为二氧化锰沉淀，通过抽滤除去二氧化锰沉淀，滤液为苯甲酸钠水溶液。利用苯甲酸钠溶于水，而苯甲酸在水中溶解度很小的特点，在滤液中滴加稀硫酸或稀盐酸酸化，苯甲酸呈白色固体析出，通过抽滤、少量水洗涤和干燥即可得到苯甲酸纯品。

【例 8】 下列化合物中，哪个化合物中的苯环上的取代基对苯环产生给电子的 p-π 共轭效应（$+C$）和吸电子的诱导效应（$-I$），且$+C>-I$？

A $C_6H_5CH_3$　B C_6H_5OH　C $C_6H_5CH(CH_3)_2$　D $C_6H_5NO_2$　E C_6H_5Cl　F C_6H_5CHO

解： A 和 C 中的—CH_3 和—$CH(CH_3)_2$ 对苯环产生给电子的诱导效应（$+I$）和 σ-π 超共轭效应（$+C$）。D 和 F 中的—NO_2 和—CHO 对苯环产生吸电子的诱导效应（$-I$）和吸电子的共轭效应（$-C$）。B 和 E 中的—OH 和—Cl 对苯环产生吸电子的诱导效应（$-I$）和给电子的 p-π 共轭效应（$+C$），但－Cl 的$-I>+C$，而-OH 的$+C>-I$。正确答案：B。

四、习题

1. 命名下列化合物。

（1）苯环：1-NO_2，2-NO_2，4-CH_3　（2）$C_6H_5CH=CHCH_3$　（3）苯环：1-Cl，4-Cl　（4）苯环：1-CH_3，2-Br

（5）苯环：1-COOH，2-Cl，4-OH　（6）萘环：H_3C，SO_3H　（7）苯环：1-CH_3，2-NO_2，3-OCH_3，6-NO_2（O_2N）

(8) (benzene ring with CH_3, CHO, Br)　(9) $H_3C-C_6H_4-CH=CH_2$　(10) $C_6H_5-CH=C(CH_3)-CH(CH_3)CH_2CH_3$

2.写出下列化合物的构造式。

(1) 连三甲苯　(2) 苄基氯　(3) 间氯甲苯　(4) 3-硝基-2-氯苯磺酸

(5) β-苯基溴乙烷　(6) 1-苯基丙烯　(7) 3-苯基-1-丁炔　(8) β-萘酚

(9) 1-甲基-8-乙基萘　(10) 9-溴菲　(11) 1,5-二硝基-9,10-蒽醌

3.写出下列反应的主要产物。

(1) $C_6H_6 + CH_3CH_2CH_2Cl \xrightarrow{\text{无水 } AlCl_3}$

(2) 四氢萘 $\xrightarrow{KMnO_4/H^+}$

(3) $C_6H_6 + O_2 \xrightarrow[400℃]{V_2O_5}$

(4) $C_6H_6 + CH_3CH=CH_2 \xrightarrow{H_2SO_4}$

(5) $C_6H_5CH_3 + HNO_3 \xrightarrow[30℃]{H_2SO_4}$

(6) $C_6H_5CH_3 + Br_2 \xrightarrow{FeBr_3}$

(7) $C_6H_5CH_3 + Br_2 \xrightarrow{\text{光照}}$

(8) $H_3C-C_6H_4-C(CH_3)_3 \xrightarrow{KMnO_4/H^+}$

(9) $C_6H_5SO_3H \xrightarrow[200\sim245℃]{\text{发烟硫酸}}$

(10) $C_6H_5CH_3 + CH_3-\overset{O}{\overset{\|}{C}}-Cl \xrightarrow{\text{无水 } AlCl_3}$

4.用箭头表示下列芳香族化合物发生亲电取代反应时，亲电试剂取代的位置（主要产物）。

(1) (苯环，NH_2，NO_2 间位)　(2) $H_3C-C_6H_4-COOH$　(3) (苯环，CH_3，Br 对位)

(4) (苯环，OH，CH_3 对位)　(5) (苯环，CHO，NO_2 间位)　(6) (萘环，OH)

(7)
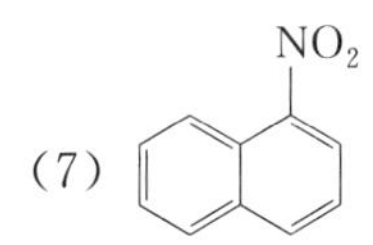

5. 以苯或甲苯为起始原料合成下列化合物。

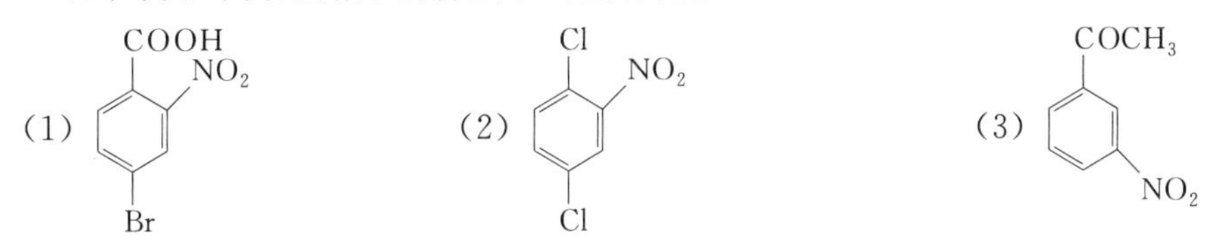

6. 判断下列各化合物中哪些有芳香性，为什么？

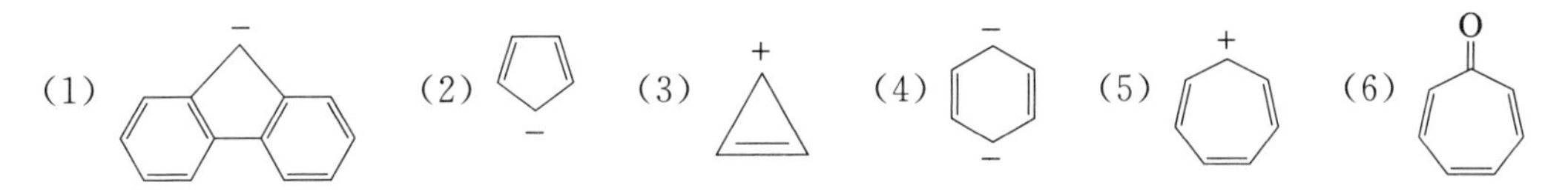

7. 比较环戊二烯和环庚三烯中亚甲基上氢的酸性，并说明理由。

8. 羟基是吸电子基团还是给电子基团？它在乙醇和苯酚两个化合物中的电子效应是否相同？说出它们的异同点。

9. 用化学方法鉴别下列各组化合物。

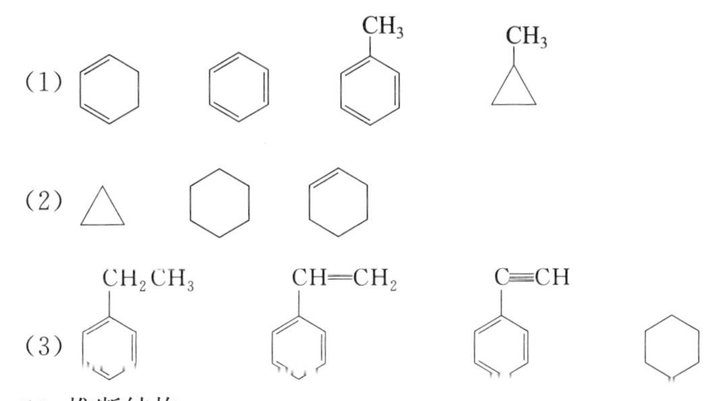

10. 推断结构。

(1) 某芳烃 A 分子式为 C_9H_{10}，能使溴水褪色，用热的高锰酸钾硫酸溶液氧化后生成一种二元羧酸，该二元羧酸溴代时只生成一种一溴代二元羧酸，推断 A 的结构式并写出各步反应式。

(2) A、B、C 三种芳烃的分子式均为 C_9H_{12}，氧化时 A 得一元羧酸，B 得二元羧酸，C 得三元羧酸。经硝化后，B 得到两种一硝基化合物，而 C 只得到一种一硝基化合物，推断 A、B、C 三种芳烃的结构。

五、习题参考答案

1.(1) 3,4-二硝基甲苯　(2) 1-苯基丙烯　(3) 1,4-二氯苯或对二氯苯
(4) 2-溴甲苯或邻溴甲苯　(5) 4-羟基-2-氯苯甲酸　(6) 8-甲基-2-萘磺酸
(7) 3-甲基-2,4-二硝基苯甲醚　(8) 2-甲基-5-溴苯甲醛　(9) 对甲苯乙烯
(10) 2,3-二甲基-1-苯基-1-戊烯

2.

(1) 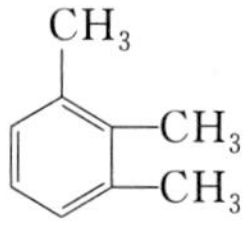 (2) 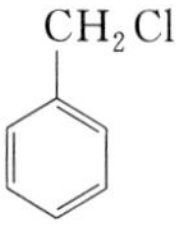 (3) 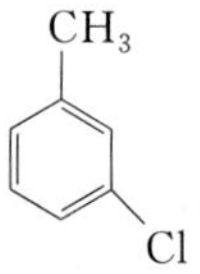 (4) 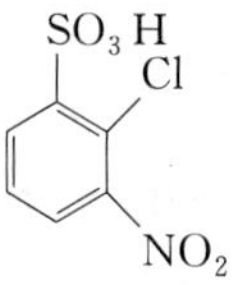

(5) 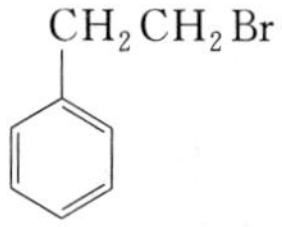 (6) 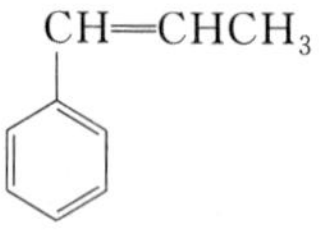 (7) 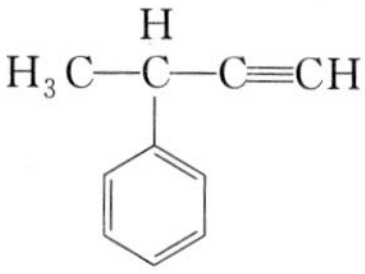 (8) 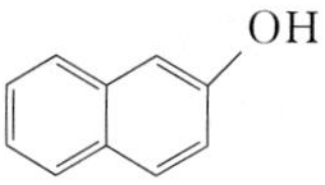

(9) 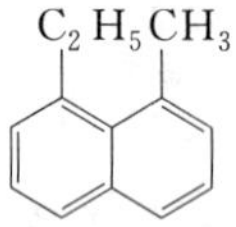 (10) 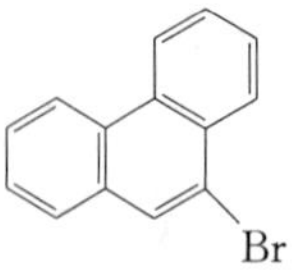 (11) 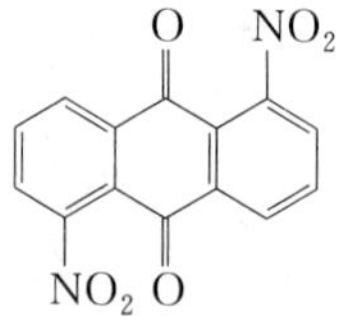

3.

(1) 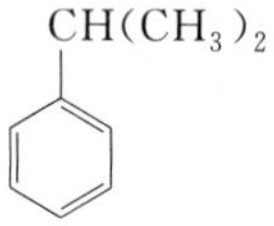 (2) 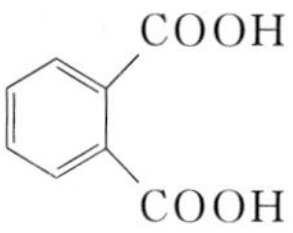 (3) 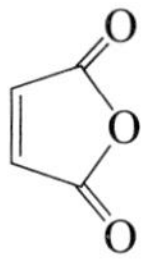 + CO_2 + H_2O

(4) 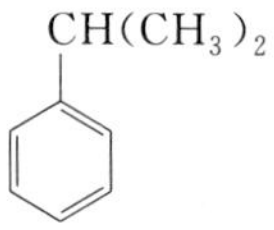 (5) 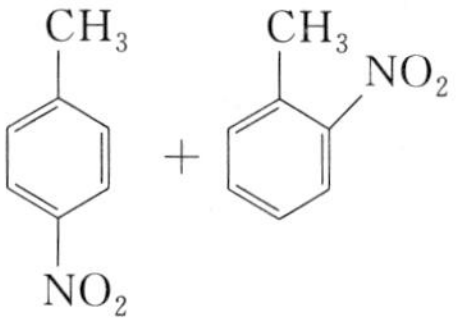

(6) 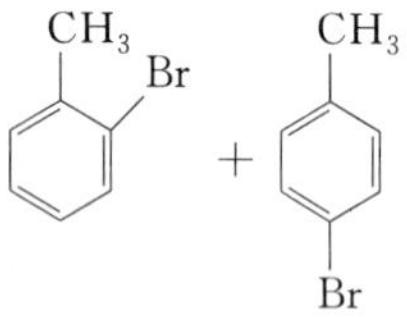 (7) 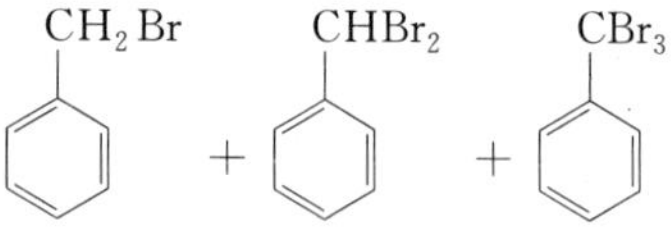

(8) 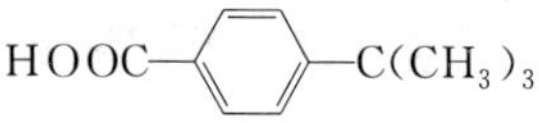 (9) 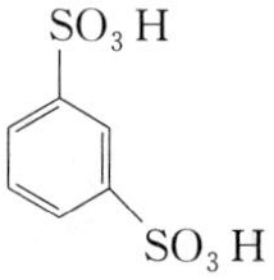 (10) 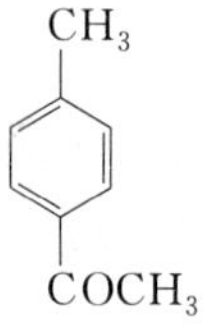

4.

(1) 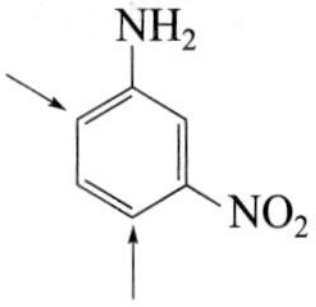 (2) 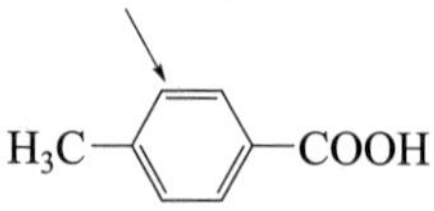 (3) 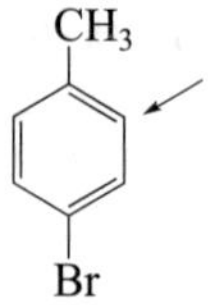 (4) 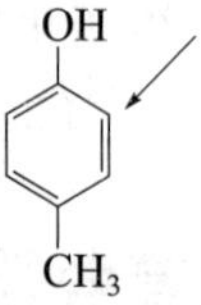

(5) 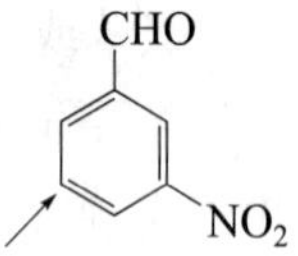 (6) 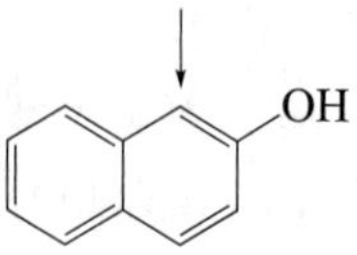 (7) 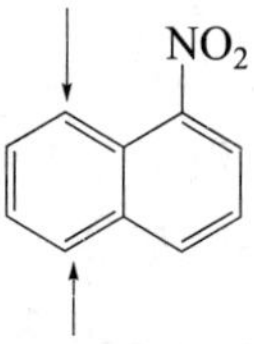

5.

(1) CH_3 浓 H_2SO_4 △ CH_3 SO_3H HNO_3 H_2SO_4 CH_3 NO_2 SO_3H H_3O^+ △ CH_3 NO_2

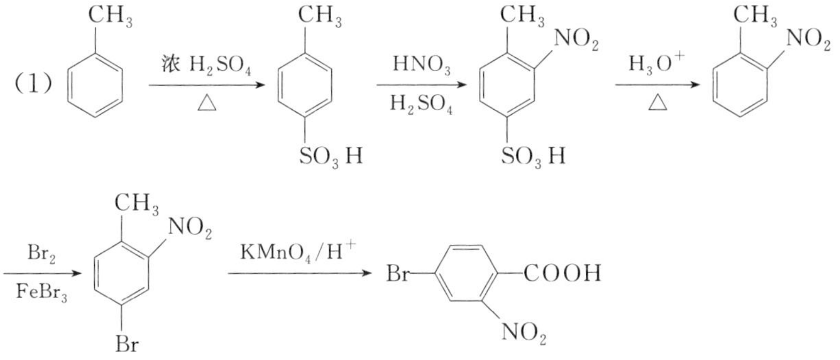

Br_2 $FeBr_3$ CH_3 NO_2 Br $KMnO_4/H^+$ Br COOH NO_2

(2) Cl_2 $FeCl_3$ Cl 浓 H_2SO_4 100～120℃ Cl SO_3H HNO_3 H_2SO_4 Cl NO_2 SO_3H

H_3O^+ △ Cl NO_2 Cl_2 $FeCl_3$ Cl NO_2 Cl

(3) CH_3COCl $AlCl_3$ $COCH_3$ HNO_3 H_2SO_4 O_2N $COCH_3$

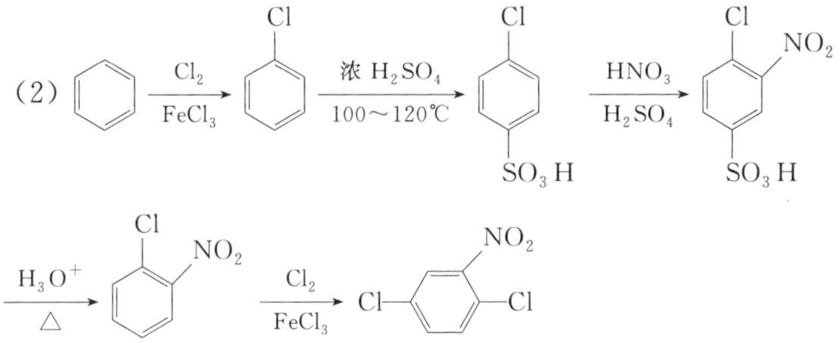

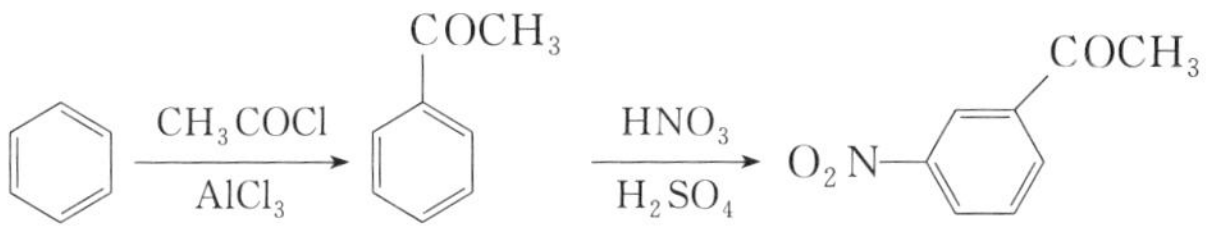

6.(1) 有芳香性，π 电子数＝14，且成环的每个碳原子为 sp^2 杂化，符合休克尔规则。

(2) 有芳香性，π 电子数＝6，且成环的每个碳原子为 sp^2 杂化，符合休克尔规则。

(3) 有芳香性，π 电子数＝2，且成环的每个碳原子为 sp^2 杂化，符合休克尔规则。

(4) 无芳香性，π 电子数＝8，不符合休克尔规则。

(5) 有芳香性，π 电子数＝6，符合休克尔规则。

(6) 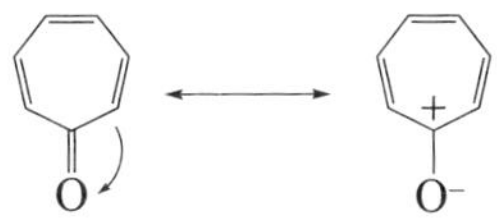 O ⟷ + O^-，有芳香性，π 电子数＝6，且成环的每个碳原子为 sp^2 杂化，符合休克尔规则。

7. 环戊二烯的酸性大于环庚三烯。这可以从环戊二烯和环庚三烯中亚甲基上失去一个 H^+ 后生成的碳负离子的稳定性来考虑。

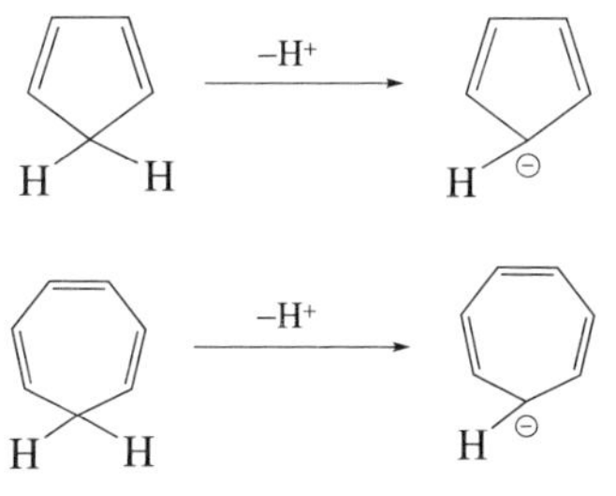

H H $-H^+$ H ⊖

H H $-H^+$ H ⊖

环戊二烯负离子具有芳香性（π 电子数＝6，符合休克尔规则），比较稳定，因此，环戊二烯中亚甲基上容易失去一个 H^+ 而显示酸性。而环庚三烯负离子没有芳香性（π 电子数=8，不符合休克尔规则），不稳定。因此，环庚三烯中亚甲基上难失去一个 H^+，其酸性小于环戊二烯中亚甲基上氢。

8. 在乙醇中羟基只有吸电子的诱导效应（$-I$），所以是一个吸电子基团。在苯酚中，羟基除了吸电子的诱导效应（$-I$），由于氧原子上的孤对电子可以与苯环的大 π 键形成 p-π 共轭（$+C$），而且 $+C>-I$，因此，羟基使苯环的电子云密度增加，活化了苯环，酚羟基是一个给电子基团。

9.

(1) 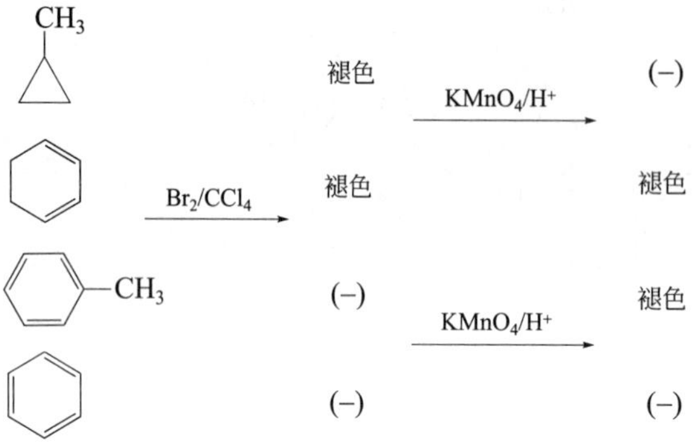 CH_3

Br_2/CCl_4 褪色 褪色 (-) (-)

$KMnO_4/H^+$ (-) 褪色 褪色 (-)

$-CH_3$

(2)

Br_2/CCl_4 (-) 褪色 褪色

$KMnO_4/H^+$ (-) 褪色

(3) C≡CH

$CH=CH_2$

CH_2CH_3

Br_2/CCl_4 褪色 褪色 (—) (—)

$[Ag(NH_3)_2]^+$ 白色沉淀 (—)

$KMnO_4/H^+$ (—) 褪色

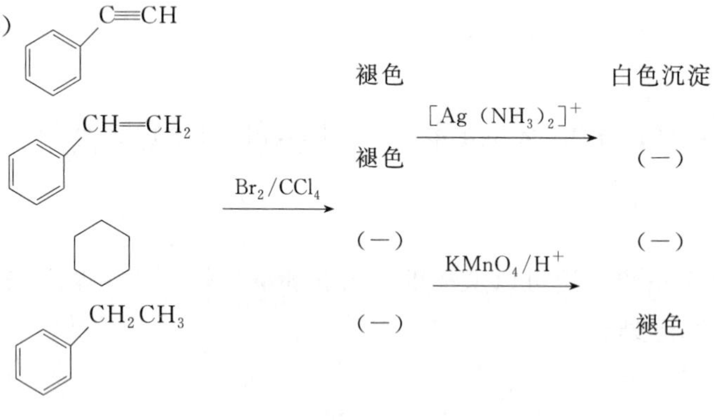

10.

(1) 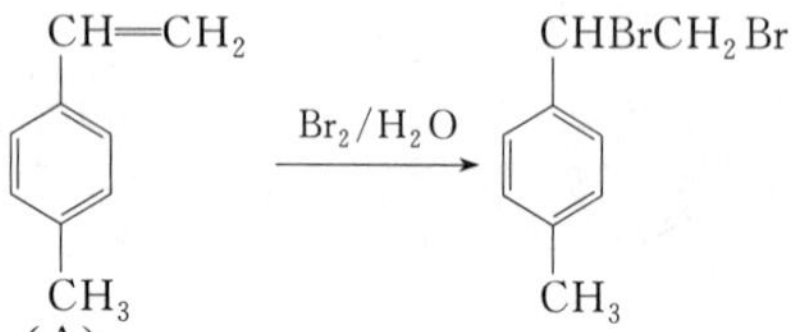 $CH=CH_2$ CH_3 (A) $\xrightarrow{Br_2/H_2O}$ $CHBrCH_2Br$ CH_3

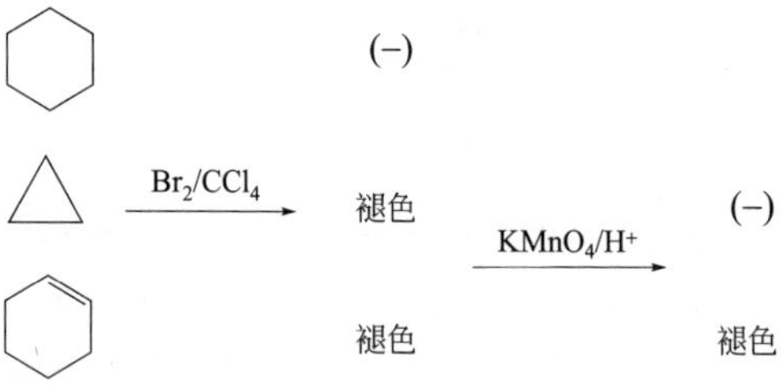

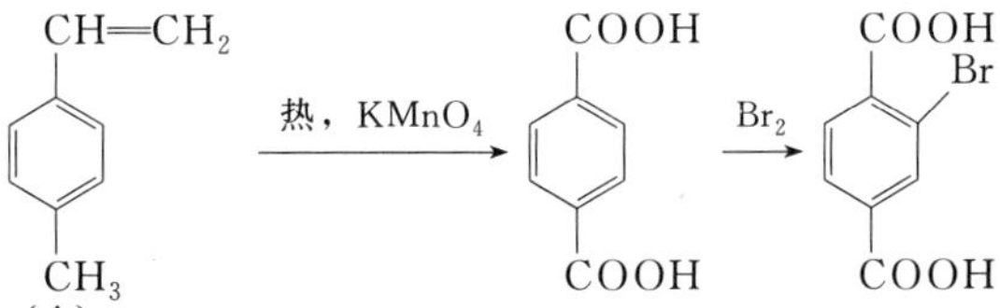

$CH=CH_2$

CH_3

（A）

$\xrightarrow{热，KMnO_4}$ COOH / COOH $\xrightarrow{Br_2}$ COOH / Br / COOH

（2）

（A） 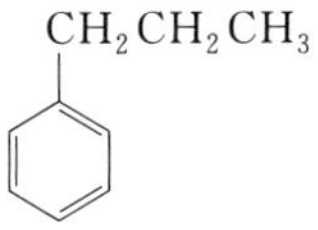 $CH_2CH_2CH_3$ 或 $CH(CH_3)_2$

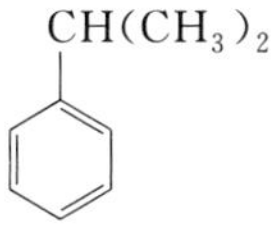

（B） 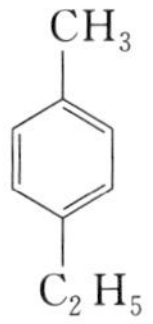 CH_3 / C_2H_5

（C） CH_3 / H_3C / CH_3

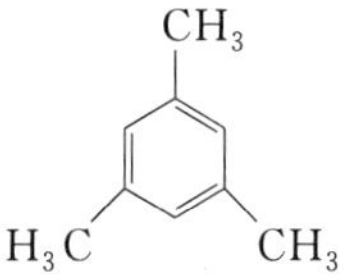

第八章　卤代烃

一、目的要求

1. 掌握卤代烃的分类和命名。
2. 掌握卤代烃的化学性质。
3. 掌握卤代烃的亲核取代反应机理及其重要的影响因素。
4. 了解亲核取代反应的立体化学。
5. 了解消除反应的机理及其影响因素。
6. 了解亲核取代反应和消除反应之间竞争的主要影响因素。
7. 掌握卤代烯烃中双键位置对卤原子活泼性的影响。
8. 了解卤代烃的主要制备方法及其应用。

二、本章要点

1. 卤代烃的分类和命名

根据烃基结构不同，卤代烃分为饱和卤代烃、不饱和卤代烃和卤代芳烃；根据卤原子数目不同，卤代烃分为一卤代烃、二卤代烃和多卤代烃；根据和卤原子直接相连的碳原子种类不同，卤代烃分为伯（一级）卤代烃、仲（二级）卤代烃和叔（三级）卤代烃。

卤代烃的命名以烃为母体，卤原子作为取代基，命名原则和方法与烃类相同。不饱和卤代烃命名时，优先考虑双键或叁键的编号，使其尽可能小。

2. 卤代烃的重要化学性质

卤代烃的结构通式：$\mathrm{R-\overset{\beta|}{\underset{H}{\underset{|}{C}}}-\overset{\alpha|\delta^+}{\underset{|}{C}}\longrightarrow X^{\delta^-}}$，（R 为烃基或氢原子）。

由于卤原子的电负性大于碳原子的电负性，致使卤代烃分子中的 C—X 键具有一定的极性，卤代烃中的碳卤键是极性共价键，其中碳原子带部分正电荷，卤原子带部分负电荷。另外，受卤原子吸电子诱导效应的影响，β-C 上的氢比较活泼。

卤代烃的重要化学性质有亲核取代反应、消除反应和卤代烃与活泼金属（镁）的反应。

亲核取代反应：卤代烃中带正电荷的 α-碳原子容易受到带负电荷的基团如 OH^-、RO^-、CN^-、ONO_2^- 和带有未共用电子对的分子如 H_2O、NH_3 等的进攻，结果卤代烃中的卤原子被这些亲核试剂所取代，卤原子带着碳卤键上的一对电子离开。卤代烃的亲核取代反应用 S_N 表示，亲核试剂用 Nu^- 表示，其反应通式如下：

$$R—X + Nu^- \longrightarrow R—Nu + X^-$$

比较常见的卤代烃的亲核取代反应归纳如下：

$$R—X+\begin{cases} NaOH \longrightarrow ROH + NaX \\ NaCN \longrightarrow RCN + NaX \\ NH_3 \longrightarrow RNH_3 + HX \\ R'ONa \longrightarrow ROR' + NaX \\ AgNO_3 \longrightarrow RONO_2 + AgX\downarrow \\ Ar\text{-}H \xrightarrow{AlCl_3} ArR + HX \\ R'COO^- \longrightarrow R'COOR \\ HS^- \longrightarrow RSH + X^- \\ R'S^- \longrightarrow RSR' + X^- \end{cases}$$

消除反应（E）：卤代烃在碱作用下，β-H 和卤原子一起被脱去，失去一分子卤化氢，生成烯烃。消除反应的主要产物遵循查依采夫（Saytzeff）规则。即生成的主要产物为双键碳原子上连有较多烃基的烯烃。通式如下：

$$R—\underset{\underset{H}{|}}{\overset{\beta}{C}H}—\underset{\underset{Br}{|}}{\overset{\alpha}{C}H}—\underset{\underset{H}{|}}{\overset{\beta'}{C}H_2} \xrightarrow[\text{乙醇}]{KOH} \underset{\text{主要产物}}{RCH=CHCH_3} + \underset{\text{次要产物}}{RCH_2CH=CH_2}$$

不同类型的卤代烃脱卤化氢的活性次序为：三级卤代烃>二级卤代烃>一级卤代烃。

与活泼金属（镁）的反应：金属直接与碳连接的一类化合物称为有机金属化合物。卤代烃在无水乙醚中与镁作用，生成有机金属镁化合物，这一产物叫作格利雅（Grignard）试剂，简称格氏试剂。

$$RX + Mg \xrightarrow{\text{无水乙醚}} \underset{\text{格氏试剂}}{RMgX(\overset{\delta^-}{R}—\overset{\delta^+}{MgX})}$$

格氏试剂是比较活泼的物质，可以和很多化合物发生反应。如：与二氧化碳反应并水解，生成比卤代烃多一个碳原子的羧酸。

$$RMgX + CO_2 \longrightarrow RCOOMgX \xrightarrow{H^+/H_2O} RCOOH + Mg(OH)X$$

格氏试剂能与多种含活泼氢的化合物作用生成相应的烃。

$$RMgX—\begin{cases} \xrightarrow{HOH} RH + HO—Mg—X \\ \xrightarrow{R'OH} RH + R'O—Mg—X \\ \xrightarrow{HX} RH + MgX_2 \\ \xrightarrow{NH_3} RH + H_2N—Mg—X \\ \xrightarrow{R'C\equiv CH} RH + R'C\equiv C—Mg—X \end{cases}$$

3. 卤代烃的亲核取代反应机理

(1) 单分子亲核取代反应（S_N1）机理

以叔丁基溴在碱性溶液中的水解为例：

$$\text{第一步}(CH_3)_3C—Br \xrightarrow{\text{慢}} \underset{\text{过渡态 A}}{[(CH_3)_3\overset{\delta^+}{C}\cdots\overset{\delta^-}{Br}]} \longrightarrow (CH_3)_3C^+ + Br^-$$

$$第二步 (CH_3)_3\overset{+}{C} + OH^- \xrightarrow{快} [(CH_3)_3\overset{\delta^+}{C}\cdots\overset{\delta^-}{OH}] \longrightarrow (CH_3)_3C—OH$$

过渡态 B

(2) 双分子亲核取代反应 (S_N2) 机理

以溴甲烷在碱性溶液中的水解为例：

$$HO^- + H_3C—Br \overset{慢}{\rightleftharpoons} \left[\overset{\delta^-}{HO}\cdots CH_3 \cdots \overset{\delta^-}{Br}\right] \xrightarrow{快} HO—CH_3 + Br^-$$

过渡态

S_N1 和 S_N2 的特点、影响因素和立体化学见表 8-1。

表 8-1　S_N1 和 S_N2 的特点、影响因素和立体化学

反应类型		S_N1	S_N2
特点	动力学特征	反应速率 $=k[RX]$	反应速率 $=k[RX][Nu^-]$
	反应步骤	反应分两步进行，在反应中有活性中间体——碳正离子生成	反应一步完成
立体化学		中间体碳正离子为平面结构，产物为外消旋体或部分构型转化产物	亲核试剂是从离去基团的背面进攻中心碳原子，产物构型完全反转
影响亲核取代反应的因素	烷基结构	生成的碳正离子越稳定，反应越容易进行 卤代烃的反应活性顺序为：叔卤代烃＞仲卤代烃＞伯卤代烃＞卤代甲烷	α 碳原子的空间位阻小越小，反应越容易进行 卤代烃的反应活性顺序为：卤代甲烷＞伯卤代烃＞仲卤代烃＞叔卤代烃
		桥头卤代烃进行亲核取代反应时，不论是 S_N1 还是 S_N2，都十分困难	
	离去基团(卤素)的性质	不论是 S_N1 还是 S_N2，卤素的可极化度越大，越易离去，反应越容易进行。卤代烃的反应活性是 RI＞RBr＞RCl	
	亲核试剂	一般无影响	亲核性越大，反应越容易进行。试剂的亲核性大小与它的碱性、电荷、体积、可极化度等有关
	溶剂	增加溶剂的极性，有利于反应	增加溶剂的极性，一般不利于反应

4. 卤代烷烃的消除反应机理

(1) 单分子消除反应机理 (E1)

$$第一步\quad \underset{H}{\overset{\beta}{—C}}—\overset{\alpha}{C}—X \xrightarrow{慢} \underset{H}{\overset{\beta}{—C}}—\overset{\alpha}{C^+} + X^-$$

$$第二步\quad \underset{H}{\overset{\beta}{—C}}—\overset{\alpha}{C^+} + B^- \xrightarrow[-HB]{快} \gt C=C \lt$$

(2) 双分子消除反应机理（E2）

$$\underset{\substack{| \\ H \\ \uparrow \\ B^-}}{-\overset{\beta |}{C}}-\overset{\alpha |}{\underset{|}{C}}-X \longrightarrow \underset{\substack{| \\ H \\ \vdots \\ B\ \delta^-}}{-\overset{|}{C}}\cdots\overset{|}{\underset{|}{C}}\cdots X\ \delta^- \xrightarrow{-HB} >C=C<$$

过渡态

E1 的反应机理与 S_N1 相似，第一步都生成碳正离子。不同的是，在 E1 中，亲核试剂不是与碳正离子结合，而是进攻 β 氢原子，并夺取氢原子，同时，在 α、β 两个碳原子之间形成双键。E2 的反应机理与 S_N2 相似，反应都是一步完成，不同的是，在 E2 中亲核试剂进攻的是 β 氢原子。

不管是 E1 还是 E2，消除反应中卤代烃的活性顺序是：

$$RI > RBr > RCl,$$

三级卤代烃＞二级卤代烃＞一级卤代烃。

5. 亲核取代与消除反应的竞争

$$H_3C-\underset{\substack{| \\ Cl}}{CH}-\underset{\substack{| \\ H}}{CH_2} \xrightarrow{OH^-} \begin{cases} H_3C-CH(OH)-CH_2(H) & \text{亲核取代} \\ H_3C-CH=CH_2 & \text{消除反应} \end{cases}$$

影响取代反应和消除反应的因素如下所述。

（1）烃基的结构：叔卤代烃较易发生消除反应，伯卤代烷较易发生 S_N2 反应；

$$(CH_3)_3C-Br \xrightarrow{NaCN} \underset{\text{主要产物}}{(H_3C)_2C=CH_2} + \underset{\text{次要产物}}{(CH_3)_3C-CN}$$

$$CH_3CH_2CH_2CH_2Cl + (CH_3)_3CONa \longrightarrow CH_3CH_2CH_2CH_2-O-C(CH_3)_3$$

（2）试剂的碱性：试剂碱性越强，与质子的结合能力越强，有利于消除反应；

（3）试剂的大小：试剂体积越大，不容易接近 α 碳原子，容易与它周围的 β 位上的氢接近，有利于消除反应；

（4）试剂的亲核性：亲核性强有利于取代反应；

（5）溶剂的极性：强极性溶剂有利于取代反应，不利于消除反应；弱极性溶剂有利于消除反应，不利于取代反应。

6. 卤代烯烃中双键位置对卤素活泼性的影响

卤代烯烃的类型及其特征见表 8-2。

表 8-2　卤代烯烃的类型及其特征

卤代烯烃类型	卤代乙烯型	卤代烯丙基型	孤立型卤代烯烃
构造式 （R＝烃基或氢）	$R-CH=CH-X$ 包括 C_6H_5-X	$R-CH=CH-CH_2X$ 包括 $C_6H_5-CH_2X$	$CH_2=CH(CH_2)_n-X$ 包括 $C_6H_5-(CH_2)_nX$ （$n>1$）

续表

卤代烯烃类型	卤代乙烯型	卤代烯丙基型	孤立型卤代烯烃
结构特点	卤素与碳碳双键或苯环之间存在 p-π 共轭，碳卤键极性下降，卤原子稳定不活泼	碳正离子与碳碳双键或苯环之间存在 p-π 共轭，卤素较易离开	碳卤键与一般的卤代烃相似，卤原子的活性介于卤代乙烯型和卤代烯丙基型之间
与 $AgNO_3$ 反应	无卤化银沉淀	室温下立即产生卤化银沉淀	加热的条件下生成卤化银沉淀

三、例题解析

【例 1】 命名下列化合物。

(1) $CH_3CHCHCH_2CH_3$（C2 上连 Br，C3 上连 CH_3）　(2) H、CH_2CH_2Cl / $PhCH_2$、H 取代的乙烯　(3) 3-位连 Cl 的环戊烯

解：(1) 3-甲基-2-溴戊烷。该化合物属于饱和卤代烃，编号从含有卤素的碳原子为小的一端开始编号。

(2) (E)-1-苯基-5-氯-2-戊烯。该化合物属于卤代不饱和芳香烯烃，命名原则同烯烃。选择同时含有卤素和双键的最长碳链作为主链，苯环作为取代基，主链碳原子编号应使双键位次最小。同时应注明双键的构型。

(3) 3-氯环戊烯。该化合物属于卤代环烯烃，命名原则同环烯烃。环上碳原子编号从双键碳原子编起，并使取代基的编号尽可能小。

【例 2】 下列反应中的主要产物是否正确？如果是错误的，请给予纠正。

(1) 邻位含 CH═CHBr 和 CH_2Br 的苯 $\xrightarrow{NaCN}$ 邻位含 CH═CHCN 和 CH_2Br 的苯

(2) 含 $CH_2CHBrCH_3$ 的环己烷 $\xrightarrow[乙醇]{KOH}$ 含 $CH_2CH(OH)CH_3$ 的环己烷

解：(1) 不正确。反应物中有两个溴原子，一个是乙烯型溴，另一个是苄基型（烯丙基型）溴，乙烯型溴比较稳定，不易被取代。苄基型（烯丙型）溴很活泼，容易被取代。正确答案：

邻位含 CH═CHBr 和 CH_2Br 的苯 $\xrightarrow{NaCN}$ 邻位含 CH═CHBr 和 CH_2CN 的苯

(2) 不正确。此反应中，卤代烃在氢氧化钾的乙醇溶液中反应，所采用的溶剂是醇而不是水，应以消除产物为主，主要得到烯烃。消除方向遵循查依采夫（Saytzeff）规则。正确答案：

$$\text{C}_6\text{H}_{11}\text{-CH}_2\text{CHBrCH}_3 \xrightarrow[\text{乙醇}]{\text{KOH}} \text{C}_6\text{H}_{11}\text{-CH=CHCH}_3$$

【例 3】 把下列化合物按 S_N1 反应的活性大小排序并说明理由。

$$C_6H_5CH_2Cl \quad p\text{-}HOC_6H_4CH_2Cl \quad p\text{-}CH_3C_6H_4CH_2Cl \quad p\text{-}O_2NC_6H_4CH_2Cl$$

解： 苄基正离子的稳定性顺序决定了发生 S_N1 反应的活性。根据取代基的电子效应，给电子取代基有利于苄基正离子的稳定，吸电子的取代基不利于苄基正离子的稳定。羟基和甲基是给电子基团，其中羟基的给电子能力比甲基的给电子能力强，硝基是吸电子基团，氢原子介于给电子基团和吸电子基团之间。所以反应活性顺序为：

$$p\text{-}HOC_6H_4CH_2Cl > p\text{-}CH_3C_6H_4CH_2Cl > C_6H_5CH_2Cl > p\text{-}O_2NC_6H_4CH_2Cl$$

【例 4】 下面三种碳正离子分别属于伯、仲、叔三种类型，其结构如下：

(1) $C_6H_5\overset{+}{C}H_2$ (2) $C_6H_5CH_2\overset{+}{C}HCH_3$ (3) 桥头碳正离子（双环结构）

它们的稳定性从大到小的排序是：(1) ＞ (2) ＞ (3)，试解释。

解：（1）虽然是伯碳正离子，但也是苄基碳正离子，属于烯丙基型碳正离子。碳正离子与苯环直接相连，它的空 p 轨道与苯环的大 π 轨道形成 p-π 共轭体系，使正电荷得到分散，降低了体系的能量，所以稳定性好。

（2）属于仲碳正离子，碳正离子与苯环间隔一个碳原子，它的空 p 轨道与苯环的大 π 轨道不能形成 p-π 共轭体系，其稳定性与一般的仲碳正离子相似。

（3）虽然属于叔碳正离子，但它是桥头碳正离子，即碳正离子处于两环稠合之处。由于桥环的刚性，平面型桥头碳正离子有很大的张力，使其十分不稳定而难以形成。

【例 5】 解释下列反应的主要产物。

$$H_3C-\underset{CH_3}{\underset{|}{CH}}-CH_2Br \xrightarrow{CH_3OH} \underset{(A)}{H_3C-\underset{CH_3}{\underset{|}{CH}}-CH_2OCH_3} + \underset{(B)\ \text{主要产物}}{H_3C-\overset{OCH_3}{\overset{|}{\underset{CH_3}{\underset{|}{C}}}}-CH_3}$$

解： 此反应为卤代烃的亲核取代反应，亲核试剂为甲醇。底物虽然是伯卤代烃，但是 α 碳原子上连有一个体积较大的异丙基，不利于亲核试剂从 C-Br 键轴线的反方向进攻 α 碳，也就是说发生 S_N2 可能性不大。在反应过程中，首先生成伯碳正离子，亲核试剂进攻后生成产物（A）；但是大部分伯碳正离子通过重排形成更稳定的叔碳正离子，亲核试剂进攻后生成产物（B），为主要产物。反应机理如下：

$$H_3C-\underset{\displaystyle CH_3}{\underset{|}{CH}}-CH_2Br \longrightarrow H_3C-\underset{\displaystyle CH_3}{\underset{|}{CH}}-\overset{+}{C}H_2 \xrightarrow{\text{重排}} H_3C-\underset{\displaystyle CH_3}{\underset{|}{\overset{+}{C}}}-CH_3$$

$$\downarrow CH_3OH \qquad\qquad \downarrow CH_3OH$$

$$H_3C-\underset{\displaystyle CH_3}{\underset{|}{CH}}-\overset{H-\overset{+}{O}CH_3}{\overset{|}{CH_2}} \qquad H_3C-\underset{\displaystyle CH_3}{\underset{|}{\overset{H-\overset{+}{O}CH_3}{\overset{|}{C}}}}-CH_3$$

$$\downarrow -H^+ \qquad\qquad \downarrow -H^+$$

$$\underset{\text{(A)}}{H_3C-\underset{\displaystyle CH_3}{\underset{|}{CH}}-CH_2OCH_3} \qquad \underset{\text{(B)}}{H_3C-\underset{\displaystyle CH_3}{\underset{|}{\overset{OCH_3}{\overset{|}{C}}}}-CH_3}$$

【例 6】 设计由溴代环己烷（环己基上连Br）为原料合成2-环己烯-1-醇（OH）的路线。

解： 目标产物是烯丙基型醇的结构，所以可以考虑由烯丙基卤代烃转化得到。而烯丙基型卤代烃必须由在高温条件或者 NBS 存在下由烯烃的 α 碳进行自由基型的溴代反应得到。烯烃可以由原料溴代环己烷经过消除反应实现。具体的反应路线如下：

$$\text{溴代环己烷} \xrightarrow[\text{乙醇}]{KOH} \text{环己烯} \xrightarrow[(C_6H_5COO)_2]{NBS} \text{3-溴环己烯} \xrightarrow[H_2O]{NaOH} \text{2-环己烯-1-醇}$$

【例 7】 溴化苄与水在 NaOH 溶液中反应生成苯甲醇，反应速率与［H_2O］无关，在同样条件下对甲基苄基溴与水的反应速率是前者的 58 倍。溴化苄与 $C_2H_5O^-$ 在无水乙醇中反应生成苄基乙基醚，速率取决于［RBr］和［$C_2H_5O^-$］，同样条件下对甲基苄基溴的反应速率仅是前者的 1.5 倍，相差无几。为什么有这些结果？试从试剂的亲核性和取代基团的电子效应（给电子取代基的影响）等方面说明对上述反应的影响。

解： 溴化苄与水在 NaOH 溶液中反应生成苯甲醇，反应速率与［H_2O］无关，说明此反应属于 S_N1 反应，反应速率只与底物生成碳正离子的速率有关，与亲核试剂的浓度无关；由于甲基是给电子基团，有利于苄基正离子的形成，所以对甲基苄基正离子生成的速率要大于苄基正离子。

$$S_N1\begin{cases} C_6H_5CH_2Br + H_2O \xrightarrow{v_1} C_6H_5CH_2OH \\ p\text{-}CH_3C_6H_4CH_2Br + H_2O \xrightarrow{v_2} p\text{-}CH_3C_6H_4CH_2OH \end{cases} \quad v_2 = 58v_1$$

$$S_N1:\ Ar-CH_2Br \xrightarrow[\text{慢}]{-Br^-} Ar-CH_2^+ \xrightarrow[\text{快}]{OH^-} Ar-CH_2OH$$

苄基溴与 $C_2H_5O^-$ 在无水乙醇中反应生成苄基乙基醚，反应速率取决于［RBr］和

$[C_2H_5O^-]$，说明此反应属于 S_N2。这是双分子反应，反应是一步完成的，没有碳正离子中间体的过程。所以，甲基对反应速率的影响较小。两者的反应速率差别无几。

$$S_N2\begin{cases} C_6H_5CH_2Br + C_2H_5O^- \xrightarrow[C_2H_5OH]{v_3} C_6H_5CH_2OC_2H_5 \\ p\text{-}CH_3C_6H_4CH_2Br + C_2H_5O^- \xrightarrow[C_2H_5OH]{v_4} p\text{-}CH_3C_6H_4CH_2OC_2H_5 \end{cases}$$

$$v_4 = 1.5v_3$$

$$S_N2: Ar—CH_2Br + C_2H_5O^- \longrightarrow \left[\overset{\delta^-}{Br}\cdots\underset{Ar}{\underset{|}{CH_2}}\cdots\overset{\delta^-}{OC_2H_5}\right] \longrightarrow Ar—CH_2OC_2H_5$$

过渡态

【例 8】 分子式为 C_4H_8 的化合物 A，加溴后的产物用 NaOH-乙醇溶液处理生成 C_4H_6 (B)，B 能使溴水褪色，并能与 $AgNO_3$ 的氨溶液发生沉淀反应。推出 A、B 的结构式并写出相应的反应式。

解： 根据化合物（A）不饱和度为 1，推知（A）可能是开链单烯烃或环烷烃；但是根据 B 的性质，推知 B 应该为炔烃，而且是末端炔烃。由此可以推测 A 为开链烯烃。由于要生成末端炔烃，所以此烯烃必须是末端烯烃，进一步可以推测 A 为 1-丁烯，B 为 1-丁炔。

化合物 A 和 B 的结构及各步的反应式如下：

$$\underset{A}{CH_3CH_2CH{=}CH_2} + Br_2 \longrightarrow CH_3CH_2\underset{Br}{\underset{|}{CH}}—\underset{Br}{\underset{|}{CH_2}} \xrightarrow[C_2H_5OH]{NaOH} \underset{B}{CH_3CH_2C{\equiv}CH}$$

$$\underset{B}{CH_3CH_2C{\equiv}CH} \xrightarrow{[Ag(NH_3)_2]^+} CH_3CH_2C{\equiv}CAg\downarrow$$

$$\underset{B}{CH_3CH_2C{\equiv}CH} \xrightarrow{Br_2} CH_3CH_2CBr_2CHBr_2$$

四、习题

1. 命名下列化合物。

(1) $CH_3\underset{CH_3}{\underset{|}{CH}}CH_2\underset{Cl}{\underset{|}{CH}}CH_3$

(2) $ClCH_2CH_2\underset{CH_2CH_2CH_3}{\underset{|}{CH}}CH_2CH_2CH_2CH_3$

(3) $CH_3CH_2\underset{Br}{\underset{|}{CH}}CH{=}CHCH_3$ （H、CH_3 位于双键同侧） (Z/E)

(4) 3-氯环戊烯结构（环戊烯，Cl 位于烯丙位）

(5) 溴代环戊二烯结构（Br 位于 sp^3 碳上）

(6) 环庚烷，一个碳上有两个 CH_3，另一个碳上有 Cl

(7) 苯环：Cl、Cl、Cl、CH_3（CH_3 两侧邻位各一个 Cl，对位一个 Cl）

(8) 对氯苄氯（苯环上 CH_2Cl 与 Cl 对位）

(9) $C_6H_5CH_2CH_2Cl$

(10) 2-溴萘结构

(11) CH_3、H、Cl、C_2H_5 连于同一个 C 的楔形式 (R/S)

2.写出下列化合物的构造式。

(1) 2-甲基-2,3-二氯丁烷　(2) 叔丁基溴　(3) 溴化苄

(4) 1-苯基-3-溴丙烷　(5) 碘仿　(6) 烯丙基氯

(7) (R)-2,3-二甲基-3-氯戊烷　(8) ($2Z$,$4E$)-1,6-二氯-2,4-己二烯

3.完成下列反应。

(1) $C_6H_5CH_3 \xrightarrow[(C_6H_5COO)_2]{NBS} \xrightarrow[\triangle]{NaCN} \xrightarrow{H_3O^+}$

(2) $Cl-C_6H_4-CH_2Cl \xrightarrow[\triangle]{NaOH,\ H_2O}$

(3) $C_6H_4(CH{=}CHBr)(CH_2Br) \xrightarrow{KCN}$

(4) $C_6H_5Br \xrightarrow[Mg]{无水乙醚} \xrightarrow[(2)\ H_3O^+]{(1)\ CO_2}$

(5) 1-$CH(CH_3)_2$-2-Cl-环己烷 $\xrightarrow[乙醇]{KOH} \xrightarrow[H_2SO_4]{KMnO_4}$

(6) 1-CH_3-2-Cl-环己烷 $\xrightarrow[乙醇]{KOH} \xrightarrow[OH^-]{冷、稀\ KMnO_4}$

(7) $C_6H_5ONa + CH_3CH_2Br \longrightarrow$

(8) $CH_3CH_2CH_2CH_2Br \xrightarrow[THF]{LiAlH_4}$

(9) $(CH_3)_2CHCH_2I \xrightarrow[\triangle]{OH^-}$

(10) $C_6H_5CH(Br)CH_2CH_3 \xrightarrow[乙醇]{NaOH}$

4.用化学方法鉴别下列各组化合物。

(1) $CH_3CH{=}CHCH_2Cl$　$CH_2{=}CHCl$　$CH_2{=}CHCH_2CH_2Cl$ 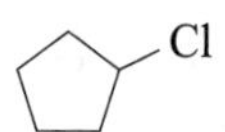

(2) 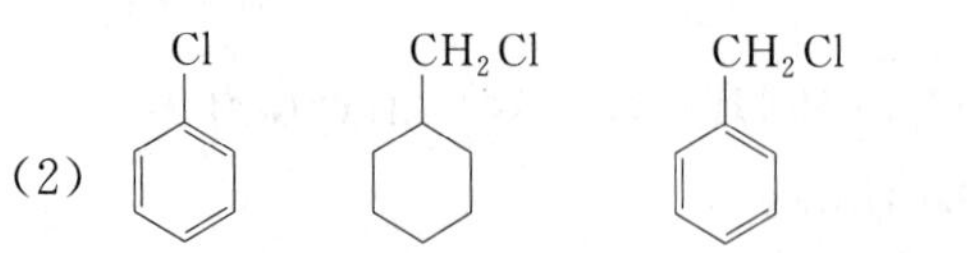

5.(1) 将下列化合物的活性次序由强到弱按 S_N1 反应排列。

① $CH_3CH_2CHBrCH_3$　$(CH_3)_3CBr$　$CH_3CH_2CH_2CH_2Br$

② $C_6H_5CH_2Br$　$C_6H_5CH(CH_3)Br$　$C_6H_5CH_2CH_2Br$　C_6H_5Br

③ 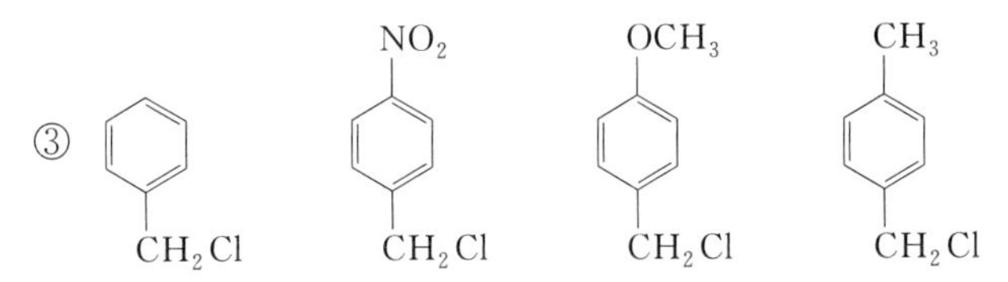

(2) 将下列化合物的活性次序由强到弱按 S_N2 反应排列。

① $CH_3CH_2CHClCH_3$　　$CH_3CH_2CH_2CH_2Cl$　　$CH_3CH_2CCl(CH_3)CH_3$

② $CH_3—C(CH_3)_2—CHBrCH_3$　　$CH_3CH_2CH_2—CHBrCH_3$

6. 比较下列碳正离子的稳定性（由大到小排列）。

(1) $CH_3CH_2CH_2\overset{+}{C}H_2$　　$CH_3CH_2\overset{+}{C}HCH_3$　　$(CH_3)_3C^+$

(2) 对硝基苄基正离子（p-$NO_2C_6H_4\overset{+}{C}H_2$）　对甲基苄基正离子（$p$-$CH_3C_6H_4\overset{+}{C}H_2$）　苄基正离子（$C_6H_5\overset{+}{C}H_2$）　对氯苄基正离子（$p$-$ClC_6H_4\overset{+}{C}H_2$）　对氨基苄基正离子（$p$-$NH_2C_6H_4\overset{+}{C}H_2$）

7. 由指定原料合成产物（其他试剂任选）。

(1) 苯 ⟶ 苯甲酸（COOH）

(2) $CH_3CH_2CH_2Cl \longrightarrow (CH_3)_2CHCOOH$

(3) 氯代环己烷（Cl） ⟶ 1,3-环己二烯

8. 推断结构。

(1) 有一旋光性的氯代烃 A，分子式为 C_5H_9Cl，能被 $KMnO_4$ 氧化，亦能被氢化得 B，B 的分子式为 $C_5H_{11}Cl$，B 无旋光性，试写出 A、B 的结构式及各步反应式。

(2) 化合物 A 的分子式为 C_6H_9Cl，能使溴水褪色，在室温下与 $AgNO_3$ 的乙醇溶液迅速作用，生成白色沉淀。A 经催化氢化吸收 1mol H_2，得到 B，B 与 KOH 的醇溶液作用，生成 C，C 的分子式为 C_6H_{10}，C 用高锰酸钾的 H_2SO_4 溶液处理，得到己二酸，请写出 A、B、C 的结构式和各步反应式。

(3) 化合物 A 的分子式为 $C_6H_{13}Br$，与氢氧化钾的醇溶液作用，生成 B，B 的分子式为 C_6H_{12}。B 用臭氧氧化，然后用 Zn/H_2O 处理，得到两个同分异构体 C 和 D。B 与溴化氢作用，则得到 A 的异构体 E，试推测 A、B、C、D 和 E 的结构式，并写出各步的反应式。

(4) 化合物 A 的分子式为 C_4H_8，在室温下它能使 Br_2/CCl_4 溶液褪色，但不能使稀的 $KMnO_4$ 溶液褪色，1mol A 和 1mol HBr 作用生成 B，B 也可以从 A 的同分异构体 C 与 HBr 作用得到。化合物 C 能使 Br_2/CCl_4 溶液和稀的 $KMnO_4$ 溶液褪色。试推导化合物 A、B、C 的结构式，并写出各步的反应式。

（5）某烃 A 与 Br_2 反应生成二溴衍生物 B，B 用 NaOH-乙醇溶液处理得到 C，C 的分子式为 C_5H_6，将 C 催化加氢生成环戊烷。试写出 A、B、C 的结构式及有关反应式。

五、习题参考答案

1.（1）2-甲基-4-氯戊烷　（2）3-丙基-1-氯-庚烷　（3）(*E*)-4-溴-2-己烯

（4）3-氯环戊烯　（5）5-溴-1,3 环戊二烯　（6）1,1-二甲基-4-氯环庚烷

（7）2,4,6-三氯甲苯　（8）对氯苯基氯甲烷或对氯苄基氯

（9）1-苯基-2-氯乙烷或 *β*-苯基氯乙烷　（10）*β*-溴萘　（11）(*R*)-2-氯丁烷

2.

（1）$H_3C-C(CH_3)(Cl)-CH(Cl)-CH_3$　（2）$(CH_3)_3CBr$　（3）$C_6H_5CH_2Br$

（4）$C_6H_5CH_2CH_2CH_2Br$　（5）CHI_3　（6）$H_2C=CHCH_2Cl$

（7）$H_3C-C(Cl)(CH(CH_3)_2)(C_2H_5)$　（8）$ClH_2C-CH=CH-CH=CH-CH_2Cl$（H、H、H、H 标示双键构型）

3.

（1）$C_6H_5CH_2Br$　$C_6H_5CH_2CN$　$C_6H_5CH_2COOH$　（2）$p-ClC_6H_4CH_2OH$　（3）邻-C_6H_4(CH=CHBr)(CH_2CN)

（4）C_6H_5MgBr　C_6H_5COOH　（5）1-异丙基环己烯（$CH(CH_3)_2$）　$(CH_3)_2CHCO(CH_2)_4COOH$

（6）1-甲基环己烯（CH_3）　1-甲基-1,2-环己二醇（HO、CH_3、OH）　（7）$C_6H_5-OCH_2CH_3$

（8）$CH_3CH_2CH_2CH_3$　（9）$(CH_3)_2CHCH_2OH$　（10）$C_6H_5CH=CHCH_3$

4.

（1）

	Br_2/CCl_4	$AgNO_3$	$AgNO_3$，△
$CH_3CH=CHCH_2Cl$	褪色	白色沉淀	
$H_2C=CHCl$	褪色	(－)	(－)
$H_2C=CHCH_2CH_2Cl$	褪色	(－)	白色沉淀
氯代环戊烷（Cl）	(－)		

(2)

Cl-cyclohexene (3-chlorocyclohexene): $\xrightarrow{Br_2/CCl_4}$ 褪色

Chlorobenzene: (—) (—) $\xrightarrow[\triangle]{AgNO_3}$ (—)

Cyclohexyl-CH_2Cl: (—) $\xrightarrow{AgNO_3}$ (—) 白色沉淀

Benzyl-CH_2Cl: (—) 白色沉淀

5.

(1) ① $CH_3C(Br)(CH_3)CH_3$ > $CH_3CH_2CH(Br)CH_3$ > $CH_3CH_2CH_2CH_2Br$

② $C_6H_5CH(CH_3)Br$ > $C_6H_5CH_2Br$ > $C_6H_5CH_2CH_2Br$ > C_6H_5Br

③ p-$CH_3OC_6H_4CH_2Cl$ > p-$CH_3C_6H_4CH_2Cl$ > $C_6H_5CH_2Cl$ > p-$NO_2C_6H_4CH_2Cl$

(2) ① $CH_3CH_2CH_2CH_2Cl$ > $CH_3CH_2CH(Cl)CH_3$ > $CH_3CH_2C(Cl)(CH_3)CH_3$

② $CH_3CH_2CH_2—CH(Br)CH_3$ > $CH_3—C(CH_3)_2—CH(Br)CH_3$

6.

(1) $(CH_3)_3C^+$ > $CH_3CH_2\overset{+}{C}HCH_3$ > $CH_3CH_2CH_2\overset{+}{C}H_2$

(2) p-$NH_2C_6H_4\overset{+}{C}H_2$ > p-$CH_3C_6H_4\overset{+}{C}H_2$ > $C_6H_5\overset{+}{C}H_2$ > p-$ClC_6H_4\overset{+}{C}H_2$ > p-$NO_2C_6H_4\overset{+}{C}H_2$

7.

(1) $C_6H_6 \xrightarrow[FeBr_3]{Br_2} C_6H_5Br \xrightarrow[\text{无水乙醚}]{Mg} C_6H_5MgBr \xrightarrow{CO_2} \xrightarrow{H_3O^+} C_6H_5COOH$

(2) $CH_3CH_2CH_2Cl \xrightarrow[乙醇]{KOH} CH_3CH{=}CH_2 \xrightarrow{HBr} (CH_3)_2CHBr \xrightarrow[无水乙醚]{Mg}$

$(CH_3)_2CHMgBr \xrightarrow{CO_2} \xrightarrow{H_3O^+} (CH_3)_2CHCOOH$

(3) 氯代环己烷 $\xrightarrow[乙醇]{KOH}$ 环己烯 $\xrightarrow[(C_6H_5COO)_2]{NBS}$ 3-溴环己烯 $\xrightarrow[乙醇]{KOH}$ 1,3-环己二烯

8.

(1)

$$\underset{(A)}{H_2C{=}CH{-}\overset{*}{C}HClCH_2CH_3} \xrightarrow{[H]} \underset{(B)}{CH_3CH_2CHClCH_2CH_3}$$

(A) $\xrightarrow{[O]}$ $CH_3CH_2CHClCOOH + CO_2$

(2)

1,2-二溴-3-氯环己烷 $\xleftarrow{Br_2/CCl_4}$ 3-氯环己烯 (A) $\xrightarrow[乙醇]{AgNO_3}$ 3-硝酸酯基环己烯（ONO_2） + AgCl↓

3-氯环己烯 (A) $\xrightarrow{[H]}$ 氯代环己烷 (B) $\xrightarrow[醇]{KOH}$ 环己烯 (C) $\xrightarrow{KMnO_4/H^+}$ $HOOC(CH_2)_4COOH$

(3)

$$\underset{(A)}{(CH_3)_2CHCHBrCH_2CH_3} \xrightarrow[醇]{KOH} \underset{(B)}{(CH_3)_2C{=}CHCH_3}$$

(B) $\xrightarrow{HBr}$ $\underset{(E)}{(CH_3)_2CBrCH_2CH_2CH_3}$

(B) $\xrightarrow[Zn/H_2O]{O_3}$ $\underset{(C)或(D)}{(CH_3)_2CO}+\underset{(C)或(D)}{CH_3CH_2CHO}$

(4) 甲基环丙烷 (A) $\xrightarrow{HBr}$ $\underset{(B)}{CH_3CHBrCH_2CH_3}$

(C) $CH_2{=}CHCH_2CH_3$ 或 $CH_3CH{=}CHCH_3$

$CH_2{=}CHCH_2CH_3 \xrightarrow{HBr} \underset{(B)}{CH_3CHBrCH_2CH_3}$

$CH_2{=}CHCH_2CH_3 \xrightarrow{Br_2} CH_2BrCHBrCH_2CH_3$

$CH_2{=}CHCH_2CH_3 \xrightarrow{KMnO_4} CH_3CH_2COOH+CO_2$

$CH_3CH{=}CHCH_3 \xrightarrow{HBr} \underset{(B)}{CH_3CHBrCH_2CH_3}$

$CH_3CH{=}CHCH_3 \xrightarrow{Br_2} CH_3CHBrCHBrCH_3$

$CH_3CH{=}CHCH_3 \xrightarrow{KMnO_4} CH_3COOH$

(5) 环戊烯 (A) $\xrightarrow[CCl_4]{Br_2}$ 1,2-二溴环戊烷 (B) $\xrightarrow[乙醇]{NaOH}$ 环戊二烯 (C) $\xrightarrow{[H]}$ 环戊烷

第九章 醇、酚、醚

一、目的要求

1. 掌握醇、酚、醚的分类方法和命名。
2. 掌握醇、酚、醚的结构特点。
3. 掌握醇、酚、醚的化学性质，了解其物理性质。
4. 了解醇和醚的主要制备方法。
5. 掌握环氧乙烷的开环反应，了解其物理性质。
6. 了解重要的醇、酚、醚化合物。
7. 了解硫醇、硫酚、硫醚的物理性质和化学性质。

二、本章要点

1. 醇、酚、醚的定义

醇、酚、醚都是烃的含氧衍生物。醇和酚都含有羟基（—OH），羟基直接与芳环相连的为酚，其余则为醇。氧原子两端都与烃基相连的为醚。

2. 醇、酚、醚的分类

（1）根据烃基的结构，醇分为饱和醇、不饱和醇和芳香醇；

（2）根据羟基所连接的碳原子类型，醇分为伯醇、仲醇和叔醇；

（3）根据醇分子中所含羟基的数目，醇分为一元醇、二元醇和多元醇；

（4）根据芳环上所连的羟基的数目，酚分为一元酚、二元酚和多元酚；

（5）醚的类型有单醚、混醚和环醚或称环氧化合物。

3. 醇、酚、醚的命名

醇的命名分为普通命名法和系统命名法。普通命名法根据和羟基相连的烃基名称来命名，称某烃基醇，“基”字一般可以省去。系统命名法的命名规则是：选择含有羟基的最长碳链作为主链，把支链看作取代基，从离羟基最近的一端开始编号，按照主链所含的碳原子数目称为“某醇”。羟基的位次用阿拉伯数字注明在醇名称前面，其他取代基的位次和名称按“次序规则”依次写出。

酚的命名一般是在“酚”的前面加上芳环的名称。当酚的芳环上有其他取代基如$-NO_2$、$-X$、$-R$ 等基团时，将酚作为母体，在酚的前面写上取代基的位次和名称；当酚的芳环上连接$-COOH$、$-CHO$、$-SO_3H$ 等取代基时，则把羟基当作取代基。

结构简单的醚，称为某烃基醚，“基”字一般可省略不写。对于单醚，根据不同情况，可省略前面的“二”字；对于混醚，则将较小的烃基放在前面，芳烃基放在脂肪族烃基的前面。结构比较复杂的醚用系统命名法。选择与氧相连的碳原子数较多的碳链为主链，当作母体，而把另一烃基和氧原子看作烷氧基。环醚一般称为环氧某烷或者按杂环命名。硫醇、硫酚和硫醚的命名只需在相应的醇、酚和醚的名字前加上“硫”字即可。

4. 醇、酚、醚的性质

(1) 醇

醇分子间能借氢键缔合，醇的沸点比分子量相近的烷烃沸点高许多；醇和水分子间彼此能形成氢键，1～3 个碳的醇能与水混溶。

羟基是醇的官能团。醇的化学反应主要是 O—H 键断裂的氢原子被取代、C—O 键断裂的羟基被取代以及脱羟基的反应，与羟基相连的碳原子上的氢（α 氢）也具有一定的活泼性。

O—H 键的断裂反应：氢原子被钠、钾等活泼金属所取代。与羟基相连的烃基的给电子作用越大，羟基中氢的活泼性就越低，即酸性越弱。其反应活性为：甲醇＞伯醇＞仲醇＞叔醇。例如：

$$C_2H_5OH + Na \longrightarrow C_2H_5ONa + \frac{1}{2}H_2$$

C—O 键的断裂反应：醇与氢卤酸的反应，羟基被卤原子取代生成卤代烃。

$$ROH + HX \rightleftharpoons RX + H_2O$$

氢卤酸的活泼顺序为：HI＞HBr＞HCl

醇的活泼顺序为：烯丙醇＞叔醇＞仲醇＞伯醇

无水氯化锌和浓盐酸配成的试剂，称为卢卡斯（Lucas）试剂。利用伯、仲、叔三类醇与卢卡斯试剂作用的快慢，可以区别三类醇。

醇与含氧无机酸如硫酸、硝酸、磷酸等发生酯化反应，生成无机酸酯。例如：

$$C_2H_5OH + H_2SO_4 \rightleftharpoons C_2H_5OSO_3H + H_2O$$

醇在酸催化下发生分子内或分子间的脱水反应。一般情况下，较高温度有利于分子内脱水，主要生成烯烃；较低温度则有利于分子间脱水，主要生成醚。例如：

$$CH_3CH_2OH \xrightarrow[\text{或 } Al_2O_3, 360℃]{\text{浓 } H_2SO_4, 170℃} H_2C{=}CH_2 + H_2O\text{(分子内脱水)}$$

$$C_2H_5OH + HOC_2H_5 \xrightarrow[\text{或 } Al_2O_3, 240℃]{\text{浓 } H_2SO_4, 140℃} C_2H_5OC_2H_5 + H_2O\text{(分子间脱水)}$$

不同结构的醇发生分子内脱水反应的活性是：叔醇＞仲醇＞伯醇。叔醇主要发生分子内脱水生成烯烃，而难以得到醚。醇分子内脱水遵循查依采夫规则。

氧化反应：醇可用氧化剂氧化或在催化剂作用下脱氢氧化。常用的氧化剂是重铬酸钠（或重铬酸钾）和高锰酸钾的硫酸溶液等。叔醇分子中不含 α 氢，在常温条件下不被重铬酸钾或高锰酸钾的硫酸所氧化。用氧化剂氧化时，伯醇氧化首先生成醛，醛很容易继续被氧化而生成羧酸。伯醇或仲醇的蒸气在高温下通过脱氢催化剂如铜、银、镍或氧化锌，伯醇脱氢生成醛，仲醇脱氢生成酮。此法可生成纯度较高的醛。例如：

$$CH_3-\underset{H}{\overset{H}{C}}-O-H \xrightarrow[250\sim350℃]{Cu} CH_3\underset{H}{C}{=}O + H_2\uparrow$$

$$CH_3-\underset{CH_3}{\overset{H}{C}}-O-H \xrightarrow[500℃,\ 3atm]{Cu} CH_3\overset{O}{\overset{\|}{C}}-CH_3 + H_2\uparrow$$

具有邻二醇结构的化合物可发生一些特殊的反应，如甘油可与氢氧化铜反应生成深蓝色的甘油铜溶液，此反应可用于鉴别甘油以及具有邻二醇结构的化合物。用高碘酸的水溶液或四醋酸铅的醋酸溶液氧化邻二醇类化合物，可以使两个羟基之间的碳碳键断裂，生成相应的醛、酮。频哪醇类在酸作用下发生重排生成频哪酮。

$$\begin{array}{l} CH_2-OH \\ | \\ CH-OH \\ | \\ CH_2-OH \end{array} + \begin{array}{l} HO \\ \quad \backslash \\ \quad\ Cu \\ \quad / \\ HO \end{array} \longrightarrow \begin{array}{l} CH_2-O \\ | \qquad\quad \ Cu \\ CH-O \\ | \\ CH_2-OH \end{array}$$

（深蓝色）

$$R'-\underset{OH}{\overset{R}{\underset{|}{\overset{|}{C}}}}-\underset{OH}{\underset{|}{CHR''}} \xrightarrow{HIO_4} \begin{array}{l} R \\ \ \backslash \\ \ \ C=O \\ \ / \\ R' \end{array} + R''CHO + H_2O + HIO_3$$

$$CH_3-\underset{OH}{\overset{CH_3}{\underset{|}{\overset{|}{C}}}}-\underset{OH}{\overset{CH_3}{\underset{|}{\overset{|}{C}}}}-CH_3 \xrightarrow{H^+} CH_3-\underset{CH_3}{\overset{CH_3}{\underset{|}{\overset{|}{C}}}}-\overset{O}{\overset{\|}{C}}-CH_3 + H_2O$$

（2）酚

在酚分子中，羟基直接与芳环相连，氧原子的未共用电子对所在 p 轨道与芳环的大 π 轨道发生 p-π 共轭，C—O 键比较牢固，不易断裂，与醇的性质不同。所以酚主要发生酚羟基的反应，如芳环的亲电取代反应、与三氯化铁的显色反应以及氧化反应等。

酚羟基的反应：由于 p-π 共轭，酚的 O—H 键比醇的 O—H 键容易断裂，表现出弱酸性。苯酚与氢氧化钠溶液作用，生成可溶于水的苯酚钠。苯酚的酸性比碳酸弱，所以一般情况下，苯酚只溶于 NaOH 溶液，而不溶于 $NaHCO_3$ 溶液。例如：

$$C_6H_5OH + NaOH \longrightarrow C_6H_5ONa + H_2O$$

取代酚的酸性强弱与取代基的性质和位置有关。能增加芳环电子云密度的取代基使酚的酸性减弱，能降低减少芳环电子云密度的取代基使酚的酸性增加。

酚不能与羧酸直接酯化成酯，但是可以跟酸酐或酰氯等化合物发生反应生成相应的酯。例如：

$$C_6H_5-OH + CH_3\overset{O}{\overset{\|}{C}}Cl \longrightarrow C_6H_5-O\overset{O}{\overset{\|}{C}}CH_3 + HCl$$

芳环的亲电取代反应：由于 p-π 共轭，酚羟基对苯环产生活化作用，苯环易受亲电试剂进攻发生取代反应。取代反应主要有：卤代、硝化和磺化等。在室温下苯酚与溴水作用，立即产生 2,4,6-三溴苯酚白色沉淀，此反应可用于苯酚的定性和定量分析。例如：

$$C_6H_5OH + 3Br_2(\text{水}) \longrightarrow 2,4,6\text{-}Br_3C_6H_2OH \downarrow + 3HBr$$

苯酚用硝酸硝化，得到邻硝基苯酚和对硝基苯酚混合物。邻硝基苯酚有分子内氢键，沸点相对较低；而对硝基苯酚形成分子间氢键，沸点相对较高。邻、对位产物可通过水蒸气蒸馏分离。苯酚用浓硫酸磺化，低温下（20～25℃）主要生成邻羟基苯磺酸，高温下（100℃）主要生成对羟基苯磺酸。

酚的其他反应：酚与三氯化铁发生显色反应，具有烯醇式结构的化合物都能与三氯化铁发生显色反应。此反应可用于酚以及具有烯醇式结构化合物的鉴别。酚类很容易被氧化，空气中的氧就能将其氧化为醌。

(3) 醚

醚的官能团是醚键(C—O—C),性质比较稳定。由于醚键(C—O—C)的存在,其性质又比烷烃活泼,也可以发生一些特有的反应。

醚可以与强无机酸如氢碘酸、氢溴酸、浓盐酸等作用,生成鎓盐。可以利用醚形成鎓盐后溶于浓酸这一特点,鉴别和分离醚与烷烃或卤代烃。加热鎓盐,则醚键断裂,生成卤代烃和醇。在较高温度下,生成的醇继续与过量的卤化氢作用,生成两分子卤代烃。混醚与氢碘酸作用时,一般是较小的烃基变成碘代烷。芳基烷基醚与氢卤酸作用时,总是烷氧基断裂生成酚和卤代烃。例如:

$$C_6H_{13}-O-CH_3+HI \rightleftharpoons \left[C_6H_{13}-\underset{H}{O}-CH_3 \right]^+ I^- \xrightarrow{\triangle} C_6H_{13}OH+CH_3I$$

$$C_6H_{13}OH \xrightarrow{\text{过量 HI}} C_6H_{13}I$$

$$C_6H_5OCH_3 + HI \longrightarrow C_6H_5OH + CH_3I$$

环醚:五元环醚、六元环醚的性质稳定。但三元环醚如环氧乙烷由于三元环结构使各原子的轨道不能充分重叠,而是以弯曲键相互连接,因此分子中存在张力,极易发生开环反应。不对称环氧化合物如1,2-环氧丙烷开环取向与反应的酸碱条件有关。一般情况下,在酸性条件下,电子效应控制开环部位,氧原子与连有支链较多的碳原子之间发生开环;在碱性条件下,则是空间效应控制开环部位,氧原子与连有最少支链的碳原子之间发生开环。

环氧乙烷主要有下列开环反应:

$$H_2C\underset{O}{\diagdown\!\diagup}CH_2 \xrightarrow{H_2O/H^+} HOCH_2CH_2OH$$

$$H_2C\underset{O}{\diagdown\!\diagup}CH_2 \xrightarrow{HBr/H^+} BrCH_2CH_2OH$$

$$H_2C\underset{O}{\diagdown\!\diagup}CH_2 \xrightarrow{R\text{-}MgX} RCH_2CH_2OMgX \xrightarrow{H_2O/H^+} RCH_2CH_2OH$$

$$H_2C\underset{O}{\diagdown\!\diagup}CH_2 \xrightarrow{NH_3} H_2NCH_2CH_2OH$$

(4) 硫醇、硫酚和硫醚

硫醇、硫酚中含S—H键(巯基),S—H离解能较O—H键小,因此,硫醇、硫酚的酸性比相应的醇和酚的酸性强。硫氢键易离解还表现在硫醇易与汞、铅、铜等重金属盐反应形成难溶于水的硫醇盐沉淀。例如:2,3-二巯基丙醇与汞离子发生如下反应:

$$2\ \underset{SH}{CH_2}-\underset{SH}{CH}-\underset{OH}{CH_2} + Hg^{2+} \longrightarrow$$

(产物:两分子 $CH_2-CH-CH_2OH$ 通过两个S原子与同一 Hg 配位,即 $Hg(SCH_2CH(S)CH_2OH)$ 螯合结构,上方为 $CH_2-CH-CH_2OH$,下方为 $HOCH_2CH-CH_2$)

在弱氧化剂如过氧化氢、碘、三氧化二铁等作用下,硫氢键断裂,两分子硫醇结合成二硫化物。二硫化物在亚硫酸氢钠、锌、乙酸等还原剂作用下,又可以还原为硫醇。

$$2RSH \underset{[H]}{\overset{[O]}{\rightleftharpoons}} R-S-S-R$$

硫醚在室温下就能与卤代烃反应，生成锍盐。硫醚可发生氧化反应，在比较缓和的条件下氧化成亚砜，在强烈的条件下氧化成砜。

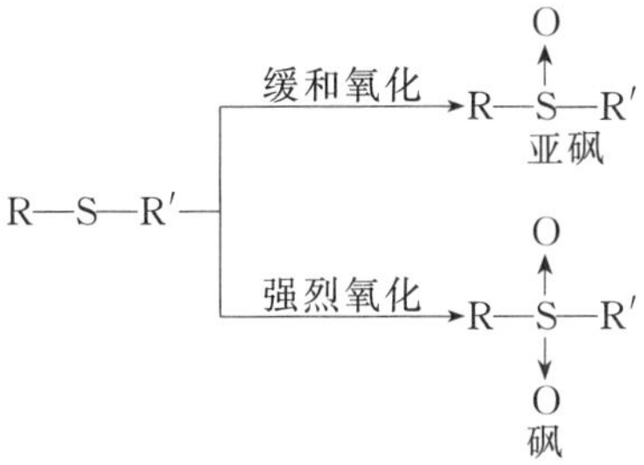

$$R-S-R' \xrightarrow{\text{缓和氧化}} R-\overset{O}{\overset{\uparrow}{S}}-R' \ (\text{亚砜})$$

$$R-S-R' \xrightarrow{\text{强烈氧化}} R-\underset{O}{\underset{\downarrow}{\overset{O}{\overset{\uparrow}{S}}}}-R' \ (\text{砜})$$

三、例题解析

【例 1】 命名下列化合物。

（1） 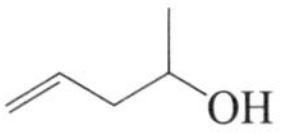 OH （2） 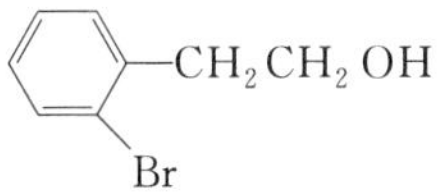 $-CH_2CH_2OH$ Br （3） $(H_3C)_3C-$ $-OCH_3$

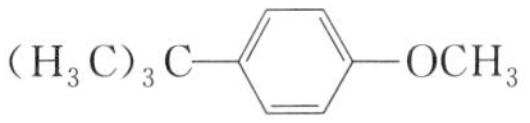

解：（1）4-戊烯-2-醇。此结构书写形式为键线式，类型属于不饱和醇。按照醇的系统命名规则，主官能团为羟基，从羟基的位置为最小的一端开始编号，羟基在 2 号位置，双键的位置为 4 号，书写的时候把表示碳原子数的放在烯的前面，羟基的位置在后面表示。

（2）2-(2-溴苯基）乙醇。此结构式芳香醇。把苯环当作取代基，醇为母体。苯环上还有卤素，取代基的编号应以连接的母体上的碳原子为 1 号，其余的位置按照最低系列原则进行编号。溴在苯环的 2 号位置。母体上的编号以羟基最小开始编，所以苯环在主链的 2 号位置。

（3）此结构为混醚。有两种命名形式。可以把此结构以醚为母体，命名为（4-叔丁基）苯基甲基醚；也可以命名为 1-叔丁基-4-甲氧基苯。

【例 2】 羟基是吸电子基团还是给电子基团？

解：羟基的电子效应要根据其所连接的烃基不同而异。如果羟基与脂肪烃相连，羟基应该是一个吸电子基团，如在乙醇中只产生吸电子的诱导效应（$-I$）；但是，如果羟基与芳香环相连，如在苯酚中，羟基除了产生吸电子的诱导效应（$-I$）外，由于羟基氧原子上的一对孤对电子，可以与苯环的大 π 键形成 p-π 共轭，使氧原子的孤对电子向苯环方向转移，所以羟基还产生给电子的 p-π 共轭效应（$+C$），而且$+C>-I$。此时，羟基是给电子基团，增加了苯环上的电子云密度，对苯环产生活化作用。

【例 3】 下列命名是否正确？不正确的，请予以纠正。

（1） 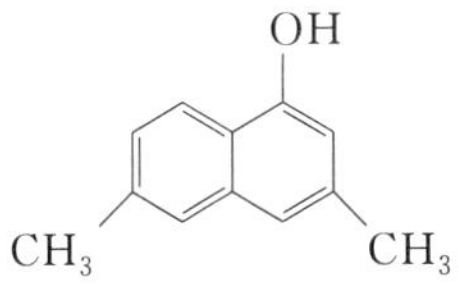 OH CH_3 CH_3 命名：β,β-二甲基-α-萘酚

（2） 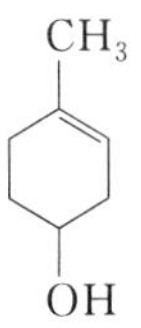 CH_3 OH 命名：1-甲基环己-1-烯-4-醇

解：(1) 不正确。萘环因为有四个 α 位和四个 β 位，有两个或两个以上取代基的萘环要用阿拉伯数字编号，否则位次会发生混淆。从其中一个连接主官能团的 α 位或靠近主官能团的 α 位沿萘环编号。该化合物主官能团为羟基，该羟基连接在萘环的 α 位上，就从这个 α 位开始沿萘环编号，其他取代基的位置和名称写在母体名称的前面。

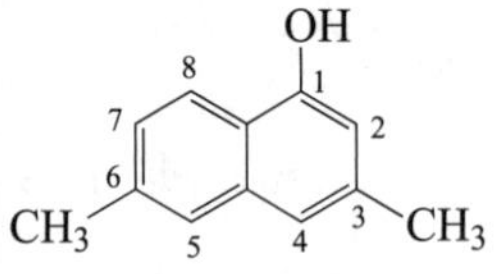

正确名称：3,6-二甲基-1-萘酚

(2) 不饱和醇的命名，首先保证连接羟基的碳原子的编号尽可能小，其次再考虑双键或叁键碳原子的编号也尽可能小。环状不饱和醇的命名从连接羟基碳原子开始编为"1"号，但"1"常省略不写。

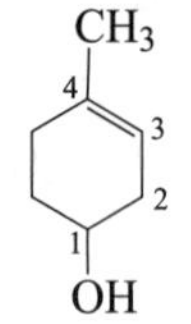

正确名称：4-甲基-3-环己烯醇

【**例 4**】 下列反应的产物是否正确？如有错误请予以纠正并解释说明。

(1) 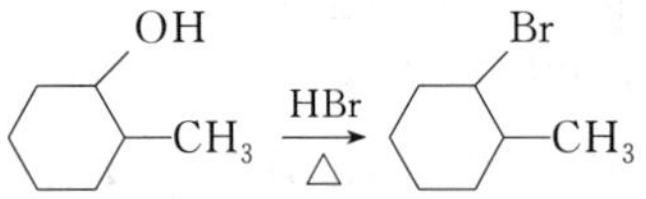 2-甲基环己醇 $\xrightarrow[\triangle]{HBr}$ 1-溴-2-甲基环己烷

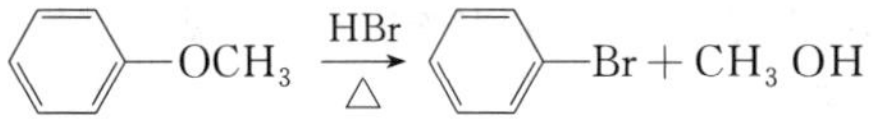

(2) $C_6H_5-OCH_3 \xrightarrow[\triangle]{HBr} C_6H_5-Br + CH_3OH$

解：(1) 不正确。醇与氢卤酸的反应是酸催化下的亲核取代反应，烯丙醇、三级醇和二级醇易按 S_N1 反应历程进行。S_N1 要经历碳正离子中间体，主要产物按生成更稳定碳正离子中间体的方向进行。常常发生碳正离子重排，生成的产物以重排产物为主。机理如下：

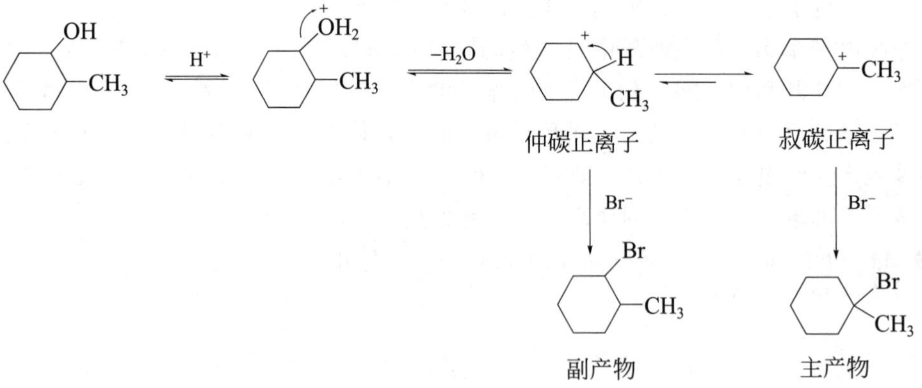

仲碳正离子 叔碳正离子

Br^- Br^-

副产物 主产物

正确答案：

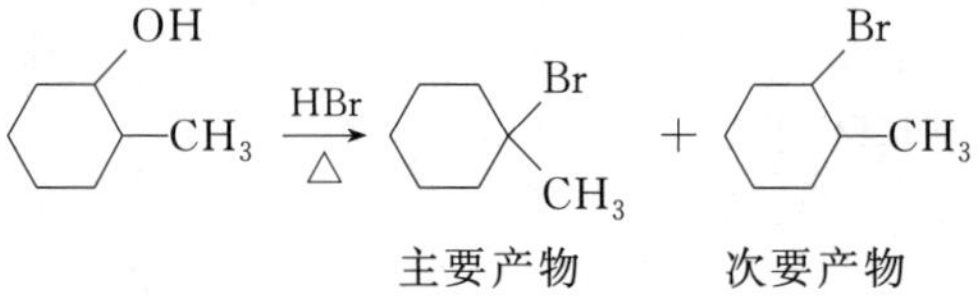

主要产物 次要产物

(2) 不正确。氧原子和芳环之间由于 p-π 共轭使 C—O 键结合得较牢，因此，芳基烷基醚与氢卤酸作用时，总是烷氧基断裂生成酚和卤代烃。正确答案：

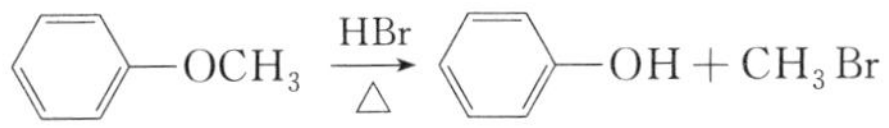

$$C_6H_5-OCH_3 \xrightarrow[\triangle]{HBr} C_6H_5-OH + CH_3Br$$

【例 5】 如何从苯酚、环己烷和乙醚的混合物中分离和提纯出各组分？

解： 利用苯酚的弱酸性可以溶于 NaOH 水溶液，而环己烷和乙醚不溶，在混合物中加入 NaOH 水溶液可分离出苯酚；而醚可以与浓酸结合形成锌盐而溶于浓酸，环己烷无此性质。

具体的分离和提纯步骤如下：

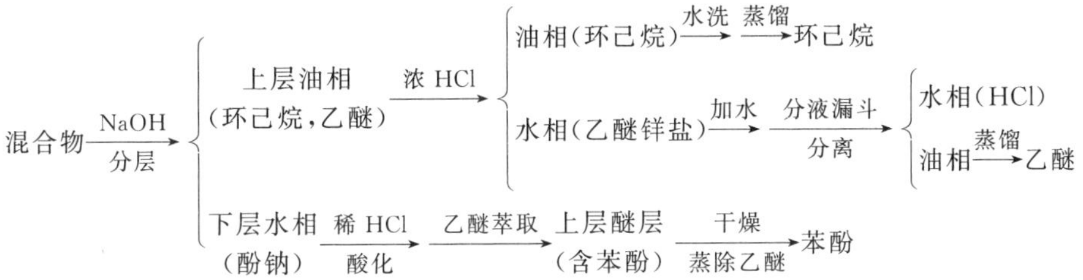

混合物 —NaOH/分层→
- 上层油相（环己烷，乙醚） —浓 HCl→
  - 油相（环己烷） —水洗→ —蒸馏→ 环己烷
  - 水相（乙醚锌盐） —加水→ —分液漏斗/分离→
    - 水相（HCl）
    - 油相 —蒸馏→ 乙醚
- 下层水相（酚钠） —稀 HCl/酸化→ —乙醚萃取→ 上层醚层（含苯酚） —干燥/蒸除乙醚→ 苯酚

【例 6】 将下列取代酚的酸性按从大到小的顺序排列。

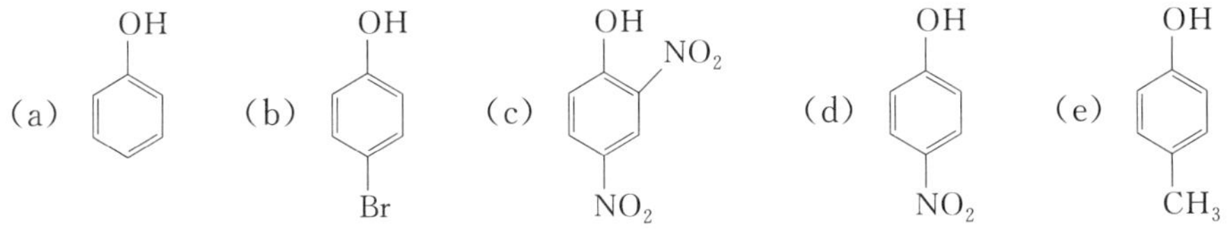

(a) 苯酚（OH） (b) 对溴苯酚（OH，Br） (c) 2,4-二硝基苯酚（OH，NO_2，NO_2） (d) 对硝基苯酚（OH，NO_2） (e) 对甲基苯酚（OH，CH_3）

解： 取代酚的酸性与取代基的性质有关。能增加苯环电子云密度的取代基使酚羟基的极性降低，同时也使离解生成的苯氧基负离子电荷增加，稳定性降低，从而酸性减小；能降低苯环电子云密度的取代基使酚羟基的极性增大，同时也使离解得到的苯氧基负离子电荷得到分散，稳定性增加，从而酸性增大。硝基、溴能降低苯环电子云密度，前者降低的程度比后者大；苯环上连的硝基越多，苯环电子云密度降低越多；而甲基能增加苯环电子云密度。上述取代酚的酸性按从大到小的顺序为：(c) ＞ (d) ＞ (b) ＞ (a) ＞ (e)。

【例 7】 为什么醇与钠的反应不如水那样剧烈？下列哪个醇与金属钠反应最活泼？

A. $(CH_3)_2CHOH$ B. CH_3CH_2OH C. $(CH_3)_3COH$ D. $CH_3CH_2CH(OH)CH_3$

解： 醇与水的结构相比，醇中与 OH 相连的是烃基，而水中与 OH 相连的是氢原子。由于烃基的给电子作用，使羟基氧上的电子云密度增加，氧氢键的极性下降。因此，醇羟基中的氢不如水中的氢活泼。与羟基相连的烃基的给电子作用愈大，羟基中氢的活泼性就愈低，即酸性愈弱。各类醇的反应活性是：甲醇＞伯醇＞仲醇＞叔醇。

上面四种醇中 B 与金属钠反应最活泼。

【例 8】 分子式为 $C_6H_{10}O$ 的化合物 A，能与卢卡斯试剂快速反应，也可被 $KMnO_4$ 氧化，能吸收 1mol Br_2，A 经催化加氢得 B，将 B 氧化得 C（分子式为 $C_6H_{10}O$），将 B 在加热下与浓硫酸作用的产物还原可得到环己烷。试推测 A 可能的结构，写出各步反应式。

解： 据题意可知，A 应该是一个环状不饱和醇。但是从与卢卡斯试剂快速反应这条信息，可以确定其结构为烯丙基型的醇。A 的结构：

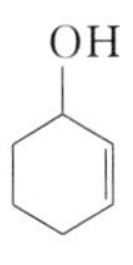

（2-环己烯-1-醇，OH）

反应方程式如下：

A $\xrightarrow{H_2/Pt}$ B $\xrightarrow{KMnO_4/OH^-}$ C

B $\xrightarrow{H_2SO_4(浓)\ \triangle}$ $\xrightarrow{[H]}$

A $\xrightarrow{HCl/ZnCl_2}$ Cl

A $\xrightarrow{Br_2}$ OH, Br, Br

四、习题

1.命名下列化合物。

(1) $CH_3CH{=}C(CH_2CH_3)CH_2OH$　(2) $HC{\equiv}CCH_2CH_2OH$　(3) $CH_2{=}CHCH(OH)CH(OH)CH{=}CH_2$

(4) CH_3、OH　(5) OH　(6) CH_2OH、OCH_3

(7) CHO、OH　(8) OH、CH_3、CH_3　(9) $CH_2{-}OCH_2CH_3$、$CH_2{-}OCH_2CH_3$

(10) $CH_3CH_2OCH_2CH(CH_3)_2$　(11) $Cl{-}C_6H_4{-}OCH_2CH_3$

(12) O　(13) S　(14) $CH_2(SH)CH(SH)CH_2OH$

2.写出下列化合物的构造式。

(1) 烯丙醇　(2) (*Z*)-2-丁烯-1-醇　(3) 新戊醇

(4) 4-环己烯-1,3-二醇　(5) 4-硝基苄醇　(6) 苦味酸

(7) 5-甲基-4-己烯-2-醇　(8) 5,8-二硝基-1-萘酚　(9) 儿茶酚

(10) 乙基烯丙基醚　　(11) 乙二醇二甲醚　　(12) 4-氯-1,2-环氧丁烷

(13) 四氢呋喃　　(14) 苄硫醇　　(15) 1,4-二氧六环

(16) 环丁砜　　(17) 甲异丙硫醚

3.完成下列反应。

(1) $HO-C_6H_4-CH_2OH \xrightarrow[ZnCl_2]{HCl}$

(2) $\underset{OH}{CH_2}-\underset{SH}{CH}-\underset{SH}{CH_2} \xrightarrow{Hg^{2+}}$

(3) 2-甲基环己醇 $\xrightarrow[\triangle]{HBr}$

(4) 2,4-二甲基环戊醇 $\xrightarrow[\triangle]{H_2SO_4}$

(5) $\underset{OH}{CH_2}\underset{OH}{CH}\underset{OH}{CH_2} + HNO_3 \xrightarrow{H_2SO_4}$

(6) $(CH_3)_2CHCH_2OH \xrightarrow[高温]{Cu}$

(7) $CH_3\overset{OH}{CH}CH_3 \xrightarrow[H^+, \triangle]{KMnO_4}$

(8) $CH_3CH{=}CH_2 \xrightarrow[2)\ H_2O_2/H_2O]{1)\ B_2H_6}$

(9) $C_6H_5OH \xrightarrow[\triangle]{浓 H_2SO_4} \xrightarrow{Br_2} \xrightarrow[\triangle]{稀 H_2SO_4}$

(10) $C_6H_5-ONa + Br-C_6H_5 \xrightarrow[210℃]{Cu}$

(11) $(CH_3)_2CH-OCH_3 + HI$ (过量) $\xrightarrow{\triangle}$

(12) $CH_3CH_2-CH-CH_2$ (环氧，O 桥连) $\xrightarrow{HCl}$

4.由指定性质从大到小排列下列各组化合物。

(1) 沸点

① $CH_3CH_2CH_2CH_3$　　② $\underset{OH}{CH_2}-\underset{OH}{CH}-\underset{OCH_3}{CH_2}$

③ $CH_3CH_2CH_2CH_2OH$　　④ $C_2H_5OC_2H_5$

(2) 酸性

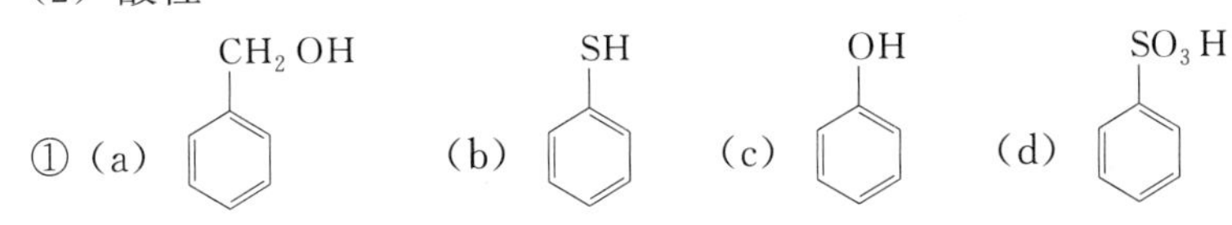

① (a) $C_6H_5CH_2OH$　(b) C_6H_5SH　(c) C_6H_5OH　(d) $C_6H_5SO_3H$

② (a) C_6H_5OH (b) $p\text{-}O_2NC_6H_4OH$ (c) $2,4\text{-}(O_2N)_2C_6H_3OH$ (d) $p\text{-}ClC_6H_4OH$ (e) $p\text{-}CH_3C_6H_4OH$

5. 用化学方法鉴别下列各组化合物。

(1) 2-环戊烯醇，叔丁醇，环己醇，正丁醇。

(2) 苯甲醇，甲基烯丙基醚，戊烷，乙醚。

(3) 苯酚，丙三醇，乙苯，苯。

(4) 氯化苄，1-丁炔，正丙醇，氯苯。

6. 试解释下列反应事实。

$$CH_3-CH(CH_3)-CH(OH)-CH_3 \xrightarrow[ZnCl_2]{HCl} \begin{cases} CH_3-C(CH_3)(Cl)-CH_2CH_3 & \text{(主要产物)} \\ CH_3-CH(CH_3)-CH(Cl)-CH_3 & \text{(次要产物)} \end{cases}$$

7. 由指定原料合成产物（其他试剂任选）。

(1) 由 环己烷 合成 环己酮（$C_6H_{10}=O$）

(2) 由 $CH_3CH_2CH_2CH_2OH$ 合成 $CH_3CH_2CH(OH)CH_3$

(3) 由丙烯合成 $(CH_3)_2C(OH)CH_2CH=CH_2$

(4) 由甲苯合成 $C_6H_5-CH_2CH_2CH_2Br$

(5) 由 2-苯乙醇合成 $CH_3OCH_2CH_2-C_6H_4-NO_2$（对位）

8. 推断结构。

(1) 化合物 A 和 B，分子式均为 C_7H_8O。A 能与金属钠反应，在室温下很快与卢卡斯试剂反应，与 $KMnO_4$ 反应生成 $C_7H_6O_2$。B 不与金属钠、卢卡斯试剂和 $KMnO_4$ 反应，而能与浓氢碘酸作用生成化合物 C，C 的分子式为 C_6H_6O，C 与 $FeCl_3$ 溶液反应生成有色化合物。试推导出 A、B、C 结构式，并写出各步反应式。

(2) 化合物 A，分子式为 $C_5H_{12}O$，能与金属钠反应，A 与硫酸共热生成 B，B 经氧化后得到丙酮和乙酸。B 与 HBr 反应的产物再与 NaOH 水溶液反应后又得到 A，试推导 A 的结构式，并写出各步反应式。

(3) 化合物 A 的分子式为 C_4H_8O，不溶于水，与金属钠和溴的四氯化碳溶液都不反应，和稀盐酸或稀氢氧化钠溶液反应得化合物 B，B 的分子式为 $C_4H_{10}O_2$，B 与高碘酸的水溶液作用得到两分子的乙醛，试推导 A、B 的结构式，并写出各步反应式。

五、习题参考答案

1.（1）2-乙基-2-丁烯-1-醇（2）3-丁炔-1-醇（3）1,5-己二烯-3,4-二醇
（4）4-甲基-3-环己烯醇（5）2,4-环己二烯醇（6）对甲氧基苯甲醇
（7）邻羟基苯甲醛（8）3,6-二甲基-1-萘酚（9）乙二醇二乙醚
（10）乙基异丁基醚（11）对氯苯乙醚（12）1,2-环氧戊烷
（13）二苯硫醚（14）2,3-二巯基丙醇

2.

（1）$CH_2=CHCH_2OH$

（2）CH_3 CH_2OH C=C H H

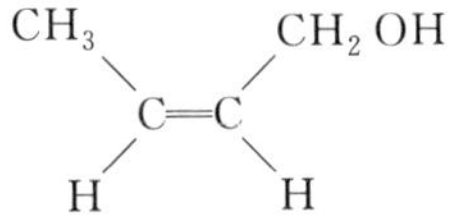

（3）$(CH_3)_3CCH_2OH$

（4）HO OH

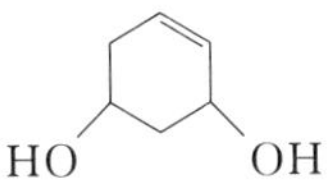

（5）CH_2OH NO_2

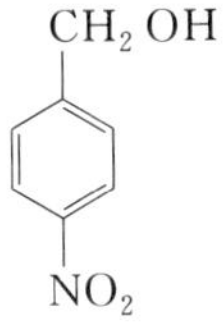

（6）OH O_2N NO_2 NO_2

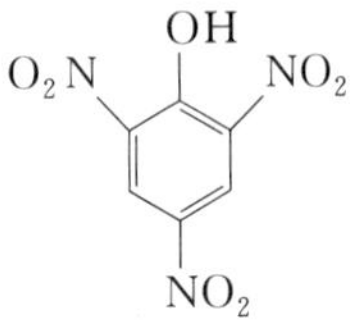

（7）$CH_3C=CHCH_2CHCH_3$ CH_3 OH

（8）NO_2 OH NO_2

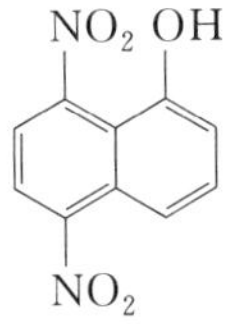

（9）OH —OH

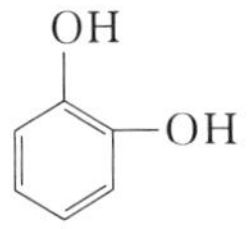

（10）$C_2H_5-O-CH_2CH=CH_2$

（11）CH_2-O-CH_3 CH_2-O-CH_3

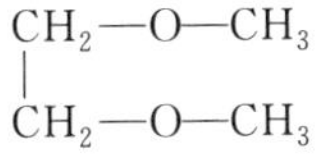

（12）H_2C—$CHCH_2CH_2Cl$ O

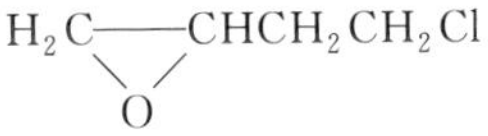

（13）O

（14）CH_2SH

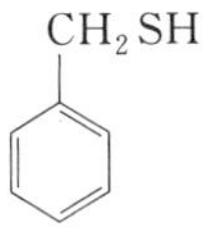

（15）O O

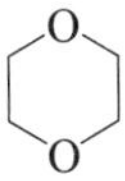

（16）S O O

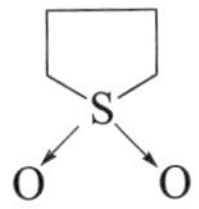

（17）$CH_3-S-CH(CH_3)_2$

3.

（1）HO—⟨苯环⟩—CH_2Cl

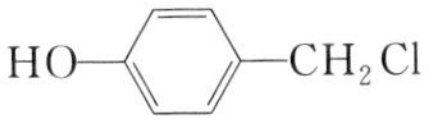

（2）$CH_2-CH-CH_2OH$ S S Hg S S $HOCH_2CH-CH_2$

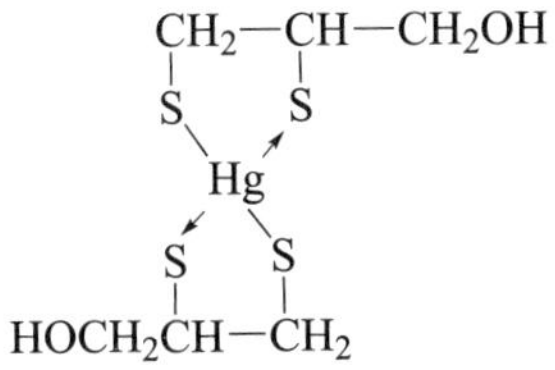

（3）Br CH_3

（4）CH_3 CH_3

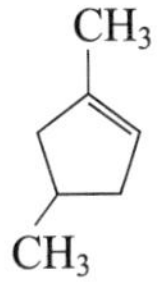

（5）$CH_2-CH-CH_2$ ONO_2 ONO_2 ONO_2

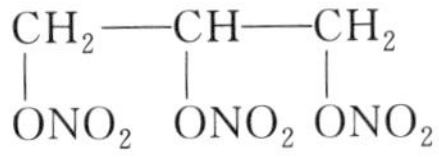

（6）$(CH_3)_2CHCHO$

（7）CH_3COCH_3

（8）$CH_3CH_2CH_2OH$

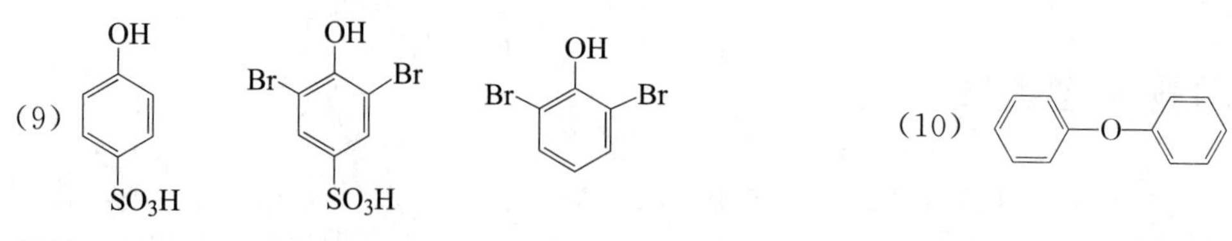

(11) $(CH_3)_2CHI+CH_3I$　　(12) $CH_3CH_2CHCH_2OH$（$CHCl$，即 $CH_3CH_2CH(Cl)CH_2OH$）

4.(1) 沸点高低：②>③>④>①

(2) 酸性：① (d) > (b) > (c) > (a)

② (c) > (b) > (d) > (a) > (e)

5.

(1)

	$\xrightarrow{Br_2/CCl_4}$	$\xrightarrow{卢卡斯试剂}$
2-环戊烯醇	褪色	
叔丁醇	(—)	出现浑浊快
环己醇	(—)	出现浑浊慢
正丁醇	(—)	不反应

(2)

	$\xrightarrow{Br_2/CCl_4}$	$\xrightarrow{H_2SO_4}$	$\xrightarrow{Na}$
甲基烯丙基醚	褪色		
乙醚	(—)	溶解	
苯甲醇	(—)	(—)	气体
戊烷	(—)	(—)	(—)

(3)

	$\xrightarrow{FeCl_3}$	$\xrightarrow{Cu(OH)_2}$	$\xrightarrow{KMnO_4/H^+}$
苯酚	显色		
丙三醇	(—)	深蓝色	
乙苯	(—)	(—)	褪色
苯	(—)	(—)	(—)

(4)

	$\xrightarrow{银氨溶液}$	$\xrightarrow[醇]{AgNO_3}$	$\xrightarrow{Na}$
1-丁炔	白色沉淀		
氯化苄	(—)	白色沉淀	
氯苯	(—)	(—)	(—)
正丙醇	(—)	(—)	气体

6.反应机理如下：

$$H_3C-CH(CH_3)-CH(OH)-CH_3 \xrightarrow{+H^+} H_3C-CH(CH_3)-CH(\overset{+}{O}H_2)-CH_3 \xrightarrow{-H_2O} H_3C-CH(CH_3)-\overset{+}{C}H-CH_3$$ 仲碳正离子

碳正离子重排：

$$H_3C-\overset{+}{C}(CH_3)-CH_2-CH_3$$ 叔碳正离子，稳定

$$\xrightarrow{Cl^-} H_3C-CCl(CH_3)-CH_2-CH_3$$ (主要产物)

仲碳正离子 $\xrightarrow{Cl^-}$ $$H_3C-CH(CH_3)-CHCl-CH_3$$ (次要产物)

7.

(1) 环己烷 $\xrightarrow[\text{光照}]{Br_2}$ 环己基-Br $\xrightarrow{NaOH/H_2O}$ 环己基-OH $\xrightarrow{KMnO_4/H^+}$ 环己酮(=O)

(2) $CH_3CH_2CH_2CH_2OH \xrightarrow{H_2SO_4} CH_3CH_2CH{=}CH_2 \xrightarrow{HBr} CH_3CH_2CHBrCH_3$

$\xrightarrow{NaOH/H_2O} CH_3CH_2CH(OH)CH_3$

(3) $CH_3-CH{=}CH_2 \xrightarrow{HBr} CH_3-CH(Br)-CH_3 \xrightarrow{NaOH/H_2O} CH_3-CH(OH)-CH_3$

$\xrightarrow{KMnO_4/H^+} CH_3-\overset{O}{\overset{\|}{C}}-CH_3$

$CH_3-CH{=}CH_2 \xrightarrow[(C_6H_5COO)_2]{NBS} CH_2BrCH{=}CH_2$

$\xrightarrow[\text{无水乙醚}]{Mg} H_2C{=}CH-CH_2MgBr$

$H_2C{=}CH-CH_2MgBr \xrightarrow[2)\ H_2O/H^+]{1)\ CH_3-\overset{O}{\overset{\|}{C}}-CH_3} (CH_3)_2C(OH)CH_2CH{=}CH_2$

(4) $C_6H_5CH_3 \xrightarrow[(C_6H_5COO)_2]{NBS} C_6H_5CH_2Br \xrightarrow[\text{无水乙醚}]{Mg} C_6H_5CH_2MgBr \xrightarrow{\text{环氧乙烷}}$

$C_6H_5CH_2CH_2CH_2OMgBr \xrightarrow{H_2O/H^+} C_6H_5CH_2CH_2CH_2OH \xrightarrow{HBr} C_6H_5CH_2CH_2CH_2Br$

(5) $C_6H_5CH_2CH_2OH \xrightarrow{Na/\text{苯}} C_6H_5CH_2CH_2ONa \xrightarrow{CH_3I} C_6H_5CH_2CH_2OCH_3 \xrightarrow[H_2SO_4]{HNO_3}$

$\left\{\begin{array}{l} p\text{-}O_2NC_6H_4CH_2CH_2OCH_3\ (\text{多}) \\ o\text{-}O_2NC_6H_4CH_2CH_2OCH_3\ (\text{少}) \end{array}\right. \xrightarrow{\text{分离}} p\text{-}O_2NC_6H_4CH_2CH_2OCH_3$

8.

(1)

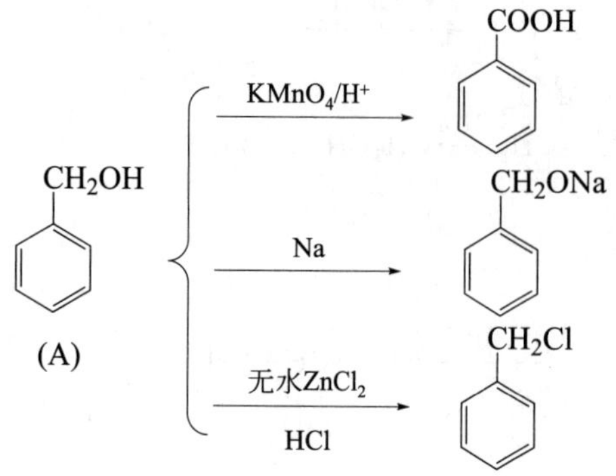

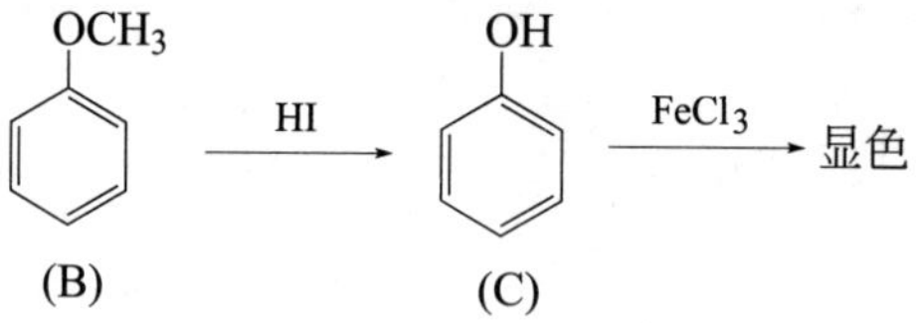

(A) $C_6H_5CH_2OH$ $\xrightarrow{KMnO_4/H^+}$ C_6H_5COOH

(A) $C_6H_5CH_2OH$ $\xrightarrow{Na}$ $C_6H_5CH_2ONa$

(A) $C_6H_5CH_2OH$ $\xrightarrow[HCl]{无水ZnCl_2}$ $C_6H_5CH_2Cl$

(B) $C_6H_5OCH_3$ $\xrightarrow{HI}$ (C) C_6H_5OH $\xrightarrow{FeCl_3}$ 显色

(2)

$$(CH_3)_2C(OH)-CH_2CH_3\ (A) \xrightarrow{H_2SO_4} (CH_3)_2C=CHCH_3\ (B) \xrightarrow{[O]} (CH_3)_2CO + CH_3COOH$$

$$(CH_3)_2C=CHCH_3\ (B) \xrightarrow{HBr} (CH_3)_2C(Br)-CH_2CH_3 \xrightarrow{NaOH/H_2O} (CH_3)_2C(OH)-CH_2CH_3\ (A)$$

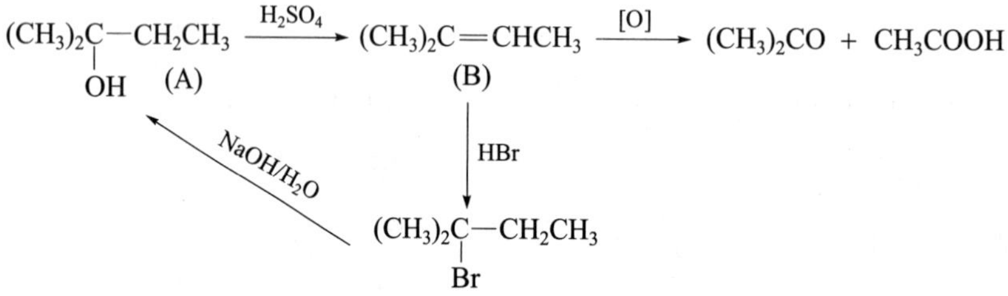

(3)

$$\underset{(A)}{CH_3-CH\overset{O}{-}CH-CH_3} \xrightarrow{HCl/H_2O \text{ 或 } NaOH/H_2O} \underset{(B)}{CH_3-CH(OH)-CH(OH)-CH_3} \xrightarrow{HIO_4} 2CH_3CHO$$

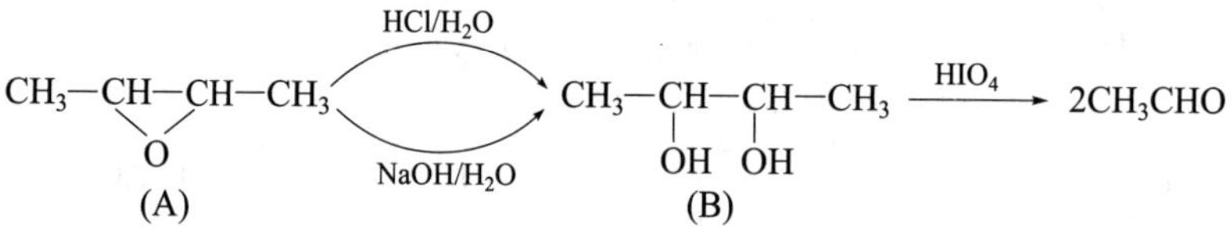

第十章 醛、酮、醌

一、目的要求

1. 了解醛、酮的分类方法。
2. 掌握醛、酮的结构特点和命名原则。
3. 掌握醛、酮的化学性质。
4. 了解 α,β-不饱和醛酮的结构特点和化学性质。
5. 了解醛、酮的制备方法。
6. 熟悉醌的结构特点，了解其化学性质。

二、本章要点

1. 醛、酮、醌的定义

醛、酮和醌的结构特征是都含有羰基，因此统称为羰基化合物。羰基至少一端与氢相连的为醛，羰基两端都与烃基相连为酮。醌是具有共轭体系的环状不饱和二酮结构的化合物。

2. 醛、酮、醌的分类和命名

醛和酮根据分子中所含羰基的数目，可分为一元醛、酮和多元醛、酮；根据烃基中是否含有不饱和键可分为饱和醛、酮和不饱和醛、酮；还可以根据烃基的结构分为脂肪族醛、酮，脂环族醛、酮和芳香族醛、酮。醌类化合物可根据它们还原后生成的酚类的结构分为苯醌、蒽醌及菲醌等。

醛和酮的命名原则与醇相似。命名时选择包括羰基碳原子在内的最长碳链作为主链，称某醛或某酮。编号从醛基一端或靠近酮羰基一端开始，由于醛基一定在碳链一端，故命名时不必标明其位置，但酮羰基的位置除个别结构简单的外，必须标明并写在酮名称的前面。主链上如有侧链或取代基，则将它们的位次和名称写在母体名称的前面。例如：

$CH_3CH(CH_3)CH_2CHO$ 3-甲基丁醛　　$CH_3CH{=}CHC(=O)CH_3$ 3-戊烯-2-酮

芳香族醛、酮和脂环族醛、酮命名时，一般是以脂肪族醛、酮为母体，将芳香烃基和脂环作为取代基，其他原则同上。若羰基包括在环内，命名原则同脂肪酮，只是在名称前加一“环”字。例如：

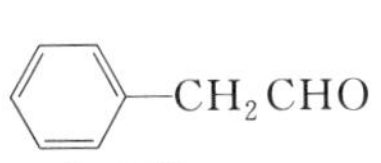

$C_6H_5CH_2CHO$ 苯乙醛　　$C_6H_5CH_2CH_2C(=O)CH_3$ 4-苯基-2-丁酮　　$H_3C-C_6H_{10}{=}O$ 4-甲基环己酮

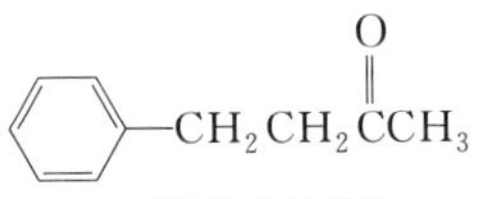

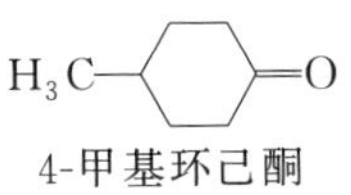

命名醌类化合物时，两个羰基的位置可以用阿拉伯数字加在名称前面标明，也可用对、邻、远等字或 α、β 等希腊字母表明羰基相应的位置。母体上如有取代基则要指明位置、数目和名称，并写在母体名称前面。例如：

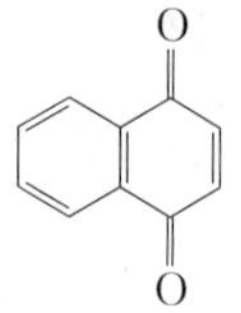

α-萘醌(1,4 苯醌)

3. 醛、酮、醌的结构

醛、酮分子中羰基的碳氧双键虽和烯烃中的碳碳双键类似，也是由一个 σ 键与一个 π 键所组成，但由于氧原子的电负性较碳原子大，因此，羰基是一个极性基团，碳原子带部分正电荷，而氧原子带部分负电荷。故羰基化合物是极性分子。

醌分子中既含有碳碳双键又含有碳氧双键，它们处于共轭状态。

4. 醛和酮的化学性质

醛和酮的化学性质主要取决于它们的官能团——羰基。但醛基和酮羰基在结构上存在差别，所以醛和酮的化学性质也有差异。醛和酮的化学性质主要有羰基的加成反应、α 氢原子的反应以及氧化和还原反应。

(1) 羰基的加成反应

醛和酮分子中的羰基是由具有极性的碳氧双键组成的，故容易发生加成反应。当极性分子与醛和酮反应时，极性分子中带负电荷的部分加到羰基的碳原子上，带正电荷的部分则加到羰基的氧原子上。这种反应可表示如下：

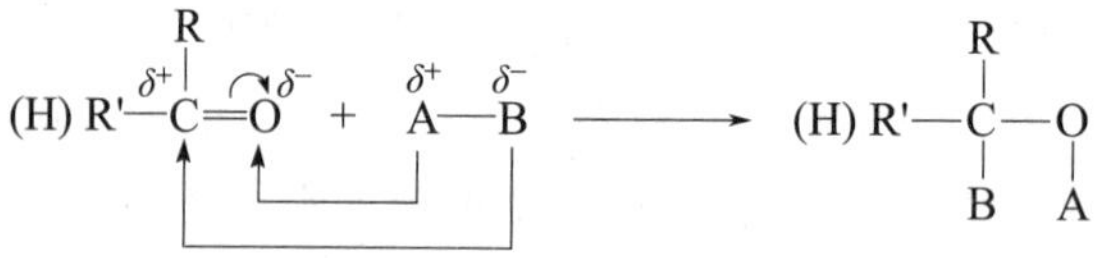

$$\text{(H) R'}-\overset{\overset{\text{R}}{|}}{\overset{\delta^+}{\text{C}}}=\overset{\delta^-}{\text{O}} + \overset{\delta^+}{\text{A}}-\overset{\delta^-}{\text{B}} \longrightarrow \text{(H) R'}-\underset{\underset{\text{B}}{|}}{\overset{\overset{\text{R}}{|}}{\text{C}}}-\underset{\underset{\text{A}}{|}}{\text{O}}$$

醛和酮可以与氢氰酸、亚硫酸氢钠等发生简单的加成反应，也可以与醇、羟胺、苯肼等发生较为复杂的加成反应。在反应产物中，都是试剂中的氢与羰基上的氧相连接，其余部分与羰基上的碳相连接。

格氏试剂的碳负离子是一个很强的亲核试剂。格氏试剂与甲醛加成生成伯醇，与其他醛或酮加成生成相应结构的仲醇和叔醇，在合成上有重要的意义。

醛、酮发生亲核加成反应的难易程度与醛、酮本身的结构有关。当给电子烷基与羰基相连时，羰基碳原子的正电荷减少，不利于亲核试剂的进攻；当羰基与苯环直接相连时，由于羰基与苯环共轭，羰基碳原子的正电荷产生离域现象而分散到芳环中，也不利于亲核试剂的进攻。另一方面，随着与羰基碳原子相连的基团逐渐增大、增多，由于空间位阻增大，亲核试剂不利于接近羰基碳原子，从而使亲核加成反应速率降低甚至完全阻碍反应的进行。因此，对于同一种亲核试剂来说，醛和酮的加成反应的难易程度取决于直接与羰基相连基团的电子效应和空间效应，醛、酮反应活性的一般次序如下：

$$HCHO > CH_3CHO > RCHO > C_6H_5CHO > RCOCH_3 > RCOR' > RCOAr$$

碳原子数小于 8 的脂环酮，由于空间位阻较小，其活性大于同数碳原子的脂肪酮。

(2) α-氢原子的反应

醛、酮分子中 α-氢原子具有活泼性的原因如下。

首先，由于羰基的吸电子诱导效应以及羰基与 α-氢原子之间的 σ-π 超共轭效应，α 位的 C—H 键极性增加，在碱的作用下，较易失去一个 α-氢原子而形成碳负离子。

其次，碳负离子上新产生的孤对电子与羰基发生 p-π 共轭，电子云发生了离域作用，负电荷被分散而使体系能量降低，稳定性增加，故碳负离子较易形成。

$$H_3C-\underset{\substack{|\\H(R)}}{C}=O \underset{-H^+}{\overset{OH^-}{\rightleftharpoons}} H_2\ddot{C}^{-}-\underset{\substack{|\\H(R)}}{C}=O \equiv \overset{-}{\overbrace{H_2C\text{---}\underset{\substack{|\\H(R)}}{C}\text{---}O}}$$

α-活性氢的反应包括卤代反应和羟醛缩合反应。

卤代反应通常生成 α-卤代醛、酮。含有 $CH_3-\overset{\overset{O}{\|}}{C}-H(R)$ 结构的醛酮或含有 $CH_3-\underset{\underset{OH}{|}}{\overset{\overset{H}{|}}{C}}-H(R)$ 结构的醇，在碱性条件下进行卤代反应则生成卤仿。如果所用的试剂是碘的碱溶液，则生成碘仿（CHI_3），故又称碘仿反应。碘仿是黄色晶体，难溶于水且具特殊气味，易于识别，该特性可用于对含有这类结构化合物的鉴别。

羟醛缩合反应是在稀碱作用下，一分子醛的 α 活性氢加到另一分子醛的羰基氧上，其余部分加到羰基碳上，生成既含有羟基又含醛基的化合物（β-羟基醛）的反应。例如：

$$CH_3-\overset{\overset{O}{\|}}{C}-H + \overset{\overset{H}{|}}{C}H_2-\overset{\overset{O}{\|}}{C}-H \xrightarrow[5℃]{10\%\ NaOH} CH_3-\overset{\overset{OH}{|}}{C}HCH_2-\overset{\overset{O}{\|}}{C}-H$$

β-羟基醛分子中的 α-氢原子同时受到羰基和羟基的影响，比较活泼，稍受热即可发生分子内脱水反应，生成 α,β-不饱和醛。

(3) 氧化和还原反应

醛容易被氧化，甚至弱氧化剂也能使醛氧化。脂肪醛和弱氧化剂 Tollen（托伦）试剂、Fehling（斐林）试剂和 Benedict（班氏）试剂都能反应，但芳香醛不能与后两者反应，而对酮来说，这些反应都不能发生。借此可鉴别脂肪醛、芳香醛和酮。

希夫（Schiff）试剂，亦称品红醛试剂。甲醛与希夫试剂反应所显的颜色遇硫酸后不消失，而其他醛所显的颜色则褪去。因此，品红醛试剂除可以鉴别醛和酮外，还可以鉴别甲醛和其他醛。

醛、酮也很容易被还原，且还原方法较多，产物也不完全一样。

醛、酮可用催化加氢还原的方法或金属氢化物还原的方法将其还原为伯醇或仲醇。

Mearwein-Ponndorf-Verley（麦尔外因-彭道夫-维兰）还原和金属氢化物还原：Mearwein-Ponndorf-Verley 还原用异丙醇铝-异丙醇作为还原剂，金属氢化物还原常用 $NaBH_4$ 和 $LiAlH_4$ 作为还原剂。这两种还原法只对羰基起还原作用，将羰基还原成羟基，而其他基团如碳碳不饱和键等不受影响。若要使不饱和醛、酮还原成不饱和醇，可使用这些方法。例如：

$$C_6H_5CH{=}CHCHO \xrightarrow{NaBH_4} C_6H_5CH{=}CHCH_2OH$$

Clemmensen（克莱门森）还原法：将羰基直接还原成亚甲基，试剂为锌汞齐（Zn-Hg）和浓盐酸。此法适用于烷基芳烃的制备。例如：

$$C_6H_5COCH_2CH_2CH_3 \xrightarrow[HCl]{Zn\text{-}Hg} C_6H_5CH_2CH_2CH_2CH_3$$

Wolff-Kishner-黄鸣龙还原法：此法也是将羰基直接还原成亚甲基，可以用来还原对酸敏感的醛或酮。试剂为氢氧化钠、肼和高沸点的水溶性溶剂。例如：

$$C_6H_5\overset{\overset{O}{\|}}{C}CH_2CH_3 \xrightarrow[\triangle]{NH_2NH_2,NaOH,(HOCH_2CH_2)_2O} \underset{82\%}{C_6H_5CH_2CH_2CH_3}$$

Cannizzaro（康尼查罗）反应：又称歧化反应。不含 α-氢原子的醛，在浓碱作用下（注意：羟醛缩合反应的条件是稀碱），发生自身氧化-还原反应，生成醇和羧酸。歧化反应也可发生在两种不相同的不含 α-氢原子的醛分子间，称为交叉歧化反应，产物比较复杂。但如果两种醛中一个是甲醛，由于甲醛容易被氧化，所以总是甲醛被氧化成酸，另一种醛被还原成醇。

5. 醌的性质

醌是具有共轭体系的环状不饱和二酮，因此具有烯烃和羰基化合物的典型性质，又由于存在共轭双键，所以还可发生 1,4-加成反应。

三、例题解析

【例 1】 命名下例化合物。

(1) 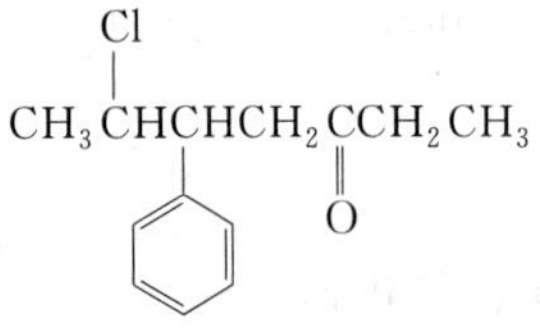 $CH_3CH(Cl)CH(C_6H_5)CH_2C(=O)CH_2CH_3$

(2) 环己烷-1,3-二酮，2 位带 Cl，4 位带 H_3C（结构式）

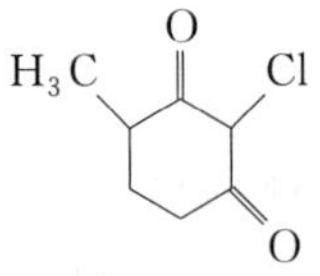

(3) $C_6H_5C(=O)C_6H_5$

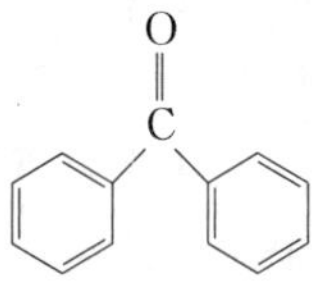

解：（1）5-苯基-6-氯-3-庚酮

母体是庚酮，从靠近酮羰基的链端开始编号。

（2）4-甲基-2-氯-1.3-环己二酮

母体为环己二酮，编号从其中一个羰基开始，沿着另一个羰基的编号也最小的方向编号，并使取代基具有较小编号。

（3）二苯甲酮

母体为甲酮，两个苯基为取代基。由于苯基的取代位置是唯一的，因此苯基的位次不需要标明。

【例 2】 下列说法是否正确？试说明原因。

（1）羟醛缩合反应是在稀碱作用下，醇与醛的缩合反应。

（2）从电子效应考虑，醛、酮分子中羰基碳原子所带的正电荷越多，其亲核加成反应的活性越大。

（3）饱和亚硫酸氢钠溶液能与所有醛、酮发生加成反应。

解：（1）错误。羟醛缩合反应是，在稀碱作用下，一分子醛的 α-H 加到另一分子醛的羰基氧上，其余部分加到羰基碳上，生成既含有羟基又含有羰基的化合物（β-羟基醛）的反应。

（2）正确。醛、酮的加成反应是由亲核试剂进攻羰基碳原子而引起的亲核加成反应。从电子效应考虑，羰基碳原子所带的正电荷越多，越有利于亲核试剂的进攻，因而醛、酮的反应活性越大。综合考虑，醛、酮的加成反应的难易程度除考虑电子效应外还要考虑空间效应的影响。

（3）错误。亚硫酸氢钠作为亲核试剂，其活性较弱，在进行亲核加成时，要求羰基化合物具有较强的活性。由于醛比较活泼，因此亚硫酸氢钠能与所有的醛发生亲核加成反应，而酮的活性较弱，只有活性较强的某些酮（脂肪族甲基酮及碳原子数小于 8 的脂环酮）能与饱和亚硫酸氢钠发生亲核加成反应。

【例 3】 下列化合物中，可发生羟醛缩合反应的是

A. $CH_3CH(OH)CH_3$　　B. C_6H_5CHO　　C. HCHO　　D. CH_3CH_2CHO

解：具有 α-H 的醛在稀碱条件下能发生羟醛缩合反应。A 是醇，B 和 C 虽然是醛，但不含 α-H。D 是具有 α-H 的醛，所以 D 能发生羟醛缩合反应。

【例 4】 下列化合中能发生碘仿反应的化合物是

A. CH_3COOH　　B. CH_3CONH_2　　C. $CH_3\overset{\overset{\displaystyle O}{\|}}{C}CH_3$　　D. CH_3CH_2CHO

解：碘仿反应是指含有 α-活泼甲基结构的醛酮（ $CH_3—\overset{\overset{\displaystyle O}{\|}}{C}—H(R)$ ）或含有潜在 α-活泼甲基结构的醇（ $H_3C—\underset{\underset{\displaystyle OH}{|}}{\overset{\overset{\displaystyle H}{|}}{C}}—H(R)$ ），在碱性条件下与碘作用生成碘仿的反应。碘仿是黄色晶体，难溶于水且具特殊气味，易于识别。因此碘仿反应可用于含有 α-活泼甲基结构的醛、酮或含有潜在 α-活泼甲基结构的醇的鉴别。A 是羧酸，B 是酰胺，虽然 A 和 B 中都含有 $CH_3\overset{\overset{\displaystyle O}{\|}}{C}—$ 结构单元，但羰基都与—OH 和—NH_2 相连，这种官能团中的羰基与醛、酮的羰基性质不一样了。D 是不具有 α-活泼甲基的醛。只有 C 是含有 α-活泼甲基的酮，所以 C 能够发生碘仿反应。

【例 5】 在有机合成中，常用于保护醛基的是什么反应？该反应如何起到保护醛基的作用？

解：在有机合成中，常用于保护醛基的反应是醛在干燥的氯化氢条件下与醇生成缩醛的反应。缩醛对碱、氧化剂和还原剂都相当稳定，只对酸敏感，缩醛在稀酸中能水解成原来的醛。在有机合成中，首先利用缩醛反应将醛基保护起来，然后进行下面的反应。得到目标产物后再用稀酸水解恢复醛基的结构。

例如：以 $H_3C-C_6H_4-CHO$ 为原料合成 $HOOC-C_6H_4-CHO$，必须先将醛基保护起来，然后再氧化，否则醛基比甲基更容易氧化。正确的合成方法如下。

$$H_3C-C_6H_4-CHO \xrightarrow[\text{干HCl}]{HOCH_2CH_2OH} H_3C-C_6H_4-CH(OCH_2CH_2O) \xrightarrow[OH^-]{KMnO_4} HOOC-C_6H_4-CH(OCH_2CH_2O)$$

$$\xrightarrow[\triangle]{H^+} HOOC-C_6H_4-CHO$$

【例 6】 将下列两组化合物与 HCN 加成的反应活性按由大到小排序。

(1) C_6H_5-CHO (A)　$H_3C-C_6H_4-CHO$ (B)　$Cl-C_6H_4-CHO$ (C)　$O_2N-C_6H_4-CHO$ (D)

(2) C_6H_5CHO (A)　$(CH_3)_3CCOC(CH_3)_3$ (B)　CH_2ClCHO (C)

CH_3CHO (D)　$CH_3COCH_2CH_3$ (E)

解：醛和酮的加成反应属于亲核加成反应，对于同一种亲核试剂来说，醛和酮加成反应的活性取决于直接与羰基相连基团的电子效应和空间效应。综合二者影响的结果，醛、酮反应活性的一般次序如下：

$$HCHO > CH_3CHO > RCHO > C_6H_5CHO > RCOCH_3 > RCOR' > RCOAr$$

对于（1），母体结构均为苯甲醛，只是苯环上的对位的取代基不同。取代基如果是给电子基团，羰基碳的正电性减少，羰基活性下降；取代基如果是吸电子基团，羰基碳的正电性增加，羰基活性就会被提高。(B）中，甲基是给电子基团，使羰基碳原子的正电性降低。(C）和（D）中，取代基分别是氯和硝基，它们的吸电子作用，使羰基碳原子的正电性增加，其中硝基的吸电子作用比氯强。

活性顺序为：(D) ＞ (C) ＞ (A) ＞ (B)。

对于（2），(A)(C)(D) 是醛，(B)(E) 是酮，因此（A)(C)(D) 的活性大于（B)(E)。在（A)(C)(D) 中，（C)(D) 是脂肪醛，而（A）是芳香醛，因此（C)(D) 的活性大于(A)。对于（C）和（D)，(C）相当于（D）中的一个 α-H 原子被氯原子取代，由于氯原子对羰基碳原子的吸电子作用，使羰基碳原子的正电性增加，所以（C）的活性大于（D)。对于（B）和（E)，(B）的结构中，与羰基碳原子相连基团是两个体积很大的叔丁基，(B)空间位阻大于（E)。

活性顺序为：(C) ＞ (D) ＞ (A) ＞ (E) ＞ (B)。

由此看来，分析醛、酮加成反应的活性，不仅要考虑电子效应还要考虑空间效应。

【例 7】 由丙醇合成 $CH_3CH_2CH_2CH(CH_3)CH(OH)CN$。

解：最终产物是一个 α-羟基腈。α-羟基腈可由醛或酮与 HCN 加成得到。这里应该用醛还是酮作原料？由于连接羟基和氰基的碳原子上还有一个氢原子，因此推知该产物是由醛和 HCN 反应生成。即：

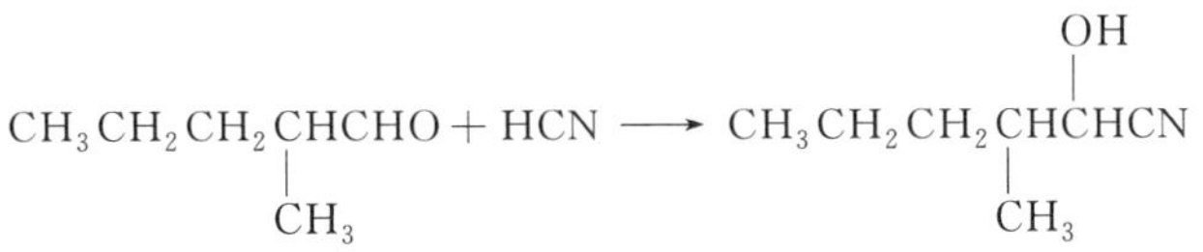

$$CH_3CH_2CH_2\underset{CH_3}{\underset{|}{C}}HCHO + HCN \longrightarrow CH_3CH_2CH_2\underset{CH_3}{\underset{|}{C}}H\overset{OH}{\overset{|}{C}}HCN$$

故应该选择醛作原料。问题是这个醛如何合成？产物比原料碳原子数增加了一倍，且在羰基的 α-位有一甲基，故考虑用丙醛进行羟醛缩合反应来合成。整个合成路线为：

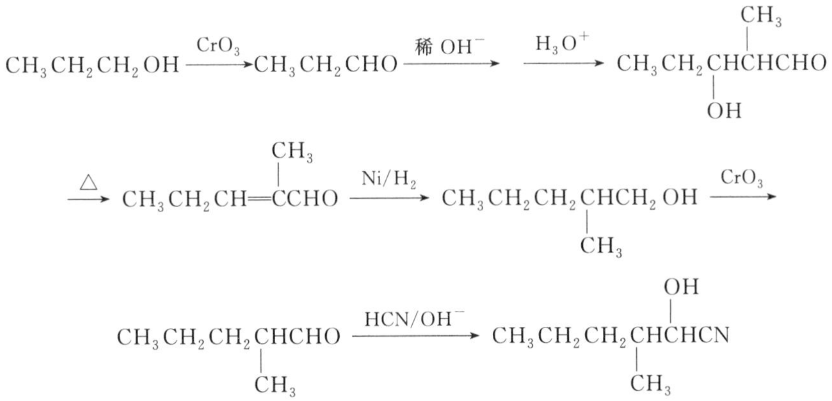

$$CH_3CH_2CH_2OH \xrightarrow{CrO_3} CH_3CH_2CHO \xrightarrow{稀\ OH^-} \xrightarrow{H_3O^+} CH_3CH_2\underset{OH}{\underset{|}{C}}H\overset{CH_3}{\overset{|}{C}}HCHO$$

$$\xrightarrow{\triangle} CH_3CH_2CH{=}\overset{CH_3}{\overset{|}{C}}CHO \xrightarrow{Ni/H_2} CH_3CH_2CH_2\underset{CH_3}{\underset{|}{C}}HCH_2OH \xrightarrow{CrO_3}$$

$$CH_3CH_2CH_2\underset{CH_3}{\underset{|}{C}}HCHO \xrightarrow{HCN/OH^-} CH_3CH_2CH_2\underset{CH_3}{\underset{|}{C}}H\overset{OH}{\overset{|}{C}}HCN$$

【例 8】 化合物（A）$C_{11}H_{10}O_2$ 不与碱作用，与酸作用生成（B）$C_9H_{10}O$ 及乙二醇，（B）与羟胺作用生成肟，与 Tollen 试剂作用生成（C）。（B）与重铬酸钾的硫酸溶液作用生成对苯二甲酸，试推导（A）、（B）、（C）可能的构造式。

解： 根据题意，（B）能与羟胺作用生成肟，说明（B）是醛或酮。（A）在酸性条件下水解得（B）和乙二醇，由此可推测出（A）是缩醛或缩酮。由于（B）能与 Tollen 试剂作用，则说明（B）是醛，则又可推知（A）是缩醛。再根据（B）被氧化后生成对苯二甲酸可推知（B）分子中含有苯环，且苯环上有两个取代基，它们在苯环上处于对位。最后根据（B）的分子式可推出（B）有两种可能的构造式。

（B）可能的构造式：$H_3C-C_6H_4-CH_2CHO$ 或 $C_2H_5-C_6H_4-CHO$

则（A）和（C）的可能构造式为：

（A）$H_3C-C_6H_4-CH_2CH\langle O-CH_2CH_2-O\rangle$（1,3-二氧戊环）或 $C_2H_5-C_6H_4-CH\langle O-CH_2CH_2-O\rangle$

（C）$H_3C-C_6H_4-CH_2COO^-$ 或 $C_2H_5-C_6H_4-COO^-$

四、习题

1. 命名下列化合物。

（1）C_2H_5-（环己-2-烯酮环）=O　（2）OHC—CHO　（3）（2,5-二甲基-1,4-苯醌：环上两个 O，CH_3、CH_3）

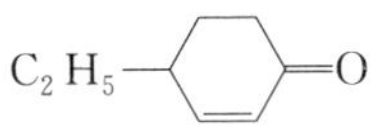

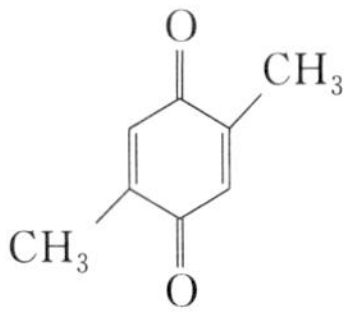

（4） 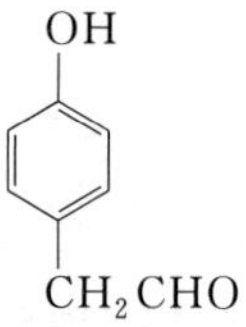 OH

CH_2CHO

（5） 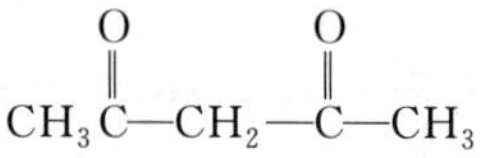 $CH_3\overset{O}{\overset{\|}{C}}-CH_2-\overset{O}{\overset{\|}{C}}-CH_3$

（6） 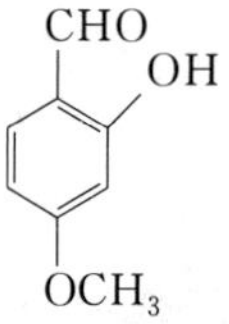 CHO

OH

OCH_3

（7） 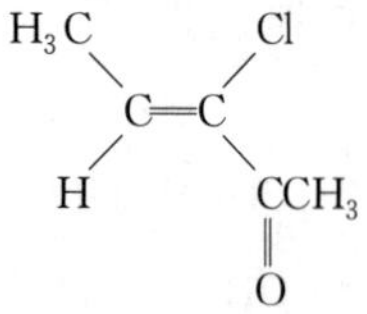 H_3C Cl

C=C （Z/E）

H $\underset{\underset{O}{\|}}{C}CH_3$

（8） 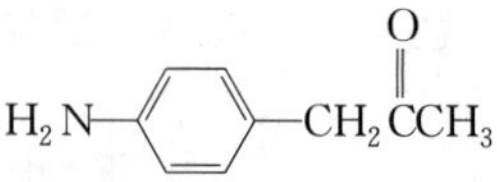 H_2N- $-CH_2\overset{O}{\overset{\|}{C}}CH_3$

（9） 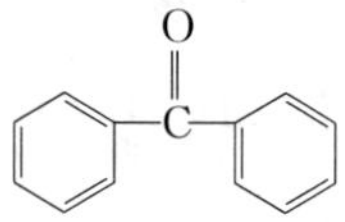 O

C

2.写出下列化合物的结构式。

（1）2,2,4,5-四甲基-3-庚酮　（2）对-甲氧基苯甲醛　（3）3-甲基-4-庚烯-2-酮

（4）3-溴-2-丁酮　（5）4-苯基-2-丁酮　（6）4-甲基-2,3-己二酮

（7）4,4′-二羟基二苯酮　（8）丙酮肟

3.写出下列反应的主要产物。

（1）$C_6H_5COCH_2CH_2CH_3 \xrightarrow[HCl]{Zn\text{-}Hg}$

（2）$C_6H_5CH=CHCHO \xrightarrow[2)\ H_3O^+]{1)\ NaBH_4}$

（3）$CH_3CH_2-\overset{O}{\overset{\|}{C}}-CH_3+I_2 \xrightarrow{NaOH}$

（4）$2CH_3CHO \xrightarrow[5℃]{10\%NaOH} \quad \xrightarrow{\triangle}$

（5）$CH_3CH_2CHO \xrightarrow[(2)\ H^+/H_2O]{(1)\ HCN/OH^-}$

（6）HCHO+ CHO $\xrightarrow{浓\ OH^-}$

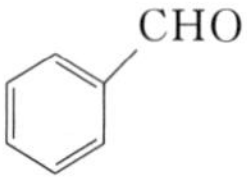

（7） 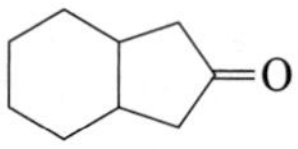 =O + HC≡CNa $\longrightarrow$

（8） 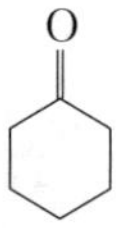 O +$CH_3CH_2MgBr \xrightarrow{无水乙醚} \quad \xrightarrow{H_3O^+}$

（9） 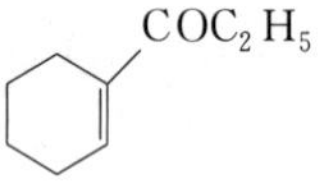 COC_2H_5 $\xrightarrow[(2)\ H^+/H_2O]{(1)\ LiAlH_4}$

（10） 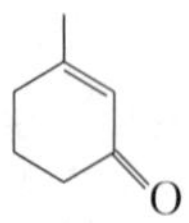 O $\xrightarrow[(2)\ H^+/H_2O]{(1)\ CH_3Li}$

（11） 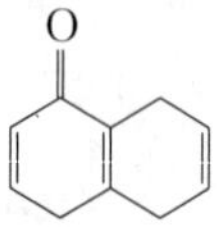 O $\xrightarrow{CH_2=CH-CH=CH_2}$

(12) $ph_3\overset{+}{P}-\overset{-}{C}(CH_3)_2$ + 2-甲氧基环己酮 $\longrightarrow$

(13) $C_6H_5COCH_3$ + HCHO + 哌啶 $\xrightarrow{H^+}$

4.写出环己酮与下列试剂反应的主要产物。

(1) $LiAlH_4$　(2) NH_2OH　(3) HCN/OH^-

(4) $NaHSO_3$　(5) a. C_2H_5MgBr/b. 酸、水　(6) CH_3OH（过量）/干燥 HCl

(7) Zn-Hg/浓 HCl　(8) 异丙醇铝/异丙醇　(9) 2,4-二硝基苯肼

5.用化学方法区分下列各组化合物

(1) 丙醛、丙酮、异丙醇、对-甲氧基苯甲醛　(2) 乙醛、丙醛、丙酮、丙醇

(3) 苯酚、1-苯基-2-丙酮、苯甲醛　(4) 2-戊酮、3-戊酮、环己酮

6.试由指定原料合成产物（其他试剂任选）。

(1) 由 $CH_3-\overset{O}{\overset{\|}{C}}-CH_3$ 合成 $CH_3\overset{O}{\overset{\|}{C}}CH_2CH(CH_3)_2$

(2) 由苯合成 2-苯基-2-丙醇

(3) 由环戊烷合成环戊基甲醛（C_5H_9CHO）

(4) $CH_3CH=CH_2 \longrightarrow (CH_3)_2\overset{OH}{\overset{|}{C}}CH(CH_3)_2$

7.推断结构。

(1) 有一化合物 A，分子式为 $C_8H_{14}O$，A 可以很快使溴水褪色，也可与苯肼反应，但不与银氨溶液反应。A 氧化后生成一分子丙酮及另一化合物 B，B 具酸性，B 和碘的 NaOH 溶液作用，生成一分子碘仿及一分子丁二酸二钠盐。试写出 A 与 B 的结构式及各步反应式。

(2) 某化合物 A 分子式为 C_9H_9OBr，不与托伦试剂反应，也不能发生碘仿反应，但能与 2,4-二硝基苯肼作用。A 经氢化还原得到 B（$C_9H_{11}OBr$），B 与浓 H_2SO_4 共热得到化合物 C（C_9H_9Br），C 具有顺、反异构体，且氧化可得到对溴苯甲酸。试推断 A、B、C 的结构式并写出各步反应式。

(3) 某化合物 A，分子式为 $C_5H_{12}O$，氧化后得到 B（$C_5H_{10}O$），B 能与苯肼反应，与碘的碱溶液共热时产生黄色沉淀 C。A 和浓硫酸共热得到 D（C_5H_{10}）。D 经氧化后得丙酮和乙酸。试推测 A、B、C 和 D 的结构式。

8.试设计用格氏试剂制取 2-苯基-2-丁醇的可能的途径，用反应式表示。

五、习题参考答案

1.(1) 4-乙基-2-环己烯酮　(2) 乙二醛　(3) 2,5-二甲基-1,4-苯醌

(4) 4-羟基苯乙醛　(5) 2,4-戊二酮　(6) 2-羟基-4-甲氧基苯甲醛

(7)(*Z*)-3-氯-3-戊烯-2-酮　　(8) 对氨基苯基丙酮　　(9) 二苯酮

2.

(1) 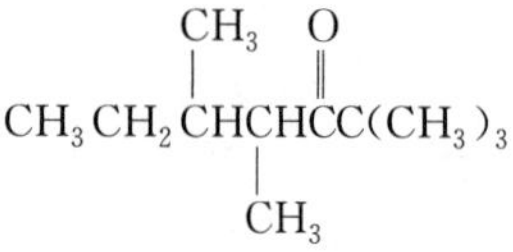 $CH_3CH_2\overset{CH_3}{CH}CH(CH_3)\overset{O}{C}C(CH_3)_3$　　(2) CHO, OCH_3　　(3) $CH_3CH_2CH=CH-CH(CH_3)-\overset{O}{C}-CH_3$

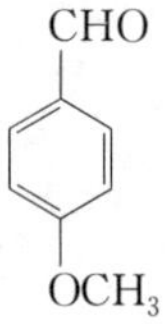

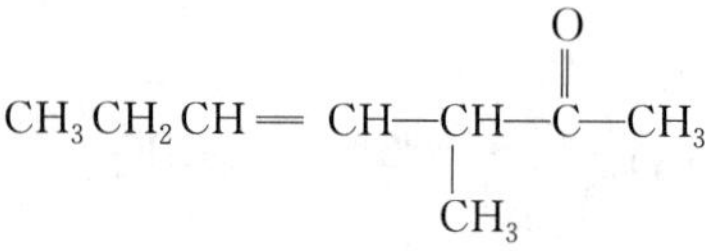

(4) 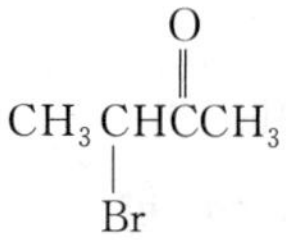 $CH_3\underset{Br}{CH}\overset{O}{C}CH_3$　　(5) 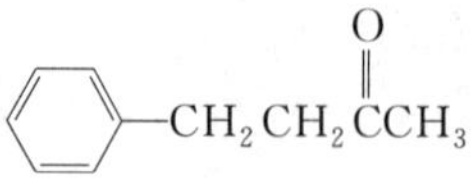 $-CH_2CH_2\overset{O}{C}CH_3$　　(6) 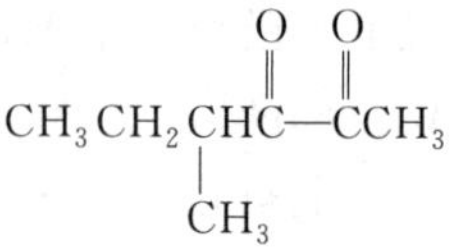 $CH_3CH_2\underset{CH_3}{CH}\overset{O}{C}-\overset{O}{C}CH_3$

(7) 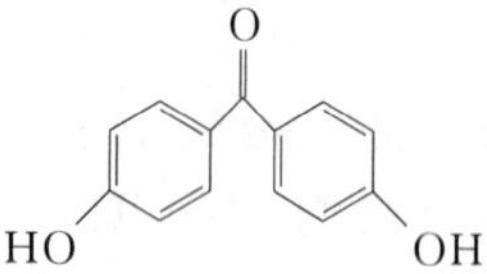 O, HO, OH　　(8) 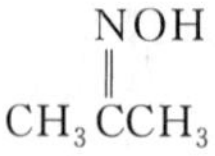 $CH_3\overset{NOH}{C}CH_3$

3.(1) $C_6H_5CH_2CH_2CH_2CH_3$　　(2) $C_6H_5CH=CHCH_2OH$

(3) $CH_3CH_2COONa+CHI_3\downarrow$　　(4) 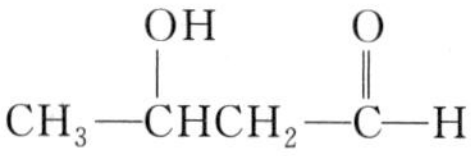 $CH_3-\overset{OH}{CH}CH_2-\overset{O}{C}-H$　$CH_3CH=CHCHO$

(5) 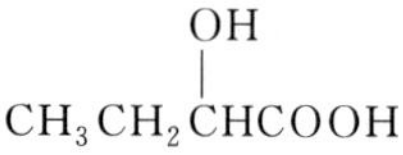 $CH_3CH_2\overset{OH}{CH}COOH$　　(6) $HCOO^-$ + $-CH_2OH$

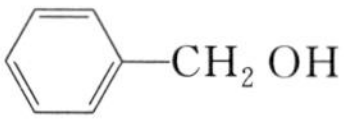

(7) 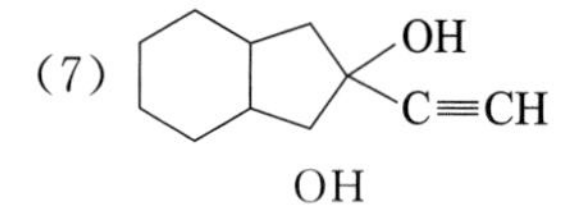

(8) 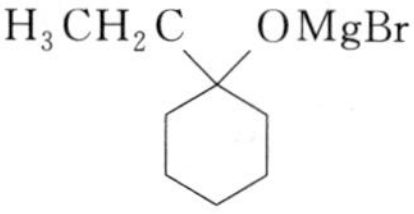 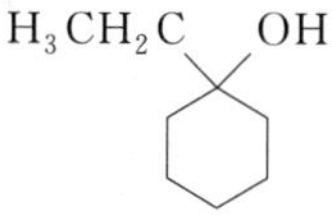 H_3CH_2C OMgBr　　H_3CH_2C OH

(9) 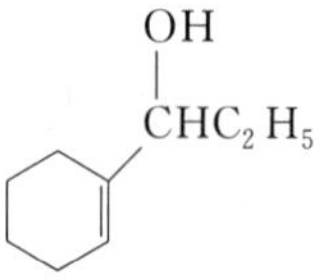 OH, CHC_2H_5　　(10) 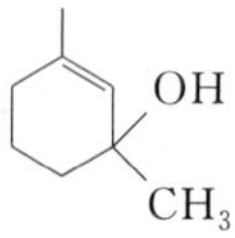 OH, CH_3

(11) 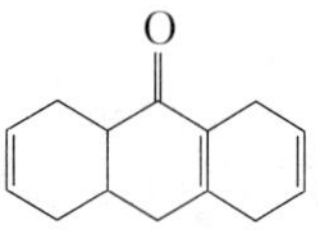 O　　(12) 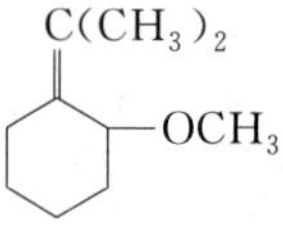 $C(CH_3)_2$, OCH_3

(13)  $-COCH_2CH_2N$

4.(1) OH　　(2)  NOH　　(3) 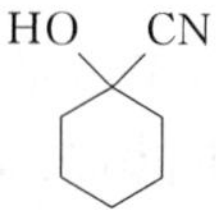 HO CN

(4) 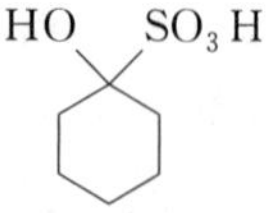 HO SO_3H　　(5) HO C_2H_5 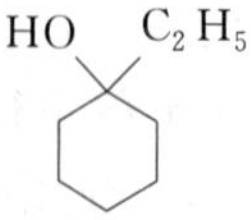　　(6) 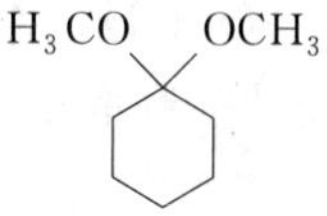 H_3CO OCH_3

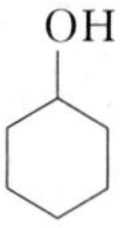

(7) 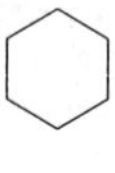　　(8) 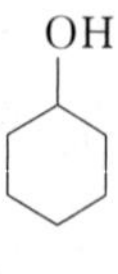 OH　　(9) 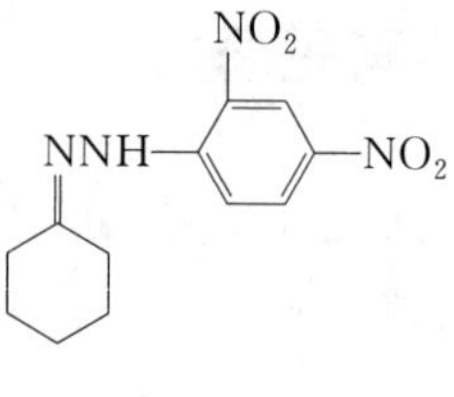 NO_2, NNH-, $-NO_2$

5.

(1) 丙醛 / 丙酮 / 异丙醇 / 对-甲氧基苯甲醛

$\xrightarrow{\text{班氏试剂}}$ 丙醛：砖红色沉淀；丙酮：(－)；异丙醇：(－)；对-甲氧基苯甲醛：(－)

丙酮、异丙醇、对-甲氧基苯甲醛 $\xrightarrow{\text{托伦试剂}}$ 丙酮：(－)；异丙醇：(－)；对-甲氧基苯甲醛：银镜

丙酮、异丙醇 $\xrightarrow{Na}$ 丙酮：(－)；异丙醇：气体

(2) 乙醛 / 丙醛 / 丙酮 / 丙醇

$\xrightarrow{\text{班氏试剂}}$ 乙醛：砖红色沉淀；丙醛：砖红色沉淀；丙酮：(－)；丙醇：(－)

乙醛、丙醛 $\xrightarrow{I_2/NaOH}$ 乙醛：黄色沉淀；丙醛：(－)

丙酮、丙醇 $\xrightarrow{I_2/NaOH}$ 丙酮：黄色沉淀；丙醇：(－)

(3) 苯酚 / 1-苯基-2-丙酮 / 苯甲醛

$\xrightarrow{Br_2/H_2O}$ 苯酚：白色沉淀；1-苯基-2-丙酮：(－)；苯甲醛：(－)

1-苯基-2-丙酮、苯甲醛 $\xrightarrow{\text{托伦试剂}}$ 1-苯基-2-丙酮：(－)；苯甲醛：银镜

(4) 2-戊酮 / 3-戊酮 / 环己酮

$\xrightarrow{I_2/NaOH}$ 2-戊酮：黄色沉淀；3-戊酮：(－)；环己酮：(－)

3-戊酮、环己酮 $\xrightarrow{\text{饱和 } NaHSO_3 \text{ 溶液}}$ 3-戊酮：(－)；环己酮：无色结晶

6.

$$2CH_3COCH_3 \xrightarrow{EtO^-} (CH_3)_2C(OH)CH_2COCH_3 \xrightarrow{\triangle} (CH_3)_2C{=}CHCOCH_3$$

(1)

$$\xrightarrow[\text{干}HCl]{HOCH_2CH_2OH} (H_3C)_2C{=}HC\text{-}C(CH_3)(\text{-}OCH_2CH_2O\text{-}) \xrightarrow{H_2/Pt} (H_3C)_2HCH_2C\text{-}C(CH_3)(\text{-}OCH_2CH_2O\text{-})$$

$$\xrightarrow[\triangle]{\text{稀}HCl} CH_3\overset{O}{\overset{\|}{C}}CH_2CH(CH_3)_2$$

(2)

$$C_6H_6 + CH_3COCl \xrightarrow{AlCl_3} C_6H_5COCH_3$$

$$CH_3Br \xrightarrow[\text{无水乙醚}]{Mg} CH_3MgBr$$

$$\longrightarrow C_6H_5C(OMgBr)(CH_3)_2 \xrightarrow{H_3O^+} C_6H_5C(OH)(CH_3)CH_3$$

(3)

$$\text{环戊烷} \xrightarrow[\text{光照}]{Br_2} \text{环戊基}\text{-}Br \xrightarrow[\text{无水乙醚}]{Mg} \text{环戊基}\text{-}MgBr \xrightarrow{HCHO} \text{环戊基}\text{-}CH_2OMgBr$$

$$\xrightarrow{H_3O^+} \text{环戊基}\text{-}CH_2OH \xrightarrow{CrO_3} \text{环戊基}\text{-}CHO$$

(4)

$$CH_3CH{=}CH_2 \xrightarrow{HBr} CH_3CHBrCH_3 \xrightarrow[\text{无水乙醚}]{Mg} CH_3CH(MgBr)CH_3$$

$$CH_3CH{=}CH_2 \xrightarrow[PdCl_2\text{-}CuCl_2]{O_2} CH_3COCH_3$$

$$\longrightarrow \xrightarrow{H_3O^+} (CH_3)_2C(OH)CH(CH_3)_2$$

7.

$$CH_3\underset{\substack{|\\CH_3}}{C}{=}CHCH_2CH_2COCH_3\ (A) + Br_2 \longrightarrow CH_3\underset{\substack{|\\CH_3}}{\overset{\substack{Br\\|}}{C}}-\overset{\substack{Br\\|}}{C}HCH_2CH_2COCH_3$$

(A) $\xrightarrow{C_6H_5NHNH_2}$

(1) $CH_3\underset{\substack{|\\CH_3}}{C}{=}CHCH_2CH_2\overset{\substack{NNH-C_6H_5\\\|}}{C}CH_3$

$$CH_3\underset{\substack{|\\CH_3}}{C}{=}CHCH_2CH_2COCH_3\ (A) \xrightarrow{[O]} (CH_3)_2CO + CH_3COCH_2CH_2COOH\ (B)$$

$$(B) \xrightarrow{I_2+NaOH} \begin{matrix}CH_2-COONa\\|\\CH_2-COONa\end{matrix} + CHI_3\downarrow$$

(2)

$$p\text{-}Br\text{-}C_6H_4\text{-}COCH_2CH_3\ (A) \xrightarrow{[H]} p\text{-}Br\text{-}C_6H_4\text{-}CHOHCH_2CH_3\ (B) \xrightarrow[\triangle]{浓H_2SO} p\text{-}Br\text{-}C_6H_4\text{-}CH{=}CHCH_3\ (C) \xrightarrow{[O]} p\text{-}Br\text{-}C_6H_4\text{-}COOH$$

$$(A) \xrightarrow{O_2N\text{-}C_6H_3(NO_2)\text{-}NHNH_2} p\text{-}Br\text{-}C_6H_4\text{-}\overset{\substack{NNH-C_6H_3(NO_2)_2\\\|}}{C}CH_2CH_3$$

(3)

$$(CH_3)_2CH\underset{\substack{|\\OH}}{C}HCH_3\ (A) \xrightarrow{[O]} (CH_3)_2CH\underset{\substack{\|\\O}}{C}CH_3\ (B) \xrightarrow{C_6H_5NHNH_2} (CH_3)_2CH\underset{\substack{\|\\NNH-C_6H_5}}{C}CH_3$$

$$(B) \xrightarrow{I_2/NaOH} CHI_3\downarrow\ (C) + (CH_3)_2CHCOONa$$

$$(A) \xrightarrow[\triangle]{浓H_2SO_4} (CH_3)_2C{=}CHCH_3\ (D) \xrightarrow{[O]} (CH_3)_2CO + CH_3COOH$$

8.

(1)

$$C_6H_5COCH_3 \xrightarrow[无水乙醚]{CH_3CH_2MgBr} \xrightarrow{H_2O/H^+} CH_3\underset{\substack{|\\C_6H_5}}{\overset{\substack{OH\\|}}{C}}CH_2CH_3$$

(2)

$$C_6H_5Br \xrightarrow[无水乙醚]{Mg} C_6H_5MgBr \xrightarrow{CH_3\overset{\substack{O\\\|}}{C}CH_2CH_3} \xrightarrow{H_2O/H^+} CH_3\underset{\substack{|\\C_6H_5}}{\overset{\substack{OH\\|}}{C}}CH_2CH_3$$

第十一章　羧酸和取代羧酸

一、目的要求

1. 掌握羧酸和取代羧酸的定义、分类和命名。

2. 掌握羧酸和取代羧酸的官能团结构及主要化学性质，了解其物理性质。

3. 熟悉饱和一元羧酸和主要取代羧酸的常用制备方法。

4. 熟悉人体内具有生命学意义的重要羧酸，了解羟基酸和羰基酸与物质代谢相关的化学反应。

二、本章要点

1. 定义

分子中含有羧基（—COOH）的一类化合物称为羧酸。羧基是羧酸的官能团，其通式为 R—COOH。

羧酸分子中，烃基上的 H 原子被其他原子或基团取代后的产物称为取代羧酸。

2. 分类

根据与羧基相连的烃基的不同，羧酸可分为脂肪酸、芳香酸、饱和酸和不饱和酸等。根据分子中羧基数目不同，又可分为一元羧酸、二元羧酸和多元羧酸。脂肪酸由于是脂肪水解的产物，因而得名，是一类非常重要的化合物。

按照烃基上的 H 原子被其他原子或基团取代的种类不同，取代羧酸分为羟基酸、羰基酸、卤代酸和氨基酸。羟基酸包括醇酸和酚酸，羰基酸包括醛酸和酮酸。

3. 命名

（1）羧酸的命名

早期发现的羧酸通常根据其来源命名。例如，甲酸称为蚁酸；丁酸称为酪酸；苯甲酸称为安息香酸。

简单的羧酸用普通法命名。选择含有羧基的最长碳链为主链，主链碳原子的编号从与羧基直接相连的碳原子开始，用希腊字母 α、β、γ、δ 等依次标明，ω 代表最末的位置，如 ω-溴代十八碳酸；芳香酸通常当作苯甲酸的衍生物来命名。

大多数羧酸均按系统命名法命名。饱和脂肪酸选含有羧基的最长碳链为主链称某酸，从羧基碳原子开始编号，再在母体名称前加取代基的名称和位次；不饱和脂肪酸应选择包含羧基和不饱和键在内的最长碳链为主链，并将双键或叁键的位次写在某烯酸或某炔酸名称前；脂肪族二元羧酸的命名，取分子中含有两个羧基的最长碳链作为主链，称某二酸，再在母体名称前加取代基的名称和位次。

脂环羧酸和芳香羧酸命名时，将脂环和芳环看作取代基，以脂肪羧酸作为母体加以命名。

（2）取代羧酸的命名

羟基酸的命名：醇酸的命名以羧酸为母体，用阿拉伯数字或希腊字母表示羟基位置；酚酸以芳香羧酸为母体，标明酚羟基在芳环上的位置。例如：

$$\underset{\displaystyle OH}{CH_3\overset{}{C}HCOOH}$$

2-羟基丙酸或 α-羟基丙酸（乳酸）

邻羟基苯甲酸（水杨酸）（苯环邻位分别连接 —COOH 和 —OH）

羰基酸包括醛酸和酮酸，命名以羧酸为母体。酮酸需标明羰基位置。例如：

$OHCCH_2COOH$ 丙醛酸　　CH_3COCH_2COOH β-丁酮酸（乙酰乙酸）

4. 羧酸的结构

羧基是羧酸的官能团，由羰基和羟基直接相连而成，但并不是两者简单的加和。羧酸结构的根本特征是羧基中存在共轭。

羧酸分子中，羧基碳原子以 sp^2 杂化轨道分别与烃基和两个氧原子形成 3 个 σ 键，剩下的一个 p 轨道与羰基氧原子形成 π 键，由于与羰基碳原子连接的羟基上的氧有一对未共用电子，因此可与 C═O 中的 π 键形成 p-π 共轭体系。

5. 羧酸的化学性质

（1）酸性

由于 p-π 共轭，羟基氧原子上的电子云向羰基移动，O—H 间的电子云更靠近氧原子，使得 O—H 键的极性增强，有利于 H 原子的离解，因此羧酸的酸性强于醇。

羧酸酸性的强弱取决于和羧基相连基团的电子效应、空间效应以及氢键等影响。通常，邻近基团表现出吸电子效应时，酸性增强；反之则减弱。

多数羧酸是弱酸，可与碱反应生成盐和水。例如：

$$CH_3COOH + NaOH \longrightarrow CH_3COONa + H_2O$$

（2）亲核取代反应——羧酸衍生物的生成

共轭导致羧基中的键长平均化，降低了羧基碳的正电性而使其亲核加成活性减弱，羧酸的亲核加成的活性远不如醛、酮。羧酸中的羟基可以被—X、—OCOR、—OR、—NH_2 取代，分别生成酰卤、酸酐、酯、酰胺等羧酸衍生物。反应均为亲核加成-消去历程，其中酯化反应最为重要。反应通式：

$$R-\overset{\overset{\displaystyle O}{\|}}{C}-OH + Y^- \rightleftharpoons R-\underset{\underset{\displaystyle Y}{|}}{\overset{\overset{\displaystyle O^-}{|}}{C}}-OH \rightleftharpoons R-\overset{\overset{\displaystyle O}{\|}}{C}-Y + OH^-$$

（3）羧酸的还原

羧酸不易被一般的还原剂还原，但可被 $LiAlH_4$、B_2H_6 还原成伯醇。两种还原剂对分子中碳碳双键的作用不同，前者可保留双键，后者则一起被还原。例如：

$$CH_2{=}CHCH_2COOH \xrightarrow[2)H_2O/H^+]{1)LiAlH_4} CH_2{=}CHCH_2CH_2OH$$

$$CH_2{=}CHCH_2COOH \xrightarrow[2)H_2O/H^+]{1)B_2H_6} CH_3CH_2CH_2CH_2OH$$

(4) α-H 的反应

由于羧基的影响，羧酸中的 α-H 有一定的活性，但比醛、酮的 α-H 的活性弱，其 α 位的取代反应不如后者容易，需有少量红磷作为催化剂方可进行；有 3 个 α-H 的羧酸也不能发生卤仿反应。例如：

$$CH_3COOH+Cl_2 \xrightarrow{P} ClCH_2COOH$$

(5) 羧酸的脱羧反应

一元羧酸不易脱羧。除甲酸外，乙酸的同系物直接加热都不容易脱去羧基。若 α 位连有强吸电子基则较容易脱羧；或在特殊条件下也可以发生脱羧反应，如无水醋酸钠与碱石灰混合强热生成甲烷：

$$CH_3COONa+NaOH(s) \xrightarrow{热熔} CH_4\uparrow+Na_2CO_3$$

(6) 二元羧酸受热时的特殊反应

二元羧酸随着两个羧基间距的不同，受热发生不同的分解反应。两个羧基间隔 0～1 个碳原子，受热发生脱羧，生成一元羧酸；两个羧基间隔 2～3 个碳原子受热发生脱水，生成五元或六元环酐；两个羧基间隔 4～5 个碳原子受热既脱羧又脱水，生成五元或六元环酮；两个羧基间隔 5 个碳原子以上，则在高温时发生分子间脱水反应，生成高分子链状酸酐。

6. 羧酸的制备

羧酸的制备方法很多，主要有油脂水解法、有机物氧化法、有机金属化合物制备法、氰化物水解法以及羧酸衍生物水解法等。

7. 羟基酸的化学性质

(1) 酸性

羟基酸的酸性强于相应的羧酸，且酸性随羟基离羧基距离的增加而减弱；酚酸的酸性与酚羟基和羧基的相对位置有关：邻羟基苯甲酸由于分子内氢键的形成使酸性大大增强，间羟基苯甲酸由于羟基的吸电子诱导效应（此时不存在共轭效应）使酸性较苯甲酸略有增加，对羟基苯甲酸则由于羟基较强的给电子共轭效应使其酸性弱于苯甲酸。

(2) 羟基酸的脱水反应

羟基酸受热易脱水，产物随羟基位置不同而异。α-羟基酸分子间交叉脱水生成交酯，如两分子 α-羟基丙酸分子间脱水生成丙交酯；β-羟基酸分子内脱水生成 α，β-不饱和酸，如 β-羟基丁酸分子内脱水生成 2-丁烯酸；γ-羟基酸分子内脱水生成内酯，如 γ-羟基丁酸分子内脱水生成 γ-丁内酯；δ-羟基酸也可以生成内酯，但极易开环；羟基和羧基间隔 4 个碳原子以上的羟基酸很难形成内酯，可分子间脱水成链状聚酯。

(3) 氧化反应

羟基酸中的羟基比醇羟基易氧化，反应可在稀硝酸中进行；α 位的羟基则更易氧化，只需弱氧化剂即可氧化为羰基酸。例如：

$$\mathrm{RCH(OH)CH_2COOH \xrightarrow{稀\ HNO_3} RCOCH_2COOH}$$

$$\mathrm{RCH(OH)COOH \xrightarrow{托伦试剂} RCOCOOH}$$

(4) α-羟基酸的分解反应

α-羟基酸受热易发生分解。α-羟基酸与稀硫酸共热分解为醛或酮和甲酸。例如：

$$\mathrm{RCH(OH)COOH \xrightarrow[\triangle]{稀\ H_2SO_4} RCHO + HCOOH}$$

α-羟基酸与酸性高锰酸钾溶液共热，生成少一个碳原子的醛、酮，而醛还会继续被氧化成羧酸，酮一般不受影响。例如：

$$\mathrm{CH_3CH(OH)COOH \xrightarrow[\triangle]{KMnO_4/H^+} CH_3CHO + CO_2 + H_2O}$$

$$\mathrm{CH_3CHO \xrightarrow{KMnO_4/H^+} CH_3COOH}$$

(5) 酚酸的脱羧反应

酚酸的羟基位于羧基邻、对位时，对热不稳定，加热易脱羧成酚。例如：

$$\mathrm{C_6H_4(OH)COOH \xrightarrow{200\sim220℃} C_6H_5OH + CO_2\uparrow}$$

$$\mathrm{(HO)_3C_6H_2COOH \xrightarrow{200℃} C_6H_3(OH)_3 + CO_2\uparrow}$$

8. 羰基酸的化学性质

(1) 酮酸的脱羧反应

α-酮酸与稀硫酸共热，生成少一个碳原子的醛和二氧化碳。β-酮酸更易脱羧，微微受热即可脱去二氧化碳，生成酮。此反应也称为β-酮酸的酮式分解。

$$\mathrm{R{-}CO{-}CO{-}OH \xrightarrow[\triangle]{稀\ H_2SO_4} RCHO + CO_2\uparrow}$$

$$\mathrm{RCOCH_2COOH \xrightarrow{\triangle} RCOCH_3 + CO_2\uparrow}$$

(2) β-酮酸的分解反应

β-酮酸脱羧生成酮，称为酮式分解；而β-酮酸与浓碱共热则生成两分子羧酸盐，称为酸式分解。

$$\mathrm{RCOCH_2COOH \xrightarrow{\triangle} RCOCH_3 + CO_2} \quad 酮式分解$$

$$\mathrm{RCOCH_2COOH \xrightarrow[\triangle]{浓\ NaOH} RCOONa + CH_3COONa} \quad 酸式分解$$

三、例题解析

【例 1】 写出下列化合物的结构式，并指出这些化合物在加热下发生什么反应？写出主要产物的结构式。

(1) 2-羟基环戊基甲酸　(2) 2-羰基环戊基甲酸　(3) 2-羟基戊酸

(4) 邻羧基苯乙酸　(5) 2-甲基-4-羟基己酸　(6) 1-羧基环戊基甲酸

解：

(1) 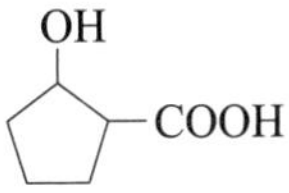 OH COOH　(2) O COOH　(3) OH $CH_3CH_2CH_2CHCOOH$

(4) COOH CH_2COOH　(5) CH_3 $CH_3CH_2CHCH_2CHCOOH$ OH　(6) COOH COOH

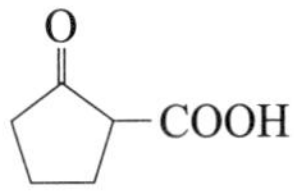

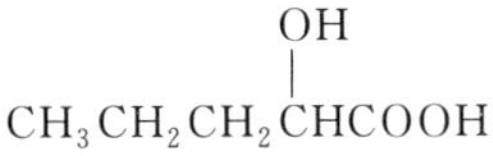

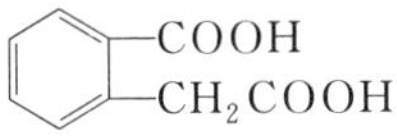

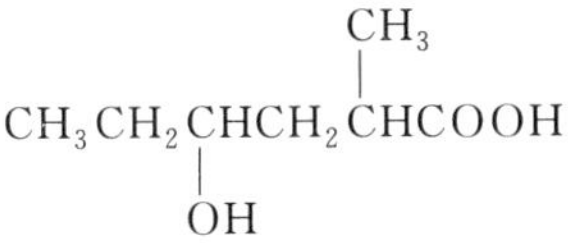

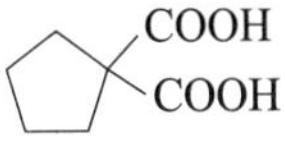

(1) β-羟基酸，加热发生分子内脱水，生成 α,β-不饱和羧酸。

(2) β-羰基酸，加热发生脱羧，生成酮。

(3) α-羟基酸，加热发生两个分子间交叉脱水，生成环状交酯。

(4) 二元羧酸，二个羧基间隔三个碳原子，加热发生脱水，生成酸酐。

(5) γ-羟基酸，加热发生分子内脱水，生成 γ-内酯。

(6) 二元羧酸，二个羧基间隔一个碳原子，加热发生脱羧，生成一元羧酸。

(1) 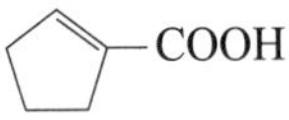 COOH　(2) O　(3) O O—C $H_3CH_2CH_2CHC$ $CHCH_2CH_2CH_3$ C—O O

(4) O O O　(5) CH_3 O H_3CH_2C O　(6) COOH

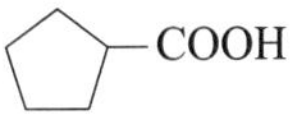

【例 2】 比较下列化合物酸性大小。

(1) 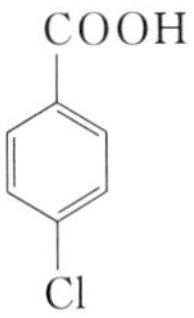 COOH Cl　COOH Cl　COOH NO_2　COOH NO_2

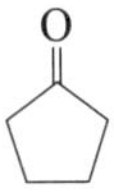

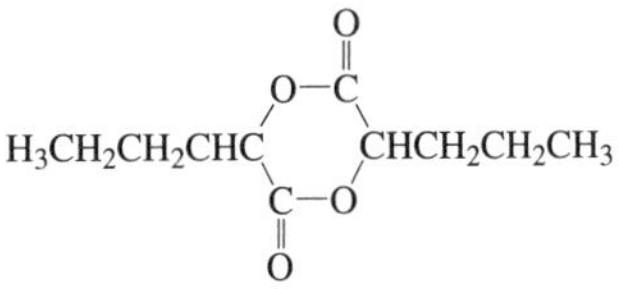

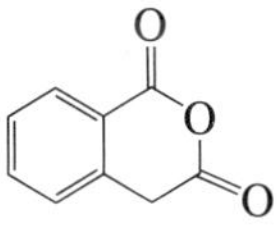

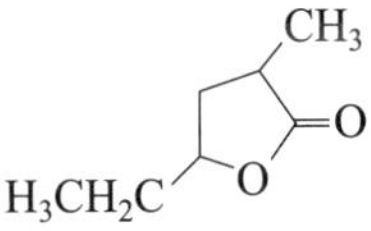

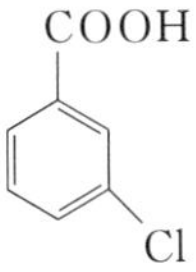

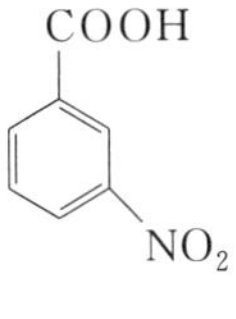

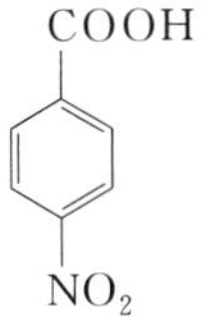

(2) $HC\equiv CCH_2COOH$　$CH_2=CHCH_2COOH$　$CH_3CH_2CH_2COOH$

解：(1)

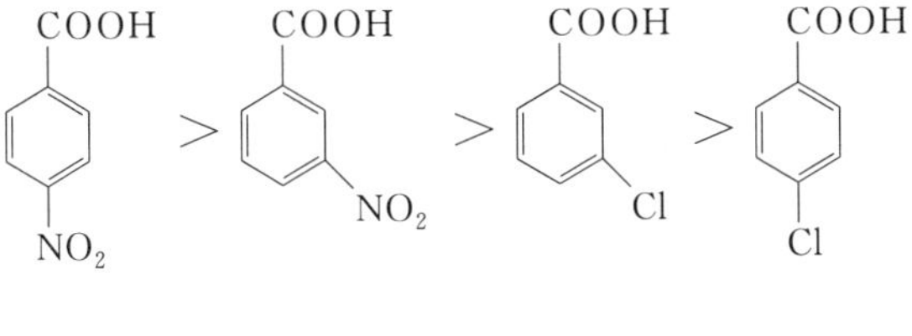

COOH NO_2 > COOH NO_2 > COOH Cl > COOH Cl

如果取代基对羧基产生吸电子效应，羧酸的酸性增加，吸电子效应越大，酸性越强；如果取代基对羧基产生给电子效应，则酸性减弱，给电子效应越大，酸性越弱。硝基的诱导效应与共轭效应均为吸电子，但位于间位时不存在共轭效应。硝基处于对位时，对羧基产生吸电子的共轭效应（$-C$）和吸电子的诱导效应（$-I$），而硝基处于间位时，对羧基只产生吸电子的诱导效应（$-I$）。因此，对位硝基对羧基产生的吸电子能力大于间位硝基，对硝基苯甲酸的酸性强于间位取代物；氯的诱导效应为吸电子，共轭效应为给电子，当位于间位时没有共轭作用。因此，间位氯对羧基产生的吸电子作用大于对位氯，故间氯苯甲酸的酸性强于对氯苯甲酸。且硝基的吸电子诱导效应大于氯。

（2）$HC \equiv CCH_2COOH > CH_2 = CHCH_2COOH > CH_3CH_2CH_2COOH$

三种羧酸均可看成是乙酸中的一个 α-H 分别被乙炔基、乙烯基和乙基取代得到，它们的酸性强弱与取代基的性质有关。乙基对羧基产生给电子作用，使羧酸酸性减弱；乙炔基和乙烯基对羧基均产生吸电子作用，使羧酸酸性增强。乙炔基（sp 杂化态）的吸电子能力强于乙烯基（sp^2 杂化态），使羧酸酸性增强较多。

【例 3】 乙酸（CH_3COOH）为何不能发生碘仿反应？

解： 碘仿反应是指在碱性溶液中，具有“$CH_3CO—$”结构单元的醛或酮，α-H 被 OH^- 逐个夺取并进行碘代，直至三个 α-H 全被取代生成三碘代物。三碘代物在碱性条件下不稳定，可分解生成三碘甲烷（碘仿）及相应的羧酸盐。具有“$CH_3CO—$”结构单元的醛、酮和乙酸虽然都含有“$CH_3CO—$”结构单元，但乙酸的羰基上连接了羟基（—OH），而醛、酮连接的 R 基团（R 为 H 或烃基）。由于乙酸中的羟基氧与羰基的 p-π 共轭效应降低了羰基碳的正电性，从而降低了 α-H 的活性，OH^- 不能夺取其质子形成碳负离子，故难以形成三碘代物。因此乙酸虽有 3 个 α-H，但不能发生碘仿反应。

【例 4】 写出下列反应产物。

（1）（苯环对位分别连有 CH_2COONa 和 $CH=CHCH_2CHO$）$\xrightarrow[2)\ H^+]{1)\ Ag(NH_3)_2^+}$（Ⅰ）$\xrightarrow{H_2/Pd}$（Ⅱ）$\xrightarrow[2)\ H_3O^+]{1)\ LiAlH_4}$（Ⅲ）

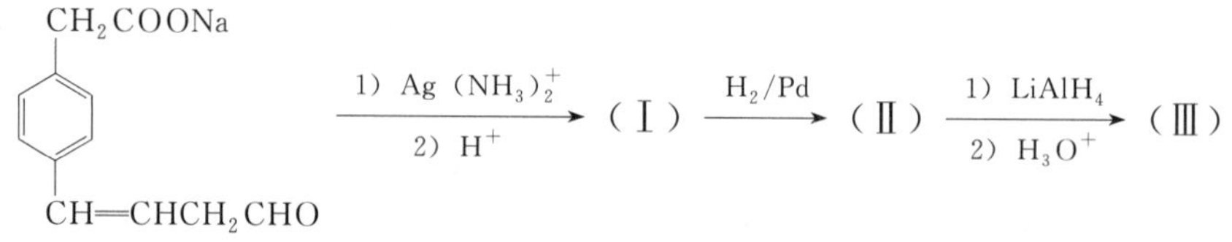

（2）$CH_3COCH_2CH_2COOH \xrightarrow[2.\ H^+]{1.\ NaBH_4}$（Ⅰ）$\xrightarrow{\triangle}$（Ⅱ）

（3）$CH_3COOH +$ HO—⟨苯环⟩—$CH_2OH \xrightarrow[\triangle]{H^+}$

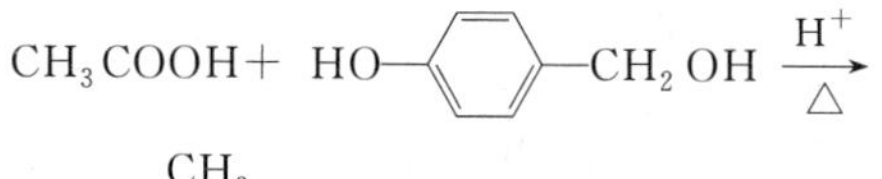

（4）（邻二甲苯，CH_3、CH_3）$\xrightarrow[H^+]{KMnO_4}$（Ⅰ）$\xrightarrow{\triangle}$（Ⅱ）

（5）（环己醇）—OH $\xrightarrow[\triangle]{浓\ H_2SO_4}$（Ⅰ）$\xrightarrow{KMnO_4/H^+}$（Ⅱ）

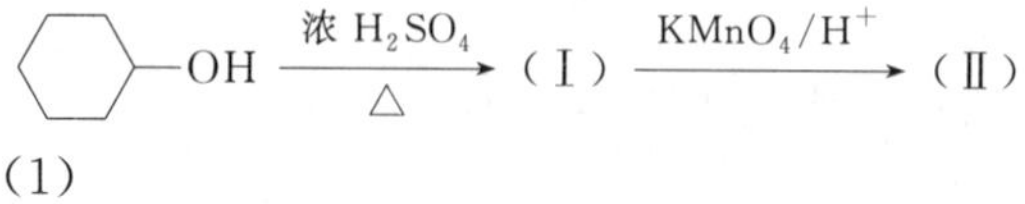

解：（1）

（Ⅰ）（苯环对位分别连有 CH_2COOH 和 $CH=CHCH_2COOH$）

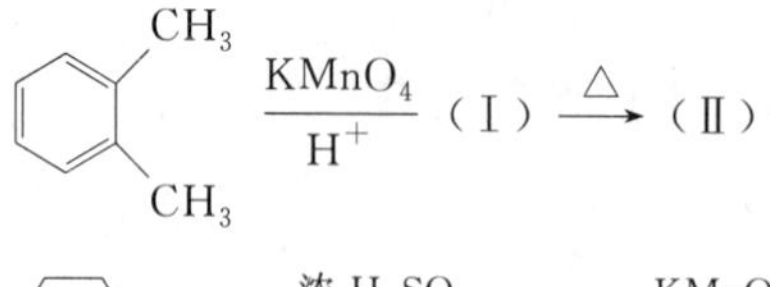

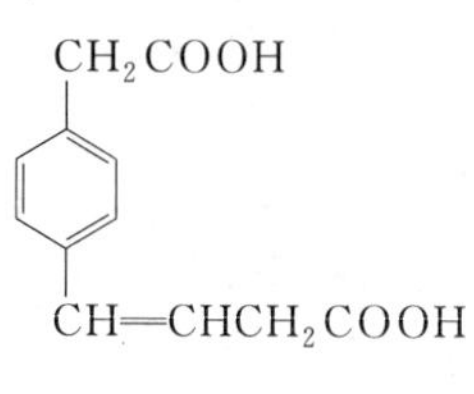

醛基易被氧化，弱氧化剂即可将其氧化。银氨溶液为弱氧化剂，只氧化醛基，碳碳双键不受影响。

(Ⅱ) 对位 CH_2COOH 与 $CH_2CH_2CH_2COOH$ 取代苯　羧基不易被还原，催化加氢只能还原碳碳双键。

(Ⅲ) 对位 CH_2CH_2OH 与 $CH_2CH_2CH_2CH_2OH$ 取代苯　氢化铝锂可还原羧基，且反应有较高产率和较好的选择性。

(2)

(Ⅰ) $CH_3CH(OH)CH_2CH_2COOH$　经硼氢化钠还原、酸化后羰基成羟基，得到 γ-羟基戊酸。

(Ⅱ) γ-甲基-γ-戊内酯（五元环内酯，环上连 CH_3）　γ-羟基戊酸经加热发生分子内脱水生成 γ-甲基-γ-戊内酯。

(3) $HO-C_6H_4-CH_2OCOCH_3$　这是一个在酸催化下醇与酸的酯化反应，苄基型的羟基活性大于苯基型羟基。

(4) (Ⅰ) 邻苯二甲酸 $C_6H_4(COOH)_2$　邻二甲苯氧化成邻苯二甲酸。

(Ⅱ) 邻苯二甲酸酐　邻苯二甲酸受热后发生分子内脱水成苯酐。

(5) (Ⅰ) 环己烯　醇分子内脱水成烯。

(Ⅱ) $HOOCCH_2CH_2CH_2CH_2COOH$　环烯烃氧化，双键断开成二元羧酸。

【例 5】 指定原料和必要的试剂合成下列化合物。

(1) 由甲苯合成 $O_2N-C_6H_4-CH_2COOH$

(2) 由 3-甲基丁酸合成 $(CH_3)_2CHCH(OH)COOC_2H_5$

(3) 由 $(CH_3)_2CHOH$ 合成 $(CH_3)_2C(OH)COOH$

(4) 由苯合成 α-甲基苯乙酸

解:

(1) 甲苯 $\xrightarrow[H_2SO_4]{HNO_3}$ $\left\{ \begin{array}{l} O_2N-C_6H_4-CH_3 \text{（对位）} \\ \text{邻硝基甲苯} \end{array} \right.$ $\xrightarrow{\text{分离}}$ $O_2N-C_6H_4-CH_3$ $\xrightarrow[(C_6H_5COO)_2,\ \triangle]{NBS,\ CCl_4}$

$O_2N-C_6H_4-CH_2Br \xrightarrow{NaCN} O_2N-C_6H_4-CH_2CN \xrightarrow{H^+/H_2O} O_2N-C_6H_4-CH_2COOH$

(2) $CH_3CH(CH_3)CH_2COOH \xrightarrow[P]{Cl_2} CH_3CH(CH_3)—CHClCOOH \xrightarrow{OH^-/H_2O} CH_3CH(CH_3)—CH(OH)COOH$

$\xrightarrow{C_2H_5OH/H^+} CH_3CH(CH_3)—CH(OH)COOC_2H_5$

(3) $(CH_3)_2CHOH \xrightarrow{KMnO_4} CH_3\overset{O}{\overset{\|}{C}}CH_3 \xrightarrow{HCN/OH^-} (CH_3)_2C(OH)CN \xrightarrow{H^+/H_2O} (CH_3)_2C(OH)COOH$

(4) $C_6H_6 \xrightarrow[\text{无水 } AlCl_3]{(CH_3CO)_2O} C_6H_5\overset{O}{\overset{\|}{C}}CH_3 \xrightarrow[\text{浓 } HCl]{Zn\text{-}Hg} C_6H_5CH_2CH_3 \xrightarrow[\text{光照}]{Br_2} C_6H_5CH(Br)CH_3$

$\xrightarrow{NaCN} C_6H_5CH(CN)CH_3 \xrightarrow{H^+/H_2O} C_6H_5CH(COOH)CH_3$

任何一个目标化合物，其合成分析的途径都不是唯一的，因此合成设计的路线也不是唯一的。一个目标产物可能有多种设计路线，要从中选择一条步骤少、产率高和操作简便的合成路线。

【例 6】 用简单的化学方法区别下列各组化合物。

(1) 草酸　蚁酸　醋酸　　(2) 安息香酸　肉桂酸　水杨酸

解：(1) 草酸、蚁酸和醋酸的学名分别是乙二酸、甲酸和乙酸。

HOOCCOOH、HCOOH、CH_3COOH $\xrightarrow{\triangle}$ HOOCCOOH：气体；HCOOH：气体；CH_3COOH：(—)

气体 $\xrightarrow{\text{托伦试剂}}$ HOOCCOOH：(—)；HCOOH：Ag↓

(2) 安息香酸、肉桂酸和水杨酸的学名分别是苯甲酸、3-苯基丙烯酸和邻羟基苯甲酸。

C_6H_5COOH、$C_6H_5CH{=}CHCOOH$、邻-HOC_6H_4COOH $\xrightarrow{FeCl_3\text{ 溶液}}$ C_6H_5COOH：(—)；$C_6H_5CH{=}CHCOOH$：(—)；邻-HOC_6H_4COOH：紫色

(—) $\xrightarrow{Br_2/CCl_4}$ C_6H_5COOH：(—)；$C_6H_5CH{=}CHCOOH$：褪色

【例 7】 化合物 A($C_4H_8O_3$) 具有光学活性，A 的水溶液呈酸性。A 受热得到 B($C_4H_6O_2$)，B 无旋光性，它的水溶液也呈酸性，B 比 A 更容易被氧化。当 A 与稀 $KMnO_4$ 溶液共热，可得到一个易挥发的化合物 C(C_3H_6O)，C 不容易与 $KMnO_4$ 反应，但可发生碘仿反应。试写出 A、B、C 的结构式，并用反应式表示各步反应。

解：根据 A 的水溶液呈酸性且具有光学活性，推测 A 是含有一个手性碳原子的羧酸。根据 B 比 A 少一个 H_2O，且 B 比 A 更容易被氧化，推断 B 的结构为 α,β-不饱和丁酸，它是由 A 经受热发生分子内脱水得到的，故 A 的结构为 β-羟基丁酸，排除羟基在 α 位或 γ 位的可能。A 与稀 $KMnO_4$ 溶液共热经氧化和脱羧得到 C，推断 C 应为丙酮（易挥发）。因此，A、B、C 的结构式为：

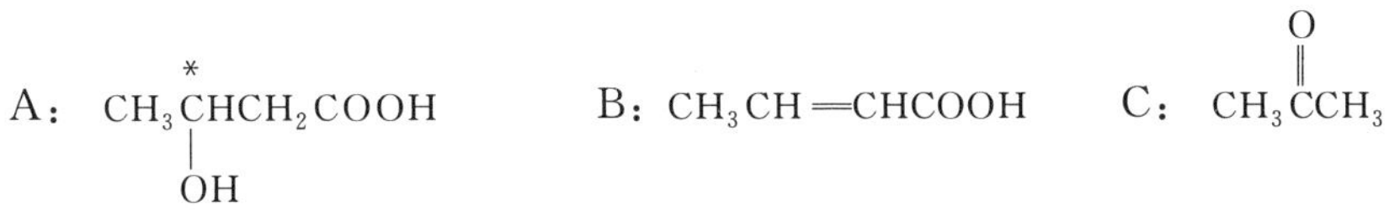

A：$CH_3\overset{*}{C}HCH_2COOH$（α位 OH，即 $CH_3CH(OH)CH_2COOH$）　　B：$CH_3CH=CHCOOH$　　C：CH_3COCH_3

反应式：

$$\underset{(A)}{CH_3\overset{*}{C}H(OH)CH_2COOH} \xrightarrow{\triangle} \underset{(B)}{CH_3CH=CHCOOH}$$

$$CH_3\overset{*}{C}H(OH)CH_2COOH \xrightarrow{稀 KMnO_4,\ \triangle} CH_3COCH_2COOH \xrightarrow{-CO_2} \underset{(C)}{CH_3COCH_3} \xrightarrow{I_2/OH^-} CH_3COO^- + CHI_3\downarrow$$

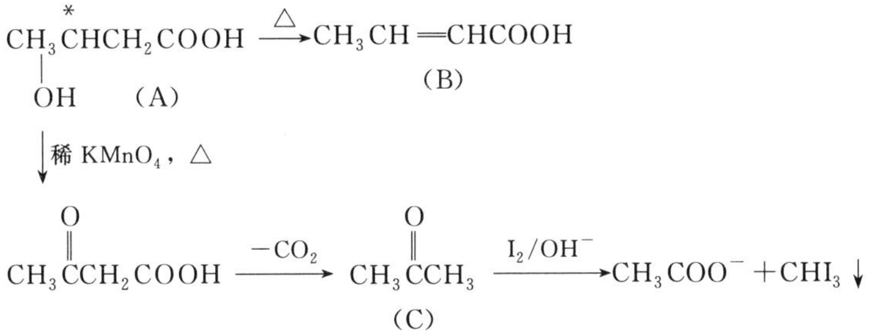

【例 8】 1-庚醇用重铬酸钾的硫酸溶液氧化可得到 1-庚酸。反应完成后，如何从含有 1-庚醇、重铬酸钾、硫酸和可能存在的 1-庚醛的混合物中分离和提纯 1-庚酸？

解：

混合物 $\xrightarrow{乙醚}$ $\xrightarrow[分离]{分液漏斗}$
- 酸相（重铬酸钾、硫酸）
- 有机相（1-庚醇，1-庚醛，1-庚酸）（乙醚）$\xrightarrow{水洗}$ $\xrightarrow[分离]{分液漏斗}$
  - 水相（无机杂质）
  - 有机相（1-庚醇，1-庚醛，1-庚酸）（乙醚）$\xrightarrow{稀 NaOH}$ $\xrightarrow[分离]{分液漏斗}$
    - 水相（1-庚酸钠）$\xrightarrow[酸化]{稀 HCl}$ $\xrightarrow{过滤}$ $\xrightarrow{干燥}$ 1-庚酸
    - 有机相（1-庚醇，1-庚醛）（乙醚）

四、习题

1. 命名下列化合物。

（1）$CH_3CH=CHCOOH$　　（2）CH_3COCH_2COOH　　（3）$CH_3CH(COOH)_2$

（4）环己基—$CH(CH_3)CH_2COOH$　　（5）$HOOCCO-CH_2COOH$（COCOOH / CH_2COOH）　　（6）$CH_3-CH(COOH)-CH(COOH)-CH_3$

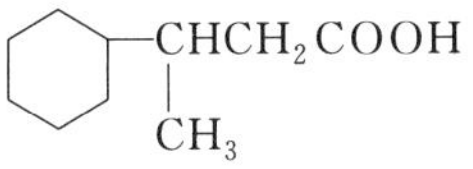

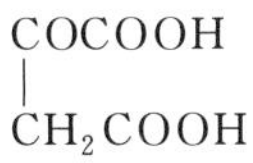

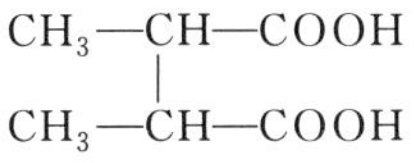

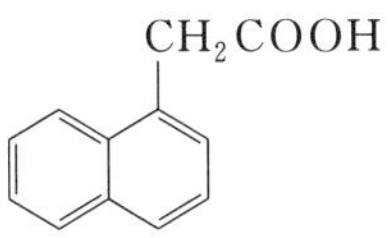

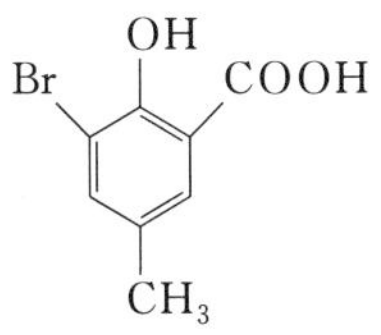

（7）1-萘基—CH_2COOH　　（8）苯环上 1-COOH、2-OH、3-Br、5-CH_3　　（9）苯环上邻位 —COOH、—OH

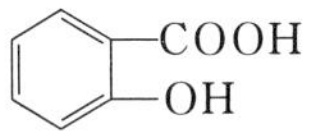

2. 写出下列物质的结构简式。

（1）α-甲基丙烯酸　　（2）乳酸　　（3）没食子酸

（4）邻甲氧基苯甲酸　　（5）反-1,4-环己基二甲酸　　（6）草酸

（7）对氨基水杨酸　　（8）酒石酸

3. 写出下列反应的主要产物。

（1）$CH_3(CH_2)_2COCOOH \xrightarrow[\triangle]{稀 H_2SO_4}$

(2) 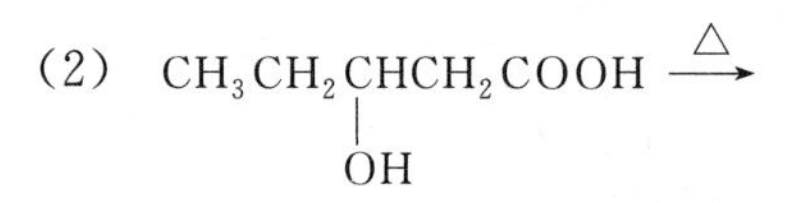

(3) $CH_3CH(OH)COOH \xrightarrow[\triangle]{KMnO_4/H^+}$

(4) 2-氧代环戊烷-1,1-二甲酸（环戊酮 α 位连两个 COOH） $\xrightarrow{\triangle}$

(5) $CH_2=CHCH_2COOH \xrightarrow[H_2O/H^+]{LiAlH_4}$

(6) 1-(CH_2OH)-1-(CH_2COOH)环戊烷 $\xrightarrow{\triangle}$

(7) 邻苯二甲酸（苯环邻位两个 —COOH） $\xrightarrow{\triangle}$

(8) $CH_3COCH_2COOH \xrightarrow[\triangle]{浓\ NaOH}$

(9) $CH_3CH(OH)COOH \xrightarrow{\triangle}$

(10) 邻羟基苯甲酸（苯环邻位 —COOH、—OH） $\xrightarrow{NaHCO_3}$

4.用化学方法区别下列各组化合物。

(1) 甲酸、乙酸和乙醛

(2) 乙醇、乙醚和乙酸

(3) 乙酸、草酸和乙酸乙酯

(4) 肉桂酸、苯酚、苯甲酸和水杨酸

5.按酸性降低的次序排列以下各组化合物。

(1) 甲酸、乙酸、三氯乙酸、苯甲酸

(2) 乙酸、苯酚、碳酸、乙醇、水

(3) 苯甲酸、对甲基苯甲酸、对硝基苯甲酸

(4) 草酸、丙二酸、丁二酸、己二酸

6.用指定原料和必要的无机试剂合成下列化合物。

(1) 由丙酮合成 α-甲基-α-羟基丙酸

(2) 由 $(CH_3)_3CBr$ 合成 $(CH_3)_3CCOOH$

(3) 由 C_6H_5—CH_2Br 合成 C_6H_5—CH_2COOH （用两种合成方法）

7.推断结构。

(1) 根据已知条件写出化合物 A、B、C、D、E 的结构式。

$$\underset{(酮酸)}{A} \xrightarrow[Pt]{H_2} B \xrightarrow{HBr} C \xrightarrow{Na_2CO_3} D \xrightarrow{KCN} E \xrightarrow{H_2O/H^+} \underset{(\alpha\text{-甲基戊二酸})}{HOOCCH_2CH_2CH(CH_3)COOH}$$

(2) 化合物 A 的分子式为 $C_6H_{12}O$，它与浓 H_2SO_4 共热生成化合物 B（C_6H_{10}）。B 与 $KMnO_4/H^+$ 作用得到 C（$C_6H_{10}O_4$）。C 可溶于碱，当 C 与脱水剂共热时则得到化合物 D。

D与苯肼作用生成黄色沉淀物，D用锌汞齐及浓盐酸处理得到化合物E（C_5H_{10}）。写出A、B、C、D、E的结构式。

五、习题参考答案

1.（1）2-丁烯酸　（2）β-丁酮酸　（3）2-甲基丙二酸

（4）3-环己基丁酸　（5）草酰乙酸（2-酮丁二酸）　（6）2,3-二甲基丁二酸

（7）α-萘乙酸　（8）5-甲基-2-羟基-3-溴苯甲酸　（9）邻羟基苯甲酸（水杨酸）

2.

（1）$H_2C=C(CH_3)-COOH$　（2）$CH_3CH(OH)COOH$　（3）HO、HO、HO（3,4,5-三羟基）苯环—COOH

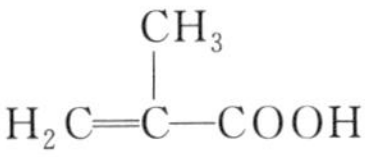

（4）苯环（邻位）—COOH、—OCH_3　（5）环己烷（H、COOH；HOOC、H）　（6）HOOCCOOH

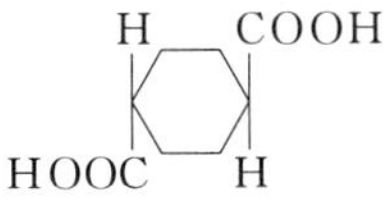

（7）苯环：COOH、—OH（邻位）、NH_2（对位）　（8）$HO-CH-COOH$ / $HO-CH-COOH$（两个CH相连）

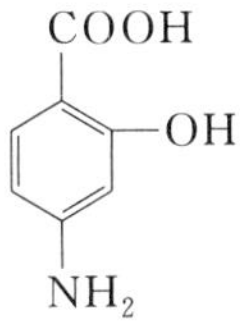

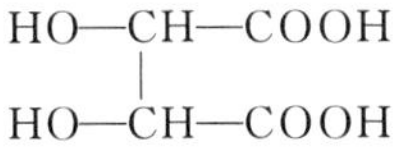

3.

（1）$CH_3(CH_2)_2CHO+CO_2$　（2）$CH_3CH_2CH=CHCOOH$　（3）$CH_3COOH+CO_2$

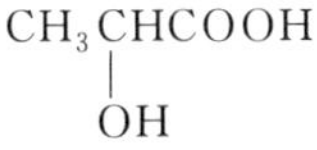

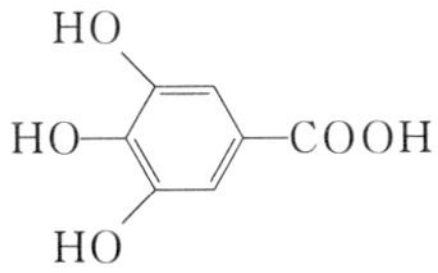

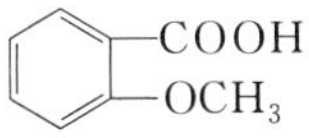

（4）环戊酮 $+CO_2$　（5）$CH_2=CHCH_2CH_2OH$　（6）螺环内酯（环戊烷螺接γ-丁内酯）

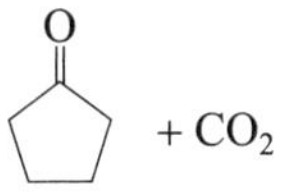

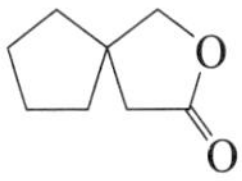

（7）邻苯二甲酸酐　（8）CH_3COONa　（9）丙交酯（H_3C、O、O；O、O、CH_3）

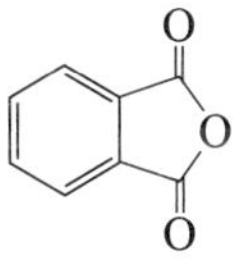

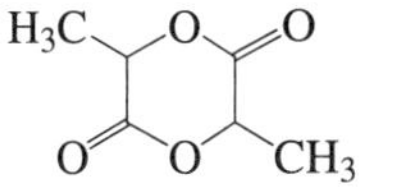

（10）苯环—COONa、—OH（邻位）$+CO_2+H_2O$

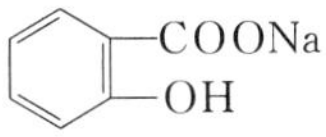

4.

（1）甲酸、乙酸、乙醛 $\xrightarrow{NaHCO_3}$ 气体、气体、（－）；气体 $\xrightarrow[NH_3\cdot H_2O]{AgNO_3}$ 银镜（甲酸）、（－）（乙酸）

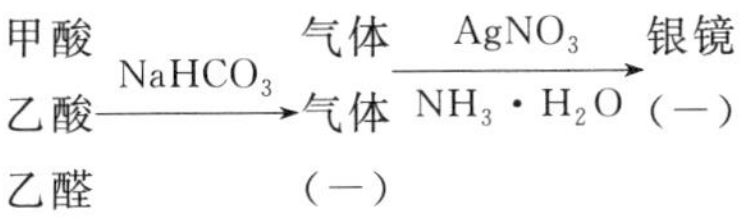

（2）乙醇、乙醚、乙酸 $\xrightarrow{NaHCO_3}$ （－）、（－）、气体；（－）$\xrightarrow{I_2/OH^-}$ 黄色沉淀（乙醇）、（－）（乙醚）

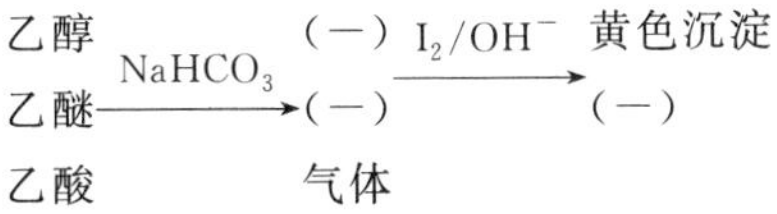

（3）乙酸、乙酸乙酯、草酸 $\xrightarrow[\triangle]{KMnO_4}$ （－）、（－）、褪色；（－）$\xrightarrow{NaHCO_3}$ 气体（乙酸）、（－）（乙酸乙酯）

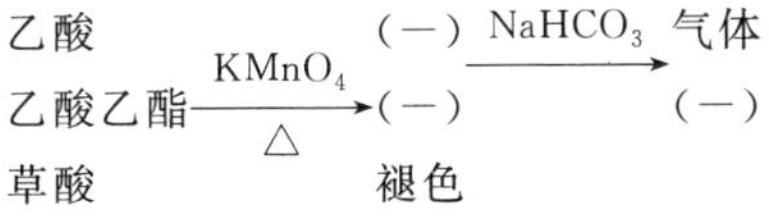

(4)

	FeCl$_3$ 溶液 →	Br$_2$/CCl$_4$ →; NaHCO$_3$ →
C_6H_5—CH═CHCOOH	(−)	(−)
C_6H_5—COOH	(−)	褪色
C_6H_4(—COOH)(—OH)（邻位）	紫色	气体
C_6H_5—OH	紫色	(−)

5. (1) 三氯乙酸＞甲酸＞苯甲酸＞乙酸　　(2) 乙酸＞碳酸＞苯酚＞水＞乙醇

(3) 对硝基苯甲酸＞苯甲酸＞对甲基苯甲酸　　(4) 草酸＞丙二酸＞丁二酸＞己二酸

6.

(1) $CH_3COCH_3 \xrightarrow[OH^-]{HCN} CH_3C(OH)(CN)CH_3 \xrightarrow[2)\ H^+]{1)\ H_2O/OH^-} CH_3C(OH)(CH_3)COOH$

(2) $(CH_3)_3CBr \xrightarrow[干\ Et_2O]{Mg} (CH_3)_3CMgBr \xrightarrow{CO_2} (CH_3)_3CCOOMgBr \xrightarrow{H_2O/H^+} (CH_3)_3CCOOH$

(3) 方法 1　$C_6H_5CH_2Br \xrightarrow{NaCN} C_6H_5CH_2CN \xrightarrow{H_2O/H^+} C_6H_5CH_2COOH$

方法 2　$C_6H_5CH_2Br \xrightarrow[干\ Et_2O]{Mg} C_6H_5CH_2MgBr \xrightarrow{CO_2} C_6H_5CH_2COOMgBr \xrightarrow{H_2O/H^+} C_6H_5CH_2COOH$

7.

(1) A. $CH_3COCH_2CH_2COOH$　B. $CH_3CH(OH)CH_2CH_2COOH$　C. $CH_3CHBrCH_2CH_2COOH$

D. $CH_3CHBrCH_2CH_2COONa$　E. $CH_3CH(CN)CH_2CH_2COONa$

(2) A. 环己醇（—OH）　B. 环己烯　C. $HOOC(CH_2)_4COOH$

D. 环戊酮（=O）　E. 环戊烷

第十二章　羧酸、碳酸、磺酸衍生物

一、目的要求

1. 掌握羧酸、碳酸、磺酸衍生物的定义、分类、命名及其结构特点。

2. 掌握羧酸、碳酸、磺酸衍生物的重要化学性质，了解其物理性质。

3. 熟悉羧酸衍生物中羰基的反应机理，掌握活性比较原则；掌握酰化反应和酰化剂的内涵。

4. 掌握乙酰乙酸乙酯和丙二酸二乙酯在合成中的作用，了解重要的羧酸衍生物及其在医药上的应用。

5. 熟悉羧酸衍生物的重要制备方法。

二、本章要点

1. 定义

羧酸分子中，羧基上的羟基被其他原子或基团取代生成的化合物称为羧酸衍生物，包括酰卤、酸酐、酯和酰胺。通式为 $R-\overset{O}{\overset{\|}{C}}-L$ （L＝—X，—OCOR，—OR，—NH_2）。

2. 羧酸衍生物的命名

酰卤和酰胺根据酰基的名称命名为“某酰卤”“某酰胺”；酸酐的名称由相应羧酸名称加上“酐”字而成；酯则按相应羧酸和醇的名称称为“某酸某酯”。例如：

C_6H_5COCl	$CH_2=CHCONH_2$	$(CH_3CO)_2O$	$CH_3COOC_2H_5$
苯甲酰氯	丙烯酰胺	乙(酸)酐	乙酸乙酯

3. 羧酸衍生物的化学性质

羧酸衍生物是一类重要的有机合成原料或中间体，其主要反应有亲核取代反应（包括水解、醇解、氨解等）、还原反应以及各自的特殊反应（霍夫曼降解、克莱森酯缩合等）。

(1) 亲核取代反应

羧酸衍生物的亲核取代反应都为亲核加成-消去历程，最终结果是亲核试剂 Nu^- 取代了羧酸衍生物中离去基团 L^-；亦可看作在亲核试剂分子中引入了羧酸衍生物中的酰基，故羧酸衍生物也称酰化剂，亲核取代反应亦称酰化反应。反应分两步进行，第一步为决速步骤。

$$R-\overset{O}{\overset{\|}{C}}-L + :Nu^- \underset{\text{加成}}{\overset{\text{慢}}{\rightleftharpoons}} R-\underset{L}{\overset{O^-}{C}}-Nu \underset{\text{消去}}{\overset{\text{快}}{\rightleftharpoons}} R-\overset{O}{\overset{\|}{C}}-Nu + :L^-$$

电子效应和空间效应对第一步亲核加成的反应速率都有影响，羰基碳连接的基团能够增加羰基碳的正电性且体积小的将有利于反应；第二步消去反应的难易则取决于离去基团 L^-

的碱性，碱性越弱，越易离去，反应越易进行。

羧酸衍生物中，与羰基碳原子直接相连的 O、N、X 原子上都有孤对电子，可与羰基碳形成 p-π 共轭。酰卤通常为酰氯和酰溴。酰氯中的氯原子具有较强的吸电子诱导效应和较弱的给电子共轭效应，综合下来，增强了羰基碳的正电性，有利于亲核试剂进攻；同时，氯负离子碱性较弱，稳定性较高，易于离去，故酰氯的反应活性很强。反之，酰胺中氨基具有较强的给电子共轭效应和较弱的吸电子诱导效应，不利于亲核试剂进攻；且氨基负离子碱性较强，稳定性较差，不易离去，故酰胺的反应活性很小。同理分析酸酐和酯后可知，羧酸衍生物的亲核取代反应活性次序为：

$$RCOX > (RCO)_2O > RCOOR' > RCONH_2 \ (X=Cl, Br)$$

羧酸衍生物水解、醇解和氨解反应产物如下：

$$\left.\begin{matrix} R-\overset{\overset{O}{\|}}{C}-NH_2 \ + NH_4X \\ R-\overset{\overset{O}{\|}}{C}-NH_2 \ + \ R'-\overset{\overset{O}{\|}}{C}-OH \\ R-\overset{\overset{O}{\|}}{C}-NH_2 \ + R'OH \end{matrix}\right\} \xleftarrow{NH_3} \begin{matrix} R-\overset{\overset{O}{\|}}{C}-X \\ R-\overset{\overset{O}{\|}}{C}-O-\overset{\overset{O}{\|}}{C}-R' \\ R-\overset{\overset{O}{\|}}{C}-OR' \end{matrix} \xrightarrow{H_2O} \left\{\begin{matrix} R-\overset{\overset{O}{\|}}{C}-OH \ + HX \\ R-\overset{\overset{O}{\|}}{C}-OH \ + \ R'-\overset{\overset{O}{\|}}{C}-OH \\ R-\overset{\overset{O}{\|}}{C}-OH \ + R'OH \\ R-\overset{\overset{O}{\|}}{C}-OH \ + NH_3(\text{或 } NH_4^+) \end{matrix}\right.$$

$$R-\overset{\overset{O}{\|}}{C}-NHCH_3 \ + NH_4Cl \xleftarrow{CH_3NH_2 \cdot HCl} R-\overset{\overset{O}{\|}}{C}-NH_2$$

$$\downarrow R''OH$$

$$\left\{\begin{matrix} R-\overset{\overset{O}{\|}}{C}-OR'' \ + HX \\ R-\overset{\overset{O}{\|}}{C}-OR'' \ + \ R'-\overset{\overset{O}{\|}}{C}-OH \\ R-\overset{\overset{O}{\|}}{C}-OR'' \ + R'OH(\text{酯交换反应}) \\ R-\overset{\overset{O}{\|}}{C}-OR'' \ + NH_3(\text{或 } NH_4^+) \end{matrix}\right.$$

(2) 还原反应

用氢化铝锂作还原剂，酰卤、酸酐及酯被还原为伯醇，酰胺被还原为胺。

$$\begin{matrix} R-\overset{\overset{O}{\|}}{C}-X \\ R-\overset{\overset{O}{\|}}{C}-O-\overset{\overset{O}{\|}}{C}-R' \\ R-\overset{\overset{O}{\|}}{C}-OR' \\ R-\overset{\overset{O}{\|}}{C}-NH_2 \end{matrix} \xrightarrow{LiAlH_4} \left\{\begin{matrix} RCH_2OH + HX \\ RCH_2OH + R'CH_2OH \\ RCH_2OH + R'OH \\ RCH_2NH_2 + H_2O \end{matrix}\right.$$

4. 酯的重要反应

酯与格氏试剂反应：羧酸酯与格氏试剂反应都经过酮这一中间体。由于酮羰基的活性比酯分子中羰基活性大，反应难于停留在生成酮这一步，因此甲酸酯与格氏试剂反应得到对称的仲醇，其他羧酸酯和格氏试剂反应生成具有两个相同取代基的叔醇。整个反应需要消耗两倍量的格氏试剂。

$$R'\overset{\overset{O}{\|}}{C}OR + R''MgX \longrightarrow R'-\underset{\underset{R''}{|}}{\overset{\overset{O-MgX}{|}}{C}}-OR \xrightarrow{-ORMgX} R'-\overset{\overset{O}{\|}}{C}-R'' \xrightarrow{R''MgX} R'-\underset{\underset{R''}{|}}{\overset{\overset{O-MgX}{|}}{C}}-R''$$

$$\xrightarrow{H_2O/H^+} R'-\underset{\underset{R''}{|}}{\overset{\overset{OH}{|}}{C}}-R'' \quad R'=H\text{ 或烃基}$$

克莱森（Claisen）酯缩合反应：酯分子中的 α-H 受酯基影响具有弱酸性，在醇钠作用下与另一分子酯缩合失去一分子醇，得到 β-酮酸酯，称为克莱森酯缩合反应。例如：

$$2CH_3\overset{\overset{O}{\|}}{C}OC_2H_5 \xrightleftharpoons{C_2H_5ONa} CH_3\overset{\overset{O}{\|}}{C}CH_2\overset{\overset{O}{\|}}{C}OC_2H_5$$

迈克尔（Michael）反应：含活泼亚甲基的化合物与 α,β-不饱和醛、酮、羧酸、酯、腈、硝基化合物等在碱催化下的共轭加成反应。主要用于合成 1,5-二羰基化合物。例如：

$$CH_3\overset{\overset{O}{\|}}{C}CH_2COOEt + CH_2=CHCOOEt \underset{EtOH}{\overset{EtO^-}{\rightleftharpoons}} CH_3\overset{\overset{O}{\|}}{C}-\underset{\underset{COOEt}{|}}{CH}-CH_2CH_2COOEt$$

5. 酰胺酸碱性及重要反应

酰胺近乎中性。酰亚胺中的氮原子受两个吸电子的羰基影响，酸性明显增加。如邻苯二甲酰亚胺可与强碱反应成盐。例如：

$$C_6H_4(CO)_2NH + KOH \longrightarrow C_6H_4(CO)_2N^- K^+ + H_2O$$

具有氨基的酰胺与伯胺一样，与亚硝酸反应放出氮气。酰胺与强脱水剂共热或强热，会发生分子内脱水生成腈。酰胺与次氯酸钠或次溴酸钠的碱溶液作用时，脱去羰基生成比反应物少一个碳原子的伯胺，此称霍夫曼降解反应。例如：

$$RCONH_2 \xrightarrow{NaOH,Br_2} RNH_2$$

6. 乙酰乙酸乙酯的酮式-烯醇式互变异构

某些有机化合物的结构以两种官能团异构体互相迅速变换而处于动态平衡的现象称为互变异构现象。例如，常温下乙酰乙酸乙酯是酮式和烯醇式的平衡混合物，称为酮式-烯醇式互变异构，也常发生于 β-酮酸酯以及 β-二酮等化合物。其产生条件是分子中含有 $-CO-\underset{|}{C}H-CO-$ 结构，且至少具有一个独立羰基。如果 α-H 活泼性大、烯醇结构中存在共

轭且可形成分子内氢键，则可增强烯醇式的相对稳定性，烯醇式所含比例就会增加。例如：

$$\text{环己酮(C=O)} \rightleftharpoons \text{环己烯醇(—OH)} \quad 0.02\%$$

$$C_6H_5-\overset{O}{\overset{\|}{C}}-CH_2-\overset{O}{\overset{\|}{C}}-CH_3 \rightleftharpoons C_6H_5-\overset{O-H\cdots O}{C=CH-\overset{\|}{C}}-CH_3 \quad 99\%$$

7. 乙酰乙酸乙酯和丙二酸二乙酯在合成中的应用

乙酰乙酸乙酯和丙二酸二乙酯都具有活泼的亚甲基，在强碱的作用下很容易失去亚甲基上的氢形成烯醇负离子。烯醇负离子具有亲核性，与烃基化试剂或酰基化试剂可发生取代反应，从而在亚甲基上引入各种不同的烃基或酰基。乙酰乙酸乙酯的取代衍生物经酮式分解可得到丙酮的衍生物，而丙二酸二乙酯的取代衍生物经水解和加热脱羧可得到乙酸的衍生物。因此，在合成中可利用乙酰乙酸乙酯和丙二酸二乙酯制备不同结构的酮和羧酸。例如：

（1）利用乙酰乙酸乙酯制备酮。

$$CH_3-\overset{O}{\overset{\|}{C}}-CH_2-\overset{O}{\overset{\|}{C}}-OC_2H_5 \xrightarrow[2)\ C_6H_5CH_2Br]{1)\ C_2H_5ONa} CH_3-\overset{O}{\overset{\|}{C}}-\underset{CH_2-C_6H_5}{\underset{|}{CH}}-\overset{O}{\overset{\|}{C}}-OC_2H_5 \xrightarrow[2)\ H^+]{1)\ 稀NaOH}$$

$$CH_3-\overset{O}{\overset{\|}{C}}-\underset{CH_2-C_6H_5}{\underset{|}{CH}}-\overset{O}{\overset{\|}{C}}-OH \xrightarrow{\triangle} \boxed{CH_3-\overset{O}{\overset{\|}{C}}-CH_2}-CH_2-C_6H_5$$

丙酮衍生物(4-苯基-2-丁酮)

（2）利用丙二酸二乙酯制备羧酸。

$$CH_2(COOC_2H_5)_2 \xrightarrow[2)\ C_6H_5CH_2Cl]{1)\ C_2H_5ONa} C_6H_5CH_2CH(COOC_2H_5)_2 \xrightarrow[2)\ CH_3CH_2Br]{1)\ C_2H_5ONa}$$

$$C_6H_5CH_2\underset{CH_2CH_3}{\underset{|}{C}}(COOC_2H_5)_2 \xrightarrow{H_2O/H^+} C_6H_5CH_2\underset{CH_2CH_3}{\underset{|}{C}}(COOH)_2 \xrightarrow[-CO_2]{\triangle} \begin{matrix} C_6H_5CH_2 \\ H_3CH_2C \end{matrix}\!\!>\boxed{CHCOOH}$$

一元羧酸
(2-苄基丁酸)

8. 碳酸衍生物

（1）尿素

尿素可以看成碳酸中的两个羟基被氨基取代的产物。尿素的重要性质有：与硝酸、草酸等强酸的成盐反应、在酸、碱或酶的作用下的水解、与亚硝酸的反应、与酰氯或酸酐作用生成酰脲和发生缩合反应生成缩二脲。

例如：脲与丙二酰氯或丙二酸酯作用，则生成环状的丙二酰脲。

$$H_2C\begin{matrix} \diagup COOC_2H_5 \\ \diagdown COOC_2H_5 \end{matrix} + \begin{matrix} H_2N \diagdown \\ H_2N \diagup \end{matrix}C=O \xrightarrow{NaOC_2H_5} H_2C\begin{matrix} \diagup CO-NH \diagdown \\ \diagdown CO-NH \diagup \end{matrix}CO + 2C_2H_5OH$$

丙二酰脲具有酸性，其酸性比醋酸强，所以又叫巴比妥酸。

将尿素晶体小心加热到稍高于它的熔点时，两分子尿素间脱去一分子氨生成缩二脲。在缩二脲的碱溶液中加入很稀的硫酸铜溶液，产生紫红色，这个颜色反应称为缩二脲反应。凡是化合物中含有两个或两个以上酰胺键（—NHCO—）的化合物都有这个反应。缩二脲反应可用来鉴别尿素、多肽和蛋白质等。

(2) 胍

胍可以看成尿素分子中的氧被亚氨基取代后的化合物。胍是强碱（$pK_b=0.52$），碱性与 KOH 相当。

9. 磺胺类药物

磺酸从结构上看相当于硫酸的一个羟基被烃基（或芳基）取代的产物。若磺酸的羟基被氨基（$—NH_2$）取代，得到的产物则是磺酰胺。对氨基苯磺酰胺，简称磺胺，是合成磺胺类药物的中间体。

三、例题解析

【例 1】 羧酸衍生物和醛、酮都含有羰基，为什么羧酸衍生物发生亲核取代反应，而醛、酮却发生亲核加成反应?

解: 羧酸衍生物的亲核取代反应都为亲核加成-消去历程，分两步进行，第一步是亲核试剂与羰基碳发生亲核加成，形成中间体；第二步是中间体消除一个负离子得到取代产物。反应的最终结果是取代，因此称为亲核取代。

醛、酮与亲核试剂在第一步加成后，如要在第二步中像羧酸衍生物那样消除一个负离子生成取代产物，则消除的负离子将是 H^- 或 R^-，两者均为极强的碱，是很难离去的基团，而氧负离子中间体却很容易和质子结合生成加成产物，因此只发生亲核加成。

【例 2】 乙酰氯遇水迅速水解，而苯甲酰氯水解速度很慢，试加以解释。

解: 乙酰氯中氯的 $-I$ 效应大于 $+C$ 效应，增强了羰基碳的正电性，容易受水分子的亲核进攻，且四面体中间产物的空间张力不大，所以反应容易进行。苯甲酰氯分子中，苯环与羰基存在 π-π 共轭，降低了羰基碳的正电性，不易受到水分子的进攻，且苯环体积较大，使中间体空间张力增大，不易形成，所以水解较慢。说明电子效应与空间效应对羧酸衍生物的亲核取代反应速率都有影响。

【例 3】 若克莱森酯缩合产物仍具有 α-H，可以继续反应缩合成多元酮吗?

解: 不可以。以乙酸乙酯的克莱森酯缩合为例，其产物乙酰乙酸乙酯中的亚甲基比甲基的酸性强，碱夺取 H 始终发生在亚甲基上，其碳负离子也因共轭而稳定；而且进一步的酯缩合位阻较大。因此，克莱森酯缩合的产物继续酯缩合成多元酮不可能发生。

【例 4】 命名酰胺时，如何区分酰胺中碳原子和氮原子上的取代基?

解: 酰胺命名是根据所含的酰基称为“某酰胺”。当酰基碳链和氮原子上同时存在取代基时，必须进行区分。取代在酰基碳链上的取代基，则用相应的阿拉伯数字表示其位次；取代在氮上的，则需在取代基前冠以“*N*-”，说明该取代基是连接在氮原子上。如果有两个取代基，则分别冠以“*N*-”，而且简单的在前，复杂的在后。例如：

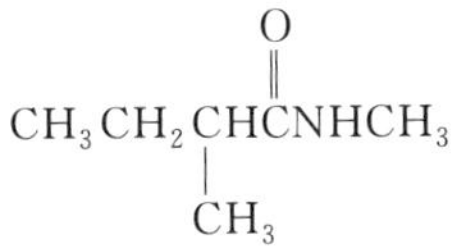

$CH_3CH_2CH(CH_3)C(=O)NHCH_3$
2,*N*-二甲基丁酰胺

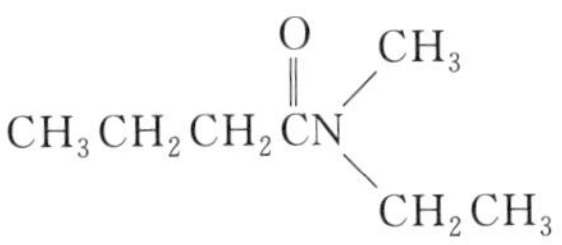

$CH_3CH_2CH_2C(=O)N(CH_3)CH_2CH_3$
N-甲基-*N*-乙基丁酰胺

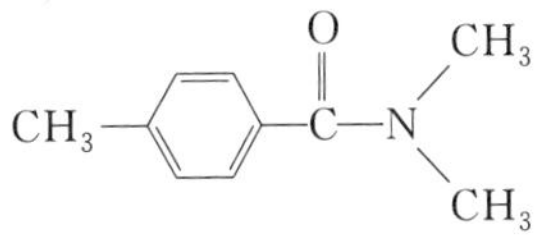

$CH_3-C_6H_4-C(=O)-N(CH_3)_2$
4,*N*,*N*-三甲基苯甲酰胺

【例 5】 完成下列反应。

(1) （琥珀酸酐）$\xrightarrow{1mol\ C_2H_5OH}$ (Ⅰ) $\xrightarrow{SOCl_2}$ (Ⅱ) $\xrightarrow{C_2H_5OH}$ (Ⅲ)

(2) （环戊烷并六元内酯）$\xrightarrow[H^+]{C_2H_5OH}$

(3) $C_6H_5-COOC_2H_5 \xrightarrow[C_2H_5ONa]{CH_3COOC_2H_5}$

(4) $CH_3COCH_2COOC_2H_5$ $\xrightarrow[\triangle]{浓NaOH}$ (Ⅰ)；$\xrightarrow[\triangle]{稀NaOH}$ (Ⅱ)

(5) $C_6H_5-CH_2CH(CH_3)COOH \xrightarrow{SOCl_2}$ (Ⅰ) $\xrightarrow{NH_3}$ (Ⅱ) $\xrightarrow{Br_2/NaOH}$ (Ⅲ)

(6) $CH_2COOC_2H_5$—CH_2CONH_2 $\xrightarrow{水解（控制在第一步）}$

解：

(1) (Ⅰ) CH_2COOH—$CH_2COOC_2H_5$　(Ⅱ) CH_2COCl—$CH_2COOC_2H_5$　(Ⅲ) $CH_2COOC_2H_5$—$CH_2COOC_2H_5$

羧酸及其衍生物相互转化

(2) （环戊烷-1-CH_2OH，2-$CH_2COOC_2H_5$）　δ-内酯的醇解反应（酯交换）

(3) $C_6H_5-COCH_2COOC_2H_5$　　克莱森酯缩合反应

(4)(Ⅰ)：CH_3COONa

β-酮酸酯在浓碱作用下先水解生成β-酮酸，继而酸式分解，生成两分子羧酸盐。

(Ⅱ)：CH_3COCH_3

β-酮酸酯在稀碱作用下水解生成β-酮酸，继而酮式分解。

(5) (Ⅰ) $C_6H_5-CH_2CH(CH_3)COCl$　(Ⅱ) $C_6H_5-CH_2CH(CH_3)CONH_2$　(Ⅲ) $C_6H_5-CH_2CH(CH_3)NH_2$

最后一步即霍夫曼降解。

(6) CH_2COOH—CH_2CONH_2

酯的水解反应活性强于酰胺。

【例 6】 由乙酰乙酸乙酯或丙二酸二乙酯为原料合成下列化合物。

(1) 环戊基—$COCH_3$　(2) 3-乙基-2-戊酮　(3) 环丁基—COOH　(4) 2-苄基丁酸

解：

(1) $CH_3\overset{O}{\overset{\|}{C}}CH_2\overset{O}{\overset{\|}{C}}OC_2H_5 \xrightarrow[2C_2H_5ONa]{Br(CH_2)_4Br} CH_3\overset{O}{\overset{\|}{C}}—C(环戊基)—\overset{O}{\overset{\|}{C}}OC_2H_5 \xrightarrow{稀NaOH} \xrightarrow[\triangle]{H^+}$ 环戊基—$COCH_3$

采用二卤代 $Br(CH_2)_4Br$ 形成环戊基。

(2) $CH_3\overset{O}{\overset{\|}{C}}CH_2\overset{O}{\overset{\|}{C}}OC_2H_5 \xrightarrow[2)\ C_2H_5Br]{1)\ C_2H_5ONa} CH_3\overset{O}{\overset{\|}{C}}—\underset{C_2H_5}{\underset{|}{CH}}—\overset{O}{\overset{\|}{C}}OC_2H_5 \xrightarrow[2)\ C_2H_5Br]{1)\ C_2H_5ONa} CH_3\overset{O}{\overset{\|}{C}}—\underset{C_2H_5}{\underset{|}{\overset{C_2H_5}{\overset{|}{C}}}}—\overset{O}{\overset{\|}{C}}OC_2H_5$

$\xrightarrow{OH^-} \xrightarrow[H_2O]{H^+} \xrightarrow{\triangle} CH_3\overset{O}{\overset{\|}{C}}CH(CH_2CH_3)_2$

采用 CH_3CH_2Br 引入乙基。

(3) $CH_2(COOC_2H_5)_2 \xrightarrow{2EtONa} \xrightarrow{Br(CH_2)_3Br}$ 环丁基-1,1-($COOC_2H_5$)$_2$

$\xrightarrow[2)\ HCl]{1)\ OH^-} \xrightarrow{\triangle}$ 环丁基—COOH

采用二卤代 $Br(CH_2)_3Br$ 形成环丁基。

(4) $CH_2(COOEt)_2 \xrightarrow[EtOH]{EtONa} \xrightarrow{CH_3CH_2Cl} CH_3CH_2CH(COOEt)_2 \xrightarrow[EtOH]{EtONa} \xrightarrow{C_6H_5CH_2Cl}$

$(C_6H_5H_2C)(C_2H_5)C(COOEt)_2 \xrightarrow[2)HCl]{1)NaOH} \xrightarrow{\triangle} CH_3CH_2\underset{}{\overset{C_6H_5CH_2}{\overset{|}{CH}}}COOH$

分别采用 CH_3CH_2Cl 和 $C_6H_5CH_2Cl$ 进行两次烃基取代，引入乙基和苄基。

【例 7】 用简便的化学方法鉴别下列各化合物。

(1) 丁酮、β-丁酮酸乙酯和丁酸乙酯

(2) 乙酸苯酯、邻羟基苯甲酸乙酯和邻甲氧基苯甲酸

解：

(1)

	2,4-二硝基苯肼	$FeCl_3$
丁酮	黄色沉淀	(−)
β-丁酮酸乙酯	黄色沉淀	紫色
丁酸乙酯	(−)	

丁酮和β-丁酮酸乙酯均含有 $CH_3—\overset{O}{\overset{\|}{C}}—CH_2—$ 结构，具有羰基的亲核加成特性；而丁酸乙酯的羰基连接了一个 OC_2H_5 基团，受氧原子的影响，其羰基活性大大下降，无亲核加成特性。β-丁酮酸乙酯可发生酮式-烯醇式互变异构，其烯醇式结构可以与 $FeCl_3$ 发生显色反应。

(2)

	$FeCl_3$	$NaHCO_3$ 溶液
邻羟基苯甲酸乙酯	紫色	
乙酸苯酯	(−)	(−)
邻甲氧基苯甲酸	(−)	气体

【例 8】 分子式为 $C_4H_6O_2$ 的化合物 A 和 B 都具有水果香味，均不溶于氢氧化钠溶液。

将 A 和 B 与氢氧化钠共热后，A 生成一种羧酸盐和乙醛，B 除生成甲醇外，其反应液酸化后蒸馏得到的馏出液显酸性，并使溴水褪色。试推测 A、B 的结构，并写出相关化学反应式。

解： 根据 A 和 B 具有水果香味，可知为酯；根据 A 和 B 的分子式其不饱和度应该为 2，判断 A 和 B 分子中含有一个碳碳双键。酯碱性水解应该生成羧酸盐和醇。A 生成乙醛，推断是乙烯醇的重排产物。B 生成的产物除甲醇外还有一个为酸，并使溴水褪色，据此推断此酸为烯酸。

A：$CH_3COCH{=}CH_2$（$CH_3C(=O)OCH{=}CH_2$）　　B：$CH_2{=}CHCOCH_3$（$CH_2{=}CHC(=O)OCH_3$）

反应式：

$$\underset{A}{CH_3\overset{O}{\overset{\|}{C}}OCH{=}CH_2} \xrightarrow[\triangle]{NaOH} CH_3\overset{O}{\overset{\|}{C}}ONa + \overset{OH}{\overset{|}{C}}H{=}CH_2 \xrightarrow{重排} CH_3CHO$$

$$\underset{B}{CH_2{=}CH\overset{O}{\overset{\|}{C}}OCH_3} \xrightarrow[\triangle]{NaOH} CH_2{=}CHCOOH + CH_3OH$$

【例 9】 解释 $\begin{matrix}CH_2CH_2COOC_2H_5\\|\\CH_2CH_2COOC_2H_5\end{matrix} \xrightarrow[2)\ HAc]{1)\ C_2H_5ONa}$ 2-氧代环戊基-$COOC_2H_5$ 的反应机理。

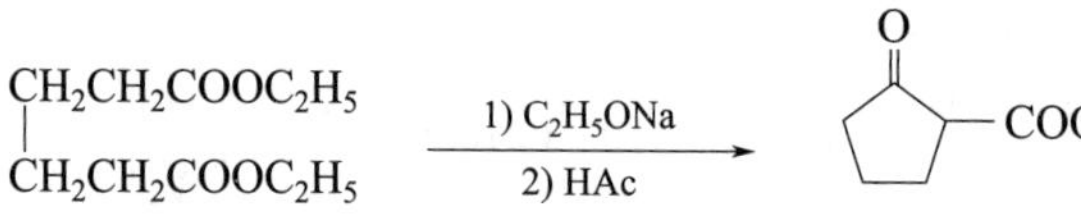

解：

$$C_2H_5O^- + \begin{matrix}H\\|\\CH_2CHCOOEt\\|\\CH_2CH_2COOEt\end{matrix} \underset{}{\overset{-C_2H_5OH}{\rightleftharpoons}} \begin{matrix}CH_2\bar{C}HCOOEt\\|\\CH_2CH_2\overset{O}{\overset{\|}{C}}OEt\end{matrix} \rightleftharpoons \text{1-}O^-\text{-1-OEt-2-COOEt 环戊烷}$$

$$\overset{-C_2H_5O^-}{\rightleftharpoons} \text{2-氧代环戊基-COOEt} \overset{C_2H_5O^-}{\rightleftharpoons} \text{2-氧代环戊基}^{\ominus}\text{-COOEt} \xrightarrow{H^+} \text{2-氧代环戊基-COOEt}$$

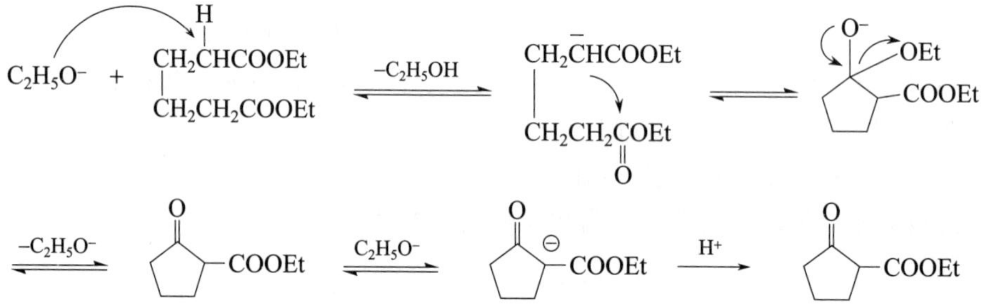

四、习题

1. 命名下列化合物。

(1) 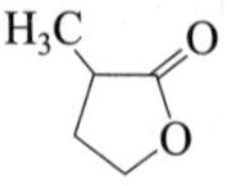 α-甲基-γ-丁内酯结构（环上 H_3C，C=O，O）　　(2) $CH_3\overset{O}{\overset{\|}{C}}{-}N(CH_3)_2$　　(3) 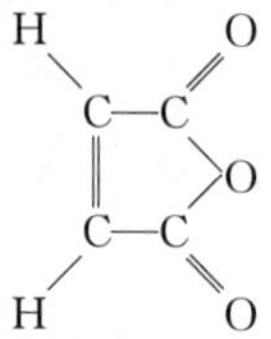 顺丁烯二酸酐结构（H—C=C—H，两个 C=O，O 成环）

(4) $CH_3\overset{O}{\overset{\|}{C}}{-}O{-}\overset{O}{\overset{\|}{C}}CH_2CH_3$　　(5) $CH_3\underset{Br}{\underset{|}{C}}HCH_2COBr$　　(6) 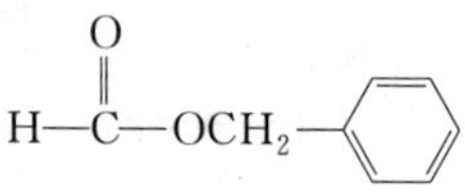 $H{-}\overset{O}{\overset{\|}{C}}{-}OCH_2{-}C_6H_5$

(7) $CH_3COCH_2COOC_2H_5$　　(8) 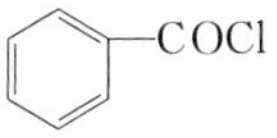 —COCl　　(9)  CH_3CONH—

(10) 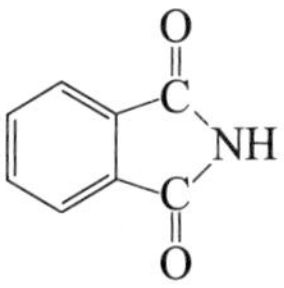 C(=O)—NH—C(=O)

2. 写出下列物质的结构简式。

(1) 乙二酸二乙酯　(2) 邻苯二甲酸酐　(3) 苯甲酸苄酯　(4) 乙酸异丙酯

(5) 草酸氢乙酯　(6) 硫酸二甲酯　(7) 对溴苯甲酰溴　(8) 乙酰水杨酸

(9) α-甲基丙烯酸甲酯　(10) γ-丁内酯　(11) N-甲基丙酰胺

3. 写出下列反应的主要产物。

(1) 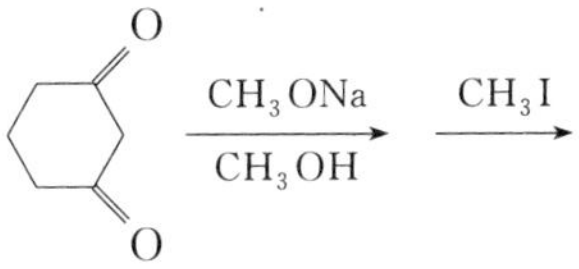 O　O $\xrightarrow[CH_3OH]{CH_3ONa}$ $\xrightarrow{CH_3I}$

(2)  —COOH —OH $\xrightarrow{CH_3COCl}$

(3)  —COOH —CH_2NH_2 $\xrightarrow{\triangle}$

(4) 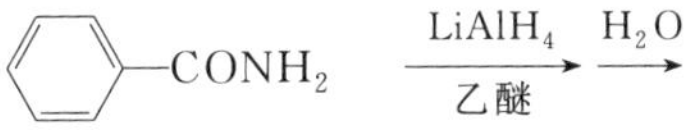 —$CONH_2$ $\xrightarrow[\text{乙醚}]{LiAlH_4}$ $\xrightarrow{H_2O}$

(5) 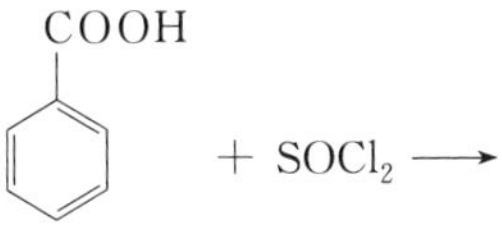 COOH　+ $SOCl_2$ $\longrightarrow$

(6) 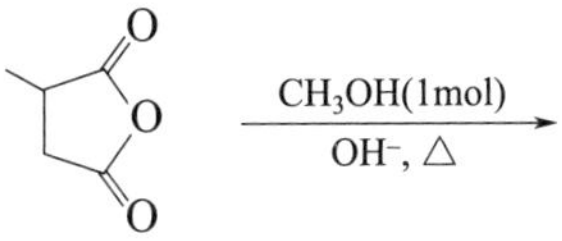 O　O　O $\xrightarrow[OH^-, \triangle]{CH_3OH(1mol)}$

(7) $CH_3CH=CH-COOC_2H_5$ $\xrightarrow[2)\ H_3O^+]{1)\ LiAlH_4}$

(8) $2CH_3COOC_2H_5$ $\xrightarrow[2)\ H_3O^+]{1)\ NaOC_2H_5,\ C_2H_5OH}$

(9) $EtOOC(CH_2)_4COOEt$ $\xrightarrow[EtOH]{EtONa}$

(10) $PhCHO + (CH_3CO)_2O$ $\xrightarrow{CH_3COOK}$

(11) 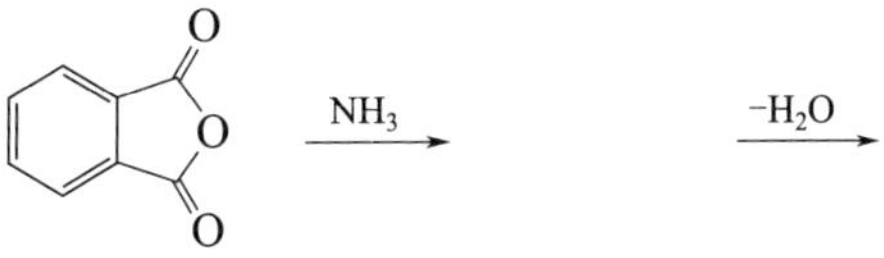 O　O　O $\xrightarrow{NH_3}$　　$\xrightarrow{-H_2O}$

(12) 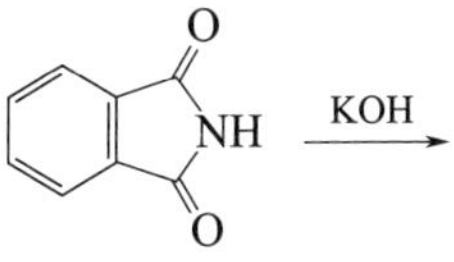 O　NH　O $\xrightarrow{KOH}$

(13) 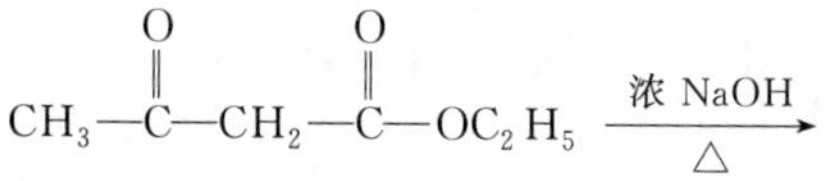 $CH_3-\overset{O}{\overset{\|}{C}}-CH_2-\overset{O}{\overset{\|}{C}}-OC_2H_5 \xrightarrow[\triangle]{\text{浓 NaOH}}$

4.鉴别下列各化合物。

(1) $CH_3CHClCOOH$、$ClCH_2CH_2CHO$ 和 $ClCH_2CH_2COOCH_3$

(2) $CH_3CHOHCOOH$、$CH_3COCH_2COOC_2H_5$ 和 $CH_2(COOC_2H_5)_2$

(3) $(CH_3CO)_2O$、$CH_3COCH_2COOC_2H_5$ 和 CH_3CH_2OH

(4) CH_3CONH_2、$ClCH_2COOCH_3$ 和 $ClCH_2COOH$

5.下列化合物在相同浓度的稀氢氧化钠溶液中进行水解，写出其水解反应的活性次序由强到弱排列。

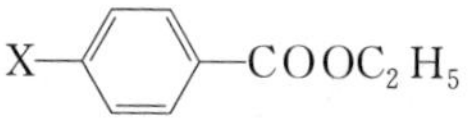

$$X-C_6H_4-COOC_2H_5$$

X:(1) $-NO_2$ (2) $-OCH_3$ (3) $-H$ (4) $-Cl$

6.用指定原料和必要的无机试剂合成下列化合物。

(1) 由丙二酸二乙酯合成3-甲基丁酸

(2) 由乙酰乙酸乙酯合成2,5-己二酮

(3) 由 $C_6H_{10}=O$ 合成 C_2H_5

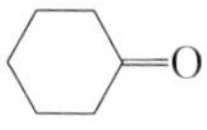

(4) 由 $C_{10}H_8$ 合成 $C_6H_4(COOH)(NH_2)$

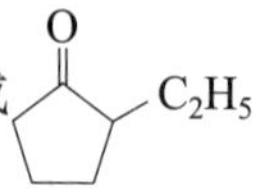

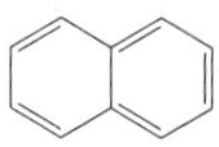

(5) 由丙二酸二乙酯合成2-甲基-3-苯基丙醇

(6) 由乙酰乙酸乙酯合成2-甲基丁酸

7.解释下列反应机理。

(1) 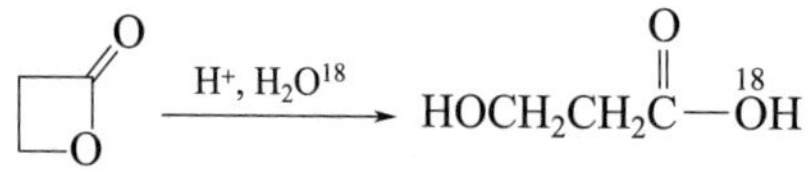 $\xrightarrow{H^+,\ H_2O^{18}} HOCH_2CH_2\overset{O}{\overset{\|}{C}}-\overset{18}{O}H$

(2) $C_6H_4(\overset{O}{\overset{\|}{C}}-CH_3)(O-\underset{O}{\underset{\|}{C}}C_6H_5) \xrightarrow[C_2H_5OH]{NaOC_2H_5} C_6H_4(\overset{O}{\overset{\|}{C}}-CH_2COC_6H_5)(O^-)$

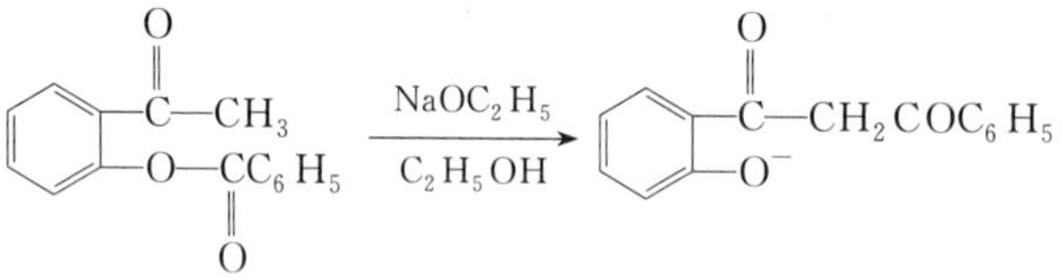

8.推断结构。

(1) 化合物A、B和C，分子式都是 $C_3H_6O_2$，A与 $NaHCO_3$ 作用放出 CO_2，B和C则不能。B和C在NaOH溶液中加热后可水解，B的水解液蒸馏，其馏出液可发生碘仿反应，C则不能。试推测A、B和C的结构式，并写出有关反应式。

(2) 有一化合物A分子式为 $C_7H_6O_3$，能与 $NaHCO_3$ 作用，与 $FeCl_3$ 水溶液有颜色反应，与乙酸酐作用生成B（$C_9H_8O_4$），与 CH_3OH 作用能生成C（$C_8H_8O_3$），C进行硝化，主要得到一种一硝基衍生物，试推测A、B、C的结构式，并写出各有关反应式。

(3) 某化合物A（$C_3H_5O_2Cl$），能与水发生剧烈反应，生成B（$C_3H_6O_3$）。B经加热脱水得到产物C，C能使溴水褪色，C与酸性 $KMnO_4$ 反应得 CO_2、H_2O 和草酸。试推断A、B、C的结构式，并写出有关反应式。

(4) 某化合物A经测定含C、H、O、N四种元素，A与NaOH溶液共煮放出一种刺激性气体，残余物经酸化后得到一个不含氮的物质B，B与 $LiAlH_4$ 反应后得到C，C用浓 H_2SO_4 处理后得到一种烯烃D，该烯烃的分子量为56，经臭氧氧化并还原水解后得到一种

醛和一种酮。试推测 A、B、C、D 的结构。

(5) 某化合物 A 分子式为 $C_{11}H_{12}O_3$，A 能与 $FeCl_3$ 水溶液发生显色反应，能与溴水发生加成反应。A 与浓 NaOH 水溶液共热生成一分子醋酸钠和一分子苯丙酸钠。A 加热生成化合物 B 和二氧化碳。B 能与饱和 $NaHSO_3$ 溶液发生加成反应，生成无色晶体 C；B 也能与 NH_2OH 反应生成化合物 D；B 还能发生碘仿反应，生成碘仿和化合物 E。E 也可由 $C_6H_5CH_2CH_2CN$ 在碱性条件下水解得到。试推测 A、B、C、D、E 的结构式。

五、习题参考答案

1.(1) α-甲基-γ-丁内酯　(2) *N*,*N*-二甲基乙酰胺　(3) 顺丁烯二酸酐
(4) 乙丙酐　(5) 3-溴丁酰溴　(6) 甲酸苄酯
(7) 乙酰乙酸乙酯（β-酮丁酸乙酯）　(8) 苯甲酰氯
(9) 乙酰苯胺　(10) 邻苯二甲酰亚胺

2.

(1) EtOOCCOOEt　(2) 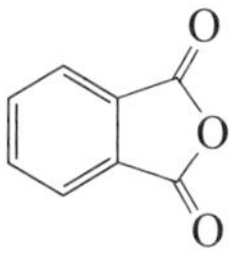 O　O　O　(3)  $-COOCH_2C_6H_5$

(4) 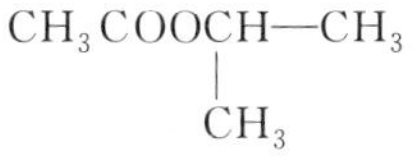 $CH_3COOCH-CH_3$（CH 上连 CH_3）　(5) HOOC—COOEt　(6) 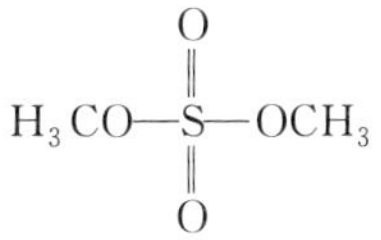 $H_3CO-S(=O)_2-OCH_3$

(7) 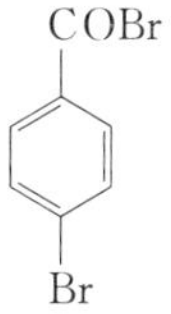 COBr / Br　(8) 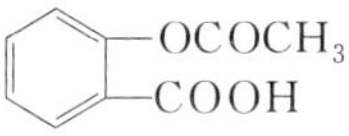 $-OCOCH_3$ / $-COOH$　(9) 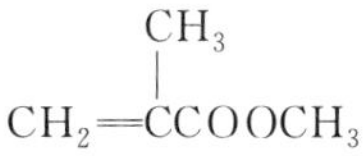 $CH_2=C(CH_3)COOCH_3$

(10) 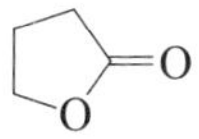 O　O　(11) $CH_3CH_2CONHCH_3$

3.

(1) 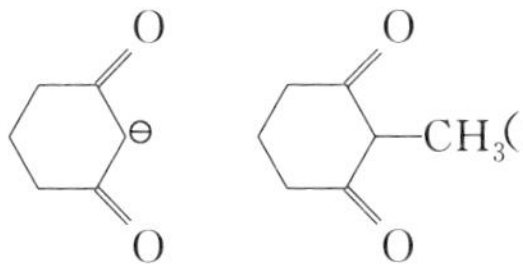 O　⊖　O　O　$-CH_3$　O　(2) $-COOH$ / $-OCOCH_3$　(3) O　NH

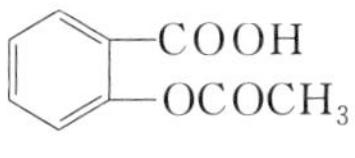

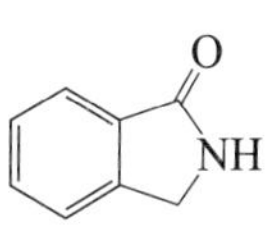

(4) 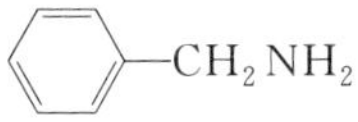 $-CH_2NH_2$　(5) 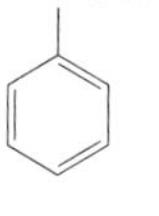 COCl　(6) 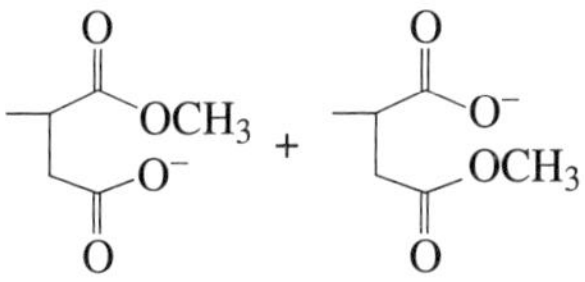 O　OCH_3　O^-　O　+　O　O^-　OCH_3　O

(7) $CH_3CH=CHCH_2OH + CH_3CH_2OH$　(8)  $CH_3\overset{O}{\overset{\|}{C}}CH_2COOEt$

(9) O COOEt　　(10) Ph　COOH　　(11) O NH$_2$ OH O　O NH O

(12) O N^-K^+ O　　(13) CH_3COONa

4.

(1) $CH_3CHClCOOH$ $\xrightarrow{2,4\text{-二硝基苯肼}}$ (—) $\xrightarrow{NaHCO_3\ \text{溶液}}$ 气体

$ClCH_2CH_2COOCH_3$　　(—)　　(—)

$ClCH_2CH_2CHO$　　黄色结晶

(2) $CH_3CHOHCOOH$　　气体

$CH_3COCH_2COOC_2H_5 \xrightarrow{NaHCO_3}$ (—) $\xrightarrow{FeCl_3}$ 紫色

$CH_2(COOC_2H_5)_2$　　(—)　　(—)

(3) $(CH_3CO)_2O$ $\xrightarrow{Br_2/CCl_4}$ (—) $\xrightarrow{I_2/NaOH}$ (—)

CH_3CH_2OH　　(—)　　黄色沉淀

$CH_3COCH_2COOC_2H_5$　　褪色

(4) CH_3CONH_2 $\xrightarrow{NaHCO_3}$ (—) $\xrightarrow[\triangle]{AgNO_3/EtOH}$ (—)

$ClCH_2COOCH_3$　　(—)　　白色沉淀

$ClCH_2COOH$　　气体

5. 水解反应活性次序：(1)(4)(3)(2)

解释：依题中条件，该水解属 $B_{Ac}2$ 机理，带负电荷四面体中间体越稳定，越利于水解。酯分子中与羰基直接相连的基团吸电子能力越强，中间体越稳定，从而促进反应，水解加快。

6.

(1) $CH_2(COOEt)_2 \xrightarrow[2)\ (CH_3)_2CHBr]{1)\ EtONa} (CH_3)_2CHCH(COOEt)_2 \xrightarrow[2)\ H^+\triangle]{1)\ OH^-/H_2O}$

$(CH_3)_2CHCH_2COOH$

(2) $CH_3COCH_2COOEt \xrightarrow[2)\ CH_2BrCOCH_3]{1)\ EtONa}$ $CH_3COCHCOOEt$ (| CH_2COCH_3) $\xrightarrow[\triangle]{H_2O/OH^-} \xrightarrow{H^+}$

$CH_3COCHCOOH$ (| CH_2COCH_3) $\xrightarrow{\triangle} CH_3COCH_2CH_2COCH_3$

(3) 环己酮(=O) $\xrightarrow{HNO_3}$ CH_2CH_2COOH | CH_2CH_2COOH $\xrightarrow[H^+,\ \triangle]{EtOH}$ CH_2CH_2COOEt | CH_2CH_2COOEt $\xrightarrow{EtONa}$

O COOEt $\xrightarrow{EtONa}$ O ⊖ COOEt $\xrightarrow{EtBr}$ O Et COOEt $\xrightarrow[\triangle]{H_2O/OH^-} \xrightarrow{H^+}$

O Et COOH $\xrightarrow{\triangle}$ O C_2H_5

(4) 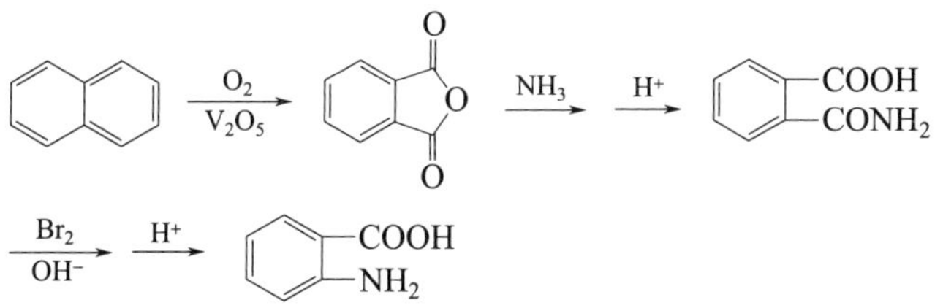 萘 $\xrightarrow[V_2O_5]{O_2}$ 邻苯二甲酸酐 $\xrightarrow{NH_3}$ $\xrightarrow{H^+}$ 邻-($COOH$)($CONH_2$)苯

$\xrightarrow[OH^-]{Br_2}$ $\xrightarrow{H^+}$ 邻-($COOH$)(NH_2)苯

(5) $CH_2(COOC_2H_5)_2 \xrightarrow[2)\ C_6H_5CH_2Cl]{1)\ C_2H_5ONa} C_6H_5CH_2CH(COOC_2H_5)_2 \xrightarrow[2)\ CH_3Br]{1)\ C_2H_5ONa}$

$C_6H_5CH_2C(CH_3)(COOC_2H_5)_2 \xrightarrow{OH^-/H_2O} \xrightarrow[\triangle]{H^+} C_6H_5CH_2CH(CH_3)COOH \xrightarrow{LiAlH_4} C_6H_5CH_2—CH(CH_3)CH_2OH$

(6) $CH_3COCH_2COOC_2H_5 \xrightarrow[2)\ CH_3Br]{1)\ C_2H_5ONa} CH_3COCH(CH_3)COOC_2H_5 \xrightarrow[2)\ CH_3CH_2Br]{1)\ C_2H_5ONa}$

$CH_3COC(CH_2CH_3)(CH_3)COOC_2H_5 \xrightarrow[\triangle]{浓\ OH^-} \xrightarrow{H^+} CH_3CH_2CH(CH_3)COOH$

7.

(1) 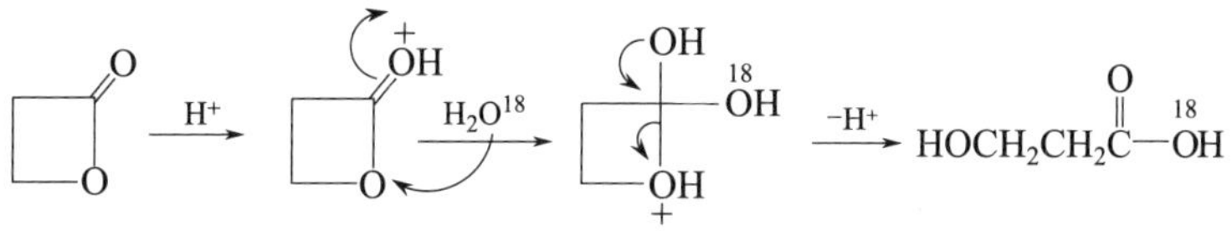 β-丙内酯 $\xrightarrow{H^+}$ (羰基质子化，$\overset{+}{O}H$) $\xrightarrow{H_2O^{18}}$ (四面体中间体：OH，^{18}OH，$\overset{+}{O}H$) $\xrightarrow{-H^+} HOCH_2CH_2\overset{O}{\overset{\|}{C}}—{}^{18}OH$

(2) 邻-($\overset{O}{\overset{\|}{C}}—CH_3$)($O—C(=O)C_6H_5$)苯 $\xrightarrow{C_2H_5O^-}$ 邻-($\overset{O^-}{C}=CH_2$)($OC(=O)—C_6H_5$)苯 $\longrightarrow$ (环状中间体：$C(=O)—CH_2—C(O^-)(C_6H_5)—O$)

$\longrightarrow$ 邻-($\overset{O}{\overset{\|}{C}}—CH_2COC_6H_5$)($O^-$)苯

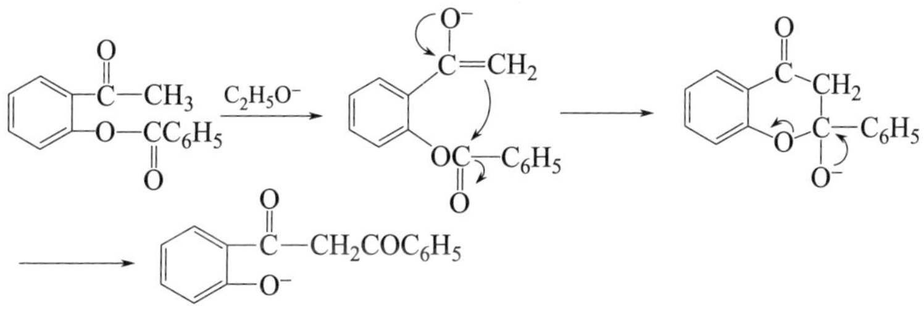

8.

(1) A: CH_3CH_2COOH　B: $HCOOCH_2CH_3$　C: CH_3COOCH_3

$CH_3CH_2COOH + NaHCO_3 \longrightarrow CH_3CH_2COONa + CO_2\uparrow$

$HCOOCH_2CH_3 \xrightarrow[H_2O]{NaOH} HCOONa + CH_3CH_2OH$

$CH_3CH_2OH \xrightarrow{I_2/OH^-} HCOO^- + CHI_3\downarrow$

$CH_3COOCH_3 \xrightarrow[H_2O]{NaOH} CH_3COONa + CH_3OH$

(2) A: 对-(OH)($COOH$)苯　B: 对-($OCOCH_3$)($COOH$)苯　C: 对-(OH)($COOCH_3$)苯

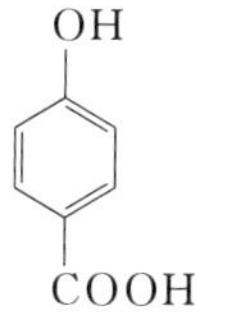

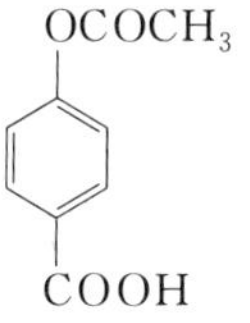

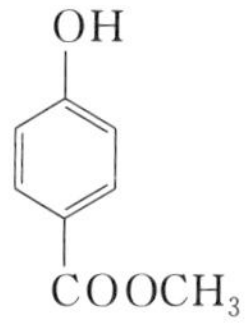

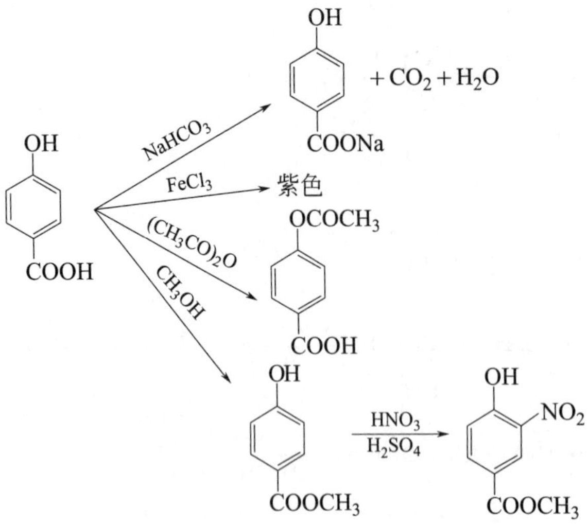

p-HOC_6H_4COOH $\xrightarrow{NaHCO_3}$ p-$HOC_6H_4COONa + CO_2 + H_2O$

p-HOC_6H_4COOH $\xrightarrow{FeCl_3}$ 紫色

p-HOC_6H_4COOH $\xrightarrow{(CH_3CO)_2O}$ p-$CH_3COOC_6H_4COOH$（OCOCH$_3$ / COOH）

p-HOC_6H_4COOH $\xrightarrow{CH_3OH}$ p-$HOC_6H_4COOCH_3$ $\xrightarrow[H_2SO_4]{HNO_3}$ 3-NO_2-4-$HOC_6H_3COOCH_3$（OH, NO_2 / COOCH$_3$）

（3）A：$HOCH_2CH_2\overset{O}{\overset{\|}{C}}Cl$　　B：$HOCH_2CH_2\overset{O}{\overset{\|}{C}}OH$　　C：$CH_2{=}CH\overset{O}{\overset{\|}{C}}OH$

$$Cl{-}\overset{O}{\overset{\|}{C}}CH_2CH_2OH \xrightarrow{H_2O} HOOCCH_2CH_2OH \xrightarrow{\triangle} HOOCCH{=}CH_2$$

$$HOOCCH{=}CH_2 \xrightarrow{Br_2/H_2O} HOOCCHBrCH_2Br$$

$$HOOCCH{=}CH_2 \xrightarrow{KMnO_4/H^+} HOOCCOOH + CO_2 + H_2O$$

（4）A：$CH_3\underset{CH_3}{\underset{|}{C}}HCONH_2$　B：$CH_3\underset{CH_3}{\underset{|}{C}}HCOOH$　C：$CH_3\underset{CH_3}{\underset{|}{C}}HCH_2OH$　D：$CH_3\underset{CH_3}{\underset{|}{C}}{=}CH_2$

（5）A：$C_6H_5{-}CH_2CH_2\overset{O}{\overset{\|}{C}}CH_2COOH$　　B：$C_6H_5{-}CH_2CH_2\overset{O}{\overset{\|}{C}}CH_3$

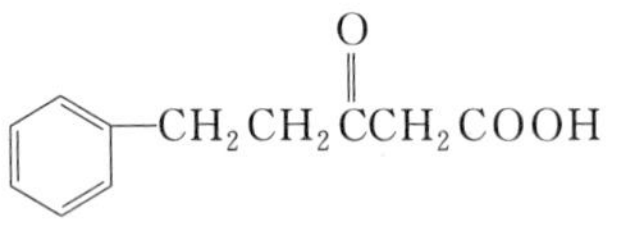

C：$C_6H_5{-}CH_2CH_2\overset{OH}{\underset{SO_3Na}{C}}CH_3$　　D：$C_6H_5{-}CH_2CH_2\overset{N-OH}{\overset{\|}{C}}CH_3$

E：$C_6H_5{-}CH_2CH_2COO^-$

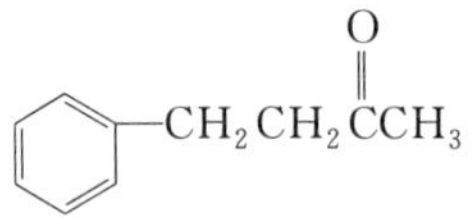

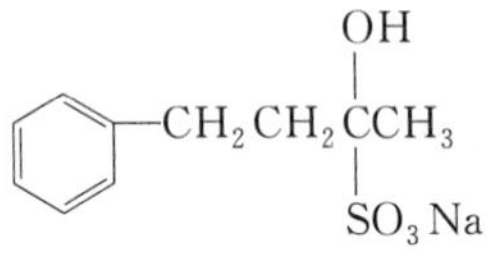

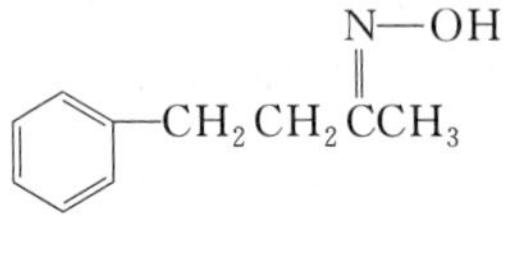

第十三章 含氮有机化合物

一、目的要求

1. 熟悉胺的分类，掌握胺的结构和命名。

2. 掌握胺的化学性质，胺的结构对其碱性的影响，了解胺的物理性质。

3. 掌握重要的重氮和偶氮化合物、腈和硝基化合物的结构和命名。

4. 掌握重氮和偶氮化合物、腈和硝基化合物的重要化学性质，了解它们的物理性质。

5. 了解胺、重氮和偶氮化合物及硝基化合物的重要应用及其主要的制备方法。

二、本章要点

1. 胺

(1) 定义和命名

胺是指氨分子中的氢原子被烃基取代而形成的一系列的衍生物。简单的胺按它所含的烃基命名，称作某烃基胺。若氮原子上连有两个或三个相同的烃基时，须写出烃基的数目；如果所连烃基不同，则把简单的写在前面，复杂的写在后面。对于芳香仲胺或叔胺，在取代基前冠以“*N*”，表示这个基团是连在氮上，而不是连在芳环上。

结构比较复杂的胺，按系统命名法，将氨基当作取代基，以烃基或其他官能团为母体，取代基按次序规则排列。

季铵类化合物的命名与氢氧化铵或铵盐的命名相似。

(2) 胺的立体结构

胺与氨相似，分子的空间结构呈三角锥形状，氮原子采取不等性 sp^3 杂化方式。苯胺的 $—NH_2$ 仍然是三角锥的结构，但是 H—N—H 键角较大，为 113.9°，HNH 平面与苯环平面的夹角为 38°。

(3) 胺的化学性质

胺的碱性：胺具有弱碱性。胺的氮原子上电子密度越大，接受 H^+ 的能力越强，碱性也就越强。在气态中，N 上的烷基越多，碱性越强：$(CH_3)_3N > (CH_3)_2NH > CH_3NH_2 > NH_3$。但在水溶液中，其碱性强弱次序发生了改变：$(CH_3)_2NH > CH_3NH_2 > (CH_3)_3N > NH_3$。芳胺由于其氮原子上的未共用电子对与芳环形成共轭，从而使得芳胺的碱性比脂肪胺要弱得多。

胺的碱性强弱是电子效应、空间效应和溶剂化效应共同作用的结果。胺的碱性强弱的一般顺序如下：脂环仲胺>脂肪仲胺>脂肪伯、叔胺>氨>芳伯胺>芳仲胺>芳叔胺。

季铵碱是强碱，其碱性类似于 NaOH 和 KOH。

季铵碱的 Hofmann 消除：加热（100～200℃）季铵碱时，OH^- 进攻 β-氢脱去水，α-碳脱去叔胺，α，β 碳之间形成双键而生成烯烃。这种季铵碱的消除叫作 Hofmann 消除。消除得到的主要产物是双键碳原子含最少烷基的烯烃，称为 Hofmann 规则，与 Saytzeff 规则恰好相反。

烃基化反应：胺可以作为亲核试剂与卤代烃发生亲核取代反应，生成高一级的胺，直至最后生成季铵盐。氨或胺的烃基化，实际上往往得到伯、仲、叔胺和季铵盐的混合物。

酰基化反应：酰氯或酸酐可以与伯胺、仲胺或氨反应生成酰胺。在有机合成上，常通过芳胺酰基化变成酰胺，把氨基保护起来，然后进行其他反应，反应后再把酰胺水解变回原来的胺。

与苯磺酰氯反应：伯胺和仲胺在强碱性溶液中可以和苯磺酰氯或对甲苯磺酰氯发生磺酰化反应，生成苯磺酰胺或对甲苯磺酰胺。常用苯磺酰氯来鉴别伯、仲、叔胺或分离伯、仲、叔胺的混合物，这就是著名的兴斯堡（Hinsberg）反应。例如：

$C_6H_5NH_2$ $\xrightarrow{ClO_2S-C_6H_4-CH_3}$ $C_6H_5NHSO_2-C_6H_4-CH_3$↓ 沉淀溶于碱

$C_6H_5NHCH_3$ $\xrightarrow{ClO_2S-C_6H_4-CH_3}$ $C_6H_5N(CH_3)SO_2-C_6H_4-CH_3$↓ 沉淀不溶于碱

$C_6H_5N(CH_3)_2$ 不反应，可蒸出

与亚硝酸反应：脂肪族伯胺与亚硝酸作用，生成很不稳定的重氮化合物，在低温下就会分解，定量放出氮气。芳香族伯胺与亚硝酸在低温下可以生成较稳定的重氮化合物，温度升高则也会分解。脂肪族或芳香族仲胺与亚硝酸作用，都得到黄色油状或固体的 *N*-亚硝基化合物。脂肪叔胺因氮上无氢，因此与亚硝酸不发生作用。与亚硝酸的反应也可以用于鉴别伯、仲、叔胺，但不能用于三者的分离。

氧化反应：胺比较容易被氧化，用过氧化氢即可使脂肪伯胺和仲胺氧化，分别得到肟和羟胺，脂肪叔胺与过氧化氢反应得到氧化胺。芳香胺更容易被氧化，在贮藏过程中就逐渐被空气中的氧气所氧化，使得颜色变深。

芳环上的取代反应：氨基（烃氨基）是邻、对位定位基，活化苯环，有利于苯环上的亲电取代反应。如苯胺与溴水作用，立刻得到 2,4,6-三溴苯胺的白色沉淀，而得不到一溴代产物。该反应能定量进行，可用于苯胺的定性鉴别与定量分析。

2. 重氮和偶氮化合物

（1）定义

重氮和偶氮化合物都含有—N ═N—基团，该基团的一端与烃基相连，另一端与其他原子（非碳原子，CN^- 除外）或基团相连的化合物，被称为重氮化合物；该基团的两端都分别与烃基相连的化合物则称之为偶氮化合物。例如：

$C_6H_5-\overset{+}{N}\equiv N\overset{-}{Cl}$　　　$C_6H_5-N=N-C_6H_5$

氯化重氮苯　　　偶氮苯

（2）重氮化反应

芳香族伯胺在低温和强酸存在下与亚硝酸反应生成重氮化合物的反应称为重氮化反应。例如：

$$C_6H_5NH_2 + NaNO_2 + 2HCl \xrightarrow{0\sim5℃} C_6H_5\overset{+}{N_2}Cl^- + NaCl + 2H_2O$$

(3) 重氮基的取代反应（放氮反应）

例如：

$$C_6H_5\overset{+}{N_2}SO_4H^- \text{ 或 } C_6H_5\overset{+}{N_2}Cl^- \begin{cases} \xrightarrow[\triangle]{H_2O/H^+} C_6H_5OH + N_2\uparrow \\ \xrightarrow[\triangle]{KI} C_6H_5I + N_2\uparrow \\ \xrightarrow[\triangle]{Cu_2X_2+HX} C_6H_5X\ (X=Cl,Br) + N_2\uparrow \\ \xrightarrow{NaBF_4} C_6H_5N_2BF_4 \xrightarrow{\triangle} C_6H_5F + N_2\uparrow \\ \xrightarrow{H_3PO_2+H_2O} C_6H_6 + N_2\uparrow \end{cases}$$

(4) 偶合反应（不放氮反应）

例如：

$$C_6H_5\overset{+}{N_2}Cl^- + \begin{cases} C_6H_5OH \xrightarrow[pH=8\sim10]{OH^-} C_6H_5-N=N-C_6H_4-OH \text{（对羟基偶氮苯）} \\ C_6H_5N(CH_3)_2 \xrightarrow[pH=5\sim7]{H^+} C_6H_5-N=N-C_6H_4-N(CH_3)_2 \text{（对-}N,N\text{-二甲氨基偶氮苯）} \end{cases}$$

3. 硝基化合物

(1) 定义和命名

硝基或亚硝基化合物从结构上可看作烃的一个或多个氢原子被硝基或亚硝基取代的产物，它们的命名类似卤代烃，将硝基或亚硝基作为取代基。

(2) 硝基化合物的性质

在酸性介质中用铁粉还原硝基苯得到苯胺，这是工业上制备苯胺的常用方法。

$$C_6H_5NO_2 \xrightarrow[\triangle]{Fe+HCl} C_6H_5NH_2$$

氯化亚锡加盐酸也是重要的还原剂，它只还原芳环上的硝基，而不影响其他基团。

硝基苯在中性介质中发生单分子还原，可以生成羟基苯胺；在碱性介质中发生双分子还原，生成氢化偶氮苯。

钠或铵的硫化物、硫氢化物或多硫化物，如硫化钠、硫化铵、硫氢化钠、硫氢化铵等，在适当的条件下，可以选择性地将二硝基化合物中的一个硝基还原成氨基，而另一个不变。

硝基对芳环上邻对位取代基有很大的的影响，硝基是强吸电子基团，能降低苯环上的电子密度。例如，2,4-二硝基氯苯中与氯相连的碳原子易于接受亲核试剂的进攻而发生亲核取代的水解反应。

$$\text{2,4-}(NO_2)_2C_6H_3Cl + H_2O \xrightarrow[\triangle]{Na_2CO_3} \text{2,4-}(NO_2)_2C_6H_3OH + HCl$$

由于硝基的极强吸电子作用，使得硝基酚中的酚羟基上的氢容易解离，从而使酸性增强。例如，2,4,6-三硝基苯酚（苦味酸）的 pK_a 是 0.71，酸性很强。

4. 腈

（1）定义和命名

腈中含氰基，即 $—C{\equiv}N$ ，其结构通式为 $R—C{\equiv}N$ 。腈命名时要把 CN 中的碳原子计算在主链碳原子个数内，称“某腈”，并从 CN 的碳开始编号。如 CN 作为取代基，则称为氰基，氰基碳原子不计在内。

（2）腈的性质

在酸或碱催化下，通过加热可使腈水解生成酰胺，继续水解生成羧酸。腈可用 $LiAlH_4$ 或催化氢化还原为伯胺。

三、例题解析

【例 1】 将下列各组胺按照碱性由大到小的顺序排列。

（1）丁胺、*N*-甲基丁胺、丁酰胺、丁二酰亚胺

（2）苯胺、对氯苯胺、对硝基苯胺、对甲基苯胺、对甲氧基苯胺

解：（1）丁酰胺的氮原子上连有酰基，使氮原子上电子云密度降低，因此丁酰胺没有碱性。丁二酰亚胺的氮原子上连有两个酰基，使氮原子上电子云密度降低更多，因此丁二酰亚胺不仅没有碱性反而显示弱酸性。丁胺和 *N*-甲基丁胺属于胺类，其中丁胺为伯胺，*N*-甲基丁胺为仲胺，仲胺的碱性大于伯胺，因此 *N*-甲基丁胺的碱性大于丁胺。

碱性由大到小的顺序排列应为：*N*-甲基丁胺＞丁胺＞丁酰胺＞丁二酰亚胺

（2）取代苯胺的碱性与取代基的电子效应和在苯环上的相对位置有关。上述取代苯胺的取代基都在氨基的对位，相对位置相同，只要从电子效应方面分析其碱性即可。能降低氮原子上电子云密度的取代基，其取代苯胺碱性减弱，而且降低得越多，碱性越弱，—Cl 和 $—NO_2$ 起吸电子作用，能降低了氮原子上电子云密度，且 $—NO_2$ 的吸电子能力大于—Cl；能增加氮原子上电子云密度的取代基，其取代苯胺碱性增强，而且增加得越多，碱性越强，$—CH_3$ 和 $—OCH_3$ 起给电子作用，能使氮原子上电子云密度增加，且—OCH 的给电子能力大于 $—CH_3$。

因此碱性由大到小的顺序排列应为：对甲氧基苯胺＞对甲基苯胺＞苯胺＞对氯苯胺＞对硝基苯胺。

【例 2】 用两种不同的化学方法鉴别丁胺、甲丁胺和二甲丁胺。

解： 所要鉴别的三种胺分别属于伯、仲、叔胺，可以根据它们和对甲苯磺酰氯和亚硝酸等试剂反应的不同实验现象来鉴别。

方法 1：与对甲苯磺酰氯反应（Hinsberg 反应）

$C_4H_9NH_2$

$C_4H_9NHCH_3$

$C_4H_9N(CH_3)_2$

$\xrightarrow{ClO_2S\text{—}C_6H_4\text{—}CH_3}$

$H_3C\text{—}C_6H_4\text{—}SO_2NHC_4H_9\downarrow$ $\xrightarrow{NaOH\ 溶液}$ 沉淀溶解

$H_3C\text{—}C_6H_4\text{—}SO_2N(CH_3)C_4H_9\downarrow$ 沉淀不溶解

不反应

方法 2：与亚硝酸反应

$C_4H_9NH_2$ 有气体放出（产物复杂，定量放出氮气）

$C_4H_9NHCH_3$ $\xrightarrow{NaNO_2+HCl}$ 黄色油状液体

$C_4H_9N(CH_3)_2$ 无明显现象

【例 3】 分离苯胺、苯酚和环己醇的混合物。

解：

混合物 $\xrightarrow{NaOH}$ $\xrightarrow[分离]{分液漏斗}$

- 水层（C_6H_5ONa）$\xrightarrow[酸化]{稀\ HCl}$ $\xrightarrow{过滤}$ C_6H_5OH
- 有机层 $\xrightarrow{稀\ HCl}$ $\xrightarrow{分液漏斗}$
  - 有机层（环己醇）$\xrightarrow{水洗}$ $\xrightarrow{干燥}$ 环己醇
  - 水层（$C_6H_5\overset{+}{N}H_3Cl^-$）$\xrightarrow{NaOH}$ $\xrightarrow{分离}$ $\xrightarrow{蒸馏}$ 苯胺

【例 4】 写出下列反应的产物。

（1）$C_2H_5Br + NH_3$（过量）$\longrightarrow$

（2）$CH_2{=}CHCN \xrightarrow{H_2/Pt}$

（3）1-Cl-2,4-$(NO_2)_2C_6H_3$（2,4-二硝基氯苯）$+ CH_3NH_2 \longrightarrow$

（4）$(CH_3)_2CHCH(\overset{+}{N}(CH_3)_3)CH_3\ OH^- \xrightarrow{\triangle}$

解：（1）$C_2H_5NH_2$。反应中氨过量，主要得到伯胺。

（2）$CH_3CH_2CH_2NH_2$。反应中的“C═C”和“C≡N”在 H_2/Pt 还原条件下均被还原。

（3）1-$NHCH_3$-2,4-$(NO_2)_2C_6H_3$ 苯环上氯的邻对位连有两个强吸电子的硝基，使与氯相连的碳原子易接受亲核试剂的进攻而发生亲核取代反应。

(4) $(CH_3)_2CHCH{=}CH_2 + N(CH_3)_3$。此反应为季铵碱的 Hofmann 消除反应。消除产物遵守 Hofmann 规则，即生成双键碳原子含最少烃基的烯烃。（注意：Hofmann 规则与 Saytzeff 规则正好相反。）

【例 5】 通常重氮盐与酚的偶联是在弱碱性（pH=8～10）介质中进行的，与芳胺的偶联是在弱酸性（pH=5～7）介质中进行的。为什么？

解： 重氮盐正离子作为亲电试剂与酚或芳胺的偶联反应属于亲电取代反应。酚或芳胺芳环上的电子云密度越大，越有利于重氮盐向芳环进攻而发生偶联反应。

酚是弱酸，在碱性介质中能形成酚盐，增加了酚的溶解性。另外，酚盐负离子与原来的羟基相比，使得芳环上的电子云密度更大，有利于偶联反应。但是当碱性太强时（如 pH>10），重氮盐则与碱发生反应，生成重氮酸或重氮酸负离子，使之失去偶合能力。所以，重氮盐与酚的偶联需在弱碱性（pH=8～10）介质中进行。

$$ArN_2^+ \underset{H^+}{\overset{OH^-}{\rightleftharpoons}} Ar{-}N{=}N{-}OH \underset{H^+}{\overset{OH^-}{\rightleftharpoons}} Ar{-}N{=}N{-}O^-$$

芳胺一般不溶于水，在酸性溶液中，芳胺形成铵盐，从而增加了溶解度。成盐反应是可逆的，随着偶联反应中芳胺的消耗，铵盐会重新转化成芳胺而满足反应的需要。所以芳胺的偶联要在酸性介质中进行。但是酸性不能太强，若酸性太强，成盐反应不可逆，从而降低了芳胺的浓度，使偶联反应减弱或中止。所以，重氮盐与芳胺偶联需在弱酸性（pH=5～7）介质中进行。

【例 6】 磺胺的合成从乙酰苯胺开始，经过氯磺化、氨水处理，最后水解保护基团生成磺胺。其合成路线如下：

$$C_6H_5NHCOCH_3 \xrightarrow{HOSO_2Cl} p\text{-}CH_3CONHC_6H_4SO_2Cl \xrightarrow{NH_3/H_2O} p\text{-}CH_3CONHC_6H_4SO_2NH_2 \xrightarrow[\triangle]{H^+/H_2O} p\text{-}H_2NC_6H_4SO_2NH_2$$

磺胺

解释：(1) 如果氨基没有被保护成酰基，即直接用苯胺进行氯磺化反应，在氯磺化步骤中会发生什么？

(2) 乙酰氨基是邻、对位定位基，为什么在氯磺化步骤中主要只得到对位一取代物？

解： (1) 如果直接用苯胺进行氯磺化反应，发生的将是氨基与磺酰氯的反应，难以得到目标产物。因为氨基的 H 比苯环的 H 更活泼、更容易被取代。将氨基转变成酰氨基使它与磺酰氯反应的活性大大下降，而主要发生磺酰氯和苯环的反应。

(2) 乙酰氨基为中等强的邻、对位定位基，但是乙酰氨基对苯环的致活能力难以二次氯磺化，所以在氯磺化步骤中主要得到一取代产物，且受到乙酰氨基位阻的影响，主要得到对位产物。

【例 7】 某化合物 A 的分子式为 $C_5H_{10}N_2$，能溶于水，其水溶液呈碱性，可用盐酸滴定。A 经催化加氢得到 B（$C_5H_{14}N_2$）。A 与苯磺酰氯不发生反应，但 A 和较浓的 HCl 溶液一起煮沸时则生成 C（$C_5H_{12}O_2NCl$），C 易溶于水。试推测 A、B、C 的可能结构式和相应反应方程式。

解： A 的水溶液呈碱性且能用盐酸滴定，说明 A 是胺类化合物，A 与苯磺酰氯不发生反应，进一步说明 A 是叔胺。A 经催化加氢得到的 B 中增加了四个氢，说明 A 的不饱和度为 2，而 A 在盐酸溶液中水解得到 $C(C_5H_{12}O_2NCl)$，C 比 A 增加了两个氧原子、两个氢原子、一个氯原子，少了一个氮原子，推断 A 中含有—CN 不饱和基团。综合分析结果如下：

A 的结构：$H_3C-N(CH_3)-CH_2CH_2CN$ 或 $H_3C-N(CH_2CH_3)-CH_2CN$

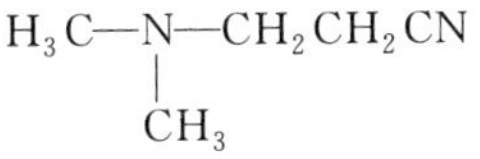

$$H_3C-N(CH_3)-CH_2CH_2CN\ (A)\begin{cases}\xrightarrow{C_6H_5SO_2Cl}(-)\\ \xrightarrow{H_2/Pt} H_3C-N(CH_3)-CH_2CH_2CH_2NH_2\ (B)\\ \xrightarrow[\triangle]{HCl} H_3C-\overset{HCl^-}{N^+}(CH_3)-CH_2CH_2COOH\ (C)\end{cases}$$

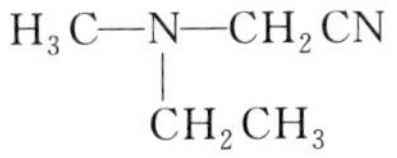

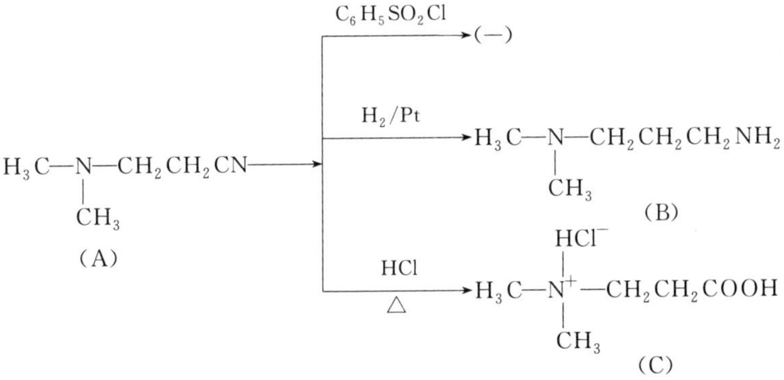

【例 8】 由苯和其他必需的试剂为原料，通过重氮盐，合成间溴氯苯。

解：

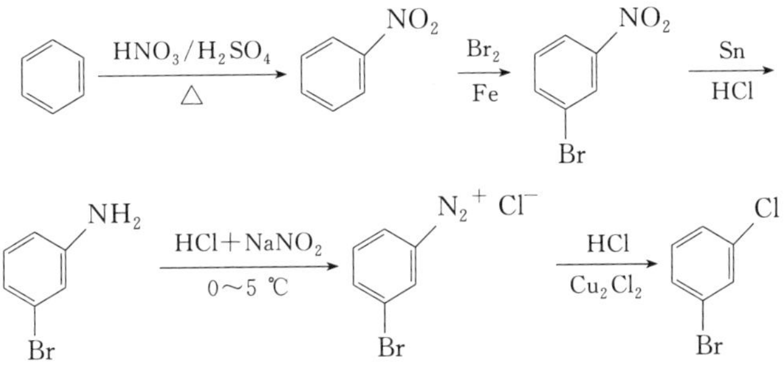

$$C_6H_6\xrightarrow[\triangle]{HNO_3/H_2SO_4}C_6H_5NO_2\xrightarrow[Fe]{Br_2}m\text{-}BrC_6H_4NO_2\xrightarrow[HCl]{Sn}$$

$$m\text{-}BrC_6H_4NH_2\xrightarrow[0\sim5\ ℃]{HCl+NaNO_2}m\text{-}BrC_6H_4N_2^+Cl^-\xrightarrow[Cu_2Cl_2]{HCl}m\text{-}BrC_6H_4Cl$$

四、习题

1. 命名下列化合物。

(1) $NH_2CH_2\ (CH_2)_3CH_2NH_2$

(2) 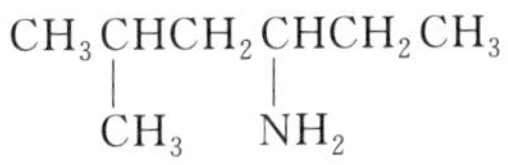 $CH_3CH(CH_3)CH_2CH(NH_2)CH_2CH_3$

(3) $C_6H_5-NHC_2H_5$

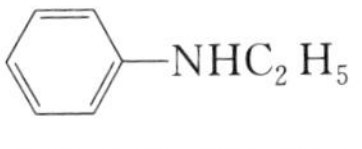

(4) $[(CH_3)_4N]^+Br^-$

(5) 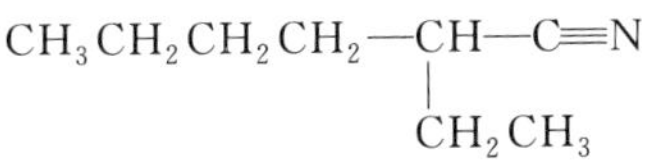 $CH_3CH_2CH_2CH_2-CH(CH_2CH_3)-C\equiv N$

(6) $[(C_2H_5)_2N(CH_3)_2]^+OH^-$

(7) 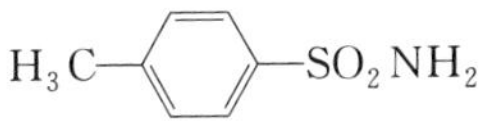 $H_3C-C_6H_4-SO_2NH_2$（对位）

(8) 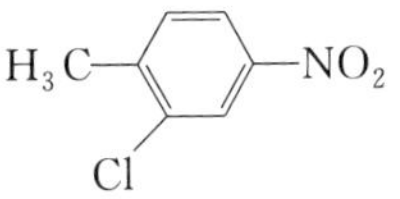 $H_3C-C_6H_3(Cl)-NO_2$（Cl 位于甲基邻位，NO_2 位于甲基对位）

(9) 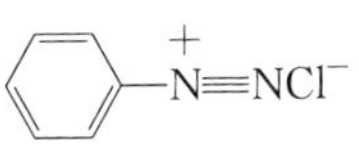 $C_6H_5-\overset{+}{N}\equiv NCl^-$

(10) 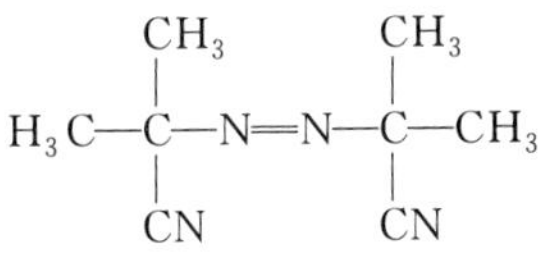 $H_3C-C(CH_3)(CN)-N=N-C(CH_3)(CN)-CH_3$

2. 写出下列化合物的结构式。

(1) *R*-仲丁胺　　(2) *N*,*N*-二甲基-2,4-二乙基苯胺　　(3) 乙二胺

(4) 二乙胺　　(5) 苄胺　　(6) 丙烯腈

(7) 碘化四乙胺　　(8) 对氨基苯磺酰胺　　(9) 乙酰胆碱

(10) 偶氮苯　　(11) TNT　　(12) β-萘胺

3.将下列化合物按沸点从低到高的顺序排列。

丙胺、丙醇、甲乙醚、甲乙胺

4.写出下列体系中可能存在的氢键。

(1) 纯的二甲胺　　(2) 二甲胺的水溶液

5.将下列化合物按碱性由强至弱的顺序排列。

(1) NH_3　　NH_2　　H N　　NH_2　　N H

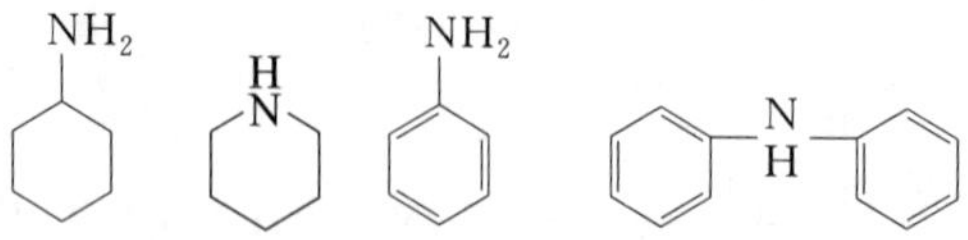

(2) $CH_3CH_2NH_2$　　CH_3CONH_2　　NH_2CONH_2　　$[(CH_3)_4\overset{+}{N}]\ OH^-$　　NH_3

(3) 对氯苯胺　　对甲基苯胺　　对硝基苯胺　　苯胺

6.写出下列反应的主要产物。

(1) $CH_3COCl + CH_3CH_2NHCH_3 \longrightarrow$

(2)  $-NHCH_3 \xrightarrow[HCl]{NaNO_2}$

(3) $-NHCH_3 \xrightarrow{(CH_3CO)_2O}$

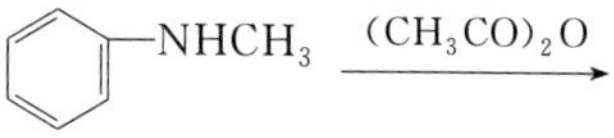

(4)  $-N_2^+Cl^- \xrightarrow[H_2O]{H_3PO_2}$

(5) 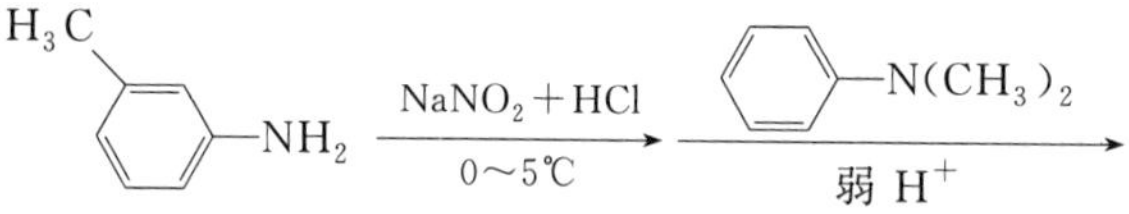 H_3C　$-NH_2 \xrightarrow[0\sim5℃]{NaNO_2+HCl} \xrightarrow[弱\ H^+]{-N(CH_3)_2}$

(6) 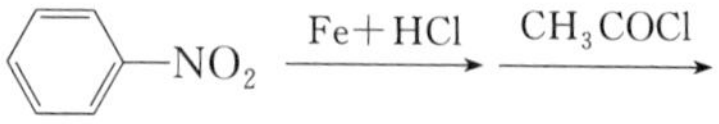 $-NO_2 \xrightarrow{Fe+HCl} \xrightarrow{CH_3COCl}$

(7) 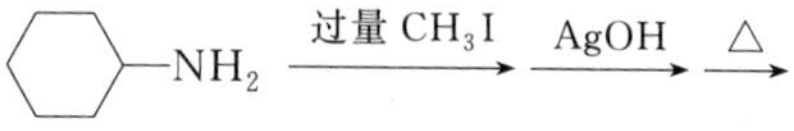 $-NH_2 \xrightarrow{过量\ CH_3I} \xrightarrow{AgOH} \xrightarrow{\triangle}$

(8) 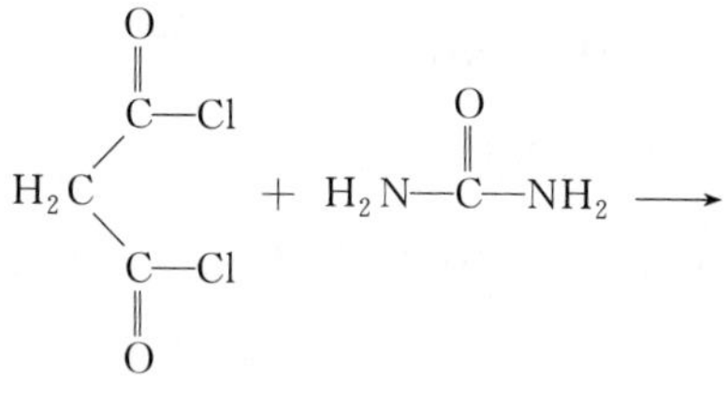 $H_2C(COCl)_2$ + $H_2N-\overset{O}{\overset{\|}{C}}-NH_2 \longrightarrow$

(9) $CH_3CH_2CN \xrightarrow[\triangle]{H^+/H_2O}$

(10)  $-CH_2C{\equiv}N \xrightarrow[(2)\ H_2O]{(1)\ LiAlH_4}$

7.用化学方法鉴别下列各组化合物

(1) 乙胺、二乙胺、三乙胺

(2) 邻甲苯胺、N-甲基苯胺、苯甲酸、邻羟基苯甲酸

(3) N-甲基乙胺、乙酰胺、尿素

（4）苯胺、苯酚、苯甲醇、苯甲醛

8.由指定原料合成产物（其他试剂任选）

（1）由苯合成1,3,5-三溴苯

（2）由乙醇合成2-氨基丁烷

（3）由甲苯合成4-甲基-2,6-二溴苯酚

（4）由苯制备对硝基苯胺

（5）由硝基苯制备

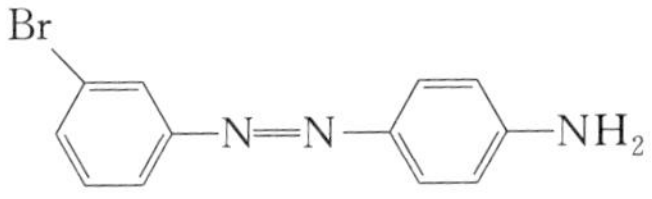

Br

$-N{=}N-$　$-NH_2$

OH

$-N{=}N-$　$-CH_3$

（6）由甲苯和β-萘酚制备

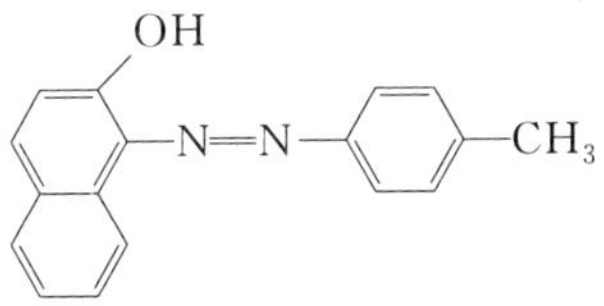

9.N-甲基苯胺中混有少量苯胺和N,N-二甲基苯胺，怎样将N-甲基苯胺提纯？

10.将苄胺、苄醇和对甲苯酚的混合物分离为三种纯的组分。

11.推断结构。

（1）化合物A分子式为$C_5H_{13}N$，A与盐酸反应成盐，在室温下A可与亚硝酸反应放出N_2，并得到产物之一为B($C_5H_{12}O$)，B经$KMnO_4$氧化得到C($C_5H_{10}O$)，B和C都可发生碘仿反应，C与托伦试剂不反应，但C与锌-汞齐、浓盐酸反应得正戊烷。试推断写出A、B、C的结构式及有关反应方程式。

（2）化合物A的分子式为$C_5H_{11}O_2N$，具有旋光性，用稀碱处理发生水解生成B和C。B也具有旋光性，它既能与酸成盐，也能与碱成盐，也能与HNO_2反应放出N_2。C没有旋光性，能与金属钠反应放出氢气，并能发生碘仿反应。试写出A、B和C的结构式及有关反应方程式。

（3）某化合物A，分子式为C_6H_7N，具有碱性。A的盐酸盐与亚硝酸在0～5℃时作用生成化合物B($C_6H_5N_2Cl$)。在碱性溶液中，化合物B与苯酚作用生成具有颜色的化合物C($C_{12}H_{10}ON_2$)。试写出A、B和C的结构式及有关反应式。

五、习题参考答案

1.（1）1,5-戊二胺　（2）2-甲基-4-氨基己烷　（3）N-乙基苯胺

（4）溴化四甲基铵　（5）2-乙基己腈　（6）氢氧化二甲基二乙基铵

（7）对甲基苯磺酰胺　（8）4-硝基-2-氯甲苯　（9）氯化重氮苯

（10）偶氮二异丁腈

2.

（1）CH_3　H_2N-　$-H$　C_2H_5

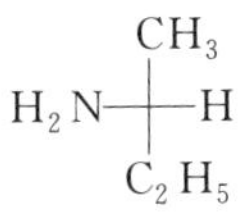

（2）C_2H_5　C_2H_5-　$-N(CH_3)_2$

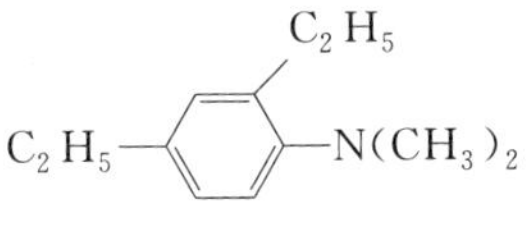

（3）$H_2NCH_2CH_2NH_2$

（4）$(C_2H_5)_2NH$　（5）$C_6H_5CH_2NH_2$　（6）$CH_2{=}CHCN$

（7）$[N(C_2H_5)_4]^+I^-$　（8）H_2N-　$-SO_2NH_2$

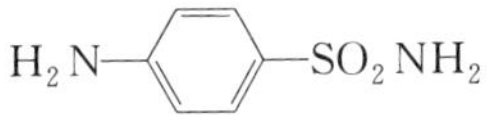

(9) 
$[CH_3COOCH_2CH_2N(CH_3)_3]^+OH^-$

(10) 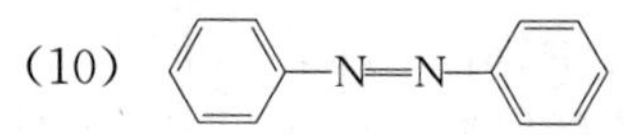

(11) CH_3, O_2N, NO_2, NO_2 (2,4,6-三硝基甲苯)

(12) NH_2 (β-萘胺)

3.甲乙醚 < 甲乙胺 < 丙胺 < 丙醇

4.(1)$(CH_3)_2N—H\cdots NH(CH_3)_2$

(2)$(CH_3)_2N—H\cdots NH(CH_3)_2$；$(CH_3)_2N—H\cdots OH_2$；$HO—H\cdots NH(CH_3)_2$；$HO—H\cdots OH_2$

5.

(1) 哌啶 > 环己胺(NH_2) > NH_3 > 苯胺(NH_2) > 二苯胺(NH)

(2) $[(CH_3)_4\overset{+}{N}]OH^- > CH_3CH_2NH_2 > NH_3 > NH_2CONH_2 > CH_3CONH_2$

(3) 对甲基苯胺 > 苯胺 > 对氯苯胺 > 对硝基苯胺

6.

(1) $CH_3CH_2N(CH_3)COCH_3$ (2) C_6H_5—$N(CH_3)$—NO (3) C_6H_5—$N(CH_3)COCH_3$

(4) 苯 (5) 间甲基苯重氮盐 $—N_2^+Cl^-$；H_3C—C_6H_4—N=N—C_6H_4—$N(CH_3)_2$

(6) C_6H_5—NH_2 C_6H_5—$NHCOCH_3$

(7) 环己基—$N^+(CH_3)_3I^-$ 环己基—$N^+(CH_3)_3OH^-$ 环己烯 $+(CH_3)_3N$

(8) H_2C(C(=O)—NH)$_2$C=O (丙二酰脲) (9) CH_3CH_2COOH (10) C_6H_5—$CH_2CH_2NH_2$

7.

(1) 乙胺、二乙胺、三乙胺 $\xrightarrow{NaNO_2+HCl}$ 有气体放出；黄色油状物；无明显变化

(2) 邻甲苯胺、N-甲基苯胺、苯甲酸、邻羟基苯甲酸 $\xrightarrow{FeCl_3溶液}$ (—)、(—)、(—)、显色

(—)、(—)、(—) $\xrightarrow{NaHCO_3}$ (—)、(—)、气体

(—)、(—) $\xrightarrow[2)\ NaOH溶液]{1)\ ClO_2S—C_6H_4—CH_3}$ 沉淀溶解；沉淀不溶解

(3) N-甲基乙胺、乙酰胺、尿素 $\xrightarrow{NaNO_2+HCl}$ 黄色油状物；气体；气体

气体、气体 $\xrightarrow[②极稀硫酸溶液，OH^-]{①\triangle}$ (—)；紫红色

(4) 苯酚 —$FeCl_3$ 溶液→ 显色
苯胺 —$FeCl_3$ 溶液→ (—) —银氨溶液→ (—) —Br_2/H_2O→ 白色沉淀
苯甲醇 —$FeCl_3$ 溶液→ (—) —银氨溶液→ (—) —Br_2/H_2O→ (—)
苯甲醛 —$FeCl_3$ 溶液→ (—) —银氨溶液→ 银镜

8.

(1) 苯 $\xrightarrow{混酸}$ 硝基苯 $\xrightarrow{Fe+HCl}$ 苯胺 $\xrightarrow{Br_2}$ 2,4,6-三溴苯胺 $\xrightarrow{HCl+NaNO_2}$ 2,4,6-三溴苯重氮盐($N_2^+Cl^-$) $\xrightarrow[H_2O]{H_3PO_2}$ 1,3,5-三溴苯

(2) $CH_3CH_2OH \xrightarrow{HBr} CH_3CH_2Br \xrightarrow[无水乙醚]{Mg} CH_3CH_2MgBr$

$CH_3CH_2OH \xrightarrow{CrO_3/吡啶} CH_3CHO$

两者 → $\xrightarrow{H_2O/H^+} CH_3CH_2CH(OH)CH_3$

$\xrightarrow{HCl} CH_3CH_2CHClCH_3 \xrightarrow{NH_3} CH_3CH_2CH(NH_2)CH_3$

(3) 甲苯 $\xrightarrow{混酸}\xrightarrow{分离}$ 对硝基甲苯 $\xrightarrow{Fe+HCl}$ 对甲苯胺 $\xrightarrow{Br_2}$ 2,6-二溴-4-甲基苯胺

$\xrightarrow{NaNO_2/H_2SO_4}$ 2,6-二溴-4-甲基苯重氮盐($N_2^+HSO_4^-$) $\xrightarrow[\triangle]{H_2O}$ 2,6-二溴-4-甲基苯酚

或者 对甲苯胺 $\xrightarrow{NaNO_2/H_2SO_4}$ 对甲苯重氮盐($N_2^+HSO_4^-$) $\xrightarrow[\triangle]{H_2O}$ 对甲苯酚 $\xrightarrow{Br_2}$ 2,6-二溴-4-甲基苯酚

(4) 苯 $\xrightarrow{混酸}$ 硝基苯 $\xrightarrow{Fe+HCl}$ NO_2-苯 $\xrightarrow{CH_3COCl}$ $C_6H_5NHCOCH_3$ $\xrightarrow{混酸}$

对硝基乙酰苯胺($NHCOCH_3$, NO_2) $\xrightarrow{H_2O/H^+}$ 对硝基苯胺(NH_2, NO_2)

(5) 硝基苯 $\xrightarrow{Fe+HCl}$ 苯胺 $\xrightarrow{CH_3Br}$ $C_6H_5N(CH_3)_2$

$$\text{C}_6\text{H}_5\text{NO}_2 \xrightarrow[\text{Fe}]{\text{Br}_2} m\text{-BrC}_6\text{H}_4\text{NO}_2 \xrightarrow{\text{Fe}+\text{HCl}} m\text{-BrC}_6\text{H}_4\text{NH}_2 \xrightarrow{\text{NaNO}_2+\text{HCl}} m\text{-BrC}_6\text{H}_4\text{N}_2^+\text{Cl}^-$$

$$m\text{-BrC}_6\text{H}_4\text{N}_2^+\text{Cl}^- + \text{C}_6\text{H}_5\text{N(CH}_3)_2 \xrightarrow{\text{pH}=5\sim7} m\text{-BrC}_6\text{H}_4\text{—N=N—}p\text{-C}_6\text{H}_4\text{—N(CH}_3)_2$$

（6）

$$\text{C}_6\text{H}_5\text{CH}_3 \xrightarrow[\text{浓 H}_2\text{SO}_4]{\text{浓 HNO}_3} o\text{-CH}_3\text{C}_6\text{H}_4\text{NO}_2 + p\text{-CH}_3\text{C}_6\text{H}_4\text{NO}_2 \xrightarrow{\text{分离}} p\text{-CH}_3\text{C}_6\text{H}_4\text{NO}_2 \xrightarrow{\text{Fe}+\text{HCl}} p\text{-CH}_3\text{C}_6\text{H}_4\text{NH}_2$$

$$\xrightarrow[0\sim5^\circ\text{C}]{\text{NaNO}_2+\text{HCl}} p\text{-CH}_3\text{C}_6\text{H}_4\text{N}_2^+\text{Cl}^-$$

$$p\text{-CH}_3\text{C}_6\text{H}_4\text{N}_2^+\text{Cl}^- + \beta\text{-萘酚（2-萘酚）} \xrightarrow[0\sim5^\circ\text{C}]{\text{pH}=8\sim10} \text{H}_3\text{C—}p\text{-C}_6\text{H}_4\text{—N=N—}(\text{2-羟基-1-萘基})$$

9.混合物在碱性溶液中与苯磺酰氯反应，过滤出得到的固体（*N*-甲基苯磺酰胺），再与强酸共沸水解得到 *N*-甲基苯胺，最后蒸馏即可得纯的 *N*-甲基苯胺。

10.

混合物 $\xrightarrow{\text{HCl}}$ $\xrightarrow[\text{分离}]{\text{分液漏斗}}$

- 水层（$\text{C}_6\text{H}_5\text{CH}_2\text{NH}_3^+\text{Cl}^-$）$\xrightarrow{\text{NaOH}}$ $\xrightarrow{\text{蒸馏}}$ $\text{C}_6\text{H}_5\text{CH}_2\text{NH}_2$
- 有机层（对甲苯酚，苄醇）$\xrightarrow{\text{NaOH 溶液}}$
  - 水层（$p\text{-CH}_3\text{C}_6\text{H}_4\text{ONa}$）$\xrightarrow{\text{H}^+}$ $\xrightarrow[\text{分离}]{\text{分液漏斗}}$ $\xrightarrow{\text{干燥}}$ 对甲苯酚
  - 有机层（苄醇）$\xrightarrow{\text{水洗}}$ $\xrightarrow{\text{干燥}}$ 苄醇

11.（1）A：$CH_3CH(NH_2)CH_2CH_2CH_3$　B：$CH_3CHOHCH_2CH_2CH_3$

C：$CH_3COCH_2CH_2CH_3$

$$\underset{(\text{A})}{\text{CH}_3\text{CH(NH}_2)\text{CH}_2\text{CH}_2\text{CH}_3} \xrightarrow{\text{HCl}} \text{CH}_3\underset{\text{NH}_3^+\text{Cl}^-}{\text{CH}}\text{CH}_2\text{CH}_2\text{CH}_3$$

$$\underset{(\text{A})}{\text{CH}_3\text{CH(NH}_2)\text{CH}_2\text{CH}_2\text{CH}_3} \xrightarrow{\text{NaNO}_2+\text{HCl}} \underset{(\text{B})}{\text{CH}_3\underset{\text{OH}}{\text{CH}}\text{CH}_2\text{CH}_2\text{CH}_3} + \text{N}_2\uparrow$$

$$\underset{\substack{|\\ OH \\ (B)}}{CH_3CHCH_2CH_2CH_3} \xrightarrow[H^+]{KMnO_4} \underset{\substack{\| \\ O \\ (C)}}{CH_3CCH_2CH_2CH_3}$$

$$\left.\begin{array}{l} \underset{\substack{|\\ OH \\ (B)}}{CH_3CCH_2CH_2CH_3} \\ \underset{\substack{\| \\ O \\ (C)}}{CH_3CCH_2CH_2CH_3} \end{array}\right\} \xrightarrow{NaOH/I_2} CH_3CH_2CH_2COONa + CHI_3 \downarrow$$

(2) A： $\underset{\substack{|\\ NH_2}}{CH_3CHCOOC_2H_5}$

$$\underset{\substack{|\\ NH_2}}{CH_3\overset{*}{C}HCOOC_2H_5}\ (A) \xrightarrow{稀\ OH^-} \underset{\substack{|\\ NH_2}}{CH_3\overset{*}{C}HCOO^-}\ (B) + \underset{(C)}{C_2H_5OH}$$

$$\underset{\substack{|\\ NH_2 \\ (B)}}{CH_3\overset{*}{C}HCOO^-} \begin{cases} \xrightarrow{H^+} \underset{\substack{|\\ ^+NH_3Cl^-}}{CH_3CHCOOH} \\ \xrightarrow{OH^-} CH_3CH(NH_2)COO^- \\ \xrightarrow{NaNO_2 + HCl} \underset{\substack{|\\ OH}}{CH_3CHCOOH} + N_2 \uparrow \end{cases}$$

$$\underset{(C)}{C_2H_5OH} \begin{cases} \xrightarrow{Na} C_2H_5ONa + H_2 \\ \longrightarrow HCOONa + CHI_3 \downarrow \end{cases}$$

(3) A：苯胺（$C_6H_5NH_2$）　B：$C_6H_5N_2^+Cl^-$　C：$C_6H_5-N{=}N-C_6H_4-OH$（对位）

$$\underset{(A)}{C_6H_5NH_3^+Cl^-} \xrightarrow[0\sim5℃]{NaNO_2，HCl} \underset{(B)}{C_6H_5N_2^+Cl^-} \xrightarrow[pH=8\sim10，0\sim5℃]{C_6H_5OH} \underset{(C)}{C_6H_5-N{=}N-C_6H_4-OH}$$

第十四章 杂环化合物

一、目的要求

1. 掌握常见杂环化合物的分类和命名。
2. 掌握主要单杂环化合物的结构和化学性质。
3. 掌握重要稠杂环化合物的结构和化学性质。
4. 熟悉重要杂环衍生物的结构及其应用。

二、本章要点

1. 定义

由碳原子和杂原子所构成、性质较稳定的环状有机化合物称为杂环化合物。常见的杂原子有氧、硫、氮等。

2. 分类和命名

杂环分为单杂环和稠杂环两类，单杂环又分为五元和六元杂环化合物，稠杂环又分为苯稠杂环和杂环稠杂环化合物。

杂环化合物的命名比较复杂，我国常使用“音译法”，按英文读音，用同音字加“口”字旁命名。取代杂环的命名，选杂环为母体，将取代基的位次、数目和名称列于母体名称前。除个别稠杂环外，杂环编号一般从杂原子开始；环上有不同杂原子时，按 O、S、NH、N 的顺序编号。下面是一些常见杂环的名称和编号。

（1）五元杂环

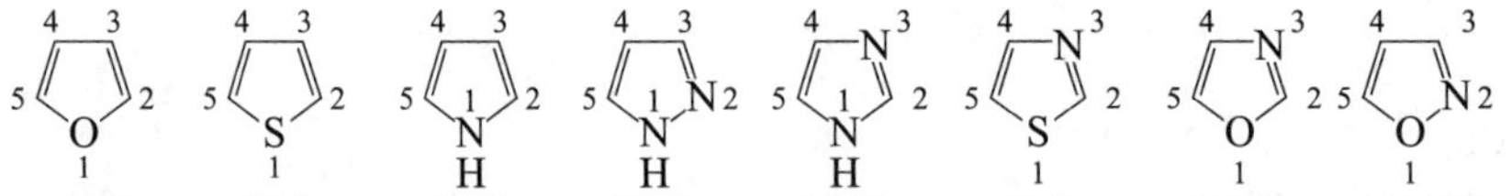

呋喃　噻吩　吡咯　吡唑　咪唑　噻唑　噁唑　异噁唑

（2）六元杂环

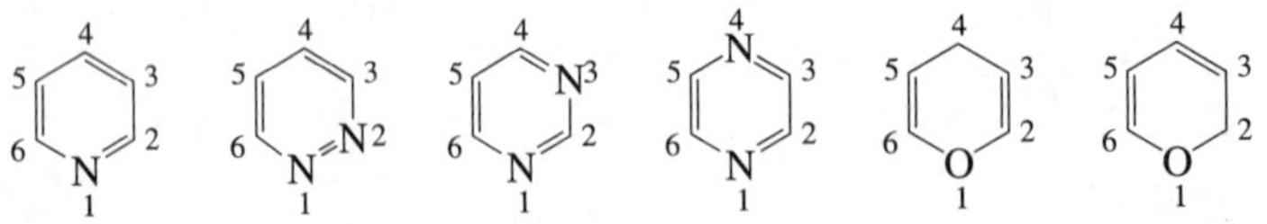

吡啶　哒嗪　嘧啶　吡嗪　4*H*-吡喃　2*H*-吡喃

（3）五元稠杂环

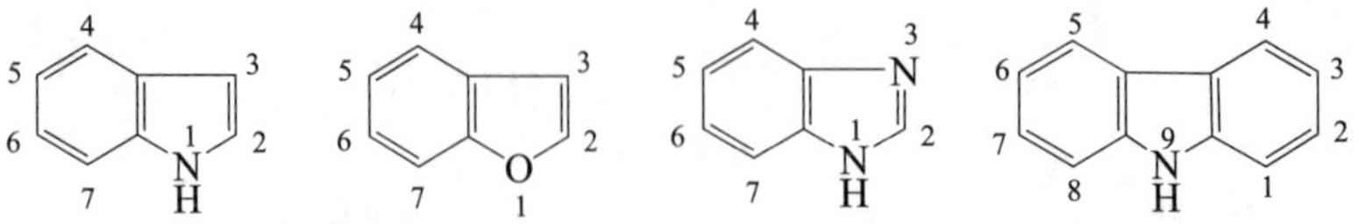

吲哚　苯并呋喃　苯并咪唑　咔唑

(4) 六元稠杂环

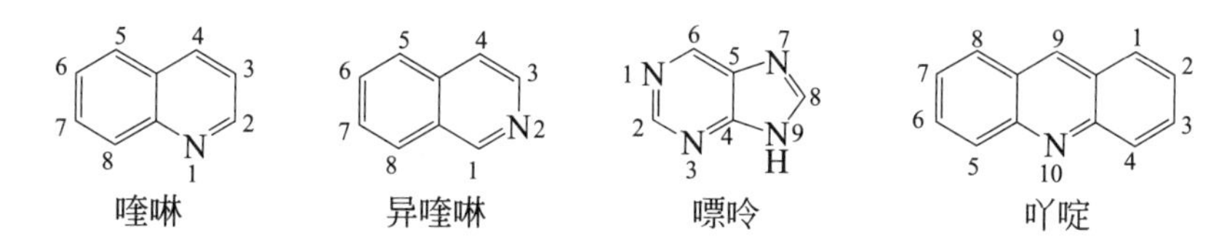

(5) 含有饱和碳原子(sp^3 碳原子)的杂环

命名时需用大写斜体“*H*”及其位次标明一个或多个饱和氢原子所在的位置。

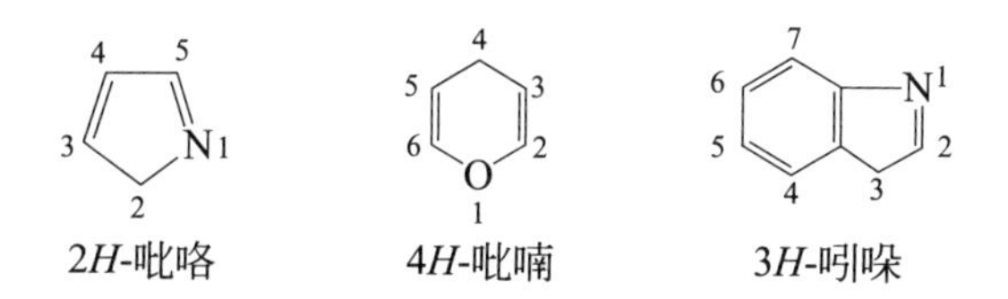

3. 杂环化合物的结构和化学性质

(1) 单杂环(含一个杂原子)的结构和主要化学性质

含一个杂原子的单杂环包括五元单杂环(呋喃、噻吩、吡咯)和六元单杂环(吡啶)。呋喃、噻吩、吡咯中杂原子的孤对电子参与闭合共轭体系,而吡啶中杂原子的孤对电子未参与闭合共轭体系,但它们都有芳香性。呋喃、噻吩、吡咯、吡啶的结构和主要化学性质如表14-1所示。

表 14-1 单杂环化合物的结构和性质

结构和性质	五元单杂环(呋喃、噻吩、吡咯)	六元单杂环(吡啶)
共轭体系	孤对电子参与环共轭,多电子体系	孤对电子未参与环共轭,缺电子体系
环上电子云密度	比苯环高	比苯环低
芳香性	比苯弱	稍弱于苯
水溶性	难形成氢键,水溶性小	可形成氢键,能与水混溶
酸碱性	孤对电子参与环共轭,碱性减弱,吡咯甚至具有弱酸性	孤对电子未参与环共轭,具有碱性,碱性强于苯胺
亲电取代反应	比苯容易,优先取代在 α 位	比苯难,取代在 β 位
催化加氢	比苯容易	比苯容易
亲核取代反应		用强碱性的亲核试剂(如 $NaNH_2$、RLi 等),取代在 α 位

(2) 单杂环(含两个杂原子)的结构和化学性质

五元单杂环中含有两个杂原子的体系称为唑。噻唑、吡唑和咪唑可分别看成噻吩或吡咯环上2位或3位上的CH换成了N原子。此N原子也以 sp^2 杂化轨道成键,孤对电子占据的是一个 sp^2 杂化轨道,为该氮所独有,未杂化的p轨道上含有一个电子参与形成环形闭合的六电子的大π键。因此,唑环的结构也符合休克尔规则,具有芳香性。此外,还因该氮原子的孤对电子未参与共轭,可与质子成盐,因而唑具有一定的碱性。但因孤对电子处于 sp^2 杂化轨道,受核影响较大,故碱性弱于一般的胺类。

咪唑的碱性较噻唑强,吡唑因两个氮原子相连而使碱性降低,为三者中最弱。咪唑1位氮原子的结构与吡咯一样,具有微弱的酸性,其所连的氢原子可被碱金属原子置换生成盐。例如：

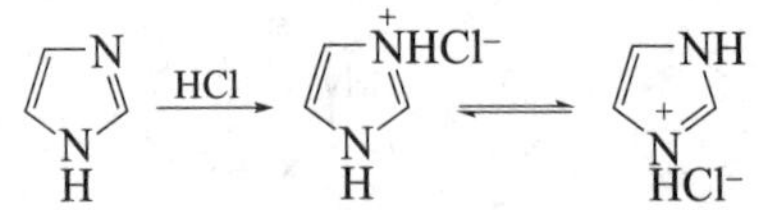

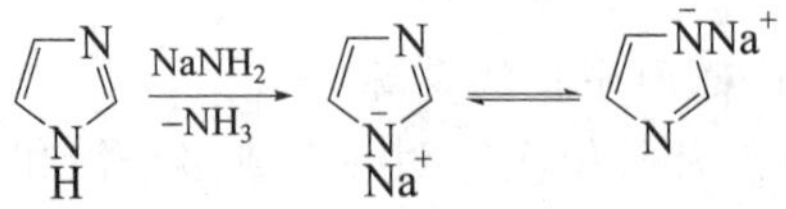

$\xrightarrow{HCl}$ $\rightleftharpoons$

$\xrightarrow[-NH_3]{NaNH_2}$ $\rightleftharpoons$

与呋喃、噻吩、吡咯相比较，唑环上增加了一个氮原子的吸电子作用，因此环上碳原子的电子云密度都比相应的五元单杂环低，亲电反应活性比呋喃、噻吩、吡咯要低，但比吡啶高。亲电取代进入唑环的位置，与吡啶类似，一般在叔氮原子的间位上。

在咪唑和吡唑环中，由于氮原子上的氢可以移位，因而存在互变异构体，但两者不易分离。例如：

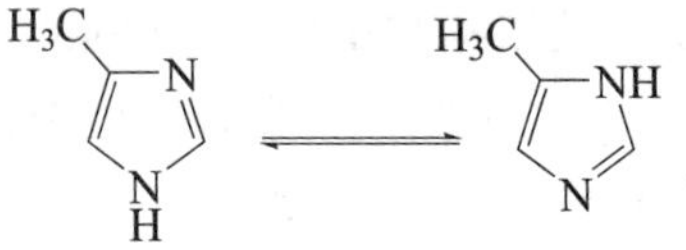

4(5)-甲基咪唑

(3) 稠杂环的结构和化学性质

吲哚是苯与吡咯的稠合物，具有弱酸性，在 β-位发生亲电取代反应，遇浸过盐酸的松木片显红色。

喹啉是苯环与吡啶的稠合物，碱性比吡啶弱，一般亲电取代反应易发生在苯环上，亲核取代易发生在吡啶环上。

嘌呤由咪唑和嘧啶稠合而成，咪唑部分可发生互变异构现象。嘌呤的衍生物广泛存在于生物体内，是核酸的组成成分。

三、例题解析

【例 1】 命名下列杂环化合物

(1) 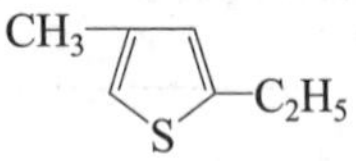 (2) 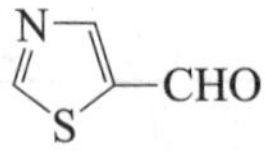 (3)

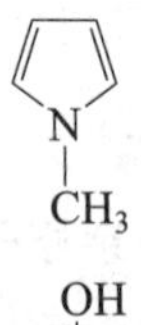

(4) 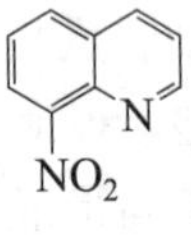 (5) 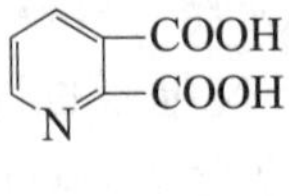 (6)

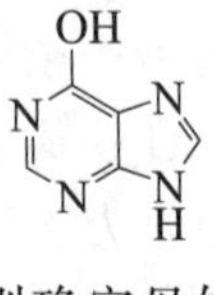

解：杂环化合物的命名，首先按照杂环化合物的命名规则确定母体的名称和编号，然后参照芳环化合物的命名规则进一步确定环上取代基的编号。

正确答案：(1) 4-甲基-2-乙基噻吩 (2) 5-噻唑甲醛 (3) *N*-甲基吡咯
(4) 8-硝基喹啉 (5) 2,3-吡啶二甲酸 (6) 6-羟基-9*H*-嘌呤

【例 2】 为什么五元单杂环化合物比苯更容易发生亲电取代反应？

解：五元单杂环中杂原子上的孤对电子参与了环的闭合共轭体系，结果成环的 5 个原子共用 6 个 π 电子，为富电子芳环，电子云密度高于苯环。因此五元单杂环化合物比苯更易发生亲电取代。

【例 3】 为什么吡啶发生亲电取代反应比苯难？

解：吡啶中氮原子的孤对电子未参与环的闭合共轭体系，且氮原子的电负性较碳原子大，产生了吸电子共轭效应和诱导效应，使环上的电子云密度降低，为缺电子芳环。因此亲电取代反应比苯难。

【例 4】 写出下列化合物的结构式，指出这些化合物中哪些可与氢氧化钠（钾）反应？哪些可与盐酸反应？哪些两者均可反应？

（1）5-羟基喹啉　（2）吲哚　（3）咪唑　（4）吡咯　（5）吡啶

解：（1） OH N　（2） N H　（3） N N H　（4） N H　（5） N

可与氢氧化钠（钾）反应的有：(1)(2)(3)(4)

可与 HCl 反应的有：(1)(3)(5)

可与两者都反应的有：(1)(3)

理由：吡咯分子中氮原子上的孤对电子参与了环的共轭，氮原子上的电子云密度降低，另一方面由于氮的强吸电子作用，使氮氢键的极性增强，氢能以质子的形式解离，而显出一定的酸性（$pK_a=15$），能与强碱形成盐。吲哚中含有吡咯环，情况与吡咯相似，显示弱酸性。因此吡咯和吲哚可以与氢氧化钠（钾）反应。

吡啶分子中氮原子上的孤对电子处于它的未成键的 sp^2 杂化轨道上，未参与环共轭。因而吡啶具有碱性，能与盐酸反应。

5-羟基喹啉中既有苯羟基，又具有吡啶型氮原子，故既有酸性又有碱性。

咪唑可看成是吡咯环上 3 位上的 CH 换成了 N 原子。此 N 原子孤对电子未参与环的共轭，处于 sp^2 杂化轨道，属于吡啶型氮原子，可与质子成盐，因而咪唑具有一定的碱性。咪唑 1 位氮原子的孤对电子参与了环的共轭，属于吡咯型氮原子，具有微弱的酸性。因此咪唑既有酸性又有碱性。

【例 5】 完成下列反应。

（1） S $\xrightarrow[ZnCl_2]{(CH_3CO)_2O}$　　（2） N $\xrightarrow[300℃]{Br_2}$

（3） O —COOH $\xrightarrow[100℃]{Br_2}$　　（4） N H + HO_3S—⟨苯环⟩—$\overset{+}{N}_2Cl^-$ $\longrightarrow$

（5） S $\xrightarrow{Br_2}$ $\xrightarrow[2)\ CO_2/H_3O^+]{1)\ Mg}$　　（6） O —CHO $\xrightarrow{Cl_2}$ $\xrightarrow{浓NaOH}$

解：呋喃、噻吩、吡咯氮原子上的孤对电子参与了环的共轭，属于富电子芳杂环体系，亲电取代反应比苯容易发生，且取代基团优先取代在 α 位。吡啶中氮原子上的孤对电子未参与环的共轭，属于缺电子芳杂环体系，氮原子的吸电子作用使得环上碳原子的电子云密度比苯低，因此亲电取代反应比苯难，需在强烈条件下进行，且取代基主要进入 β 位。

（1） S $\xrightarrow[ZnCl_2]{(CH_3CO)_2O}$ S —$COCH_3$

(2) 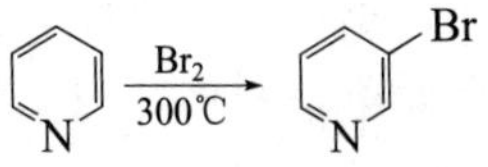 N $\xrightarrow[300^{\circ}C]{Br_2}$ Br N

(3) 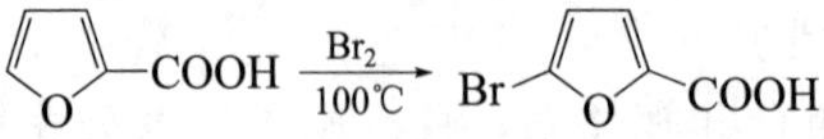 O COOH $\xrightarrow[100^{\circ}C]{Br_2}$ Br O COOH

(4) 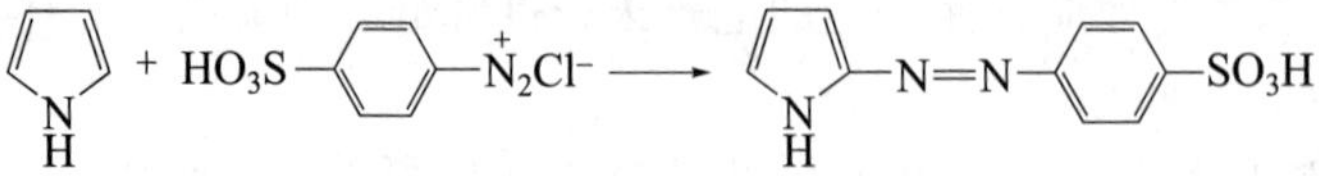 N H + HO_3S—C₆H₄—$\overset{+}{N}_2Cl^-$ $\longrightarrow$ N H —N=N—C₆H₄—SO_3H

(5) 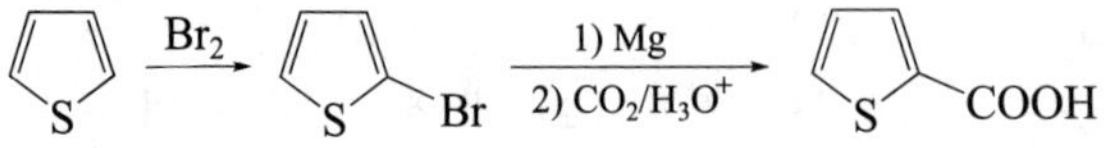 S $\xrightarrow{Br_2}$ S Br $\xrightarrow[2)\ CO_2/H_3O^+]{1)\ Mg}$ S COOH

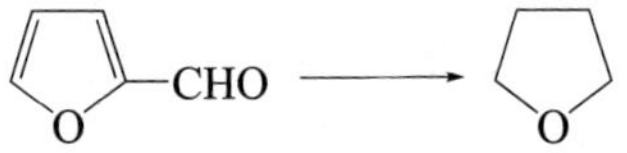

(6) 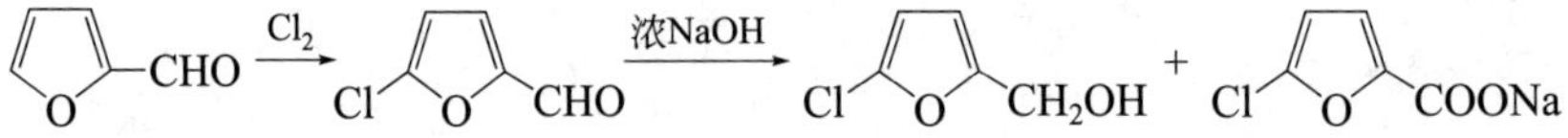 O CHO $\xrightarrow{Cl_2}$ Cl O CHO $\xrightarrow{浓NaOH}$ Cl O CH_2OH + Cl O COONa

【例 6】 完成下列转化。

(1) 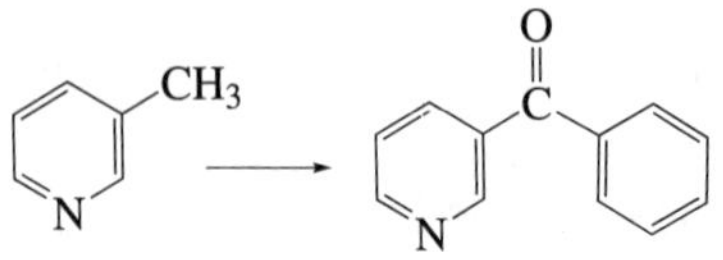 CH_3 N $\longrightarrow$ O C N

(2) O CHO $\longrightarrow$ O

(3) O $\longrightarrow$ O_2N O COOH

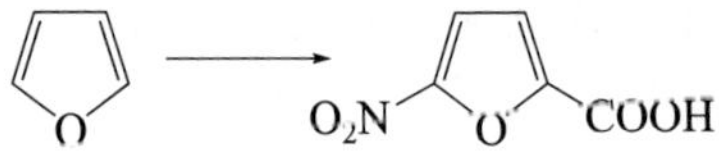

(4) 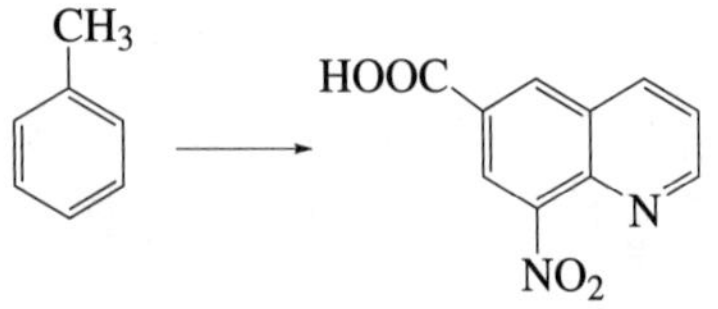 CH_3 $\longrightarrow$ HOOC N NO_2

解：

(1) 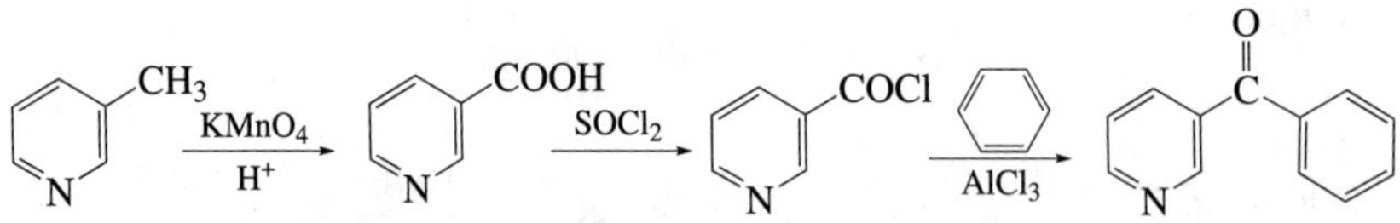 CH_3 N $\xrightarrow[H^+]{KMnO_4}$ COOH N $\xrightarrow{SOCl_2}$ COCl N $\xrightarrow[AlCl_3]{C_6H_6}$ O C N

产物为芳香酮，故考虑傅-克反应。但吡啶环不能进行傅-克反应，只能作为酰化剂。

(2) 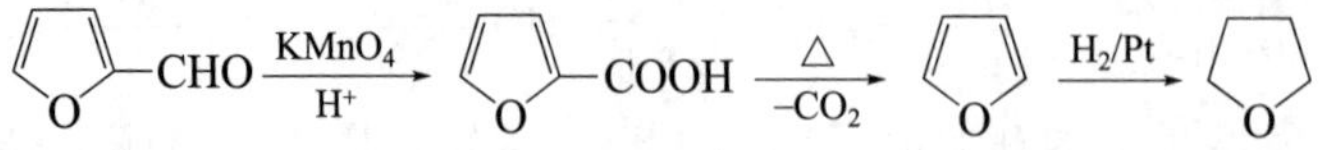 O CHO $\xrightarrow[H^+]{KMnO_4}$ O COOH $\xrightarrow[-CO_2]{\triangle}$ O $\xrightarrow{H_2/Pt}$ O

考虑呋喃甲酸受热易脱羧，故先将醛氧化为羧酸再脱羧还原得到产物。

(3) 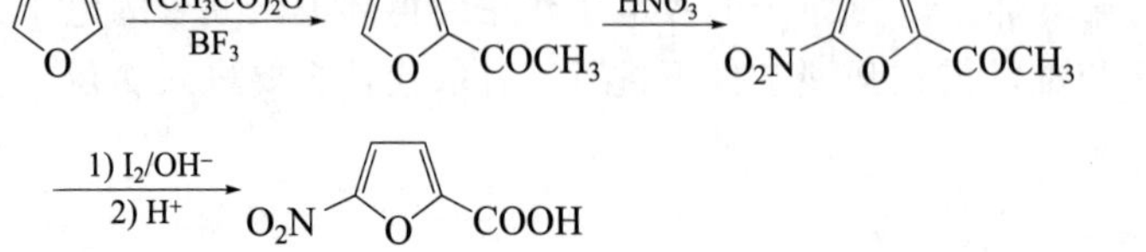 O $\xrightarrow[BF_3]{(CH_3CO)_2O}$ O $COCH_3$ $\xrightarrow{HNO_3}$ O_2N O $COCH_3$

$\xrightarrow[2)\ H^+]{1)\ I_2/OH^-}$ O_2N O COOH

呋喃易被强酸树脂化，故不能直接硝化，可先引入钝化取代基降低反应活性，避免树脂化。

(4) 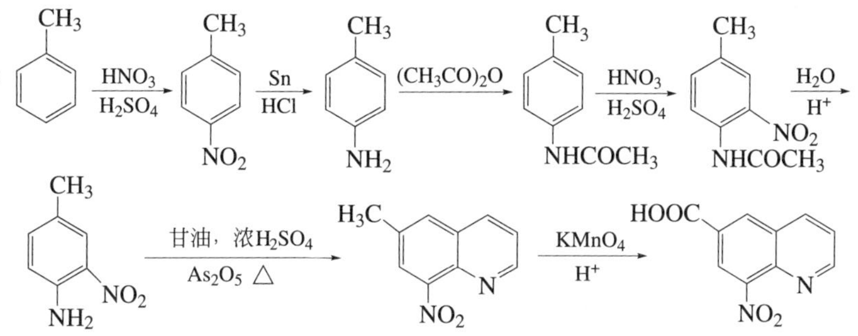 甲苯 $\xrightarrow[H_2SO_4]{HNO_3}$ 对硝基甲苯（CH_3，NO_2）$\xrightarrow[HCl]{Sn}$ 对甲基苯胺（CH_3，NH_2）$\xrightarrow{(CH_3CO)_2O}$（$CH_3$，$NHCOCH_3$）$\xrightarrow[H_2SO_4]{HNO_3}$（$CH_3$，$NO_2$，$NHCOCH_3$）$\xrightarrow[H^+]{H_2O}$

（CH_3，NO_2，NH_2）$\xrightarrow[As_2O_5\ \triangle]{甘油，浓H_2SO_4}$（$H_3C$，$NO_2$，N 喹啉）$\xrightarrow[H^+]{KMnO_4}$（HOOC，$NO_2$，N 喹啉）

产物为喹啉的衍生物，考虑采用斯克劳普合成法。

【例 7】 如何除去苯中含有的少量噻吩？

解： 将含有少量噻吩的苯置于分液漏斗中，反复用硫酸提取，去除硫酸层，即可除去噻吩。

原理：在室温下，噻吩比苯容易磺化，磺化的噻吩溶于浓硫酸内，从而与苯分离。

【例 8】 指出组胺分子中氮原子的碱性次序。

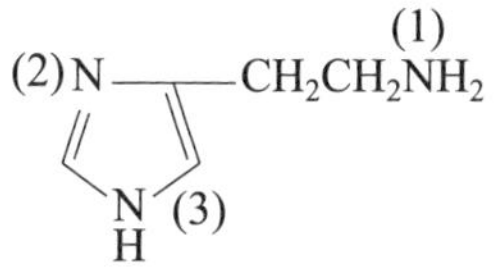

（组胺结构：(2)N、$CH_2CH_2NH_2$ (1)、N(3)H）

解： 氮原子碱性次序为（1）＞（2）＞（3）

理由：从结构来看，（1）是 sp^3 杂化氮原子，属于脂肪胺。（2）、（3）在杂环中，是 sp^2 氮原子。（2）属于吡啶型氮原子，具有弱碱性，但碱性小于氨和脂肪胺。（3）属于吡咯型氮原子，氮上的氢能解离而显示酸性。

四、习题

1. 命名下列化合物。

(1) 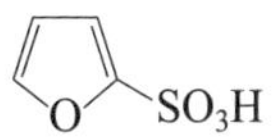 （呋喃环，SO_3H）　(2) （吡啶环，$CONH_2$）　(3) （四氢呋喃，O）　(4) （吡咯环，I、I、I、I，NH）

(5) （H_3C，咪唑环 N、NH）　(6) （噻唑环 N、S，NO_2）　(7) （NH_2，嘌呤环 N、N、N、NH）　(8) （吲哚环 NH，CH_2COOH）

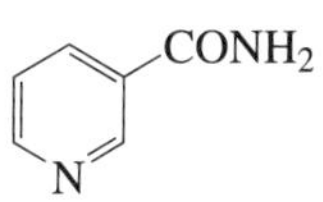

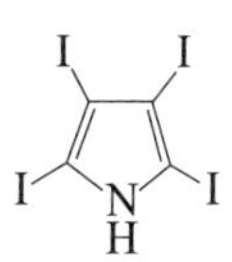

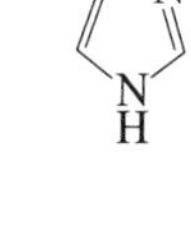

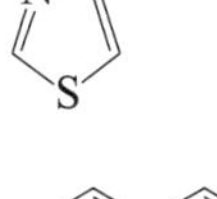

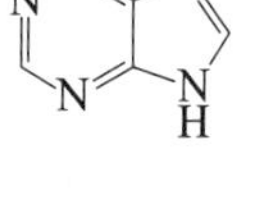

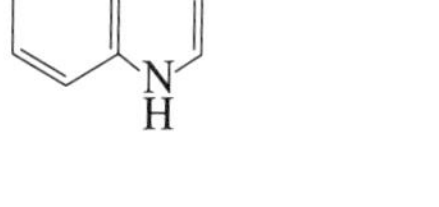

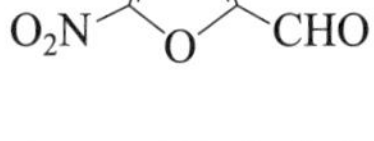

(9) （O_2N，呋喃环 O，CHO）　(10) （喹啉环 N，OH）

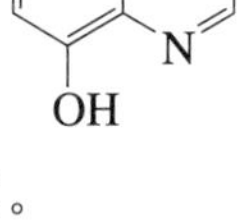

2. 写出下列化合物的结构式。

（1）α-呋喃甲醇　（2）四氢吡咯　（3）β-吡啶甲酸　（4）2,3-吡啶二甲酸

(5) 六氢吡啶　　(6) N-甲基吡咯　　(7) 4-硝基喹啉-N-氧化物

(8) 8-羟基异喹啉　　(9) 噻唑-5-磺酸　　(10) 4-氯噻吩-2-甲酸

3.写出下列反应的主要产物。

(1) 吡咯（N-H） $\xrightarrow[CH_3CH_2OH]{Br_2, 0℃}$

(2) 吡啶（N） $\xrightarrow[350℃]{KNO_3\ H_2SO_4}$

(3) 吡啶（N） $+ HCl \longrightarrow$

(4) 呋喃（O） $\xrightarrow[高温高压]{H_2/Ni}$

(5) 2 呋喃（O）-CHO $\xrightarrow{浓NaOH}$

(6) 喹啉（N） $+ HNO_3 \xrightarrow{浓H_2SO_4}$

(7) 呋喃（O） $+ (CH_3CO)_2 \xrightarrow{BF_3}$

(8) 噻吩（S） $+ H_2SO_4 \xrightarrow{25℃}$

(9) 呋喃（O） $\xrightarrow[1,4-二氧六环]{Br_2\ 25℃}$

(10) 吡咯（N-H） $+ CH_3MgI \longrightarrow$

(11) H_3CO-苯-NH_2 $+ CH_3CH{=}CHCHO \xrightarrow[H_2SO_4]{H_3CO-苯-NO_2}$

(12) 苯-NH_2 $+ CH_2{=}C(CH_3)CHO \xrightarrow[H_2SO_4]{苯-NO_2}$

4.单项选择题（单项）。

(1) 下列化合物中碱性最弱的是（　　）

A. NH_3　　B. 吡咯（N-H）　　C. 苯-NH_2　　D. 哌啶（N-H）

(2) 下例三个化合物进行硝化反应其反应活性顺序为（　　）

1. 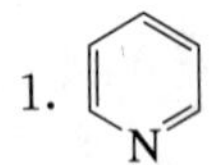　　2. 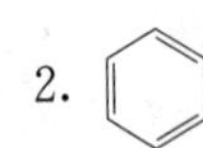　　3. 苯-CH_3

A. 3>2>1　　B. 3>1>2　　C. 1>3>2　　D. 2>3>1

(3) 下列化合物中碱性最弱的是（　　）

A. 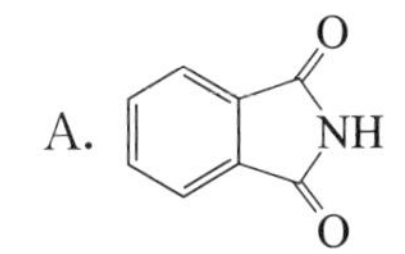　B. 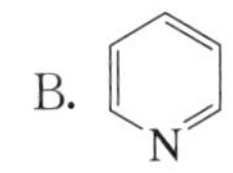　C. 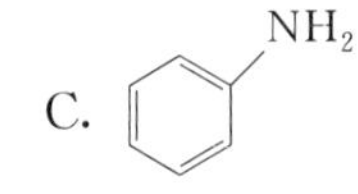　D. 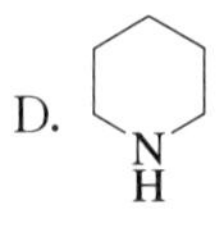

（4）下列化合物发生亲电取代反应的活性顺序为（　　）

a. 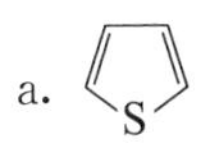　b. 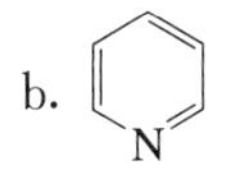　c. 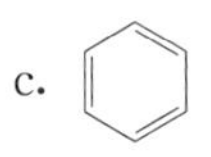　d. 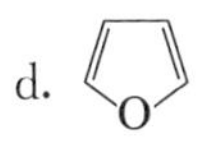

A. b＞d＞a＞c　　B. c＞b＞d＞a　　C. a＞b＞d＞c　　D. d＞a＞c＞b

5.简答题。

（1）如何区分吡啶与喹啉？

（2）如何除去苯中的少量吡啶？

（3）如何除去吡啶中的少量六氢吡啶？

6.推断结构。

某杂环化合物 A(C_6H_6OS) 不与银氨溶液反应，但能与 NH_2OH 形成肟 B(C_6H_7NOS)，且 A 与 I_2/NaOH 作用生成黄色沉淀和 C(α-噻吩甲酸钠)，试写出 A、B、C 的结构式及有关反应式。

五、习题参考答案

1.（1）α-呋喃磺酸　（2）β-吡啶甲酰胺　（3）四氢呋喃　（4）四碘吡咯
（5）4-甲基咪唑　（6）4-硝基噻唑　（7）6-氨基嘌呤　（8）β-吲哚乙酸
（9）5-硝基-2-呋喃甲醛　（10）8-羟基喹啉

2.

（1）CH_2OH　（2）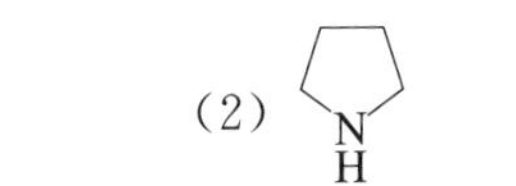　（3）COOH　（4）COOH COOH

（5）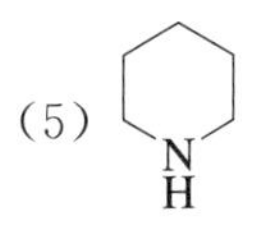　（6）CH_3　（7）NO_2　（8）OH

（9）SO_3H　（10）Cl COOH

3.

（1）Br Br Br Br　（2）NO_2　（3）Cl^-　（4）

（5）COONa ＋ CH_2OH　（6）O_2N ＋ NO_2

(7) 2-furyl–$COCH_3$ (8) 2-thienyl–SO_3H (9) 2-furyl–Br (10) pyrrole N–MgI

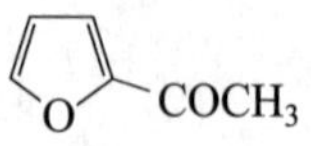

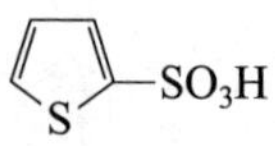

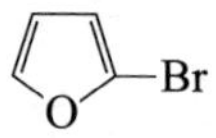

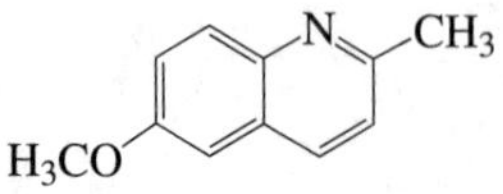

(11) 6-H_3CO-2-CH_3-quinoline (12) 3-CH_3-quinoline

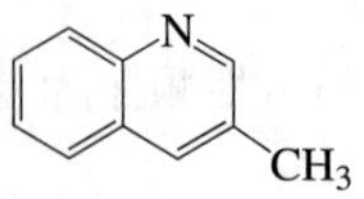

4.（1）B （2）A （3）A （4）D

5.（1）吡啶易溶于水，喹啉在水中溶解度很小。

（2）方法一：在混合物中加入水并不断振摇，使吡啶溶于下层水中，静置，分离除去下层水溶液。

方法二：在混合物中加硫酸，吡啶与硫酸反应生成吡啶硫酸盐而溶于硫酸中，静置分层，分离去除下层的硫酸。

（3）将混合物溶于乙醚后，加适量稀盐酸，后者生成盐酸盐分层去除。

6.

A: 2-thienyl–$COCH_3$ B: 2-thienyl–$C(=NOH)CH_3$ C: 2-thienyl–COONa

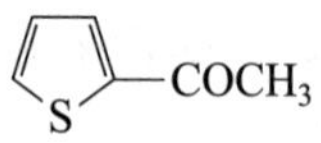

$$\text{2-thienyl–COCH}_3\ (A) \xrightarrow{NH_2OH} \text{2-thienyl–C(=NOH)CH}_3\ (B)$$

$$\text{2-thienyl–COCH}_3\ (A) \xrightarrow{I_2/OH^-} \text{2-thienyl–COONa}\ (C)$$

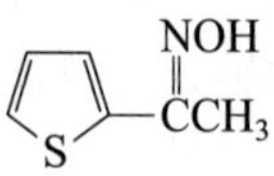

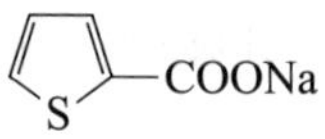

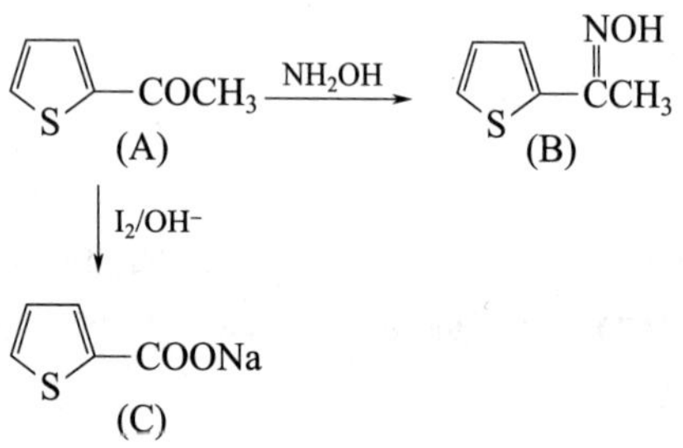

第三部分

生物有机化合物

第十五章　脂类、萜类和甾族化合物

一、目的要求

1. 掌握油脂的定义、组成、结构和理化性质，了解磷脂的结构特点和分类。
2. 掌握萜类化合物的定义、分类和结构特点。
3. 熟悉常见的萜类化合物及其应用。
4. 掌握甾族化合物的基本结构、构型和构象。
5. 了解甾族化合物的命名，熟悉常见的甾族化合物及其应用。

二、本章要点

1. 脂类化合物

（1）定义

油脂是油和脂的总称，是甘油和高级脂肪酸形成的酯的混合物，具有酯的一般性质，能发生碱性水解（皂化）、加成、氧化（酸败）等反应。

磷脂是类似于油脂的一类化合物，分为甘油磷脂和神经磷脂，最常见的甘油磷脂是卵磷脂和脑磷脂。

（2）油脂的化学性质

水解：油脂在酸、碱或酶作用下均可发生水解反应，油脂在碱性条件下的水解又称"皂化反应"。1g 油脂完全皂化所需要的氢氧化钾的毫克数称为皂化值。由皂化值大小可判断油脂中所含脂肪酸的平均相对分子质量大小：皂化值越大，脂肪酸的平均相对分子质量越小；反之则越大。皂化值是衡量油脂质量的指标之一，并可反映油脂皂化时所需碱的用量。

$$\begin{array}{l} H_2C-O-\overset{O}{\overset{\|}{C}}-R \\ \;\,| \\ HC-O-\overset{O}{\overset{\|}{C}}-R' \\ \;\,| \\ H_2C-O-\overset{O}{\overset{\|}{C}}-R'' \end{array} + 3\,NaOH \longrightarrow \begin{array}{l} H_2C-OH \\ \;\,| \\ HC-OH \\ \;\,| \\ H_2C-OH \end{array} + \begin{array}{l} RCOONa \\ \\ R'COONa \\ \\ R''COONa \end{array}$$

加成：含有不饱和脂肪酸的油脂，其分子中的碳碳双键可与氢、卤素等进行加成。

加氢是指不饱和脂肪酸通过催化加氢，可转化为饱和脂肪酸，物态也从液态油变成半固态或固态的脂肪的反应，因此油脂的氢化又称为油脂的硬化。

加碘是指不饱和脂肪酸分子中的碳碳双键与碘发生的加成反应。100g 油脂所吸收的碘的克数称为碘值。碘值是油脂分析的重要指标，碘值越大，表明油脂的不饱和度越高。

氧化和酸败：油脂在空气中的氧、水分和微生物的作用下，碳碳双键被氧化成过氧化物，这些过氧化物再经分解生成有臭味的小分子醛、酮和羧酸类化合物，发生质变并产生难闻的气味，这种现象称为油脂的酸败。中和 1g 油脂中的游离脂肪酸所需要的氢氧化钾毫克数称为油脂的酸值。

(3) 磷脂

甘油磷脂：是最常见的磷脂，可视为磷酸酯的衍生物。常见的甘油磷脂有卵磷脂和脑磷脂。

非极性部分

$$\begin{array}{l} \qquad\qquad\quad\;\; H_2C-O-\overset{O}{\overset{\|}{C}}-R \\ R'-\overset{O}{\overset{\|}{C}}-O-CH \\ \qquad\qquad\quad\;\; H_2C-O-\overset{O}{\overset{\|}{P}}-OCH_2CH_2N^+(CH_3)_3 \\ \qquad\qquad\qquad\qquad\quad\; | \\ \qquad\qquad\qquad\qquad\quad O^- \end{array}$$

极性部分

卵磷脂

非极性部分

$$\begin{array}{l} \qquad\qquad\quad\;\; H_2C-O-\overset{O}{\overset{\|}{C}}-R \\ R'-\overset{O}{\overset{\|}{C}}-O-CH \\ \qquad\qquad\quad\;\; H_2C-O-\overset{O}{\overset{\|}{P}}-OCH_2CH_2N^+H_3 \\ \qquad\qquad\qquad\qquad\quad\; | \\ \qquad\qquad\qquad\qquad\quad O^- \end{array}$$

极性部分

脑磷脂

神经磷脂：神经磷脂分子中的脂肪酸连接在神经氨基醇的氨基上，磷酸以酯的形式与神经氨基醇及胆碱结合。

$$\begin{array}{l} \qquad\qquad\qquad\; H \\ \qquad\quad\; HO-C-CH=CH(CH_2)_{12}CH_3 \\ \qquad\qquad\;\; H\quad | \\ R-\overset{O}{\overset{\|}{C}}-N-CH \\ \qquad\qquad\quad\;\; H_2C-O-\overset{O}{\overset{\|}{P}}-OCH_2CH_2N^+(CH_3)_3 \\ \qquad\qquad\qquad\qquad\quad\;\; | \\ \qquad\qquad\qquad\qquad\quad\;\; O^- \end{array}$$

神经磷脂

2. 萜类化合物

(1) 定义

萜类化合物是异戊二烯的低聚体、氢化物及含氧衍生物的总称。所以，萜类化合物的结构特征可看作由若干个异戊二烯分子头尾相连而成的，这又叫萜类结构的异戊二烯规律。

(2) 分类

根据所含异戊二烯单位的数目，萜类化合物分为单萜类、倍半萜类、二萜类、三萜类、四萜类和多萜类。也可以按照碳原子连接方式，萜类化合物分为开链、单环和多环萜类。

(3) 命名

萜类化合物的名称多以其来源及结构特点命名。例如：麝香酮、植醇、柠檬醛、薄荷醇、β-胡萝卜素等。

(4) 单萜类

单萜类由两个异戊二烯单位组成的，根据连接方式不同，可分为链状单萜、单环单萜和双环单萜等。

链状单萜：链状单萜具有如下基本骨架：

头 尾 头 尾 ═ 头 尾 尾 头

许多天然植物的挥发性油中均含有链状单萜的衍生物。例如：

CHO　CH₂OH　CH₂OH

月桂烯 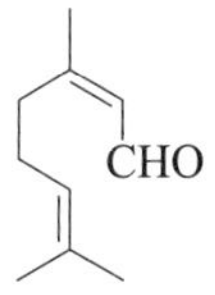　柠檬醛 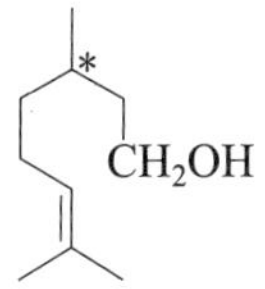　香茅醇 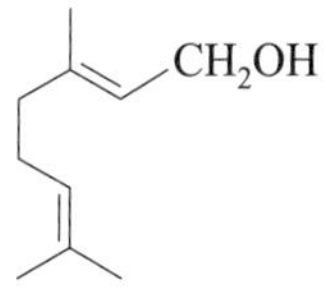　香叶醇

单环单萜：单环单萜的基本骨架是由两个异戊二烯单位缩合而成的六元碳环化合物。例如：

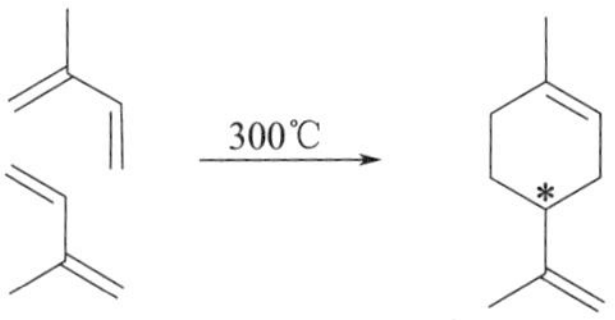

300℃

异戊二烯　苧烯(柠檬烯)

双环单萜：双环单萜可看作是薄荷烷的桥环衍生物。

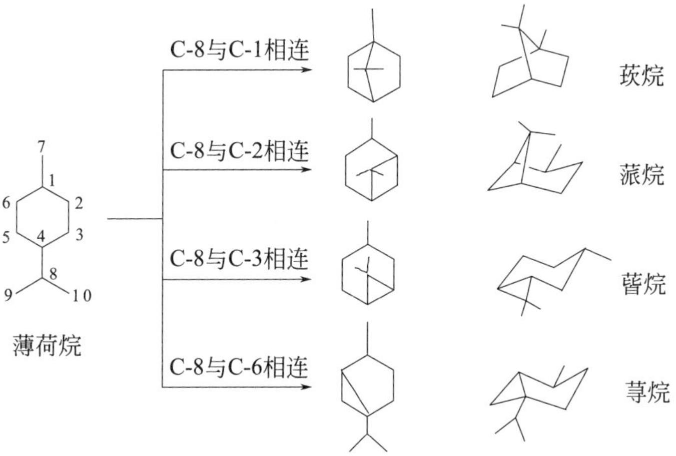

7 1 2 3 4 5 6 8 9 10

薄荷烷

C-8与C-1相连　莰烷

C-8与C-2相连　蒎烷

C-8与C-3相连　蒈烷

C-8与C-6相连　苧烷

这四种双环单萜烷不存在于自然界，但它们的一些不饱和含氧衍生物则广泛存在于自然

界。例如：

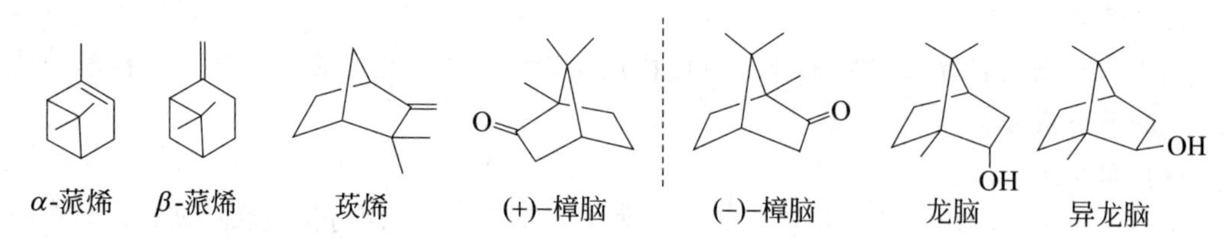

(5) 其他萜类化合物

倍半萜类：倍半萜类由三个异戊二烯单位组成，也有链状和环状两种结构。例如：

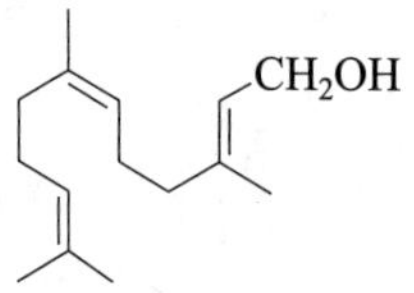

金合欢醇 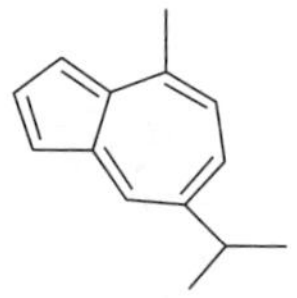　　愈创木薁 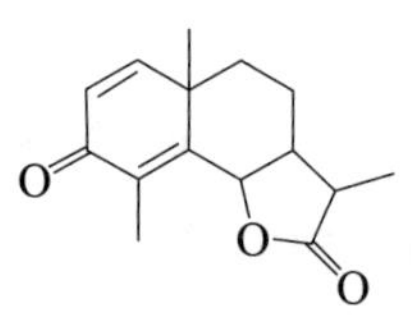　　山道年

二萜类：二萜分子中含有 20 个碳原子，是 4 个异戊二烯单位的聚合体。例如：植物醇为链状二萜类化合物，是叶绿素的水解产物之一。

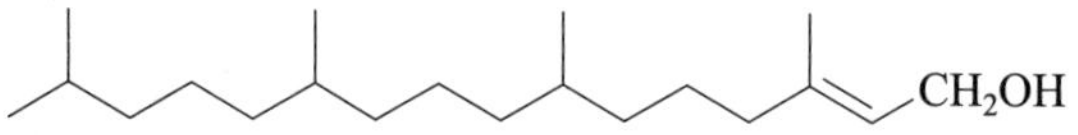

植物醇(叶绿醇)

三萜类：三萜分子中含 30 个碳原子，是 6 个异戊二烯单位的聚合体。如角鲨烯。

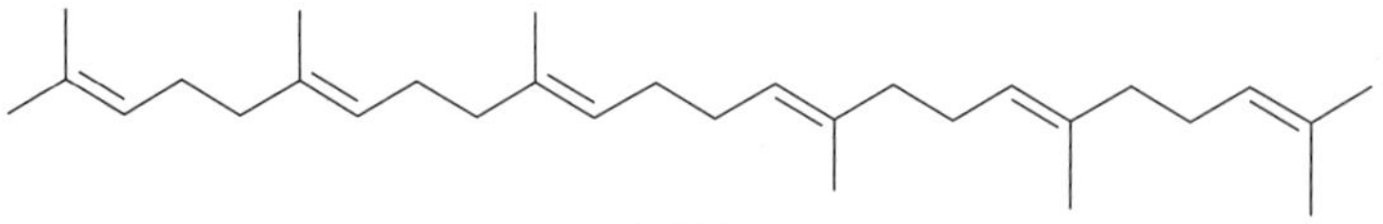

角鲨烯

四萜类：类胡萝卜素是一类四萜（有的类胡萝卜素中碳原子数不是 40），是一类天然色素。如：番茄红素。

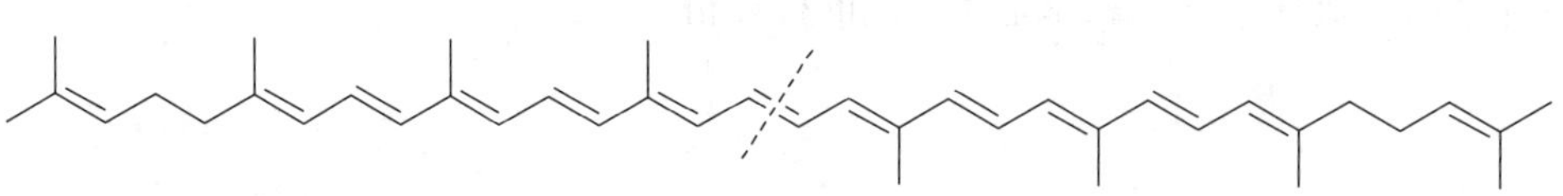

番茄红素

3. 甾族化合物

(1) 基本结构

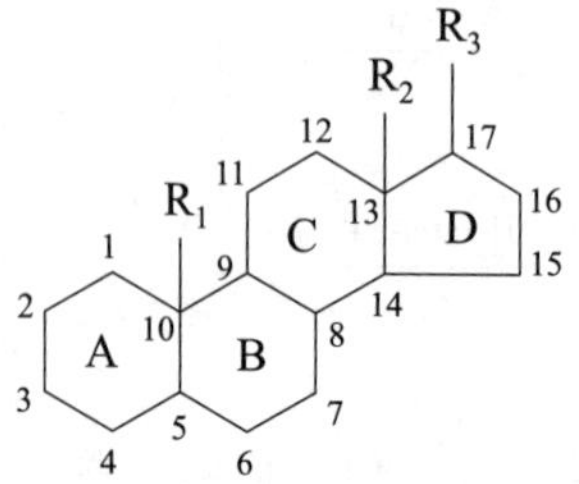

三个侧链中，R_1 和 R_2 常为角甲基，R_3 可为数目不同的碳链或含氧衍生基团。

(2) 构型

甾族化合物主要有两种构型：稠合的 A/B 环有顺式和反式两种（稠合的 B/C 环和 C/D 环一般都是反式）。当 A/B 环顺式稠合时，C-5 上的氢原子和 C-10 上的角甲基在环平面的同侧，用实线表示，叫正系（5β-型）或粪甾烷系；当 A/B 环反式稠合，C-5 上氢原子和 C-10 上的角甲基在环平面的异侧，C-5 上的氢原子伸向环平面的后方，用虚线表示，称为别系（5α-型）或胆甾烷系。

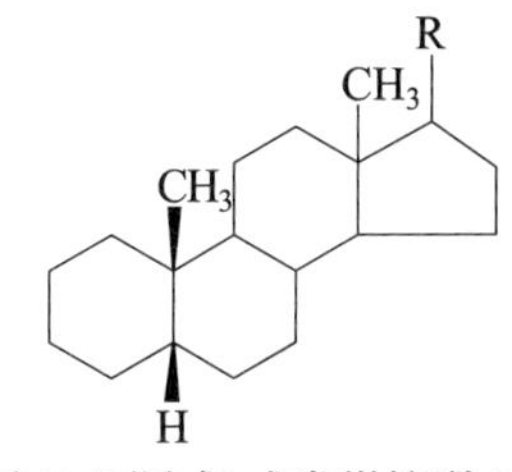

正系(A/B顺式)或粪甾烷型(5β-型)

别系(A/B反式)或胆甾烷系(5α-型)

此外，甾族化合物的环上取代基与角甲基在环平面同侧时，用实线表示，标记为 β-型，与角甲基在环平面异侧时用虚线表示，标记为 α-型。例如：

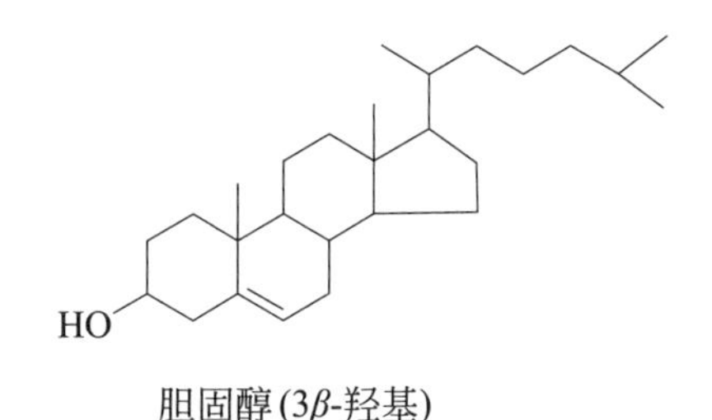

胆固醇(3β-羟基)

胆酸(3α,7α,12α-三羟基-5β-胆烷-24-酸)

(3) 几类重要的甾族化合物

甾醇类：主要有胆甾醇、7-脱氢胆甾醇和麦角甾醇。

胆甾醇最初是从胆汁中分离得到的固体醇，因而又称胆固醇。其结构特点：C-3 连有一个 3β-型醇羟基，C-5 和 C-6 间为双键，C-17 上连有一个 8 个碳原子的烃基。

7-脱氢胆甾醇由胆甾醇转化而来，存在于人体皮肤中。麦角甾醇存在于酵母和某些植物中。当受到紫外线照射时，7-脱氢胆甾醇和麦角甾醇中的 B 环破裂，分别得到维生素 D_3 和 D_2。

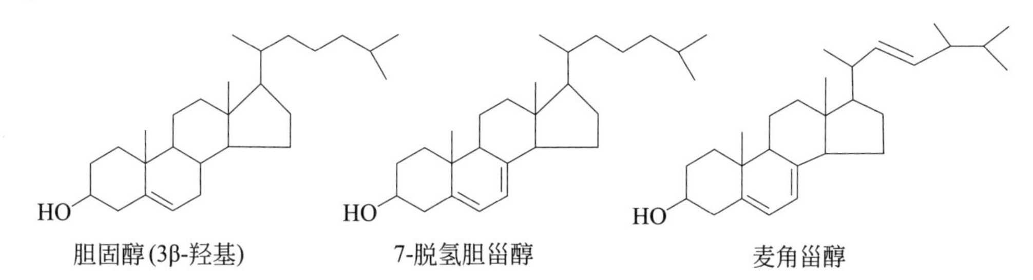

胆固醇(3β-羟基)　　7-脱氢胆甾醇　　麦角甾醇

胆甾酸类：从动物的胆汁分离得到几种含氧酸性甾族化合物的总称叫胆甾酸，主要有四种：胆酸、脱氧胆酸（7-脱氧胆酸）、鹅胆酸（C_{12}-脱氧胆酸）和石胆酸（7,12-二脱氧胆酸）四种。

甾体激素：甾体激素根据来源和生理作用不同，分为性激素和肾上腺皮质激素两类。昆虫蜕皮激素也属于甾体激素。

性激素可分为雌性激素和雄性激素两大类。雌性激素又可分为雌激素（卵泡激素）和孕激素（黄体激素）。雌激素主要有雌二醇和雌酮，其中雌二醇的生理作用最强。孕激素主要有孕酮和孕二醇。雄性激素主要有睾酮和雄酮。

由肾上腺皮质所分泌的一类甾体激素，称肾上腺皮质激素。肾上腺皮质激素按其功能，可以分为糖类皮质激素和盐皮质激素。

昆虫蜕皮激素是昆虫前胸腺所分泌的一种甾体类激素。

三、例题解析

【例 1】 自然界的甾族化合物，都具有环戊烷多氢菲的基本母体结构：

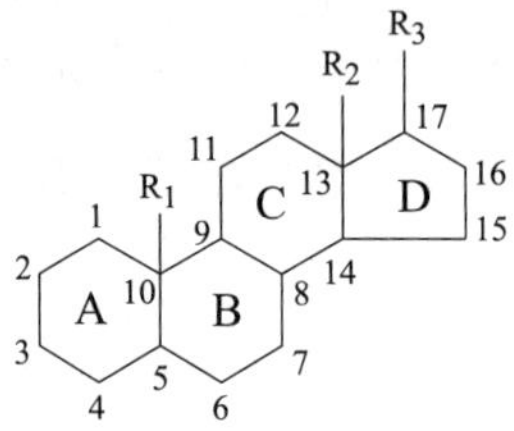

试指出该结构中有几个手性碳原子，理论上应该有几个旋光异构体？为什么从自然界获得的甾族化合物其旋光异构体数目只有两种构型，大大少于理论数？这两种构型如何表示？

解： 环戊烷多氢菲的母体结构有 7 个手性碳原子，理论上应有 $2^7=128$ 个旋光异构体。但由于四个环的相互稠合产生的空间位阻，使得实际存在的旋光异构体数目大大减少。目前，从自然界获得的甾族化合物，只有两种构型——顺式和反式。顺式是指 A/B 环稠合时，就像顺式十氢萘的构型，即 C-5 上的氢原子和 C-10 上的角甲基在环平面的同侧；反式是指 A/B 环稠合时，就像反式十氢萘的构型，即 C-5 上氢原子和 C-10 上的角甲基在环平面的异侧。

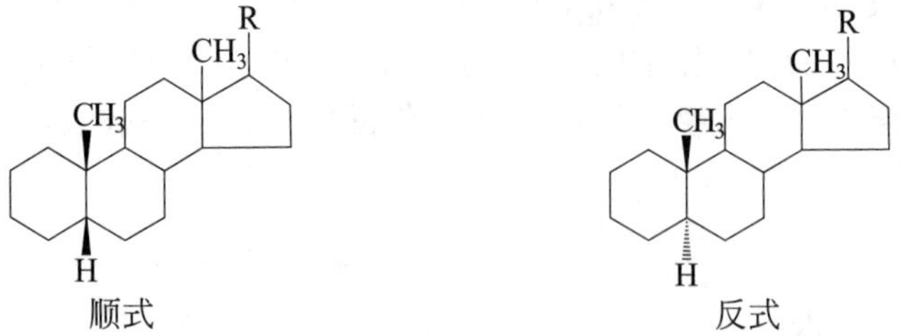

顺式　　　　反式

【例 2】 萜类化合物 A($C_{10}H_{16}O$)，可由柠檬油中分离获得。A 和羟胺反应生成肟，又可发生银镜反应；A 通过催化加氢（H_2/Ni）吸收两摩尔氢形成化合物 B($C_{10}H_{20}O$)；A 通过高锰酸钾氧化得到化合物 C、丙酮和乙二酸。化合物 C 的结构为：$CH_3COCH_2CH_2COOH$。试写出化合物 A 和 B 的结构式和构型。

解： 根据题意，A 能与羟胺反应生成肟又可发生银镜反应，说明结构中有醛基；A 催化氢化吸收两摩尔氢，说明结构中含有两个碳碳双键，排除叁键和环状单烯烃的可能。A 含有 10 个碳原子，氧化产物为 C、丙酮和乙二酸。由几种条件拼接，推断 A 是含氧单萜衍生物。

(互为顺反异构体)

【例 3】 动物胆结石的主要成份为胆固醇（胆甾醇），具有以下构象式。

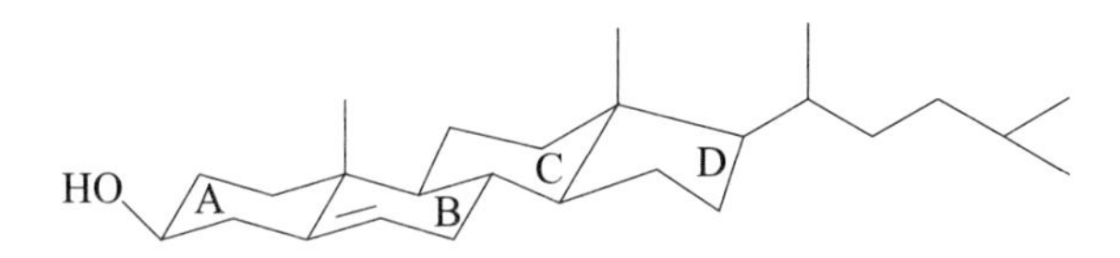

试问：(1) 胆固醇属于正系还是别系构型？

(2) 3 位上的醇羟基为何种构型？

(3) 3 位醇羟基发生酯化反应，其反应速度如何？

解：(1) 胆固醇的构型是别系。即 A/B 环为反式稠合。

(2) 3 位上的羟基为 β-型，因为 3 位羟基与 C_{10} 和 C_{13} 位上的角甲基在环同侧。

(3) 如果羟基处于 e 键时，空间位阻较 a 键小，因此酯化反应速度较 a 键快。因为 3 位羟基处于 e 键，因此酯化反应速度较快。

【例 4】 指出下列萜类化合物的异戊二烯单元数，并指出属于哪类萜？标出连接的部位。

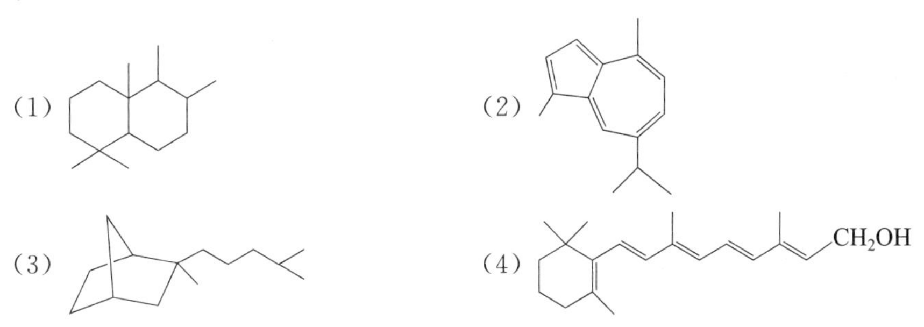

解：萜类化合物的结构可看作由两个或两个以上的异戊二烯按不同方式头尾连接而成的化合物。萜类化合物这种结构特点又称为异戊二烯规律。异戊二烯规律是萜类化合物的结构特点根本所在。萜类化合物的碳数必须是 5 的倍数，根据萜的分类可知，单萜为 10 个碳，倍半萜为 15 个碳，二萜为 20 个碳等。

(1) 三个异戊二烯单元，属倍半萜

(2) 三个异戊二烯单元，属倍半萜

(3) 三个异戊二烯单元，属倍半萜

(4) 四个异戊二烯单元，属二萜

【例 5】 试述胆汁酸的组成，并解释胆汁酸在动物小肠中，为何能够使脂肪乳化并促进吸收。

解： 从动物的胆汁分离得到几种含氧酸性甾族化合物的总称叫胆甾酸，主要有四种：胆酸、7-脱氧胆酸、C_{12}-脱氧胆酸和 7，12-二脱氧胆酸四种。

胆汁酸是由胆甾酸分别与甘氨酸和牛磺酸的氨基结合而成。由于小肠的碱性环境，胆汁酸以盐的形式存在，其分子的一端为脂溶性（疏水性）的甾醇环，另一端为亲水性的羧基负离子，因此胆汁酸是一个表面活性分子。脂溶性（疏水性）的甾醇环将脂肪微粒包裹起来，亲水性的羧基负离子暴露在外，形成微球分散在小肠内（肠液中）而使脂肪乳化，同时胆汁酸能使脂肪水解酶活化，促进脂肪的消化与吸引收。

四、习题

1. 天然油脂中脂肪酸的结构有何特点？
2. 何为必需脂肪酸？常见的必需脂肪酸有哪些？
3. 解释下列化学名词。

（1）皂化和皂化值　　（2）油脂的硬化和碘值　　（3）油脂的酸败和酸值

4. 写出卵磷脂和脑磷脂完全水解反应的反应式。
5. 举例说明下列各名词术语。

（1）链状单萜　　（2）双环单萜　　（3）异戊二烯规律

（4）甾族化合物正系（5β-型）和别系（5α-型）

6. 写出下列化合物的结构式。

（1）柠檬醛　　（2）冰片　　（3）樟脑

（4）柠檬烯（苧烯）　　（5）薄荷醇　　（6）胆固醇

7. 胆酸有几个手性碳原子？理论上有几个旋光异构体？写出胆酸的结构式。它们属于何种构型？指出哪个羟基最易发生乙酰化反应。
8. 写出樟脑合成冰片的反应式；如何检查反应是否完全？

五、习题参考答案

1. 天然油脂都是高级脂肪酸与甘油形成的脂。组成油脂的高级脂肪酸绝大多数是含14～22 之间偶数碳原子的直链羧酸，只在少数油脂中发现带支链、脂环或羟基的脂肪酸，其中包括饱和脂肪酸和不饱和脂肪酸。在饱和脂肪酸中，以 16 个碳原子的软脂酸和 18 个碳原子的硬脂酸分布最广。天然的不饱和高级脂肪酸，如十八碳烯酸，都以顺式构型存在。此外，天然油脂分子中的三个高级脂肪酰基不同，其分子具有手性，为 L-构型，通式如下：

$$\begin{array}{lll} \alpha & H_2C-O-\overset{\overset{\large O}{\|}}{C}-R \\ & \quad | \\ \beta & HC-O-\overset{\overset{\large O}{\|}}{C}-R' \\ & \quad | \\ \alpha' & H_2C-O-\overset{\overset{\large O}{\|}}{C}-R'' \end{array}$$

2. 人体不能合成或合成量不足，必须从食物中摄取的不饱和脂肪酸，称为必需脂肪酸。常见的必需脂肪酸有亚油酸、亚麻酸、花生四烯酸。

3. 油脂在碱性条件下的水解称“皂化反应”。1g 油脂完全皂化所需要的氢氧化钠或氢氧化钾的毫克数称为皂化值。

不饱和脂肪酸通过催化加氢转化为饱和脂肪酸时，物态从液态油变成半固态或固态的脂肪，称为油脂的硬化；不饱和脂肪酸分子中的碳碳双键与碘加成反应时，100g 油脂所吸收的碘的克数称为碘值。

油脂在空气中的氧、水分和微生物的作用下，碳碳双键被氧化成过氧化物再经分解生成有臭味的小分子醛、酮和羧酸类化合物，发生质变并产生难闻的气味，这种现象称为油脂的酸败。中和 1g 油脂中的游离脂肪酸所需要的氢氧化钾的毫克数称为油脂的酸值，酸值越高，表明酸败越严重。

4. 卵磷脂完全水解反应式：

$$\begin{array}{l} \qquad\qquad\quad H_2C{-}O{-}\overset{\overset{\large O}{\|}}{C}{-}R \\ R'{-}\overset{\overset{\large O}{\|}}{C}{-}O{-}\overset{|}{C}H \\ \qquad\qquad\quad H_2\overset{|}{C}{-}O{-}\underset{\underset{\large O^-}{|}}{\overset{\overset{\large O}{\|}}{P}}{-}OCH_2CH_2N^+(CH_3)_3 \end{array} \xrightarrow{水解} \begin{array}{l} CH_2OH \\ |\\ CHOH \\ | \\ CH_2OH \end{array} + RCOOH + R'COOH + H_3PO_4 + HOCH_2CH_2N^+(CH_3)_3OH^-$$

脑磷脂完全水解反应式：

$$\begin{array}{l} \qquad\qquad\quad H_2C{-}O{-}\overset{\overset{\large O}{\|}}{C}{-}R \\ R'{-}\overset{\overset{\large O}{\|}}{C}{-}O{-}\overset{|}{C}H \\ \qquad\qquad\quad H_2\overset{|}{C}{-}O{-}\underset{\underset{\large O^-}{|}}{\overset{\overset{\large O}{\|}}{P}}{-}OCH_2CH_2N^+H_3 \end{array} \xrightarrow{水解} \begin{array}{l} CH_2OH \\ |\\ CHOH \\ | \\ CH_2OH \end{array} + RCOOH + R'COOH + H_3PO_4 + HOCH_2CH_2NH_2$$

5. (1) 链状单萜由两个异戊二烯单位组成，具有如下基本骨架：

例如：月桂烯

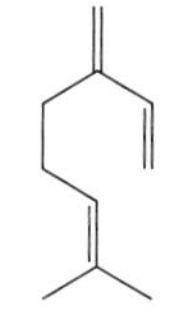

(2) 单环单萜的基本骨架是由两个异戊二烯单位环加成形成的六元碳环化合物。双环单萜可看作单环单萜的桥环衍生物。例如：α-蒎烯

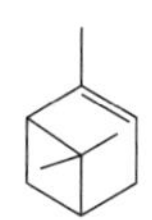

（3）萜类化合物的结构特征可看作由若干个异戊二烯单元头尾相连而成的，这又叫萜类结构的异戊二烯规律。在异戊二烯单元中，C-1 称为“头”，C-4 称为“尾”。大多数萜类化合物中的异戊二烯单元以“头-尾连接”的形式互相连接，但也有少数以“尾-尾连接”，此种情况不多见。

头 CH_3 尾
$H_2C{=}C{-}CH{=}CH_2$
1 2 3 4

异戊二烯单元　　“头-尾连接”　　“尾-尾连接”

（4）甾族化合物正系和别系的差别，仅 A/B 环稠合不同。

正系或粪甾烷系：A/B 环以 e，a 键顺式稠合，即 C-5 上的氢原子和 C-10 上的角甲基在环平面的同侧。

别系或胆甾烷系：A/B 环以 e，e 键反式稠合，即 C-5 上氢原子和 C-10 上的角甲基在环平面的异侧。C-5 上的氢原子伸向环平面的后方，用虚线表示。

正系或类甾烷型(5β-型) (A/B顺式)

别系或胆甾烷型(5α-型) (A/B反式)

6. 结构式分别如下：

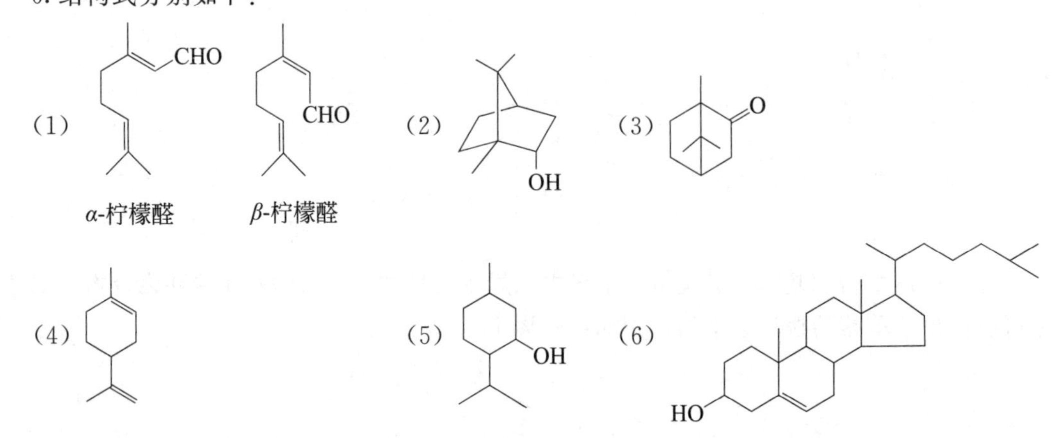

7. 胆酸有 11 个手性碳原子，理论上有 2^{11} 个旋光异构体。胆酸的结构式如下：

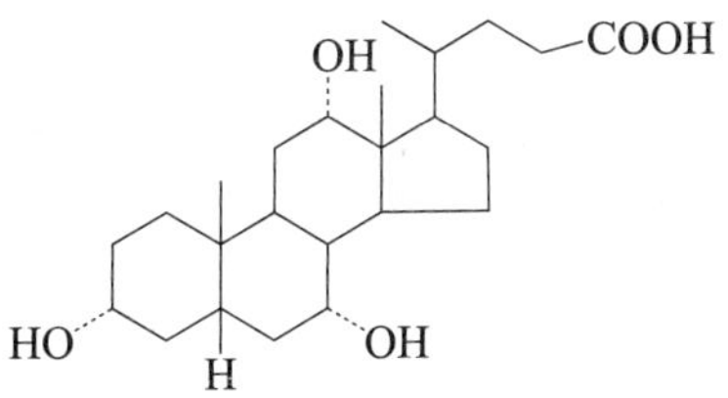

胆酸(3α, 7α, 12α-三羟基-5β-胆烷-24-酸)

胆酸属于正系（5β-型）。A/B环以e，a键顺式稠合，即C-5上的氢原子和C-10上的角甲基在环平面的同侧（β型）。3,7,12位三个三羟基为α型。3位羟基最易发生乙酰化反应，因为3位羟基的空间位阻最小。

8.樟脑合成冰片反应式如下：

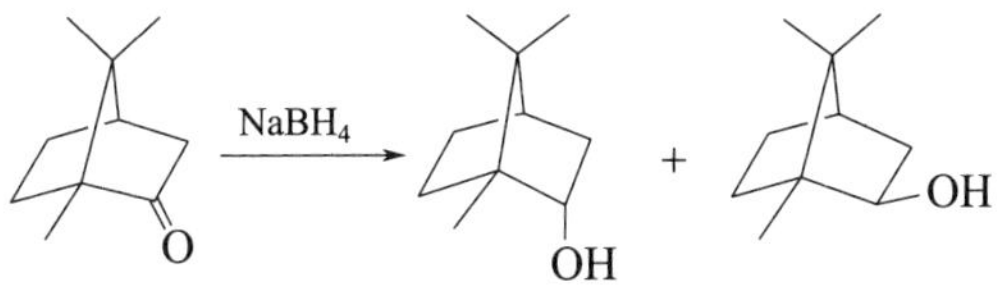

$NaBH_4$

樟脑具有羰基化合物的性质，例如，可与2,4-二硝基苯肼反应生成黄色沉淀。检查用樟脑合成冰片的反应是否完全可用2,4-二硝基苯肼检查，如产物与2,4-二硝基苯肼反应无黄色沉淀，说明反应完全；反之则不完全。

第十六章　生物碱

一、目的要求

1. 熟悉生物碱的定义和分类。
2. 了解生物碱的一般性质和提取方法。
3. 了解常见的生物碱。
4. 了解生物碱的生理作用。

二、本章要点

1. 生物碱的定义、分类和命名

生物碱是一类存在于生物体内，对人和动物有强烈生理效应的碱性含氮化合物。它们基本上是含氮的杂环，仅少数没有含氮杂环。其结构类型都较复杂，大都对人畜有毒，少量可作医疗药剂，许多中草药的有效成分是生物碱。

生物碱分类常用的方法是根据生物碱的化学构造进行分类，如麻黄碱属有机胺类，茶碱属嘌呤衍生物类，利血平属吲哚衍生物类等。

生物碱大多也可根据来源的植物来命名。如麻黄碱由麻黄提取而得名，烟碱来源于烟草而得名。生物碱的命名还可用国际通用名称的译音，如烟碱又叫尼古丁（nicotine）。

2. 生物碱的一般性质

大多数生物碱是无色结晶固体，难溶于水，易溶于乙醇、乙醚等有机溶剂。一般生物碱味苦，有旋光性，天然生物碱多为左旋。

生物碱都具碱性。碱性强弱与氮原子的杂化状态、诱导效应、共轭效应、空间效应以及分子内氢键形成等因素有关。

3. 生物碱的一般提取方法

从植物中提取生物碱一般采取溶剂（稀酸、乙醇、苯等）提取法。

近来常用色谱、离子交换树脂等方法进行生物碱的分离和提纯。

4. 常见的生物碱

常见的生物碱有苯乙胺体系生物碱、四氢吡咯及六氢吡啶环系生物碱、吲哚环系生物碱、喹啉、异喹啉环系生物碱和嘌呤环系生物碱等。

三、例题解析

【例 1】 古柯碱 A($C_8H_{15}ON$) 是一种生物碱，存在于古柯植物中。不溶于 NaOH 水溶液而可溶于盐酸。不与苯磺酰氯作用，但能与苯肼作用生成相应的苯腙。它与 NaOI 作用生成黄色沉淀和一个羧酸 B（$C_7H_{13}O_2N$）。用 Cr_2O_3 强烈氧化，B 可转化为古柯酸（$C_6H_{11}O_2N$），即 *N*-甲基-2-吡咯烷甲酸。试写出 A、B 的结构式。

解：

A: N-甲基吡咯烷-2-基 $-CH_2COCH_3$（N 上连 CH_3）　　B: N-甲基吡咯烷-2-基 $-CH_2COOH$（N 上连 CH_3）

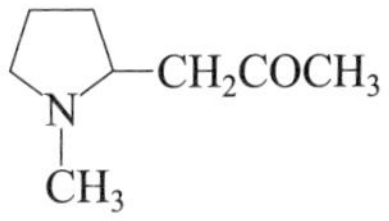

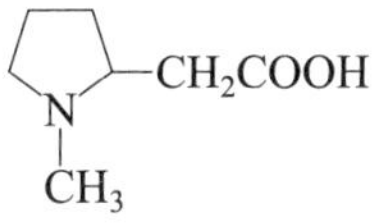

古柯酸（$C_6H_{11}O_2N$），即 *N*-甲基-2-吡咯烷甲酸：（吡咯烷环 2 位连 COOH，N 上连 CH_3），由 B 强氧化而来，且较 B 少了一个 CH_2，推断 B 应为（吡咯烷环 2 位连 CH_2COOH，N 上连 CH_3）（若 B 含有另外侧链，则氧化不可能只得到一元酸）。

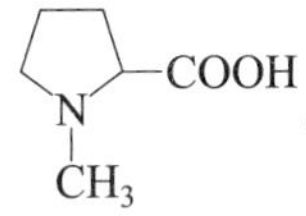

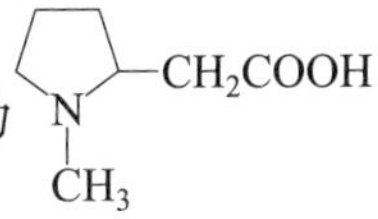

依据题意，B 由 A 碘仿反应而来，故推断 A 为（吡咯烷环 2 位连 CH_2COCH_3，N 上连 CH_3），氮原子具有弱碱性，可与盐酸成盐，叔氮不能发生酰化反应，羰基可与苯肼反应成腙，亦可进行碘仿反应，均符合题意。

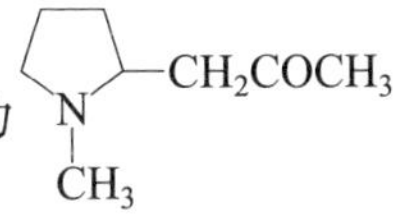

【例 2】 α,β-吡啶二甲酸脱羧生成 β-吡啶甲酸（烟酸）。

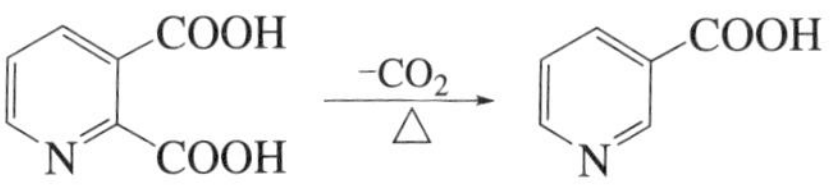

$$\text{吡啶-2,3-二甲酸 (2-COOH, 3-COOH)} \xrightarrow[\triangle]{-CO_2} \text{吡啶-3-甲酸 (3-COOH)}$$

为什么脱羧在 α 位？

解： 吡啶环上的氮原子是 sp^2 杂化，其孤对电子未参与环的共轭，且氮原子的电负性较碳原子大，产生了吸电子共轭效应和诱导效应。氮原子邻、对位的电子云密度降得更低，所以 α,β-吡啶二甲酸的 α 位的羧基受热更容易发生脱羧。

四、习题

1. 简述生物碱的一般性质。
2. 简述生物碱的一般提取方法。
3. 从结构上分类，将生物碱简单分类并各举几个例子。

五、习题参考答案

1. 生物碱是生物体（主要是植物体）内一类具有显著生理活性的含氮的有机碱性化合物。多数具有旋光性，一般是左旋体，具有很强的生理活性。生物碱具有弱碱性，大都不溶于或难溶于水，可溶于稀酸形成盐，易溶于乙醚、丙酮、乙醇等有机溶剂。生物碱与磷钨酸、磷钼酸、苦味酸、鞣酸等生成沉淀，与浓硝酸、浓硫酸、钒酸等生物碱显色剂发生颜色反应。

2.从植物中提取生物碱一般采取溶剂（稀酸、乙醇、苯等）提取法：先将含生物碱的植物研成粉末，用稀酸（硫酸或乙酸）浸泡或加热回流，生成生物碱盐的水溶液，接着用碱处理，使生物碱游离出来，再用乙醚、氯仿等有机溶剂提取，除去溶剂后即得生物碱。

如果用有机溶剂直接提取，一般是将切碎的植物用石灰水或氨水处理，使之游离出来，再用乙醇、苯等浸泡提取。

3.常见的生物碱从结构上分类。

（1）苯乙胺体系生物碱。例如：

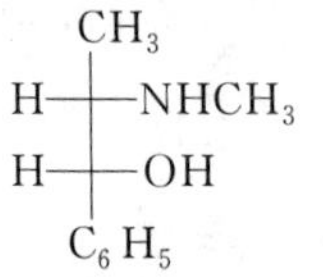

D-(−)-麻黄素 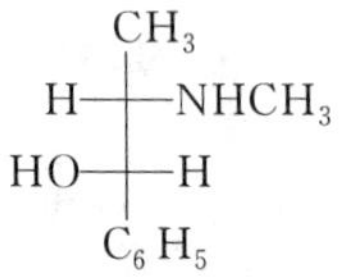　　L-(+)-麻黄素

（2）四氢吡咯及六氢吡啶环系生物碱。例如：

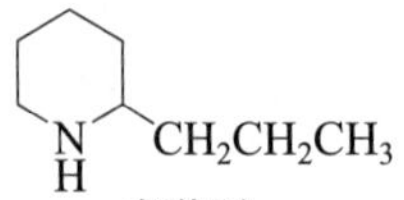

毒芹碱 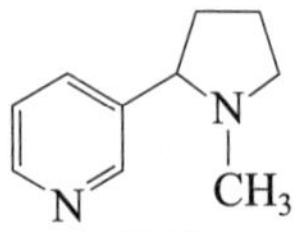　　烟碱

（3）吲哚环系生物碱。例如：

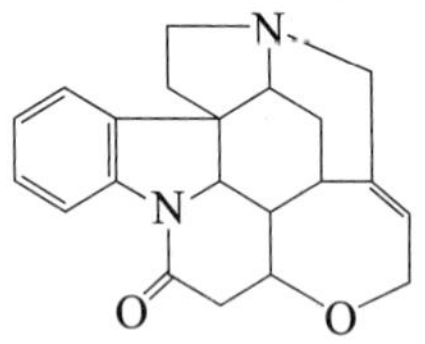

番木鳖碱 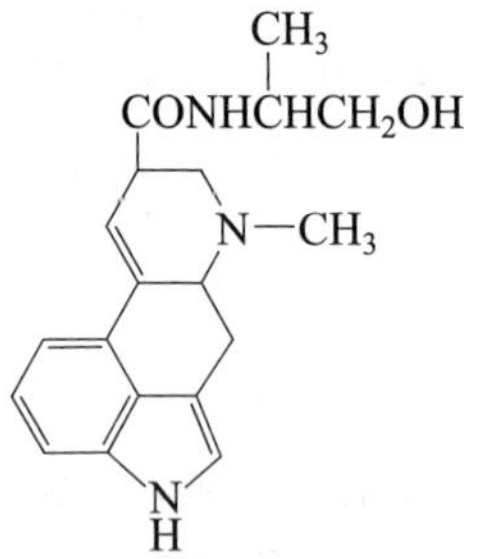　　麦角新碱

（4）喹啉、异喹啉环系生物碱。例如：

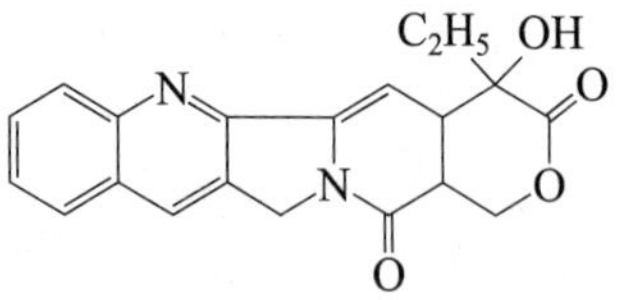

喜树碱 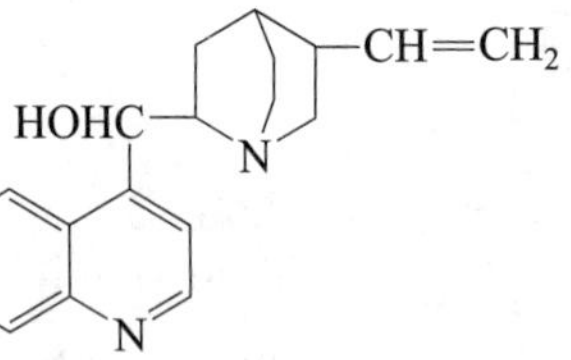　　辛可宁碱

（5）嘌呤环系生物碱。例如：

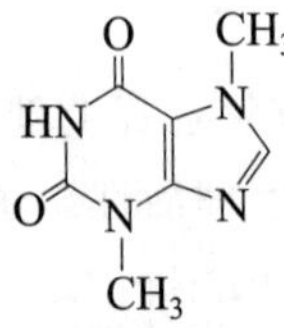

可可碱 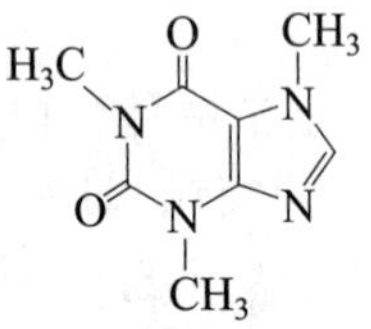　　咖啡碱

第十七章　糖类

一、目的要求

1. 掌握糖类化合物的定义和分类。
2. 掌握葡萄糖和果糖的开链和环状结构，熟悉其他重要单糖的结构。
3. 掌握单糖的化学性质。
4. 熟悉麦芽糖、纤维二糖和蔗糖等二糖的结构和苷键形成的方式。
5. 掌握差向异构、变旋光现象、还原性糖、非还原性糖、糖苷、苷键等重要概念。
6. 掌握淀粉、纤维素等多糖的结构和组成，了解其重要的生理功能。

二、本章要点

1. 糖类的定义

糖类化合物又称碳水化合物，主要由 C、H、O 三种元素组成，是一类多羟基醛或多羟基酮以及它们的缩聚物或衍生物。

2. 糖类的分类

根据糖的单元结构，糖类分为单糖、低聚糖和多糖。单糖是指不能再水解的多羟基醛或多羟基酮。如葡萄糖、果糖、甘露糖等。低聚糖是指含 2～10 个单糖结构的缩合物。以二糖最为多见，如蔗糖、麦芽糖、乳糖等。多糖是指含 10 个以上单糖结构的缩合物。如淀粉、纤维素等。

3. 单糖

(1) 单糖的分类

根据结构不同，单糖分为醛糖和酮糖两类；根据分子中所含碳原子的数目分为丙糖、丁糖、戊糖和己糖等。自然界中存在最广泛的己醛糖和己酮糖分别是葡萄糖和果糖。

(2) 单糖开链结构

单糖的开链结构常用 Fischer 投影式表示。通常将单糖的碳链竖向排列，使羰基具有最小编号。单糖的构型习惯用 D/L 名称进行标记。在用甘油醛作标准比较时，单糖的 Fischer 投影式中编号最大的手性碳原子上—OH 在右边的为 D 型，—OH 在左边的为 L 型。

(3) 单糖的环形结构

单糖的开链结构不能解释单糖的一些性质，如变旋光现象等，这些性质只能用单糖的环型结构（氧环式）加以解释。单糖分子中既有醛基（或酮羰基），又有醇羟基，所以在单糖分子内部可以形成半缩醛（酮），而使分子形成环形结构。在溶液中单糖主要以环形结构存在，环形结构和开链结构处于动态平衡。

单糖环形结构有三种表示形式：直立环式、哈沃斯（Haworth）式和构象式。例如，D-葡萄糖的开链和环形结构如下：

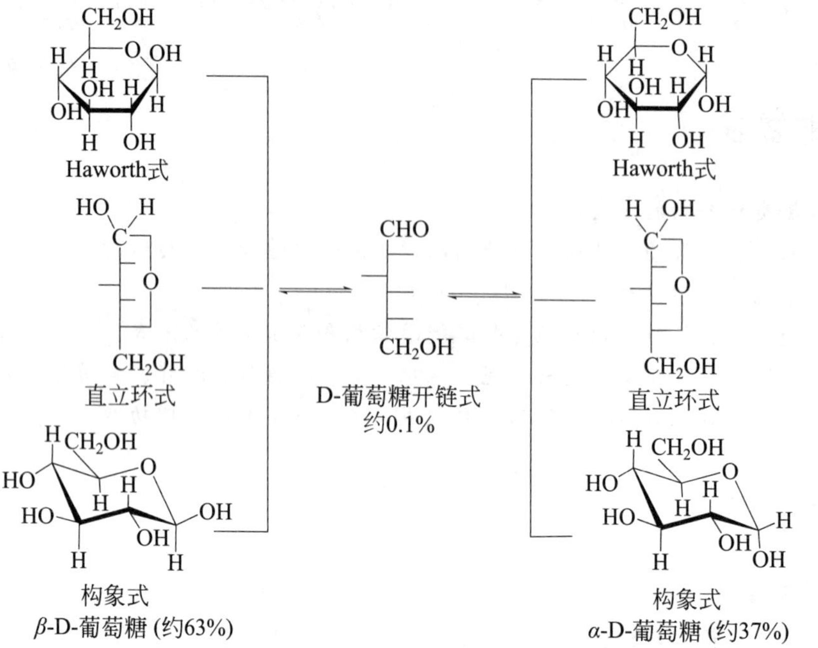

Haworth式　　　　　　　　　　　　　　　　　Haworth式

直立环式　　　　D-葡萄糖开链式　　　　直立环式
　　　　　　　　约0.1%

构象式　　　　　　　　　　　　　　　　　　构象式
β-D-葡萄糖 (约63%)　　　　　　　　　α-D-葡萄糖 (约37%)

糖的六元哈沃斯式和杂环吡喃的结构相似，所以，六元环单糖又称为吡喃型单糖。

糖分子中的醛基与羟基作用形成环形半缩醛结构时，原醛基的碳成为手性碳原子，这个手性碳原子上的半缩醛羟基可以有两种空间取向，所以得到两种异构体：α 构型和 β 构型，两种构型可通过开链式相互转化。

对于直立环式，半缩醛羟基与氧环在同一侧的为 α 构型，不在同一侧的为 β 构型；对于哈沃斯（Haworth）式和构象式，半缩醛羟基与 C-5 上的—CH_2OH 在环平面同侧的为 β 型，不在环平面同侧的为 α 型，不管环上碳原子按顺时针方向排列还是按逆时针方向排列都一样。对于哈沃斯式和构象式 D/L 构型的判断是：如环上碳原子按顺时针方向排列，则 C-5 上的—CH_2OH 在环平面上方的为 D-型，在环平面下方的为 L-型；如环上碳原子按逆时针方向排列，其 D/L 构型正好相反。

（4）单糖的化学性质

单糖是多羟基的醛或酮，具有醇、醛和酮的某些性质，如成酯、成醚、还原、氧化等。另外，由于羰基和羟基的相互影响，单糖还具有一些特殊的性质。虽然单糖的一些化学性质体现了单糖分子以环形结构为主的结构特征，如单糖遇品红试剂不显色，与饱和亚硫酸氢钠不发生加成反应，以及与甲醇缩合只消耗 1mol 甲醇等，但由于在溶液中单糖的环形结构和开链结构处于动态平衡，其环形结构可以转变为开链结构，因此单糖的另一些化学性质是通过它的开链结构来体现的。

稀碱溶液中的异构化反应：在稀碱溶液中葡萄糖、甘露糖和果糖可通过烯二醇结构相互转化，形成这三种糖的平衡混合物。其过程如下：

D-(+)-葡萄糖 　 D-(+)-甘露糖

D-(−)-果糖

氧化反应：醛糖与酮糖都能被托伦试剂、斐林试剂和班氏试剂这样的弱氧化剂氧化。与托伦试剂反应产生银镜，与斐林试剂和班氏试剂反应生成氧化亚铜的砖红色沉淀。果糖具有还原性的原因是因为这些弱氧化剂均为稀碱溶液，由于果糖在稀碱溶液中发生了异构化，经烯二醇中间体使酮基不断地变成醛基，所以果糖能被这些试剂氧化。

溴水能氧化醛糖，但不能氧化酮糖。可利用溴水是否褪色区别醛糖和酮糖。稀硝酸的氧化作用比溴水强，将醛糖氧化成糖二酸。

脱水（显色）反应：单糖在稀酸和加热条件下，生成糠醛及其衍生物。生成的糠醛及其衍生物可与酚或芳胺类反应生成有色产物。Molish 反应常用于检验糖类，Seliwanoff 反应常用于区别醛糖和酮糖。

成苷反应：糖分子中的活泼半缩醛羟基与其他含羟基的化合物（如醇、酚）作用，失水而生成缩醛的反应称为成苷反应。其产物称为配糖物，简称为“苷”，全名为某某糖苷。例如：

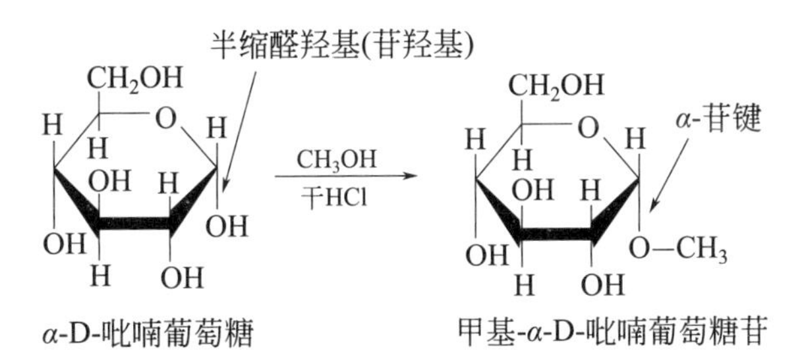

α-D-吡喃葡萄糖 　 甲基-α-D-吡喃葡萄糖苷

苷用酶水解时有选择性。例如，苦杏仁酶能水解 β-苷键而不能水解 α-苷键；麦芽糖酶能水解 α-苷键而不能水解 β-苷键。

成脎反应：醛糖或酮糖与苯肼作用生成糖的二苯腙，糖的二苯腙称为糖脎。糖脎为黄色结晶，不同的糖脎有不同的晶形，反应中生成的速度也不同。因此，可根据糖脎的晶型和生成的时间来鉴别糖。

4. 二糖

二糖是由一分子单糖的半缩醛羟基与另一分子单糖的醇羟基或半缩醛羟基脱水而形成的，两个单糖分子可以相同也可以不相同。由于两分子单糖的成苷方式不同，所以二糖分为两种类型——还原性二糖和非还原性二糖。

还原性二糖是由一分子单糖的半缩醛羟基与另一分子单糖的醇羟基脱水而形成的，整个分子中还保留有一个半缩醛羟基，和单糖一样，它可以由环式变成开链结构，因此具有变旋光现象，能生成脎，有还原性，如纤维二糖、乳糖和麦芽糖。

非还原性二糖是由两分子单糖的半缩醛羟基脱去一分子水而形成的，它不能由环式转变成开链结构，因此不能成脎，没有变旋光现象，没有还原性，如蔗糖。

5. 多糖

多糖是由许多单糖分子通过苷键连接而成的大分子化合物。多糖与单糖、二糖在性质上有较大的区别。多糖无还原性，没有变旋光现象。多糖在酸或酶催化下水解，得到组成它的各种单糖及其衍生物。

多糖分为均多糖、杂多糖和复合多糖。均多糖的水解产物只有一种单糖，如淀粉、糖原和纤维素等都属于均多糖，它们水解后只得到葡萄糖。

三、例题解析

【例 1】 戊醛糖有几个旋光异构体？写出 D-戊醛糖的 Fischer 投影式，并指出它们中哪些互为差向异构体？写出 D-戊醛糖分别用硝酸氧化所得产物的 Fischer 投影式，并指出哪些不具有旋光性？

解：戊醛糖的构造式：

$$\underset{\displaystyle OH}{\underset{|}{CH_2}}-\underset{\displaystyle OH}{\underset{|}{\overset{*}{C}H}}-\underset{\displaystyle OH}{\underset{|}{\overset{*}{C}H}}-\underset{\displaystyle OH}{\underset{|}{\overset{*}{C}H}}-CHO$$

分子中含有三个不相同的手性碳原子，应该有 8（2^3）个旋光异构体，其中四个是 L-型，四个是 D-型，组成四对对映体。

四个 D-型戊醛糖的 Fischer 投影式如下：

$$\begin{array}{c}CHO\\ H-\!\!\!+\!\!\!-OH\\ H-\!\!\!+\!\!\!-OH\\ H-\!\!\!+\!\!\!-OH\\ CH_2OH\\ \text{I}\end{array}\qquad\begin{array}{c}CHO\\ HO-\!\!\!+\!\!\!-H\\ H-\!\!\!+\!\!\!-OH\\ H-\!\!\!+\!\!\!-OH\\ CH_2OH\\ \text{II}\end{array}\qquad\begin{array}{c}CHO\\ H-\!\!\!+\!\!\!-OH\\ HO-\!\!\!+\!\!\!-H\\ H-\!\!\!+\!\!\!-OH\\ CH_2OH\\ \text{III}\end{array}\qquad\begin{array}{c}CHO\\ HO-\!\!\!+\!\!\!-H\\ HO-\!\!\!+\!\!\!-H\\ H-\!\!\!+\!\!\!-OH\\ CH_2OH\\ \text{IV}\end{array}$$

差向异构体的定义：在含有多个手性碳原子的旋光异构体中，只有一个手性碳原子的构型不同的非对映异构体称为差向异构体。

根据差向异构体的概念，Ⅰ和Ⅲ，Ⅱ和Ⅳ分别互为 C-3 差向异构体，Ⅰ和Ⅱ，Ⅲ和Ⅳ分别互为 C-2 差向异构体。

D-戊醛糖用硝酸氧化生成 D-戊糖二酸，Fischer 投影式如下：

$$\begin{array}{c}COOH\\ H-\!\!\!+\!\!\!-OH\\ H-\!\!\!+\!\!\!-OH\\ H-\!\!\!+\!\!\!-OH\\ COOH\\ (1)\end{array}\qquad\begin{array}{c}COOH\\ HO-\!\!\!+\!\!\!-H\\ H-\!\!\!+\!\!\!-OH\\ H-\!\!\!+\!\!\!-OH\\ COOH\\ (2)\end{array}\qquad\begin{array}{c}COOH\\ H-\!\!\!+\!\!\!-OH\\ HO-\!\!\!+\!\!\!-H\\ H-\!\!\!+\!\!\!-OH\\ COOH\\ (3)\end{array}\qquad\begin{array}{c}COOH\\ HO-\!\!\!+\!\!\!-H\\ HO-\!\!\!+\!\!\!-H\\ H-\!\!\!+\!\!\!-OH\\ COOH\\ (4)\end{array}$$

（1）和（3）中有对称面，无旋光性。

【例 2】 完成下列反应，写出主要产物。

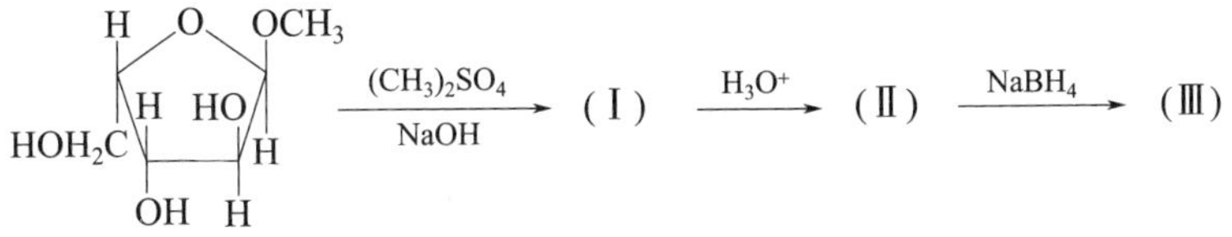

$\xrightarrow[NaOH]{(CH_3)_2SO_4}$ (Ⅰ) $\xrightarrow{H_3O^+}$ (Ⅱ) $\xrightarrow{NaBH_4}$ (Ⅲ)

解：

(Ⅰ)　　(Ⅱ)　　(Ⅲ)

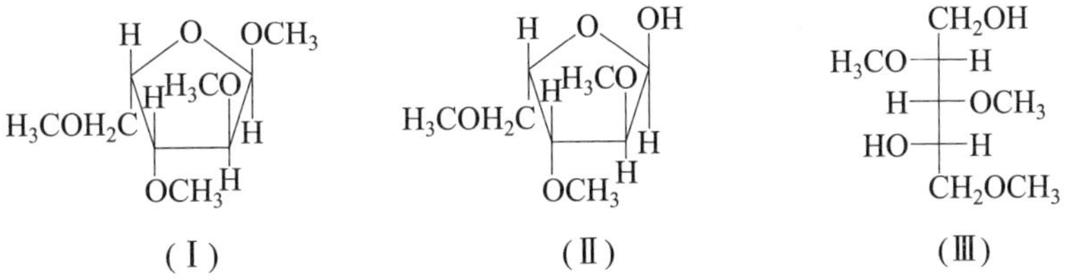

第一步是羟基的甲基化反应，由于硫酸二甲酯的活性很强，所有羟基都能发生反应。

第二步是水解反应，半缩醛羟基上的苷键最活泼，稀酸就可使其水解成羟基，而其他醚键不能水解仍然保留。

第三步是还原反应，由于（Ⅱ）含有半缩醛羟基，因此（Ⅱ）可以互变为开链式结构，$NaBH_4$ 将链式结构中的—CHO 还原成—CH_2OH。

【例 3】 说明碱催化下，赤藓糖差向异构化为赤藓糖和苏阿糖混合物的机理。

解： 赤藓糖和苏阿糖互为 C-2 差向异构体。在碱催化下的差向异构化是经过链形结构的烯二醇中间体进行的。

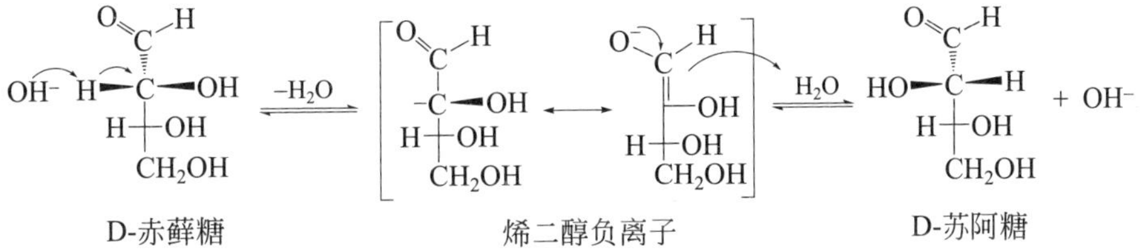

$\xrightarrow{-H_2O}$　$\xrightarrow{H_2O}$　$+\ OH^-$

D-赤藓糖　　烯二醇负离子　　D-苏阿糖

糖分子中羰基旁的 α-氢很活泼，在碱的作用下，α-氢很容易被碱夺去形成糖的烯二醇负离子，烯二醇负离子不稳定，会重新得到质子形成糖分子，因此烯二醇中间体和糖分子之间形成可逆的转变过程。由于烯二醇为平面结构，因此质子可以在烯二醇中间体的平面两侧与它结合，结果得到原来的糖与它的差向异构体的平衡混合物。

【例 4】 选择题（多选一）

（1）关于 D-葡萄糖分子结构叙述正确的是（　　）

A. 是由 6 个碳原子组成的多羟基醇。

B. 链状结构中 C-3 上的羟基在费歇尔投影式的左侧，其他手性碳原子上的羟基在右侧。

C. 链状结构中 C-4 上的羟基在费歇尔投影式的左侧，其他手性碳原子上的羟基在右侧。

D. 链状结构中 C-5 上的羟基可在费歇尔投影式的左侧，也可在右侧。

E. 直立环式中，其半缩醛羟基在投影式左侧。

（2）决定葡萄糖 D/L 构型的碳原子是（　　）

A. C-1　　B. C-2　　C. C-3　　D. C-4　　E. C-5

(3) 环状葡萄糖分子中最活泼的羟基是（　　）

A. C-6　　B. C-5　　C. C-3　　D. C-2　　E. C-1

(4) 不能被人体消化酶消化的是（　　）

A. 蔗糖　　B. 淀粉　　C. 糊精　　D. 纤维素　　E. 糖原

(5) 用班氏试剂检验尿糖是利用葡萄糖在下述性质中（　　）

A. 氧化性　　B. 还原性　　C. 成酯　　D. 成苷　　E. 旋光性

解：(1) B　　(2) E　　(3) E　　(4) D　　(5) B

【例 5】 问答题。

(1) 果糖属于酮糖，但果糖为什么能被托伦试剂、斐林试剂和班氏试剂等弱氧化剂所氧化?

解：由于果糖在稀碱溶液中可发生酮式-烯醇式互变异构，酮基不断地变成醛基，而托伦试剂、斐林试剂和班氏试剂都是碱性的试剂，所以果糖能被这些试剂氧化。

(2) 比较糖的成苷反应和成酯反应的不同。

解：成苷反应是由糖的环状结构中的半缩醛（酮）羟基与含羟基的化合物如醇、酚等脱水形成的环状缩醛（酮）的反应；成酯反应是由糖分子中的任意羟基与酸之间脱水形成酯的反应。

(3) 为什么糖苷无变旋光现象和还原性?

答：糖的变旋光现象和还原性等特性是由它的半缩醛（酮）结构互变异构成链形结构来完成的。环状糖的半缩醛（酮）羟基与含羟基或氨基等化合物失水，其失水产物称为糖苷。形成糖苷后，糖分子中不再有半缩醛（酮）羟基，这样的环形结构不能互变成链形结构。故无变旋光现象和还原性。

(4) 为什么蔗糖没有还原性?

答：蔗糖是通过 α-D-吡喃葡萄糖的半缩醛羟基和 β-D-呋喃果糖的半缩酮羟基脱水得到的二糖，分子内没有活泼的半缩醛（酮）羟基，不能互变异构为链形结构，故蔗糖没有还原性。

【例 6】 用化学方法区别下列化合物：乳糖，蔗糖，淀粉，果糖。

解：

	$\xrightarrow{I_2}$		$\xrightarrow{\text{Tollen 试剂}}$		$\xrightarrow{Br_2/H_2O}$	
乳糖		(－)		银镜		褪色
果糖		(－)		银镜		(－)
蔗糖		(－)		(－)		
淀粉		深蓝色				

果糖和乳糖是还原性糖，蔗糖和淀粉是非还原性糖。果糖和乳糖能与托伦试剂反应，而蔗糖与托伦试剂无银镜生成。溴水为弱氧化剂，能氧化醛糖，但不能氧化酮糖。因为溴水是酸性物质，不能使酮糖异构化为醛糖结构，所以醛糖能使溴水褪色而酮糖不能。果糖为酮糖，乳糖为醛糖，故乳糖能使溴水褪色，而果糖不能。

【例 7】 有四个己醛糖，其 C-2，C-3，C-4，C-5 的构型分别为

(1) $2R$、$3R$、$4R$、$5R$　　(2) $2R$、$3S$、$4R$、$5R$

(3) $2R$、$3R$、$4S$、$5S$　　(4) $2S$、$3S$、$4R$、$5R$

写出 (1)(2)(3)(4) 的 Fischer 投影式。并指出哪些是对映体，哪些是差向异构体。

解：

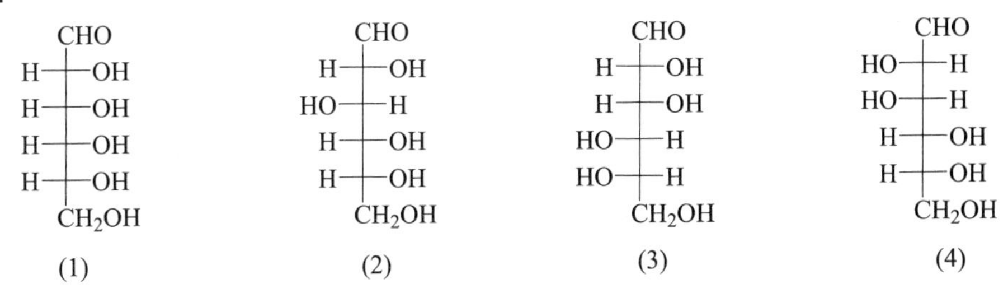

（3）和（4）互为对映体，（1）和（2）互为C-3差向异构体。

【例8】 一种D-己醛糖A经硝酸氧化得到不旋光的糖二酸B，若A经降解得一种戊醛糖C，C经硝酸氧化可得有旋光的糖二酸D，试写出A、B、C和D的结构。其中A需写出β-吡喃型的哈沃斯透视式。

解：根据B为无旋光性的糖二酸，推测B为内消旋体；根据A为D-己醛糖，A的降解产物C经硝酸氧化可得有旋光的糖二酸D，再结合B为内消旋体，综合考虑得到以下结果。

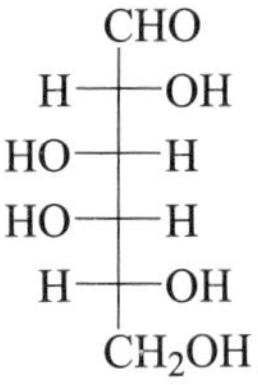

A 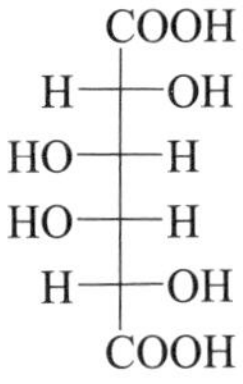　　B 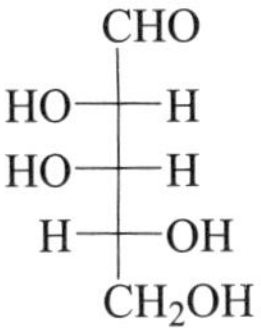　　C 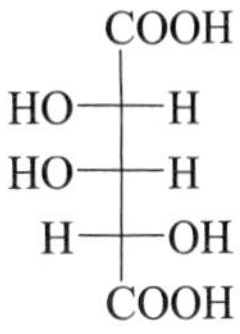　　D

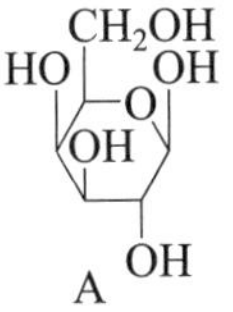

A

【例9】 某还原性二糖，有变旋光作用，与苯肼反应生成糖脎，用苦杏仁酶水解生成两分子D-葡萄糖，如果先甲基化，然后水解，则生成2,3,4-三甲基-D-吡喃葡萄糖和2,3,4,6-四甲基-D-吡喃葡萄糖，推测此二糖的哈沃斯透视式，并写出其稳定的构象式。

解：此二糖有还原性，说明该二糖一定具有半缩醛羟基。用苦杏仁酶水解生成两分子D-葡萄糖，说明该二糖由二分子D-葡萄糖组成，而且以β-苷键相结合。由于半缩醛羟基上的苷键比一般的醚键容易水解成羟基，且该二糖先甲基化，然后水解生成2,3,4-三甲基-D-吡喃葡萄糖和2,3,4,6-四甲基-D-吡喃葡萄糖，说明两分子D-葡萄糖以β-1,6苷键相结合。

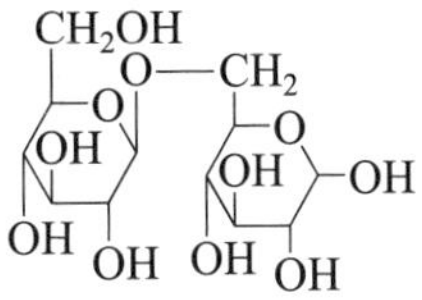

哈沃斯透视式 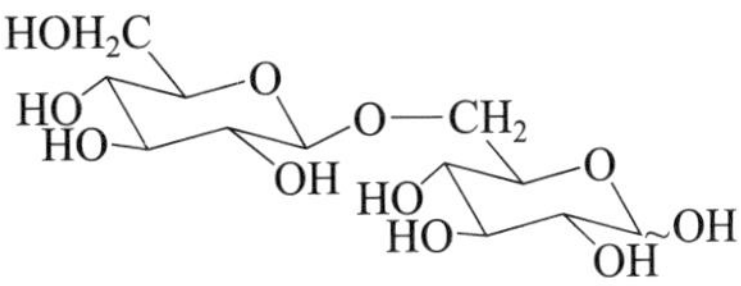　　构象式

四、习题

1. 写出下列化合物的直立式环型结构和哈沃斯透视式。

(1) α-D-吡喃葡萄糖　(2) β-D-吡喃葡萄糖　(3) α-D-呋喃葡萄糖

(4) β-D-吡喃甘露糖　(5) α-L-吡喃半乳糖

2.用反应式表示D-呋喃果糖也有变旋光现象。

3.写出D-(+)-半乳糖与下列物质的反应式：

(1) 羟胺　(2) 苯肼　(3) 溴水　(4) 稀 HNO_3　(5) HIO_4　(6) 乙酐

(7) 无水 CH_3OH/无水 HCl　(8) 反应 (7) 的产物与 $(CH_3)_2SO_4$/NaOH 反应

(9) 反应 (8) 的产物用稀 HCl 处理　(10) HCN/OH^-，然后水解

4.D-(+)-甘露糖怎样转化成下列化合物的？写出其反应式。

(1) β-D-甘露糖甲苷

(2) β-2,3,4,6-四甲基-D-甘露糖甲苷

(3) 2,3,4,6-四甲基-D-甘露糖

(4) 葡萄糖

5.用简便的化学方法鉴别下列化合物。

(1) D-葡萄糖、D-果糖和D-葡萄糖甲苷

(2) 麦芽糖、果糖、蔗糖和淀粉

6. 6个单糖开链结构式如下：

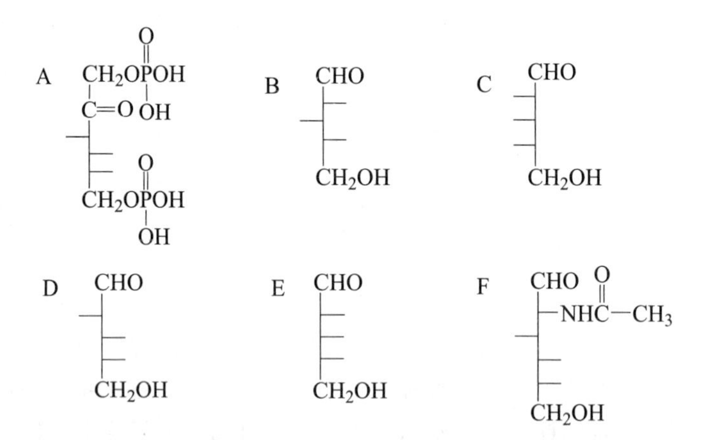

(1) 用D、L标出它们的构型。　(2) 哪些互为差向异构体？

(3) 哪些互为对映体？　(4) 哪些有还原性和变旋光现象？

(5) 哪些可以水解，水解产物是什么？　(6) 哪些可以成苷？

7.推断结构。

(1) 糖的衍生物 A($C_8H_{16}O_6$)，既无变旋光现象也不能和班氏试剂作用。在酸性条件下，经水解得到B和C。B($C_6H_{12}O_6$) 有变旋光现象和还原性，B是β-D-葡萄糖的C-4差向异构体。B经稀硝酸氧化生成一个无旋光性的D-糖二酸 (D)。C有碘仿反应。试写出A、B、C、D的结构式。

(2) 有一戊糖 ($C_5H_{10}O_4$) 与羟胺反应生成肟，与硼氢化钠反应生成 $C_5H_{12}O_4$。后者有光学活性，与乙酐反应得四乙酸酯。戊糖 ($C_5H_{10}O_4$) 与 CH_3OH、HCl 反应得 $C_6H_{12}O_4$，再与 HIO_4 反应得 $C_6H_{10}O_4$。它 ($C_6H_{10}O_4$) 在酸催化下水解，得等量乙二醛 (OHC—CHO) 和D-乳醛 ($CH_3CHOHCHO$)。从以上实验推导出戊糖 $C_5H_{10}O_4$ 的构造式。导出的构造式是唯一的还是可能有其他结构？

（3）两种D-丁醛糖A和B，用溴水氧化时分别形成C和D，而用稀 HNO_3 氧化时，分别形成E和F，经测定A、B、C、D、E均具有旋光性，而F无旋光性。试写出A、B、C、D、E、F的结构式。

（4）柳树皮中存在一种糖苷叫作水杨苷，当用苦杏仁酶水解时得D-葡萄糖和水杨醇（邻羟基苯甲醇）。水杨苷用硫酸二甲酯和氢氧化钠处理得五甲基水杨苷，酸催化水解得2，3,4,6-四甲基-D-葡萄糖和邻甲氧基苯甲醇。写出水杨苷的结构式。

（5）某二糖水解后，只产生D-葡萄糖，不与托伦试剂和斐林试剂反应，不生成糖脎，无变旋光现象，它只为麦芽糖酶水解，但不被苦杏仁酶水解，试写出该二糖的哈沃斯透视式。(要求写出推导过程)

五、习题参考答案

1.

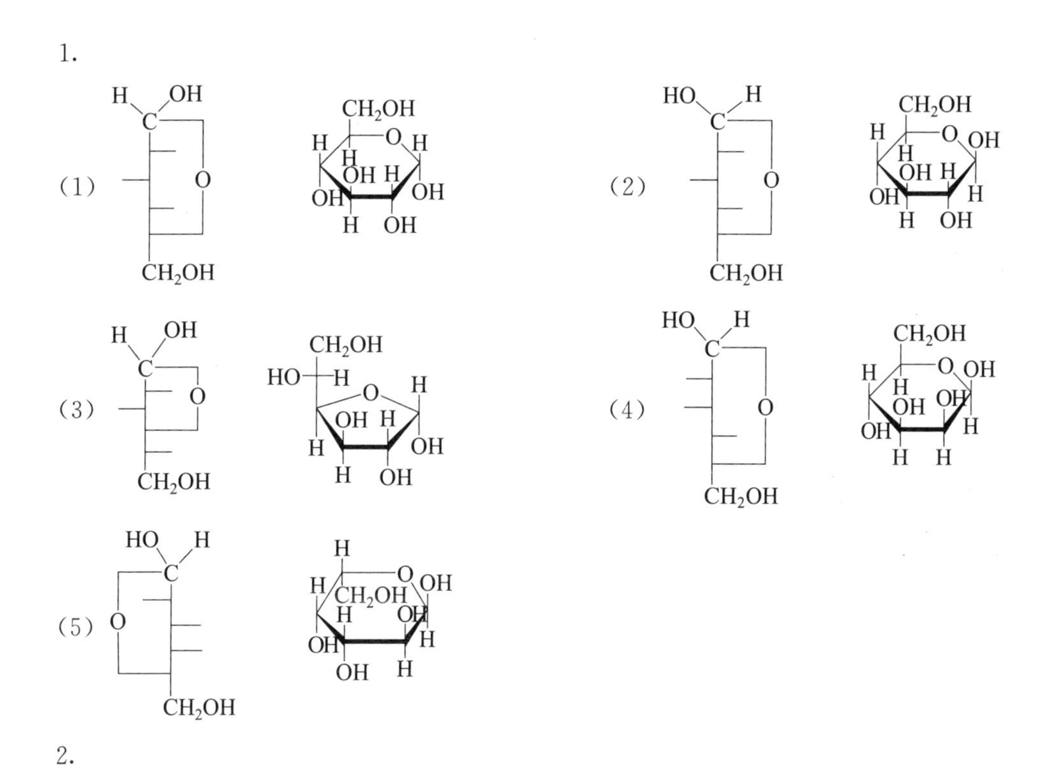

2.

α-D-(-)-呋喃果糖　　D-(-)-果糖　　β-D-(-)-呋喃果糖

3. D-(＋)-半乳糖在溶液中存在开链式与环式（α 型和 β 型）的平衡体系，与下列物质反应时有的可用开链式表示，有的必须用环式表示，在用环式表示时，为简单起见，仅写 α-型。

半乳糖与葡萄糖为C-4差向异构体。

D-(+)-半乳糖

CHO / H—OH / HO—H / HO—H / H—OH / CH_2OH

(1) NH_2OH → HC=NOH / H—OH / HO—H / HO—H / H—OH / CH_2OH

(2) $C_6H_5NHNH_2$ → HC=$NNHC_6H_5$ / =$NNHC_6H_5$ / HO—H / HO—H / H—OH / CH_2OH

(3) Br_2/H_2O → COOH / H—OH / HO—H / HO—H / H—OH / CH_2OH

(4) HNO_3 → COOH / H—OH / HO—H / HO—H / H—OH / COOH

(5) HIO_4 → 5HCOOH + HCHO

(6) $(CH_3CO)_2O$ → H, OAc / —OAc / AcO— / AcO— / O / CH_2OAc

(7) 无水CH_3OH, 干HCl → H, OCH_3 / O / CH_2OH (8) $(CH_3)_2SO_4$, NaOH → H, OCH_3 / —OCH_3 / H_3CO— / H_3CO— / O / CH_2OCH_3

(9) H, OCH_3 / —OCH_3 / H_3CO— / H_3CO— / O / CH_2OCH_3 →(稀HCl) H, OH / —OCH_3 / H_3CO— / H_3CO— / O / CH_2OCH_3

(10) CHO / H—OH / HO—H / HO—H / H—OH / CH_2OH →(HCN/OH^-) CN / HO—H / H—OH / HO—H / HO—H / H—OH / CH_2OH + CN / H—OH / H—OH / HO—H / HO—H / H—OH / CH_2OH →(H_3O^+) COOH / HO—H / H—OH / HO—H / HO—H / H—OH / CH_2OH + COOH / H—OH / H—OH / HO—H / HO—H / H—OH / CH_2OH

4.

(1) (吡喃糖, OH) →(CH_3OH, 干HCl) (吡喃糖苷, OCH_3)

（2）

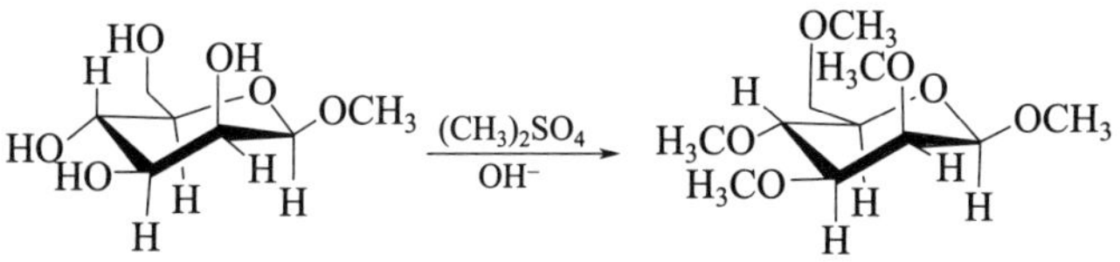

$\xrightarrow[OH^-]{(CH_3)_2SO_4}$

（3）

$\xrightarrow[水解]{HCl}$

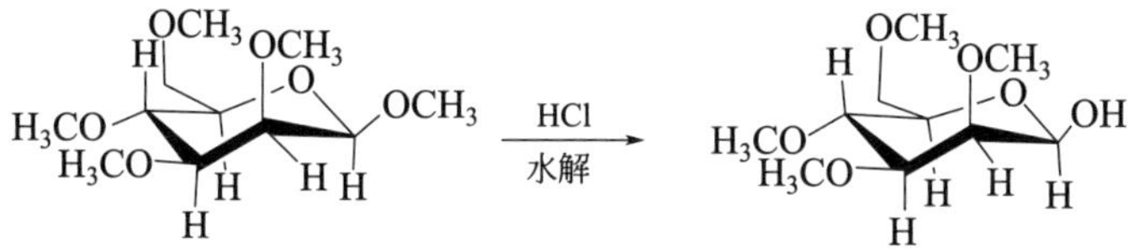

（4）D-葡萄糖和 D-甘露糖互为 C-2 差向异构体。用稀碱处理 D-甘露糖，通过烯二醇中间体 D-甘露糖转化为 D-葡萄糖。

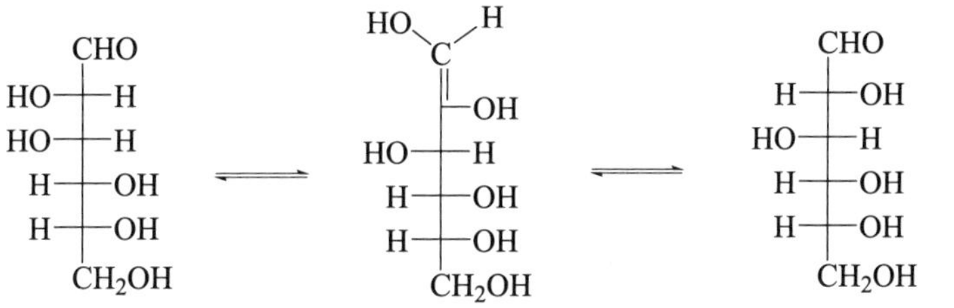

D-(+)-甘露糖 ⇌ 烯二醇中间体 ⇌ D-(+)-葡萄糖

5.

（1）D-葡萄糖、D-果糖、D-葡萄糖甲苷 —Tollen 试剂→ 银镜、银镜、(−)；—Br_2/H_2O→ 褪色、不褪色

（2）麦芽糖、果糖、蔗糖、淀粉 —Tollen试剂→ 银镜、银镜、(−)、(−)；—Br_2/H_2O→ 褪色、(−)；蔗糖 (−)；淀粉 —I_2→ 深蓝色

6.（1）A：D；　B：D；　C：L；　D：D；　E：D；　F：D

（2）B 与 E 互为 C-3 差向异构体；D 与 E 互为 C-2 差向异构体

（3）C 与 E 互为对映体

（4）全部

（5）A、F；A 水解成果糖和磷酸，F 水解成 2-氨基半乳糖和乙酸

（6）全部

7.

（1）

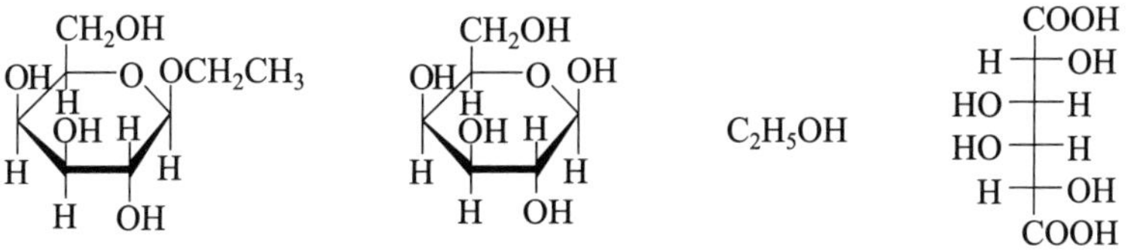

A　B　C：C_2H_5OH　D

（2）推导过程：

① 戊糖与羟胺反应生成肟，说明有羰基存在。

② 戊糖与 $NaBH_4$ 反应生成的 $C_5H_{12}O_4$ 有光学活性，说明 $C_5H_{12}O_4$ 是一个手性分子。

③ $C_5H_{12}O_4$ 与乙酐反应得四乙酸酯说明是四元醇（有一个碳原子上不连有羟基）。

④ $C_5H_{10}O_4$ 与 CH_3OH、HCl 反应得糖苷 $C_6H_{12}O_4$，说明有一个半缩醛羟基与之反应。糖苷被 HIO_4 氧化得 $C_6H_{10}O_4$，碳数不变，只是碳链断裂，说明糖苷中只有两个相邻的羟基，为环状化合物，水解得

 和 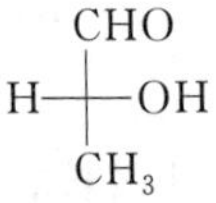，说明甲基在分子末端，环式是呋喃型。

⑤ 戊糖与 HIO_4 反应后的产物在酸催化下水解，得等量乙二醛和 D-乳醛，说明此戊糖为 D 型糖。推导反应式如下：

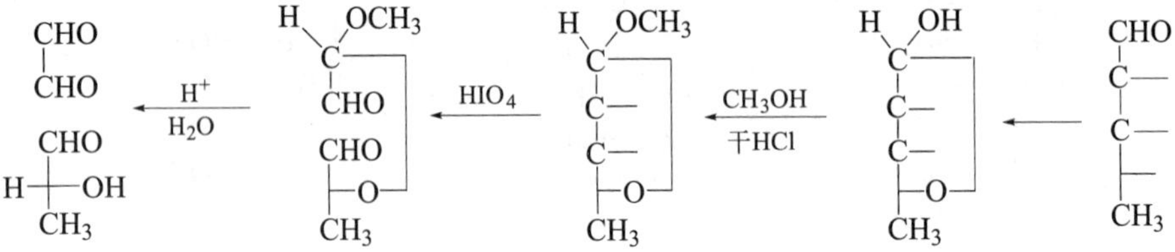

$C_5H_{10}O_4$ 可能的结构式为：

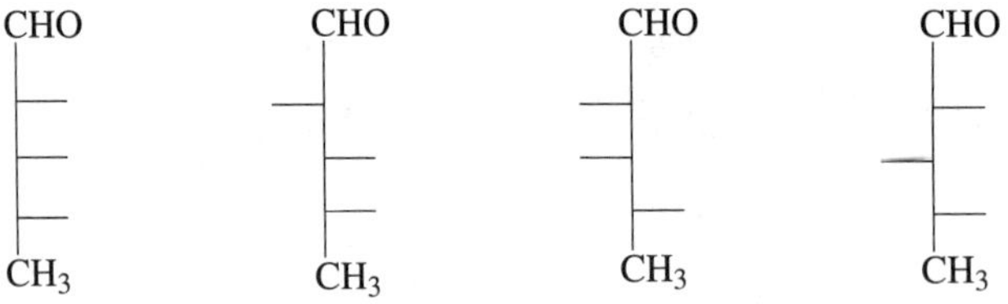

（3）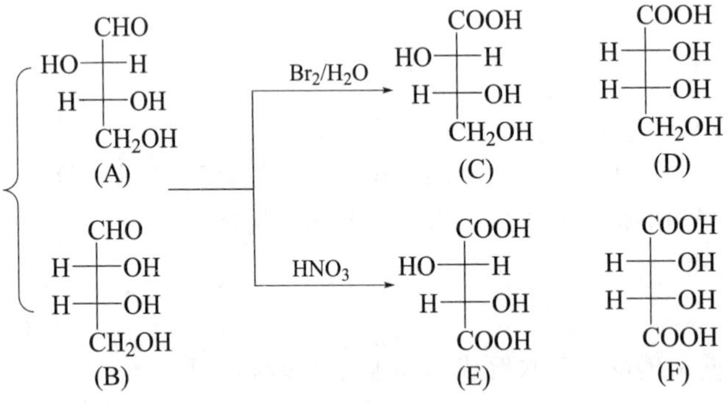

（4）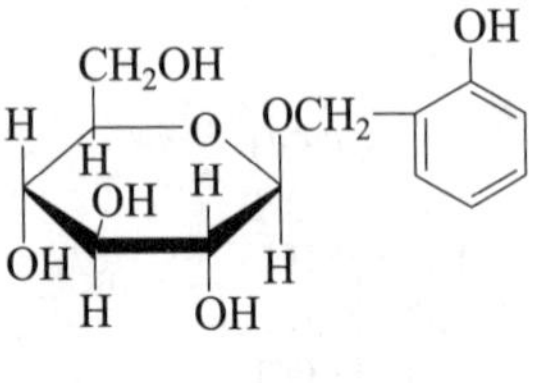

(5)

α,α-1, 1-苷键

水解后只产生D-葡萄糖说明该二糖是由两分子D-葡萄糖所组成；不与托伦试剂和斐林试剂反应，不生成糖脎，无变旋光现象说明该二糖是非还原性二糖，它是通过两个葡萄糖的半缩醛羟基脱去一分子水而相互连接成二糖；只为麦芽糖酶水解，但不被苦杏仁酶水解说明该二糖的苷键为α-苷键。

第十八章　氨基酸、肽和蛋白质

一、目的要求

1. 掌握氨基酸的结构、分类和命名。
2. 掌握氨基酸的化学性质。
3. 掌握肽的组成和命名方法，了解肽键的结构。
4. 了解蛋白质的一级、二级、三级和四级结构。
5. 掌握蛋白质的重要理化性质。

二、本章要点

1. 氨基酸

(1) 氨基酸的结构、分类和命名

结构：天然蛋白质水解得到的氨基酸种类为 20 种左右，都是 α-氨基酸，其结构通式为：

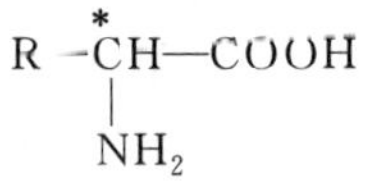

$$\mathrm{R-\overset{*}{C}H(NH_2)-COOH}$$

除甘氨酸外，其他各种天然氨基酸的 α-碳原子都是手性碳原子，故具有旋光性。

构成蛋白质的氨基酸的构型如用 D/L 法标记，都是 L-型；如用 R/S 法标记，除半胱氨酸是 R-型外，其余都是 S-型。

$$\begin{array}{c} \mathrm{COOH} \\ \mathrm{H_2N}\!-\!\!+\!\!-\mathrm{H} \\ \mathrm{CH_2SH} \end{array} \qquad \begin{array}{c} \mathrm{COOH} \\ \mathrm{H_2N}\!-\!\!+\!\!-\mathrm{H} \\ \mathrm{CH_3} \end{array}$$

R-半胱氨酸　　　　S-丙氨酸

分类：如按 R 基团的结构，氨基酸可分为脂肪族氨基酸、芳香族氨基酸和杂环氨基酸；如按氨基酸分子中所含氨基或碱性基团和羧基数目，氨基酸可分为中性氨基酸、酸性氨基酸和碱性氨基酸。

命名：氨基酸称氨基某酸，氨基的位置常采用希腊字母 α,β,γ 等表示在氨基酸名称前面。此外，还经常采用氨基酸的俗名。

(2) 氨基酸的性质

氨基酸分子中既含有氨基又含有羧基，它可以和酸生成盐，也可以和碱生成盐，所以氨基酸是两性物质。氨基酸的晶体是以偶极离子的形式存在的：

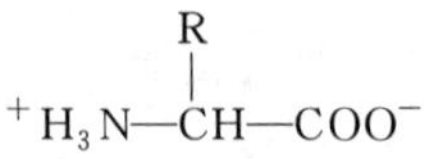

$$\mathrm{{}^{+}H_3N-CH(R)-COO^-}$$

在溶液中，氨基酸的偶极离子既可以与一个 H^+ 结合成为正离子，又可以失去一个 H^+ 成为负离子。这三种离子在水溶液中通过得到 H^+ 或失去 H^+ 互相转换而同时存在。通过调整溶液的 pH 值，氨基酸可以以正离子或负离子或偶极离子的形式存在。在一定的 pH 的溶液中，正离子和负离子数量相等，以偶极离子形式存在的氨基酸既不向正极移动，也不向负极移动。这时溶液的 pH 值就叫作氨基酸的等电点，用 pI 表示。

中性氨基酸由于羧基的电离能力大于氨基，因此在纯水溶液中，中性氨基酸呈微酸性，氨基酸负离子的浓度高于正离子的浓度。要将溶液的 pH 值调到等电点，使氨基酸以偶极离子形式存在，需要加些酸，把 pH 值适当降低，以抑制羧基的电离。所以中性氨基酸的等电点略小于 7，一般在 5.0～6.5 之间。酸性氨基酸含有 2 个羧基和 1 个氨基，羧基的电离程度比氨基大得多，故需要加入比较多的酸才能抑制羧基的电离，使之调到等电点。因此，酸性氨基酸的等电点更小，一般在 2.7～3.2 之间。碱性氨基酸含有 2 个碱性基团和 1 个羧基，碱性基团接受 H^+ 的程度比羧基的电离程度大，故需要加适量的碱抑制碱性基团接受 H^+，使之调到等电点。因此碱性氨基酸的等电点都大于 7，一般在 7.6～10.8 之间。

氨基酸处于等电点时，溶解度最小，最易从溶液中析出。因而用调节等电点的方法，可以从氨基酸的混合物中，分离出某种氨基酸。

成肽反应：氨基酸分子之间，氨基与羧基相互脱水缩合生成的一类化合物，叫作肽。

$$\underset{\displaystyle R_1}{H_2N\overset{|}{C}HCOOH} + \underset{\displaystyle R_2}{H_2N\overset{|}{C}HCOOH} \xrightarrow[\triangle]{-H_2O} \underset{\displaystyle R_1}{H_2N\overset{|}{C}H}\overset{\displaystyle O}{\overset{\|}{C}}—NH\underset{\displaystyle R_2}{\overset{|}{C}H}COOH$$

许多氨基酸分子通过多个肽键互相连接起来，便形成多肽。多肽合成的步骤如下：(1) 保护氨基和羧基；(2) 活化羧基；(3) 形成肽键；(4) 去除保护基。重复以上操作可以合成多肽。

氨基酸有两个官能团，一个二肽就有可能有两种排列。因此在反应时需按照结构的要求，对氨基或羧基进行保护，使合成按设计的方向进行。氨基可先酰化成酰胺，比较常用的酰化剂是氯代甲酸苯甲酯，它是由光气和苯甲醇反应制备得的。

$$PhCH_2OH + COCl_2 \longrightarrow PhCH_2O\overset{\displaystyle O}{\overset{\|}{C}}Cl$$

羧基一般用成酯来保护，可用苯甲醇与羧基进行酯化反应。

将两个相应的氨基被保护的及羧基被保护的氨基酸放在溶液中，并不直接形成肽键。要形成肽键，需将羧基活化。活化羧基接成肽的方法主要有混合酸酐法和活泼酯法等。除用活化羧基的方法外，还可用有效的失水剂使氨基和羧基结合起来，其中最重要的方法之一是用二环己基碳二亚胺（DCC，dicyclohexyl carbodiimide）作为失水剂。

去除保护基可采用 Pd-C 催化氢化或水解方法。

侧链 R 基团的颜色反应：侧链 R 基团的颜色反应见表 18-1。

表 18-1　氨基酸侧链 R 基团的颜色反应

反应名称	加入试剂	颜色变化	发生反应的氨基酸
蛋白黄反应	浓硝酸再加碱	黄至橙红	苯丙氨酸、酪氨酸和色氨酸(含有苯基)
米伦反应	硝酸汞、硝酸亚汞、硝酸组成的混合液	红色沉淀	酪氨酸(含有酚羟基)
乙醛酸的反应	乙醛酸再加浓硫酸	紫红色环	色氨酸

其他反应：

$$R-\underset{NH_2}{CH}COOH \xrightarrow{NaNO_2/H^+} R-\overset{OH}{CH}COOH + N_2(定量) + H_2O$$

$$R-\underset{NH_2}{CH}COOH \xrightarrow{2,4-二硝基氟苯} O_2N-C_6H_3(NO_2)-NH\overset{R}{CH}COOH + HF$$

$$R-\underset{NH_2}{CH}COOH \xrightarrow{-2H} \xrightarrow{H_2O} \xrightarrow{-NH_3} R-\overset{O}{\overset{\|}{C}}-COOH \quad (脱氨基反应)$$

$$R-\underset{NH_2}{CH}COOH \xrightarrow{水合茚三酮} (紫色产物) + RCHO + CO_2 + H^+$$

紫色

$$R-\underset{NH_2}{CH}COOH \xrightarrow[\triangle]{Ba(OH)_2} RCH_2NH_2 + CO_2 \quad (脱羧反应)$$

2. 肽

肽分子由多个氨基酸组成，因此又称多肽链。氨基酸之间相连的酰胺键，又称肽键。例如：

$$H_2NCH_2CO-NH-\underset{CH_3}{CH}CONH-\underset{CH_2OH}{CH}COOH$$

肽的结构一般从左到右将氨基酸残基逐个按顺序排列，每个氨基酸单位之间用一短线连接起来，如 Gly-Ala-Ser 或甘-丙-丝。

肽的命名是把 C 端的氨基酸作为母体，把肽链中其他氨基酸名称中的酸字改为酰字，按它们在肽链中的排列顺序从左到右逐个写在母体名称前，每个氨基酸名称中间用一短线连接起来。例如上面的肽应命名为甘氨酰-丙氨酰-丝氨酸，简称甘丙丝肽。

3. 蛋白质

蛋白质与多肽之间没有明显的界线，一般把分子量在 1 万以上的肽称为蛋白质，在 1 万以下的肽称为多肽。

（1）蛋白质的结构

为了表示其不同层次的结构，常将蛋白质结构分为一级、二级、三级和四级结构。蛋白质多肽链中氨基酸的排列顺序为蛋白质的一级结构，在有二硫键的蛋白质中，一级结构也包括半胱氨酸残基之间共价二硫键的数量和位置。维持一级结构的化学键是肽键和二硫键。一级结构是蛋白质的基本骨架结构。蛋白质的二级结构是指多肽链本身的盘旋卷曲或折叠所形成的空间结构，包括棒状 α-螺旋、β-折叠、β-转角和无规卷曲四种形式。α-螺旋和 β-折叠是蛋白质分子中局部肽链有规则的结构单元，而 β-转角和无规卷曲是蛋白质分子中肽链无规则的结构单元。维持二级结构的主要作用力是氢键。蛋白质分子的三级结构是指多肽链在二级结构的基础上做进一步盘曲折叠所形成的三维空间结构。蛋白质分子的四级结构是指由两条或两条以上具有三级结构的多肽链之间的缔合而得到的聚合体。

蛋白质肽链中的肽键称为主键，氢键、离子键、二硫键和疏水作用力等称为次级键，又叫副键。虽然副键的键能较小，稳定性不高，但数量多，蛋白质的空间结构是靠副键维持的。

(2) 蛋白质的理化性质

两性电离和等电点：蛋白质和氨基酸一样，也具有两性电离和等电点的性质。蛋白质的带电状态与溶液的 pH 值有关。蛋白质在等电点时最容易沉淀。蛋白质的两性电离和等电点的特性对蛋白质的分离和纯化具有重要的意义。

胶体性质：蛋白质分子颗粒的直径一般在 1～100nm，所以具有胶体溶液的特性。利用此性质可以采用半渗透膜的透析来分离和纯化蛋白质。

变性：在物理或化学因素的影响下，蛋白质分子内部原有的高度规则的结构因氢键和其他副键被破坏而变成不规则的排列方式，原有的生物特性和理化性质也随之发生变化，这种作用叫变性。蛋白质发生变性时，其一级结构不发生改变。变性有两种：可逆变性和不可逆变性。

沉淀：蛋白质的沉淀是指蛋白质的水化膜受到破坏和电荷消除后，蛋白质从溶液中沉淀析出的现象。使蛋白质沉淀的方法主要有以下几种：盐析、加脱水剂、加重金属盐和某些酸类。

颜色反应：蛋白质分子中含有某些特定的结构，因此能与不同的试剂产生特有的显色反应。如茚三酮反应、缩二脲反应、米伦（Millon）反应、蛋白黄反应等。

三、例题解析

【例 1】 选择题（多选一）

(1) 维持蛋白质二级结构稳定的主要因素是（　　）

A. 静电作用力　B. 氢键　C. 疏水键　D. 范德华作用力

(2) 蛋白质变性是由于（　　）

A. 一级结构改变　B. 空间结构破坏　C. 辅基脱落　D. 蛋白质水解

(3) 天然蛋白质中含有的 20 种氨基酸的结构（　　）

A. 全部是 *S*-型　B. 全部是 D-型

C. 部分是 L-型，部分是 D-型　D. 除甘氨酸外都是 L-型

(4) 天然蛋白质中不存在的氨基酸是（　　）

A. 半胱氨酸　B. 胍氨酸　C. 丝氨酸　D. 蛋氨酸

(5) 蛋白质一级结构的主要化学键是（　　）

A. 氢键　B. 疏水键　C. 肽键　D. 二硫键

(6) 中断 α-螺旋结构的氨基酸是（　　）

A. 亮氨酸　B. 丙氨酸　C. 脯氨酸　D. 谷氨酸

(7) 在 pH＝6 的溶液中，下列氨基酸中哪个带负电荷（　　）

A. 脯氨酸　B. 赖氨酸　C. 组氨酸　D. 谷氨酸

(8) 当蛋白质处于等电点时，可使蛋白质分子的（　　）

A. 稳定性增加　B. 表面净电荷不变

C. 表面净电荷增加　D. 溶解度最小

（9）蛋白质分子中—S—S—断裂的方法是（　　）

A. 加尿素　　B. 透析法　　C. 加过甲酸　　D. 加重金属盐

解：（1）B　（2）B　（3）D　（4）B　（5）C　（6）C　（7）D（脯氨酸，pI＝6.48；赖氨酸，pI＝9.74；组氨酸，pI＝7.59；谷氨酸，pI＝3.22）（8）D（9）C

【例 2】 写出甘氨酸与下列试剂反应的主要产物。

（1）KOH 水溶液　（2）HCl 溶液　（3）$C_6H_5COCl+NaOH$

（4）$NaNO_2+HCl$　（5）与 $Ca(OH)_2$ 共热

解：（1）$NH_2CH_2COO^-K^+$　（2）$Cl^-N^+H_3CH_2COOH$

（3）$C_6H_5CONHCH_2COO^-Na^+$　（4）$HOCH_2COOH+N_2$　（5）$CH_3NH_2+CO_2$

【例 3】 将下列氨基酸的等电点由大到小排列。

A. （吲哚-3-基）$-CH_2CH(NH_2)COOH$　B. $HOOCCH_2CH(NH_2)COOH$　C. （咪唑-4-基）$-CH_2CH(NH_2)COOH$

解：氨基酸的结构通式可表示为：$RCH(NH_2)COOH$。A 的 R 基团含近中性的吲哚环，B 的 R 基团含羧基，C 的 R 基团含碱性的咪唑基团。因此 A、B、C 分别属于中性、酸性和碱性氨基酸。等电点：碱性氨基酸（pI＝7.6～10.8）＞中性氨基酸（pI＝5.0～6.5）＞酸性氨基酸（pI＝2.7～3.2）。所以三种氨基酸的等电点大小次序为：C ＞ A ＞ B。

【例 4】 酪氨酸和精氨酸的等电点应当是小于 7 还是大于 7？如果把它们分别溶在水中，要使它们达到等电点应当加酸还是加碱？为什么？

解：

$HO-C_6H_4-CH_2CH(NH_2)COOH$

酪氨酸

$NH_2-C(=NH)-NHCH_2CH_2CH_2CH(NH_2)COOH$

精氨酸

酪氨酸等电点小于 7，精氨酸等电点大于 7。

酪氨酸属于中性氨基酸，等电点小于 7。由于羧基的电离能力大于氨基，要使酪氨酸溶液的 pH 调到等电点，需要加酸，以此抑制羧基的电离，使酪氨酸以偶极离子的形式存在。

精氨酸属于碱性氨基酸，等电点大于 7。精氨酸含有 2 个碱性基团和 1 个羧基，碱性基团接受 H^+ 的程度比羧基的电离程度大。因此，在精氨酸溶液中，正离子的浓度比负离子大些，为了抑制碱性基团接受 H^+ 的程度，需要加碱，使正离子的浓度降低些，达到等电点。

【例 5】 一个氨基酸的衍生物 A（$C_5H_{10}O_3N_2$）与 NaOH 水溶液共热放出氨，并生成 $C_3H_5(NH_2)(COOH)_2$ 的钠盐，若把 A 进行 Hofmann 降解反应，则生成 α,γ-二氨基丁酸。推测 A 的构造式，并写出相关反应式。

解：A 与 NaOH 水溶液共热放出氨，说明 A 的结构中含酰氨（$-C(=O)-NH_2$）基团；根据 A 经过 Hofmann 降级反应，生成 α,γ-二氨基丁酸，确定 A 中氨基或酰氨基的位置分别在羧基的 α 位和 γ 位或分别在羧基的 γ 位或 α 位，排除 β 位的可能。

A: $H_2N-\overset{O}{\overset{\|}{C}}-CH_2CH_2\underset{NH_2}{\underset{|}{C}}HCOOH$ 或 $NH_2CH_2CH_2\underset{CONH_2}{\underset{|}{C}}HCOOH$

$$\left\{\begin{array}{l} H_2N-\overset{O}{\overset{\|}{C}}-CH_2CH_2\underset{NH_2}{\underset{|}{C}}HCOOH \\ NH_2CH_2CH_2\underset{CONH_2}{\underset{|}{C}}HCOOH \end{array}\right. \xrightarrow[\triangle]{NaOH} \begin{array}{l} NaO-\overset{O}{\overset{\|}{C}}-CH_2CH_2\underset{NH_2}{\underset{|}{C}}HCOONa + NH_3\uparrow \\ NH_2CH_2CH_2\underset{COONa}{\underset{|}{C}}HCOONa + NH_3\uparrow \end{array}$$

$$NH_2CH_2CH_2\underset{CONH_2}{\underset{|}{C}}HCOOH \xrightarrow{\text{Hofmann降解}} NH_2CH_2CH_2\underset{NH_2}{\underset{|}{C}}HCOOH$$

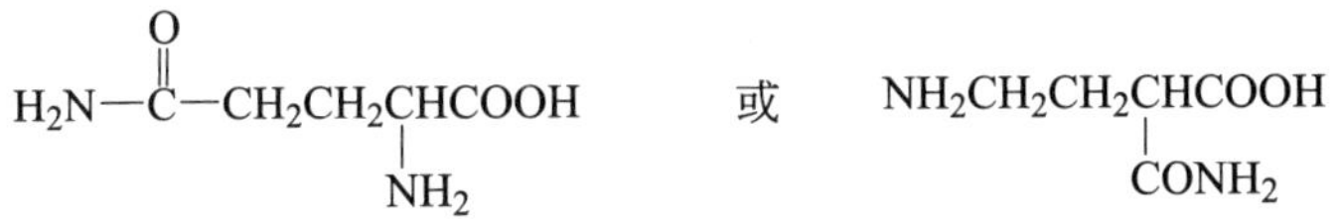

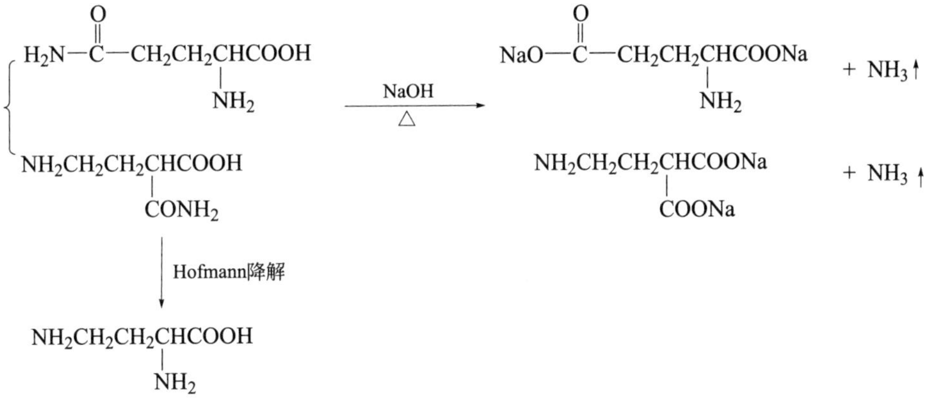

α,γ-二氨基丁酸

【例 6】 试合成甘氨酰-丙氨酰-酪氨酸。

解:

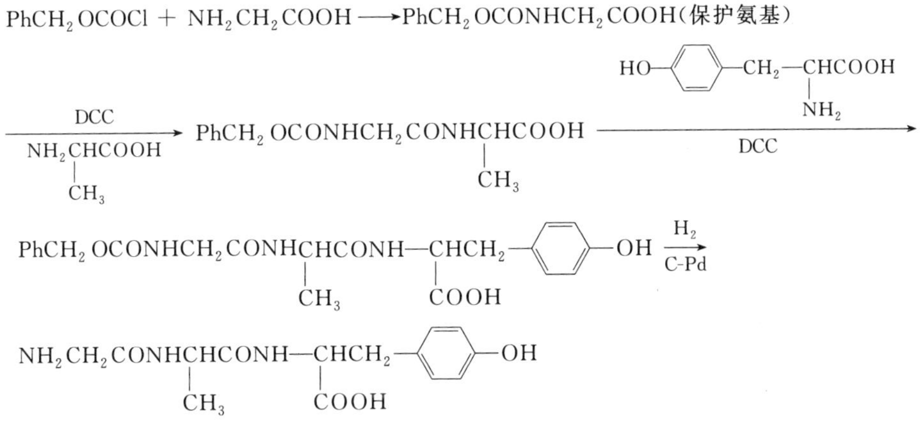

$$PhCH_2OCOCl + NH_2CH_2COOH \longrightarrow PhCH_2OCONHCH_2COOH(\text{保护氨基})$$

$$\xrightarrow[NH_2\underset{CH_3}{\underset{|}{C}}HCOOH]{DCC} PhCH_2OCONHCH_2CONH\underset{CH_3}{\underset{|}{C}}HCOOH \xrightarrow[DCC]{HO-C_6H_4-CH_2-\underset{NH_2}{\underset{|}{C}}HCOOH}$$

$$PhCH_2OCONHCH_2CONH\underset{CH_3}{\underset{|}{C}}HCONH-\underset{COOH}{\underset{|}{C}}HCH_2-C_6H_4-OH \xrightarrow[C\text{-}Pd]{H_2}$$

$$NH_2CH_2CONH\underset{CH_3}{\underset{|}{C}}HCONH-\underset{COOH}{\underset{|}{C}}HCH_2-C_6H_4-OH$$

【例 7】 写出下列氨基酸按如下次序相结合所形成多肽的构造式。

（1）赖甘肽　　（2）谷谷酪肽　　（3）丙缬苯丙甘亮肽

解:

（1） 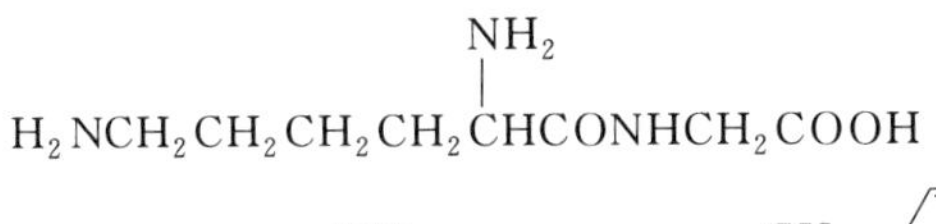 $H_2NCH_2CH_2CH_2CH_2\overset{NH_2}{\overset{|}{C}}HCONHCH_2COOH$

（2） $HOOCCH_2CH_2\overset{NH_2}{\overset{|}{C}}HCONH\underset{CH_2CH_2COOH}{\underset{|}{C}}HCONH\overset{CH_2-C_6H_4-OH}{\overset{|}{C}}HCOOH$

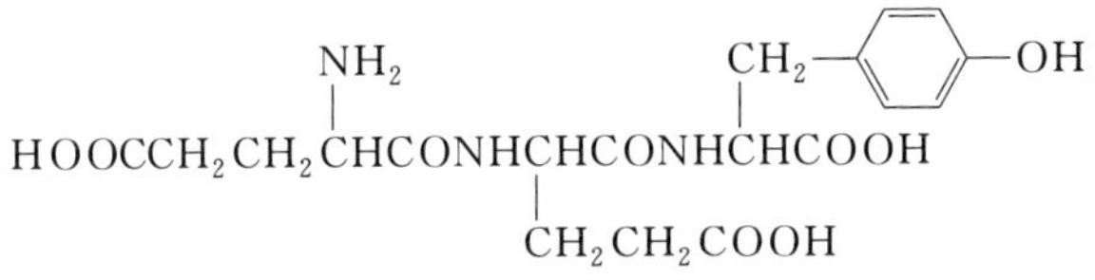

（3） 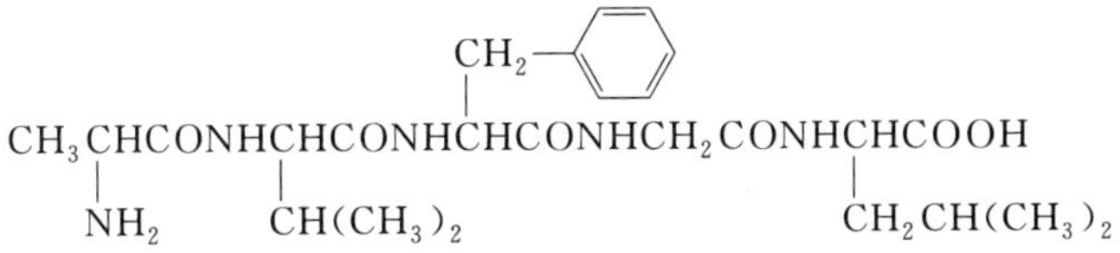 $CH_3\underset{NH_2}{\underset{|}{C}}HCONH\underset{CH(CH_3)_2}{\underset{|}{C}}HCONH\overset{CH_2-C_6H_5}{\overset{|}{C}}HCONHCH_2CONH\underset{CH_2CH(CH_3)_2}{\underset{|}{C}}HCOOH$

【例 8】 写出下列化合物在酸性条件下水解后的产物。

（1） $CH_3CH_2CH_2\underset{\displaystyle |\atop \displaystyle NHCOCH_2CH(NH_2)COOH}{CH}CONHCH_2CONH_2$ （2） （3）

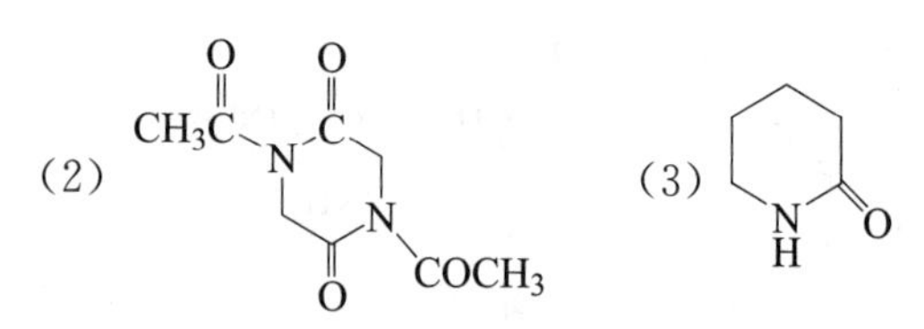

解： 三个化合物具有酰胺的结构，（1）中含三个酰胺键，（2）、（3）是内酰胺，分别含有四个和一个酰胺键。酰胺水解，羰基碳和氮之间的键断开，生成相应的羧酸和胺。

（1） $CH_3CH_2CH_2\underset{\displaystyle |\atop \displaystyle NH_2}{CH}COOH$ $HOOCCH_2\underset{\displaystyle |\atop \displaystyle NH_2}{CH}COOH$ H_2NCH_2COOH NH_4^+

（2） H_2NCH_2COOH CH_3COOH

（3） $H_2NCH_2CH_2CH_2CH_2COOH$

四、习题

1. 组成天然蛋白质的氨基酸的结构有哪些共同特点？

2. 写出下列化合物的结构式。

（1）甘氨酸 （2）丙氨酸 （3）苯丙氨酸 （4）脯氨酸 （5）半胱氨酸

（6）丙甘肽 （7）甘丙肽

3. 写出在下列 pH 介质中各氨基酸的主要形式。

（1）丝氨酸在 pH=1 的溶液中。

（2）谷氨酸在 pH=3 的溶液中。

（3）缬氨酸在 pH=8 的溶液中。

（4）赖氨酸在 pH=12 的溶液中。

4. 由天冬氨酸、亮氨酸、精氨酸、脯氨酸、赖氨酸和甘氨酸组成的混合液，调溶液的 pH 至 6.0 进行电泳，哪些氨基酸向正极移动？哪些氨基酸向负极移动？哪些氨基酸停在原处？

5. 什么是蛋白质的变性？能导致蛋白质变性的因素有哪些？

6. 将鱼精蛋白（pI=12.0～12.4）溶于 pH=6.8 的缓冲液中，可使其沉淀的沉淀剂有哪些？

7. 用重金属盐沉淀蛋白质时，蛋白质溶液的 pH 应调节为大于还是小于其等电点（pI）？

8. 鉴别下列各组化合物。

（1）甘氨酸、酪氨酸、苯丙氨酸、色氨酸

（2）谷胱甘肽、丙甘肽、酪氨酸、苯丙氨酸

（3）酪氨酸、水杨酸、丙氨酸、脯氨酸

9. 推断结构。

（1）一有机物 A，分子式为 $C_4H_7O_4N$，具旋光性，与 HNO_2 作用后生成产物 B 和 N_2。B 也具有旋光性，且可在脱氢后生成产物 C，C 具有互变异构体 D。B 在发生脱水反应后生成产物 E，E 具有顺反异构体 F。试写出 A、B、C、D、E 和 F 的结构式。

（2）化合物 $A(C_5H_9O_4N)$ 具有旋光性，与 $NaHCO_3$ 作用放出 CO_2，与 HNO_2 作用产生 N_2，并转变为化合物 $B(C_5H_8O_5)$，B 也具旋光性。将 B 氧化得到 $C(C_5H_6O_5)$，C 无旋

光性，但可与 2,4-二硝基苯肼作用生成黄色沉淀。C 与稀硫酸共热放出 CO_2，并生成化合物 D($C_4H_6O_3$)，D 能发生银镜反应，其氧化产物为 E（$C_4H_6O_4$）。1mol E 常温下与足量的 $NaHCO_3$ 反应可生成 2mol CO_2，试写出 A、B、C、D 和 E 的结构式。

（3）某三肽完全水解时可生成甘氨酸和丙氨酸两种氨基酸。该三肽若与亚硝酸钠的盐酸溶液反应后，其产物再经水解，则得到乳酸和甘氨酸两种化合物。试推测该三肽的结构，并写出有关反应式。

五、习题参考答案

1. 天然氨基酸的结构特点：氨基都连接在 α-碳原子上。其通式为：

$$\mathrm{R{-}\overset{*}{C}H(NH_2){-}COOH}$$

除甘氨酸外，其他各种天然氨基酸的 α-碳原子都是手性碳原子，故具有手性；相对构型都是 L-型，绝对构型除半胱氨酸是 *R*-型外，其余都是 *S*-型。

2.

（1）$\mathrm{CH_2(NH_2)COOH}$　（2）$\mathrm{CH_3CH(NH_2)COOH}$　（3）$\mathrm{C_6H_5{-}CH_2CH(NH_2)COOH}$

（4）脯氨酸（吡咯烷-2-COOH，环上 N—H）　（5）$\mathrm{HSCH_2CH(NH_2)COOH}$　（6）$\mathrm{H_2NCH(CH_3)CONHCH_2COOH}$

（7）$\mathrm{H_2NCH_2CONHCH(CH_3)COOH}$

3.（1）丝氨酸（p*I*＝5.68），pH＝1 时，$\mathrm{H_3\overset{+}{N}{-}CH(CH_2OH){-}COOH}$，向负极移动。

（2）谷氨酸（p*I*＝3.22），pH＝3 时，$\mathrm{H_3\overset{+}{N}{-}CH(CH_2CH_2COO^-){-}COOH}$ 或 $\mathrm{H_3\overset{+}{N}{-}CH(CH_2CH_2COOH){-}COO^-}$，既不向正极移动，也不向负极移动。

（3）缬氨酸（p*I*＝5.97），pH＝8 时，$\mathrm{H_2N{-}CH(CH(CH_3)_2){-}COO^-}$，向正极移动。

（4）赖氨酸（p*I*＝9.74），pH＝12 时，$\mathrm{NH_2CH(CH_2CH_2CH_2CH_2NH_2)COO^-}$，向正极移动。

4. 留在原处：甘氨酸、亮氨酸；向正极移动：天冬氨酸；向负极移动：赖氨酸、精氨酸、脯氨酸。

5. 蛋白质在加热、干燥、高压、激烈搅拌或震荡、光（X 射线、紫外线）等物理因素或酸、碱、有机溶剂、尿素、重金属盐、三氯乙酸等化学因素的影响下，分子内部原有的高度规则的结构因氢键和其他次级键被破坏而变成不规则的排列方式，原有的理化性质和生物学特性也随之发生变化，这种作用叫变性。变性作用有两种，可逆变性和不可逆变性。

6. 三氯乙酸和苦味酸等

7. 大于

8.

（1）

	浓硝酸 / 蛋白黄反应 →	米伦试剂 →	乙醛酸的反应 →
甘氨酸	（－）		
色氨酸	显色	（－）	紫红色环
苯丙氨酸	显色	（－）	（－）
酪氨酸	显色	红色沉淀	

（2）

	缩二脲反应 →	蛋白黄反应 →	米伦反应 →
丙甘肽	（－）	（－）	
酪氨酸	（－）	黄色	红色沉淀
苯丙氨酸	（－）	黄色	（－）
谷胱甘肽	红色		

（3）

	$FeCl_3$ →	HNO_3 → / $NaNO_2/HCl$ →
酪氨酸	紫色	黄色
水杨酸	紫色	（－）
丙氨酸	（－）	气体
脯氨酸	（－）	（－）

9.

（1）A：$HOOCCH_2CHCOOH$（CH 上连 NH_2）

B：$HOOCCH_2CHCOOH$（CH 上连 OH）

C：$HOOCCH_2CCOOH$（C 上连 $=O$）

D：$HOOC—CH=C—COOH$（C 上连 OH）

E（或 F）：$C=C$（左侧连 H、$HOOC$，右侧连 H、$COOH$）或 $C=C$（左侧连 $HOOC$、H，右侧连 H、$COOH$）

（2）A：$HOOCCHCH_2CH_2COOH$（CH 上连 NH_2）

B：$HOOCCHCH_2CH_2COOH$（CH 上连 OH）

C：$HOOCCCH_2CH_2COOH$（C 上连 $=O$）

D：CH_2CHO
　　|
　CH_2COOH

E：CH_2COOH
　　|
　CH_2COOH

（3）三肽的结构：

$CH_3CHCONHCH_2CONHCH_2COOH$（$CH$ 上连 NH_2）

$CH_3CHCONHCH_2CONHCH_2COOH$（$CH$ 上连 NH_2）$\xrightarrow{NaNO_2/H^+}$ $CH_3CHCONHCH_2CONHCH_2COOH$（$CH$ 上连 OH）

$\xrightarrow{H_2O/H^+}$ $CH_3CHCOOH$（CH 上连 OH）$+$ CH_2COOH（CH_2 上连 NH_2）$+$ CH_2COOH（CH_2 上连 NH_2）

第十九章　核苷酸和核酸

一、目的要求

1. 掌握核酸和核苷酸的分类与化学组成。
2. 掌握核酸的结构与理化性质。
3. 理解 DNA 和 RNA 的异同。
4. 理解核苷酸的排列顺序与遗传信息的关系。

二、本章要点

1. 核酸的定义及其分类

核酸是细胞内携带遗传信息的物质，在生物体内的遗传、变异和蛋白质的生物合成中具有十分重要的作用。核酸分为核糖核酸（RNA）和脱氧核糖核酸（DNA），DNA 主要存在于细胞核，少量分布在线粒体内，是生物遗传的物质基础，承担体内遗传信息的储存和发布；RNA 大部分存在于细胞质，直接参与体内蛋白质的合成。

根据蛋白质合成过程中发挥的作用，RNA 又分为核糖体 RNA（rRNA）、信使 RNA（mRNA）和转运 RNA（tRNA）。

rRNA 是合成蛋白质的场所，参与合成蛋白质的各种物质最终在核糖体上将氨基酸按特定顺序装配成多肽链；mRNA 是蛋白质合成的模板，在合成时控制氨基酸的排列顺序；tRNA 是合成蛋白质时的氨基酸携带者，充当搬运工，将氨基酸运送到核糖体以供组装。

2. 核酸的分子组成

核酸主要含有 C、H、O、N 和 P 等化学元素，其中 P 含量为 9%～10%，由于各种核酸中的 P 含量接近恒定，故常用含 P 量来表征组织中核酸的含量。

核酸的基本组成单位是核苷酸，核苷酸由磷酸和核苷组成，核苷由碱基和戊糖组成。

核酸⟶核苷酸｛磷酸；核苷｛碱基（嘌呤和嘧啶）；戊糖（核糖或脱氧核糖）｝｝

（1）核苷的分子组成

核苷是由戊糖 C-1′上的 β-OH 与碱基含氮杂环上的-NH 脱水形成的 β-C-N 糖苷，包括核糖核苷和脱氧核糖核苷。在天然条件下，由于空间位阻，核糖与碱基处于反式构象。组成核苷的戊糖有两种：β-D-2 脱氧核糖和 β-D-核糖，碱基有嘌呤碱和嘧啶碱。

（2）核苷酸的分子组成

核苷酸是核酸的基本组成单位，是由核苷中戊糖的 C-5′-OH 或 C-3′-OH 与磷酸脱水形成的磷酸酯，生物体内大多数核苷酸是 5′核苷酸。

组成 RNA 的核苷酸为腺苷酸、鸟苷酸、胞苷酸和尿苷酸；组成 DNA 的核苷酸为脱氧腺苷酸、脱氧鸟苷酸、脱氧胞苷酸和脱氧胸苷酸。

（3）DNA 与 RNA 的区别

核酸由核苷酸组成，如果戊糖是脱氧核糖，则形成的聚合物是 DNA，如果戊糖是核糖，则形成的聚合物是 RNA。它们的区别如表 19-1 所示。

表 19-1　DNA 与 RNA 的区别

核酸	碱基	戊糖	结构
DNA	A、G、C、T	脱氧核糖	规则双螺旋
RNA	A、G、C、U	核糖	通常为单链

3. 核酸的结构

（1）核酸的一级结构

核酸分子中各个核苷酸的排列顺序称为核酸的一级结构，也称核苷酸序列，由于核苷酸之间的差异主要来自碱基，故又称碱基序列。

核酸是由核苷酸连接而成的长链，核苷酸之间通过核苷酸的 3′-羟基与另一个核苷酸的 5′-磷酸脱水形成磷脂键而连接在一起，形成没有支链的核酸大分子。

为简化结构表达方式，常用 P 表示磷酸，用竖线表示戊糖，表示碱基的英文字母置于竖线之上，用斜线表示磷酸与糖基酯键。根据书写规则，从 5′端写到 3′端：

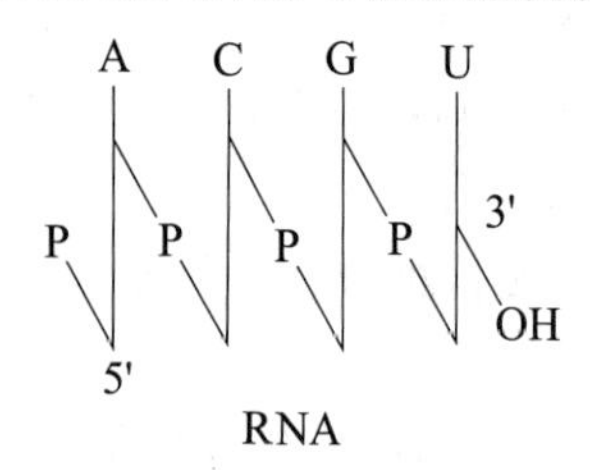

RNA

A C G T
P P P P
3'
OH
5'
DNA

也可以用更简单的字符来表示：

RNA：5′pApCpGpU-OH3′或者 5′ACGU3′

DNA：5′pApCpGpT-OH3′或者 5′ACGT3′

（2）核酸的二级结构

在特定环境下（pH、离子浓度等），DNA 链上的官能团可产生特殊的氢键、离子键、疏水键以及空间位阻效应等，使 DNA 分子的各个原子在三维空间里具有了确定的相对位置关系，即 DNA 的空间结构，分为二级和高级结构。

DNA 分子由两条核苷酸链组成，沿着一个共同轴心以反平行走向盘旋成右手双螺旋结构（参见图 19-1），亲水的脱氧戊糖基和磷酸基位于双螺旋的外侧，碱基朝向内侧，碱基对的疏水作用维系着双螺旋的纵向稳定，维系横向稳定的因素是碱基对间的氢键作用。双螺旋结构的 DNA 在细胞内还将进一步折叠成为超螺旋结构。随着对 DNA 研究的不断深入，人们发现，自然界中还存在其他多种类型的 DNA 结构。

大多数天然 RNA 以单链形式存在，较长的 RNA 可以通过碱基互补配对（A═U，G≡C）形成局部的小双螺旋结构，配对的 RNA 结构链约占 40%～70%，不能配对的碱基则形成突环，称茎环结构或发卡结构（参见图 19-2）。通过碱基互补配对，RNA 还可以形成复杂的高级结构，RNA 的种类、丰度、大小和空间结构要比 DNA 复杂得多，这与它的功能多样性密切相关。

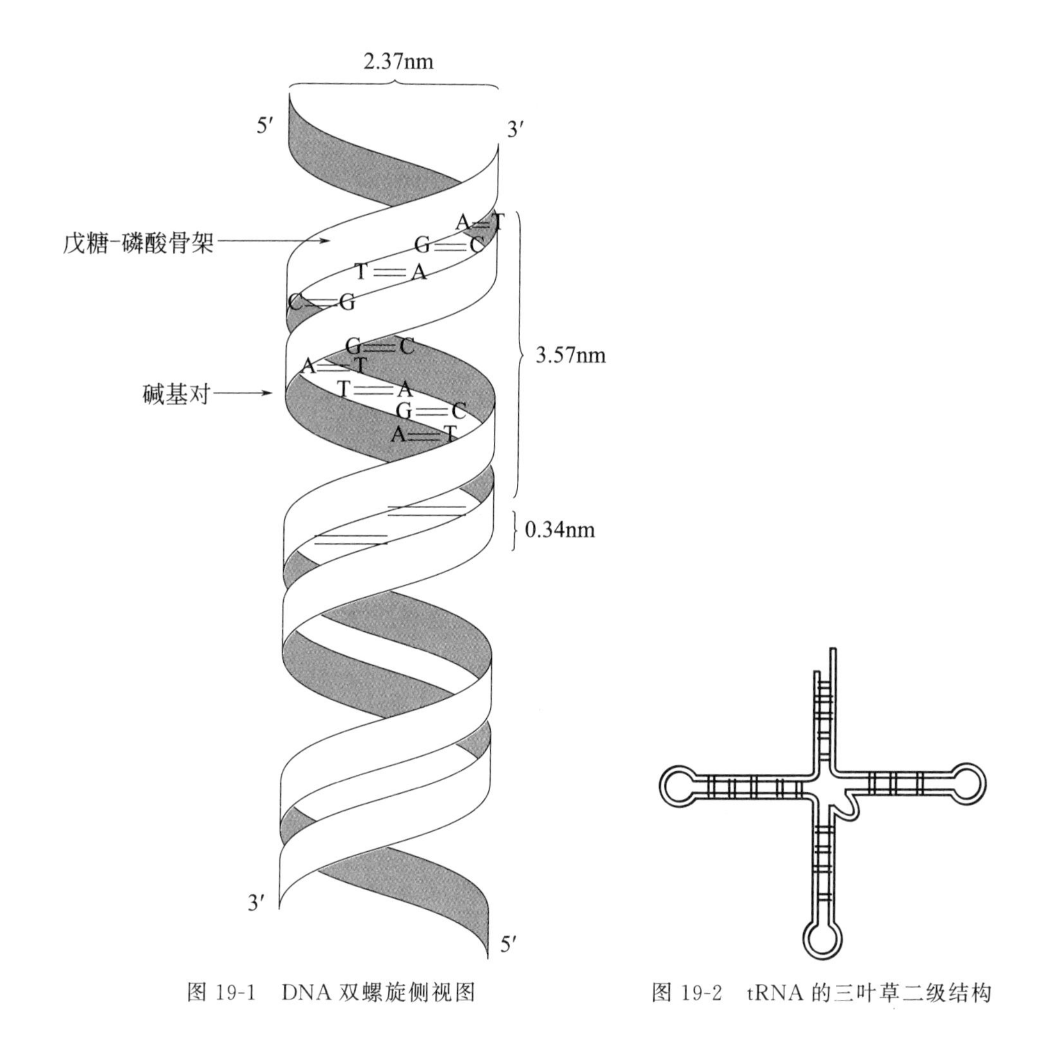

图 19-1　DNA 双螺旋侧视图　　图 19-2　tRNA 的三叶草二级结构

4. 核酸的性质

(1) 核酸的物理性质

DNA 是白色纤维状固体，RNA 是白色粉末。两者均微溶于水，易溶于碱性溶液，其钠盐在水中溶解度较大。DNA 和 RNA 都不溶于乙醇、乙醚等有机溶剂，易溶于 2-甲基乙醇。

嘌呤和嘧啶含有共轭双键，在紫外波段会有较强吸收，可用紫外分光光度法对核酸、核苷酸、核苷以及碱基进行定量分析。

DNA 和 RNA 都是线性高分子，故核酸溶液的黏度极大，DNA 的黏度更大于 RNA，这是由于 DNA 分子的长度和不对称性所致。

(2) 核酸的化学性质

核酸分子中同时存在磷酸基和碱基，因此属于两性物质，但是酸性大于碱性。与蛋白质类似，核酸在不同的 pH 值时，带有不同电荷，可在电场中发生迁移，迁移的方向和速率与核酸分子的电量、分子的大小和分子的形状有关。

核酸能与金属离子成盐，也能与一些碱性化合物形成复合物，还能与一些染料结合，在组织化学研究中，此性质可用来帮助观测细胞内核酸成分的各种细微结构。

5. 核苷酸的排列顺序与遗传信息的关系

核苷酸分子的大小常用核苷酸数目或碱基对数目来表示，自然界中的DNA长度可高达几十万个碱基对。DNA携带的遗传信息完全依赖碱基对排列顺序变化。一个由n个脱氧核苷酸组成的DNA可以有4^n种不同的排列组合，从而提供了巨大的遗传信息编码潜力。不同的核苷酸排列顺序对应着不同的密码子，不同的密码子可以对应合成不同的蛋白质，即核苷酸的排列顺序决定了遗传信息。

三、例题解析

【例1】 如何理解核酸、核苷酸、核苷的关系？

解： 核酸是由几十个至几千个单核苷酸聚合而成的长链，即为分子大小不等的多聚核苷酸。单核苷酸由碱基、核糖和磷酸组成。核苷酸由核苷中戊糖的5′-羟基与磷酸缩合而成的磷酸酯连接，它们是构成核酸的基本单位。核苷由一个戊糖（核糖或脱氧核糖）和一个碱基（嘌呤或嘧啶碱）缩合而成。RNA中的核苷为核糖核苷（或核苷），共四种（腺苷、鸟苷、胞苷、尿苷），分别以AGCU表示。

【例2】 何为DNA的一级结构？DNA的二级结构有何特征？

解： DNA分子中的核苷酸排列顺序称为一级结构。

DNA分子是一个右手螺旋结构，其特征如下：

（1）两条平行的多核苷酸链，以相反方向（即一条由3′-5′，另一条由5′-3′）围绕同一个中心轴，以右手旋转方式构成一个双螺旋；

（2）疏水的嘧啶和嘌呤碱基平面叠于螺旋的内侧，亲水的磷酸基和脱氧核糖以磷酸二酯键相连形成的骨架位于螺旋外侧。

【例3】 细胞内的遗传物质是（　　）。

A. DNA　　B. RNA　　C. DNA或RNA　　D. DNA和RNA

解： DNA携带遗传信息，决定着细胞和个体的遗传型。RNA参与遗传信息的复制与表达。因此A选项正确。

【例4】 DNA分子完全水解后，得到的化学物质是（　　）。

A. 核苷酸、戊糖、碱基　　B. 核苷酸、磷酸、碱基

C. 核糖、戊糖、碱基　　D. 脱氧核糖、磷酸、碱基

解： 核酸的基本组成单位是核苷酸，核苷酸由磷酸和核苷组成，核苷由碱基和戊糖组成，戊糖有β-D-2脱氧核糖和β-D-核糖，碱基有嘌呤碱和嘧啶碱。如果戊糖是脱氧核糖，则形成的聚合物是DNA，因此选项D正确。

四、习题

1. 写出尿嘧啶和胞嘧啶的酮式-烯醇式互变异构。

2. 写出下列化合物的结构式。

（1）5-氟尿嘧啶　（2）1-甲基鸟嘌呤　（3）5,6-二氢尿嘧啶　（4）6-巯基鸟嘌呤

3. 一条DNA中某段多核苷酸的碱基序列是TTAGGCA，与这段DNA链互补的碱基顺序应如何排列？

4. 核酸完全水解后可得到哪些组分？DNA 与 RNA 的水解产物有何不同？

5. 在稳定的 DNA 双螺旋中，哪两种力在维系分子立体结构方面起主要作用？

6. 如何将分子量相同的单链 DNA 与单链 RNA 分开？

7. 由一分子磷酸、一分子碱基和一分子 a 构成了化合物 b，如图所示，判断下列叙述正确与否？

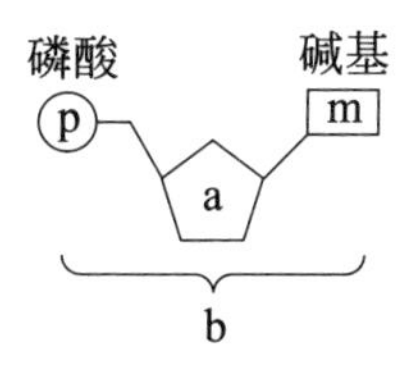

（1）组成化合物 b 的元素有 C、H、O、N、P 五种。

（2）a 属于不能水解的糖，是构成生物体的重要成分。

（3）若 a 为核糖，则由 b 组成的核酸主要分布在细胞质中。

（4）幽门螺杆菌内含的化合物 m 共四种。

五、习题参考答案

1.

尿嘧啶酮式-烯醇式互变异构　　胞嘧啶酮式-烯醇式互变异构

2.

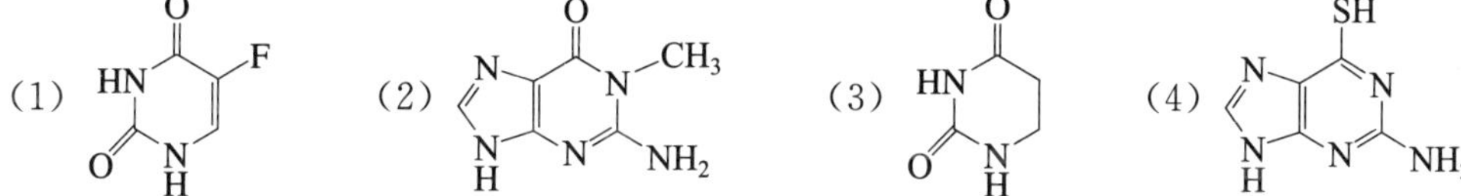

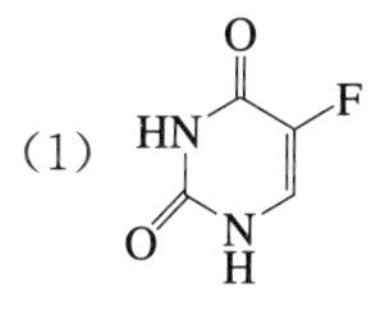

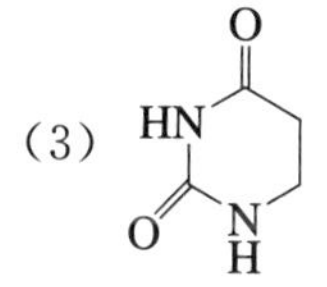

3. AATCCGT

4. 核酸完全水解后可得到碱基、戊糖、磷酸三种组分。DNA 和 RNA 的水解产物戊糖、嘧啶碱基不同。

5. 碱基堆积力和碱基配对氢键。

6.（1）用专一性的 RNA 酶与 DNA 酶分别对两者进行水解；（2）用碱水解，RNA 能被水解，DNA 不能。

7. 对的是（1)(2)(3)，错的是（4）。

解析：由一分子磷酸、一分子碱基和一分子 a（五碳糖）构成了化合物 b（核苷酸），b 是组成核酸的基本单位，由 C、H、O、N、P 五种元素组成。A 可代表核糖，也可代表脱氧核糖。幽门螺旋杆菌体内既含有核糖核酸又含有脱氧核糖核酸，共含有 A、T、C、G、U 五种碱基。

第二十章　神奇的有机化合物

一、目的要求

1. 了解列举的有机化合物的来源。
2. 掌握列举的有机化合物的名称和结构特点。
3. 熟悉列举的有机化合物的应用和发展。

二、本章要点

1. 天然产物中的明星分子

天然产物通俗而言是指从自然界（动植物、昆虫、微生物等）中分离获得的物质，更为学术的定义是指自然界中生物的次生代谢产物即有机化合物，例如来自鸦片的吗啡、黄花蒿中提取的青蒿素、喜树中分离获得的喜树碱等。

神农尝百草，如果记载确切的话，那就是最早的植物活性成分的人体试验。时至今日，人类已从自然界分离获得并鉴定了数以万计的天然产物，它们中的一些被高度关注和追捧，成为丰富多彩的天然产物中的“明星”。

2. 为健康保驾护航的药物分子

发现、发明和使用新型化学药物，是为人类健康保驾护航、实现健康长寿目标的极为重要的手段。

19 世纪末 20 世纪初，有机合成的蓬勃发展推动药学进入以临床治疗为主的新时期，药物的发展迅速崛起。从百浪多息的问世，到青霉素的诞生，以及阿司匹林、达菲等药物的不断问世和迭代，既保障了人类生命的健康，也使药物合成和研究领域随之进入崭新的快速发展时期。

3. 舌尖上的多能分子

民以食为天。随着食品工业的发展，不可否认，人们在享受美味的同时，也通过饮食获取了各种各样的有毒有害成分，从而导致了中毒、疾病的产生，这一点必须引起重视。例如食品中的各种非法添加剂的使用。

食品添加剂是经国际相关组织及各国相关法律法规批准能使用于食品的添加剂，其生产与使用范围和最大使用量都必须严格遵守有关法律法规，任何在食品中使用非食品添加剂或超范围超限量使用食品添加剂的行为都是违法的。

食品添加剂的种类繁多。我国目前有 23 个类别，包括防腐剂、着色剂、甜味剂、酸度调节剂、增味剂、增稠剂、抗氧化剂、香料香精等。

4. 改邪归正的毒素分子

毒素与药物就像一对孪生兄弟一样紧密相连，过量为毒，适量为药，我国传统中医学理论中就有“以毒攻毒”之说。

在治疗顽疾和恶疾方面，毒物往往能发挥意想不到的奇效。因此，传统的毒素分子经过结构修饰或者控制用量后，就应用于临床上治疗多种疾病。例如蛇毒、蝎毒可用来治疗神经和心血管系统疾病。河豚毒素可镇痛，尤其对晚期癌症的止痛效果也非常明显，虽起效较慢但持续时间较长且不会成瘾；可用于局部麻醉、瘙痒镇静剂、呼吸镇静剂、尿意镇静剂；可解痉，尤其对胃痉挛、破伤风痉挛有特效；可戒除海洛因毒瘾且无依赖性，效果优于美沙酮；可迅速降压，常用于抢救高血压病人；抗心律失常等。

5. 日用品中的宠爱分子

我们的生活中充斥着各种化学分子，它们有的拥有迷人的香味或令人讨厌的臭味，有的可能有毒或有益，有的可能让我们感到高兴或沮丧。但正是它们各自的特点，帮助我们塑造着今天缤纷多彩的世界。

当今的人们对生活质量日趋看重，对一些日用品不仅仅满足于一般使用，更希望能够赋予某些功效，如增加抵抗力、延缓衰老、美白抗皱、减肥等。有这样的需求，人们便在日用品中加入了一些特殊的化合物，来满足人们的特殊功效要求。

例如，心脏能量激活器“辅酶 Q_{10}”，其应用广泛，主要用于医学、功能食品和化妆品等领域。以辅酶 Q_{10} 为原料开发的新型保健食品、化妆品和药品市场有着极其广阔的应用前景；角鲨烯具有抗氧化、抵御紫外线伤害、保湿的作用，被广泛应用作润肤剂，也可用作药物缓释剂；维生素 E 不仅是一种常用药品兼营养保健品，在其他领域亦有重要用途，目前已成为国际市场上用途最广、产销量极大的主要维生素品种，与维生素 C、维生素 A 一起成为维生素系列的三大支柱产品；左旋肉碱是一种非常重要的“条件营养素”，具有多种生理功能，其中最基本的生理功能是运载长链脂肪酸通过线粒体内膜，进入线粒体基质进行氧化分解。此外，左旋肉碱在生酮作用、生热作用、生糖作用、支链氨基酸代谢、防止高血氮、防止乙酰辅酶 A 的毒性蓄积以及游离辅酶 A 的再生等方面，都具有一定的作用。

三、习题

1. 结束了《有机化学》全课程的学习，你对有机化学和有机化合物有了哪些新的认识？来说一下你和它的故事吧。
2. 请你给后来者介绍《有机化学》学习过程中最大的感悟。
3. 你会向其他人介绍这套《有机化学》及《有机化学学习指导》吗？说出理由。
4. 请你写出对本课程最想表达的意见和建议。

四、习题参考答案

略

有机化学水平测试卷

有机化学水平测试卷（一）

一、用系统命名法命名下列化合物（10×1分）

1.

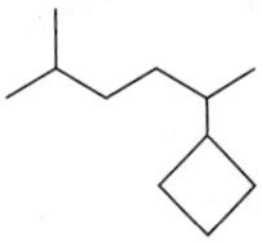

2.

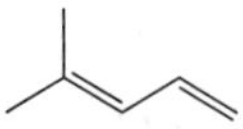

3. 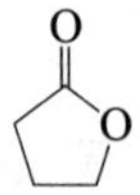 O O

4. 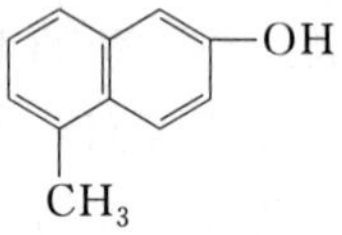 OH CH_3

5.

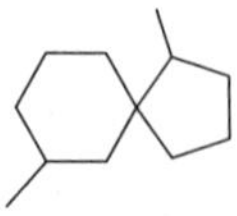

6. 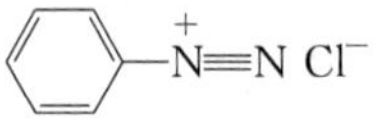 $\overset{+}{N}\equiv N\ Cl^-$

7. 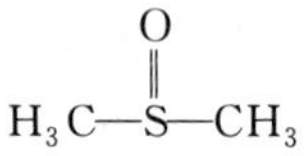 $H_3C-\overset{O}{\overset{\|}{S}}-CH_3$

8. 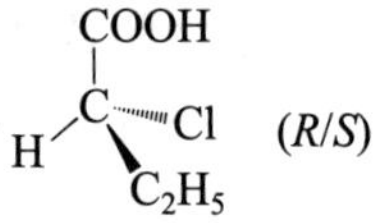 COOH H C Cl C_2H_5 (*R*/*S*)

9. 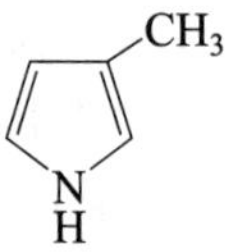 CH_3 N H

10. 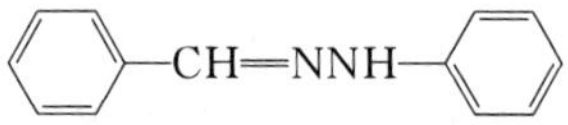 $CH=NNH$

二、写出下列化合物的结构式（10×1分）

1. 对苯醌
2. 二环［2.2.1］庚烷
3. 苯基烯丙基醚
4. (*Z*)-3,4-二甲基-2-己烯
5. 反-3-叔丁基环己醇
6. 甘苯丙肽
7. 乙酰水杨酸
8. 1-苯基-2-丁酮
9. *N*,*N*-二甲基苯甲酰胺
10. α-D-吡喃葡萄糖哈瓦斯式

三、完成下列反应方程式（10×2分）

1. 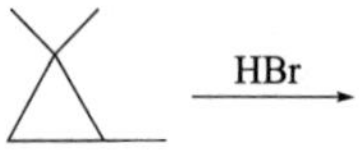 $\xrightarrow{HBr}$

2. $CH_3CH=CH_2 \xrightarrow[2)\ H_2O_2/OH^-]{1)\ B_2H_6}$

3. $CH_3CH_2C\equiv CH \xrightarrow[HgSO_4]{H_3O^+}$

4. 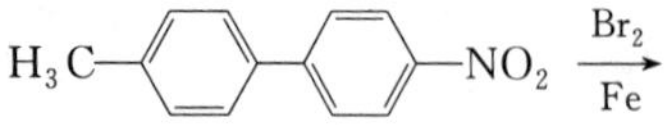 H_3C- ⟨biphenyl⟩ $-NO_2 \xrightarrow[Fe]{Br_2}$

5. 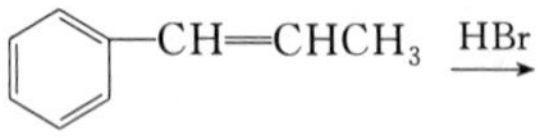 $-CH=CHCH_3 \xrightarrow{HBr}$

6. 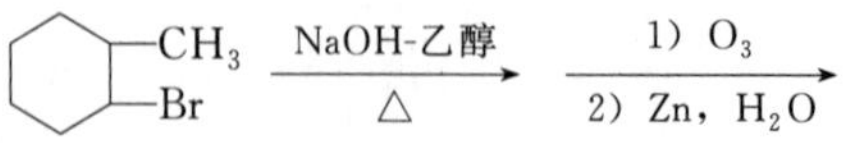 $-CH_3$ $-Br$ $\xrightarrow[\triangle]{NaOH\text{-}乙醇} \xrightarrow[2)\ Zn,\ H_2O]{1)\ O_3}$

7. $CH_3COOH + C_2H_5OH \xrightarrow[\triangle]{H^+} \xrightarrow[C_2H_5OH]{C_2H_5ONa}$

8. $C_6H_5-N_2^+Cl^- + H_3C-C_6H_4-OH \xrightarrow[pH=8\sim10]{0\sim5℃}$

9. $CH_3CH=CHCOOH \xrightarrow[2)\ H_2O/H^+]{1)\ LiAlH_4}$

10. $CH_3\overset{O}{\overset{\|}{C}}-\underset{CH_3}{\overset{CH_3}{C}}COOH \xrightarrow[\triangle]{浓\ NaOH}$

四、鉴别题（4×4分）

1. 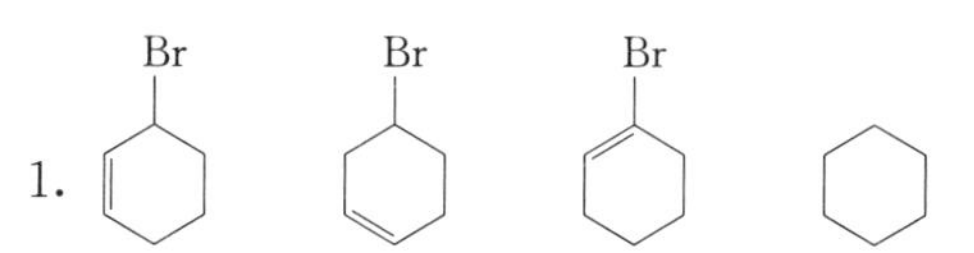

2. 1-己醇　　2-己醇　　2-甲基-2-戊醇

3. 乙酸　　乙酰氯　　乙酸乙酯　　乙酰乙酸乙酯

4. 麦芽糖　　果糖　　蔗糖　　淀粉

五、选择题（10×1分）

1. 化合物的旋光方向与其构型的关系，下列说法是正确的是（　　）。

A. D构型为右旋，L构型为左旋　　B. *R*构型为右旋，*S*构型为左旋

C. D构型就是*R*构型　　D. 无直接对应关系

2. 亲电反应与亲核反应最主要的区别是（　　）。

A. 反应的立体化学不同　　B. 反应的速率不同

C. 进攻试剂要进攻的活性中心的电荷不同　　D. 反应的动力学和热力学不同

3. 下列化合物在临床中可用作重金属解毒剂的是（　　）。

A. 甘油　　B. 二巯基丙醇　　C. 乙二醇　　D. 丙硫醇

4. 区别安息香酸和水杨酸可用（　　）。

A. NaOH水溶液　　B. Na_2CO_3水溶液　　C. $FeCl_3$水溶液　　D. I_2/OH^-水溶液

5. 等电点为4.6的蛋白质在pH=10.0时进行电泳，电泳情况是（　　）。

A. 不动　　B. 移向阳极

C. 移向阴极　　D. 先移向阴极，再移向阳极

6. 既能发生水解反应，又能发生银镜反应的物质是（　　）。

A. 麦芽糖　　B. 蔗糖　　C. 果糖　　D. 葡萄糖

7. 下列化合物中，酸性最强的是（　　）。

A. 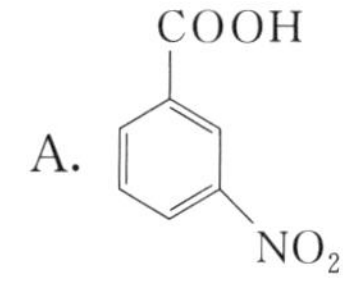

B. 间羟基苯甲酸（COOH，OH）　　C. 间氯苯甲酸（COOH，Cl）　　D. 间甲氧基苯甲酸（COOH，OCH_3）

8. 下列化合物不适用于康尼查罗反应的是（　　）。

A. 甲醛　　B. 环己基甲醛　　C. 对甲基苯甲醛　　D. α,α-二甲基丁醛

9. 下列化合物中，最难被稀酸水解的是（　　）。

A. 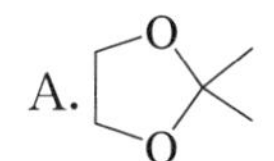
B. 2-甲氧基四氢呋喃（OCH_3）　　C. 1,4-二氧六环　　D. 1,3-二氧六环

10. 下列化合物中，碱性最强的是（　　）。

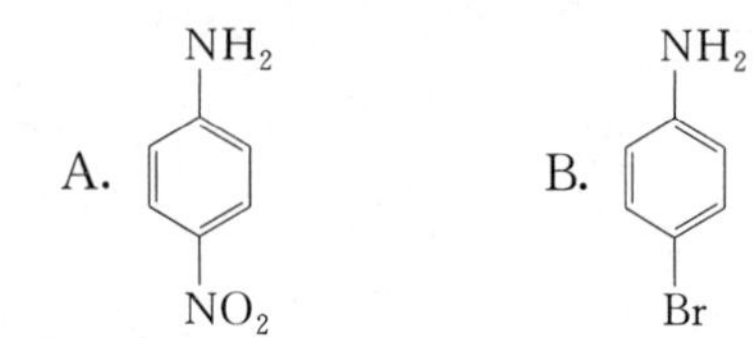

A. 对硝基苯胺（NH_2，NO_2）　B. 对溴苯胺（NH_2，Br）　C. 对甲基苯胺（NH_2，CH_3）　D. 对甲氧基苯胺（NH_2，OCH_3）

六、合成题（3×6 分）

1. 由 $CH_2{=}CHCHO$ 合成 $CH_2(OH)—CH(OH)—CHO$

2. 以乙烯和丙烯为原料合成 $CH_3CH(CH_3)CH_2COOH$

3. 以甲苯为原料合成间溴甲苯

七、推断题（16 分）

1. 布洛芬（芬必得）是非甾体类抗炎药，具有解热镇痛和消炎作用，其结构和合成并不复杂。布洛芬可以按照下列合成路线制备得到，试推断化合物 A～E 的结构。（7 分）

$$\text{苯}\xrightarrow[\text{无水 }AlCl_3]{(CH_3)_2CHCOCl}A\xrightarrow[\text{浓 }HCl]{Zn\text{-}Hg}B\xrightarrow[\text{无水 }AlCl_3]{CH_3COCl}C\xrightarrow{HCN/OH^-}D\xrightarrow{H_3O^+}E$$

（布洛芬外消旋体）

2. 化合物 A 分子式为 $C_9H_{10}O$，不能与银氨溶液反应，但可与羟胺反应生成 B（$C_9H_{11}NO$）；也可在 $NaOH\text{-}I_2$ 溶液中反应得到一种酸 C，C 强烈氧化后得到苯甲酸。A 在干的 HCl 条件下与乙二醇作用得到 D($C_{11}H_{14}O_2$)。写出 A、B、C 和 D 的结构式以及 A 与乙二醇反应生成 D 的反应式。（5 分）

3. D-戊糖 A 和 B，分子式均为 $C_5H_{10}O_5$。B 能与溴水反应，A 不能；A，B 分别与过量苯肼反应，可生成相同的糖脎；将 B 递降（从羰基端减去一个碳原子）为 D-丁糖 C（$C_4H_8O_4$），C 经硝酸氧化成糖二酸 D，D 无旋光性。试写出 A-D 的结构式。（4 分）

参考答案

一、

1. 2-甲基-5-环丁基己烷
2. 4-甲基-1,3 戊二烯
3. γ-丁内酯
4. 5-甲基-2-萘酚
5. 1,7-二甲基螺［4.5］癸烷
6. 氯化重氮苯
7. 二甲亚砜
8. (S)-2-氯丁酸
9. β-甲基吡咯
10. 苯甲醛苯腙

二、

1. 对苯醌（O=C₆H₄=O 结构式）
2. 降冰片烷（结构式）
3. $C_6H_5—O—CH_2CH{=}CH_2$
4. $H_3C(H)C{=}C(CH_3)CH(CH_3)CH_3$
5. 环己醇，OH 与 $C(CH_3)_3$（椅式构象）
6. $NH_2CH_2CONHCH(CH_2C_6H_5)COOH$
7. 邻位 COOH、$OCOCH_3$ 取代苯

8. $C_6H_5-CH_2COCH_2CH_3$　　9. $C_6H_5-CON(CH_3)_2$　　10. (pyranose ring: CH_2OH, O, OH, OH, OH, OH)

三、

1. Br (2-bromo-2,3-dimethylbutane)　　2. $CH_3CH_2CH_2OH$　　3. $CH_3CH_2\overset{O}{\overset{\|}{C}}CH_3$

4. H_3C-(Br-substituted benzene)$-C_6H_4-NO_2$　　5. $C_6H_5-\underset{}{\overset{Br}{\overset{|}{C}}}HCH_2CH_3$　　6. (cyclohexene)$-CH_2CO(CH_2)_4CHO$

7. $CH_3COOCH_2CH_3$　$CH_3COCH_2COOCH_2CH_3$　　8. $C_6H_5-N=N-$(HO, CH_3 substituted benzene)

9. $CH_3CH=CHCH_2OH$　　10. $CH_3COONa + (CH_3)_2CHCOONa$

四、

1. 3-溴环己烯、4-溴环己烯、1-溴环己烯、环己烷 $\xrightarrow[\text{乙醇溶液}]{AgNO_3}$

	$AgNO_3$/乙醇溶液	$AgNO_3$/乙醇溶液△	Br_2/CCl_4
3-溴环己烯	淡黄色沉淀		
4-溴环己烯	(−)	淡黄色沉淀	
1-溴环己烯	(−)	(−)	褪色
环己烷	(−)	(−)	(−)

2. 1-己醇、2-己醇、2-甲基-2-戊醇 $\xrightarrow{\text{无水 }ZnCl_2\text{-浓 }HCl}$ (−)、稍后出现浑浊、立即出现浑浊

3.

	$AgNO_3$	$NaHCO_3$	$FeCl_3$ 溶液
乙酰氯	白色沉淀		
乙酸	(−)	气体	
乙酸乙酯	(−)	(−)	(−)
乙酰乙酸乙酯	(−)	(−)	紫色

4.

	I_2/KI	$[Ag(NH_3)_2]^+$	Br_2/H_2O
麦芽糖	(−)	银镜	褪色
果糖	(−)	银镜	(−)
蔗糖	(−)	(−)	
淀粉	蓝色		

五、

题号	1	2	3	4	5	6	7	8	9	10
答案	D	C	B	C	B	A	A	B	C	D

六、

1. $CH_2{=}CHCHO + 2\ CH_3CH_2OH \xrightarrow{\text{干 HCl}} CH_2{=}CH{-}CH(OCH_2CH_3)_2$

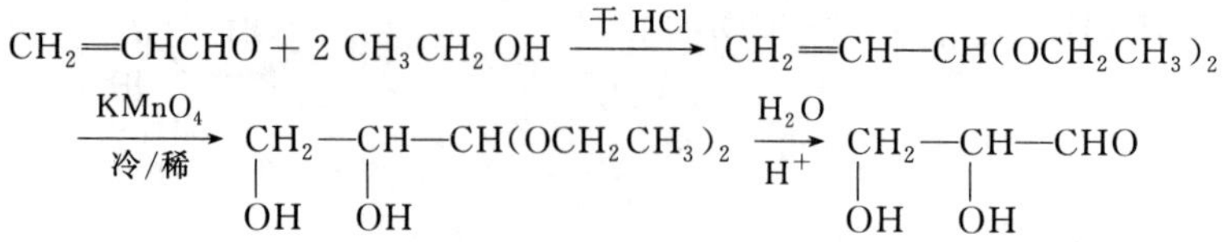

$\xrightarrow[\text{冷/稀}]{KMnO_4} \underset{OH}{CH_2}{-}\underset{OH}{CH}{-}CH(OCH_2CH_3)_2 \xrightarrow[H^+]{H_2O} \underset{OH}{CH_2}{-}\underset{OH}{CH}{-}CHO$

2. $H_2C{=}CH_2 + O_2 \xrightarrow[200\sim300℃]{Ag}$ 环氧乙烷

$CH_3CH{=}CH_2 \xrightarrow{HBr} CH_3\underset{Br}{C}HCH_3 \xrightarrow[\text{无水乙醚}]{Mg} CH_3\underset{MgBr}{C}HCH_3 \xrightarrow{\text{环氧乙烷}} CH_3\underset{CH_3}{C}HCH_2CH_2OH$

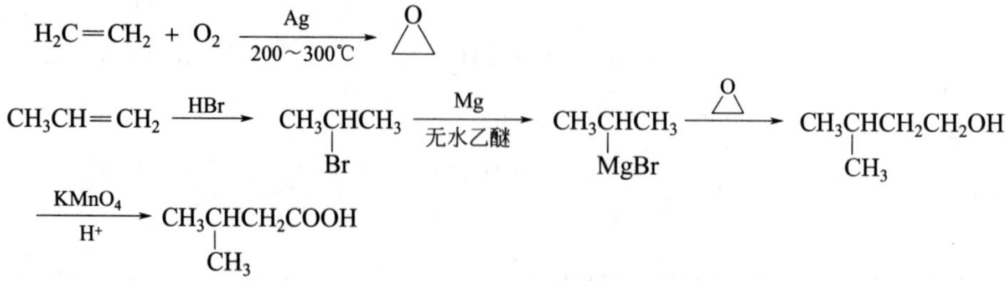

$\xrightarrow[H^+]{KMnO_4} CH_3\underset{CH_3}{C}HCH_2COOH$

3. 甲苯 $\xrightarrow[\text{浓}H_2SO_4]{\text{浓}HNO_3}$ $\xrightarrow{\text{分离}}$ 对硝基甲苯（CH_3，NO_2） $\xrightarrow{Zn/HCl}$ 对甲基苯胺（CH_3，NH_2） $\xrightarrow{(CH_3CO)_2O}$

$H_3C\overset{O}{\overset{\|}{C}}HN{-}C_6H_4{-}CH_3 \xrightarrow{Br_2} H_3C\overset{O}{\overset{\|}{C}}HN{-}C_6H_3(Br){-}CH_3 \xrightarrow{H_2O/OH^-}$

$H_2N{-}C_6H_3(Br){-}CH_3 \xrightarrow[HCl]{NaNO_2}$ CH_3, Br, $^+N{\equiv}NCl^-$ 取代苯 $\xrightarrow{H_3PO_2}$ Br—C₆H₄—CH_3（间溴甲苯）

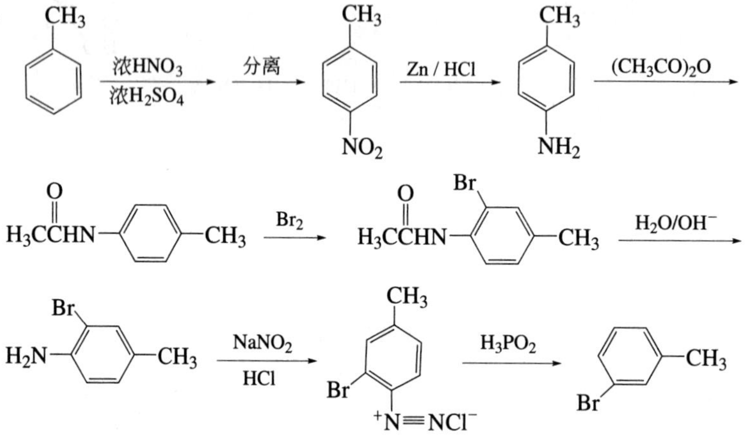

七、

1. A: $C_6H_5{-}COCH(CH_3)_2$　B: $C_6H_5{-}CH_2CH(CH_3)_2$　C: $(H_3C)_2HCH_2C{-}C_6H_4{-}COCH_3$

D: $(H_3C)_2HCH_2C{-}C_6H_4{-}C(CN)(OH)CH_3$ + $HO{-}C(CN)(CH_3){-}C_6H_4{-}CH_2CH(CH_3)_2$

E: $(H_3C)_2HCH_2C{-}C_6H_4{-}C(COOH)(OH)CH_3$ + $HO{-}C(COOH)(CH_3){-}C_6H_4{-}CH_2CH(CH_3)_2$

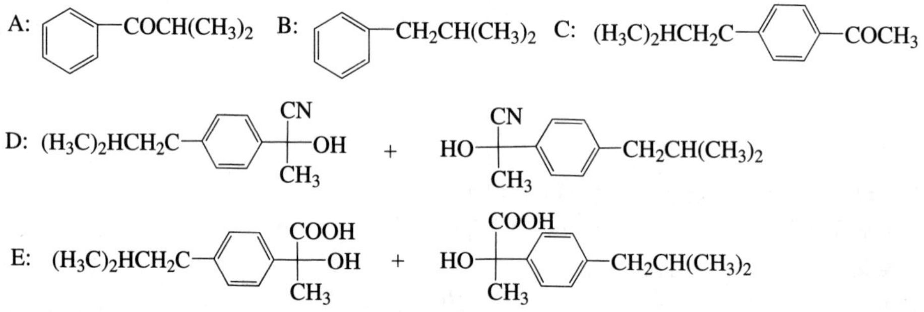

2.

A: $C_6H_5{-}CH_2COCH_3$　B: $C_6H_5{-}CH_2\overset{NOH}{\overset{\|}{C}}CH_3$　C: $C_6H_5{-}CH_2COOH$　D: $C_6H_5{-}CH_2CCH_3$（C 上连 $-OCH_2CH_2O-$ 环）

$C_6H_5{-}CH_2COCH_3 \xrightarrow[\text{干HCl}]{HO\diagup\diagdown OH} C_6H_5{-}CH_2CCH_3$（缩酮，C 上连 $-OCH_2CH_2O-$ 环）

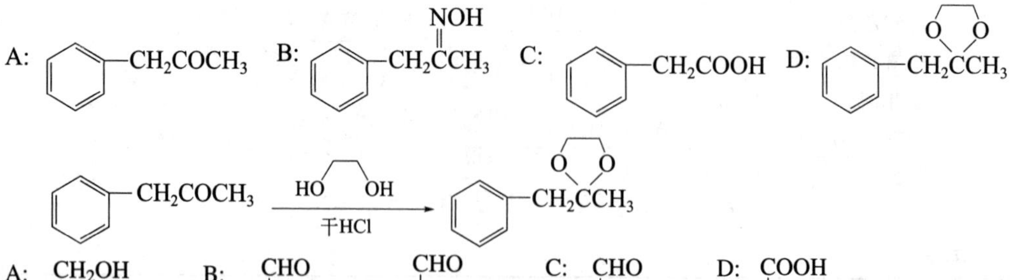

3. A: CH_2OH, $C{=}O$, —, —, CH_2OH（Fischer 投影式）　B: CHO, —, —, —, CH_2OH 或 CHO, —, —, —, CH_2OH　C: CHO, —, —, CH_2OH　D: COOH, —, —, COOH

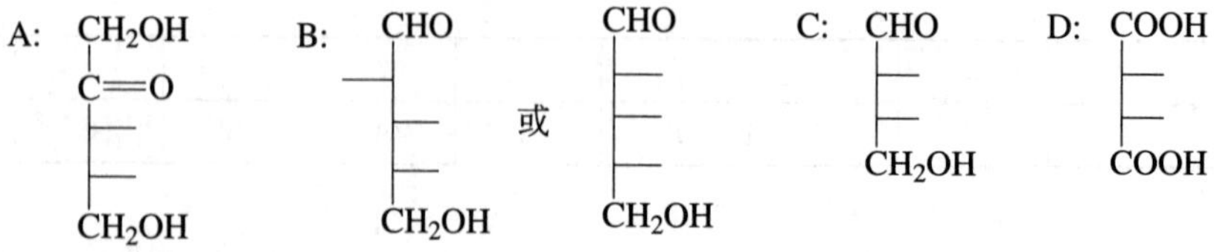

有机化学水平测试卷（二）

一、用系统命名法命名下列化合物（10×1 分）

1.  H_3C—(1,4-环己二烯)—CH_3

2. 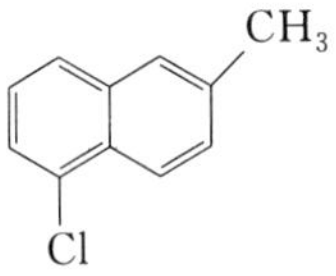 (萘环) CH_3, Cl

3. COOH; H—Cl; H—OH; CH_3 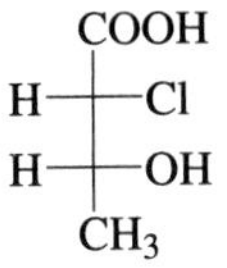 (R/S)

4. 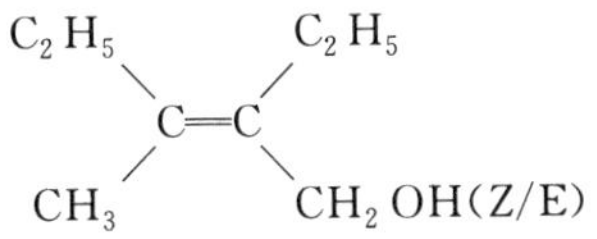 C_2H_5, C_2H_5; C=C; CH_3, CH_2OH(Z/E)

5. O, O (γ-丁内酯环)

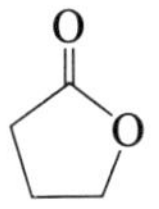

6. 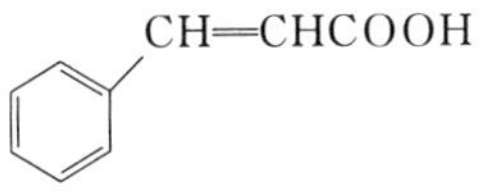 (苯环)—CH=CHCOOH

7. 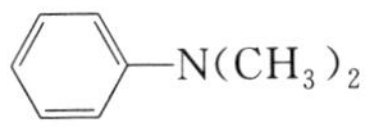 (苯环)—$N(CH_3)_2$

8. 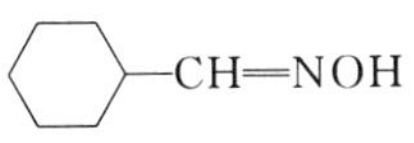 (环己基)—CH=NOH

9. 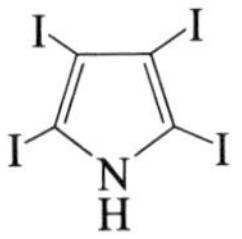 I, I, I, I, N, H (吡咯环)

10. 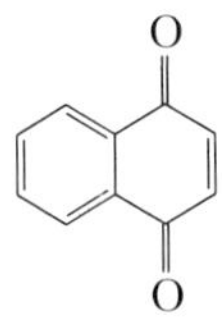 O, O (萘醌环)

二、写出下列化合物的结构式（10×1 分）

1. 顺-1-甲基-4-叔丁基环己烷的优势构象　2. 二环［4.2.0］辛烷　3. N.B.S

4. 内消旋 2,3-二氯丁烷　5. (*E*)-2-丁烯　6. 苯甲酸苄酯

7. 3-乙基-4-己烯-2-醇　8. *β*-吡啶甲酰胺　9. (*R*)-乳酸　10. 甘氨酰丙氨酸

三、完成下列反应方程式（10×2 分）

1. $(CH_3)_2CHCH{=}CH_2 + HBr \xrightarrow{ROOR'}$

2. $C_2H_5C{\equiv}CH \xrightarrow{NaNH_2/NH_3\ (l)} \quad \xrightarrow{CH_3Br}$

3. 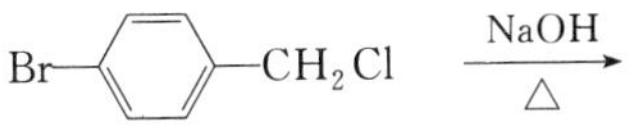 Br—(苯环)—$CH_2Cl \xrightarrow[\triangle]{NaOH}$

4. 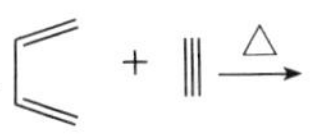 (1,3-丁二烯) + (乙炔) $\xrightarrow{\triangle}$

5.  CH_3—(苯环)—$NHCOCH_3 \xrightarrow[H_2SO_4]{HNO_3}$

6. $CH_3\overset{O}{\overset{\|}{C}}CH_2CH_3 \xrightarrow{I_2/NaOH}$

7. $2\ CH_3CHO \xrightarrow[5℃]{10\%\ NaOH} \quad \xrightarrow{\triangle}$

8. 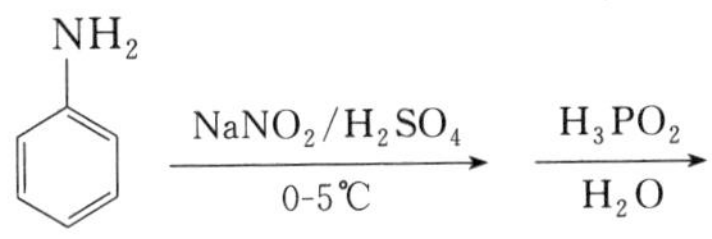 (苯胺，NH_2) $\xrightarrow[0\text{-}5℃]{NaNO_2/H_2SO_4} \quad \xrightarrow[H_2O]{H_3PO_2}$

9. 2 Cl—(呋喃环，O)—CHO $\xrightarrow{浓NaOH}$

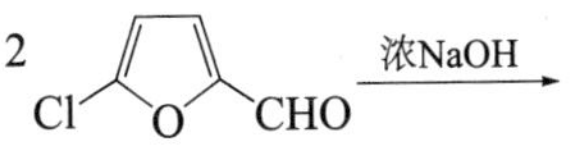

10. 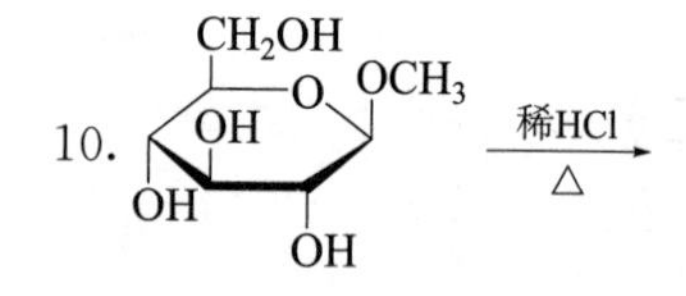

四、鉴别题（4×4分）

1. 水杨酸　乙酰乙酸乙酯　苯甲醛　苯乙酮
2. 丙醇、异丙醇、叔丁醇、丙三醇
3. 苯甲醇、苯甲醚、苯甲酸
4. 酪氨酸、色氨酸、赖氨酸

五、选择题（10×1分）

1. 在溴甲烷的 S_N2 取代反应中，反应活性最强的亲核试剂是（　　）

A. $C_6H_5O^-$　B. HO^-　C. $C_2H_5O^-$　D. CH_3COO^-

2. 不能用金属钠干燥的化合物是（　　）

A. 乙醇　B. 乙醚　C. 苯　D. 环己烷

3. 碱性最强的化合物是（　　）

A. 丁二酰亚胺　B. 乙酰胺　C. 三甲胺　D. 苯胺

4. 根据休克尔规则，下列物质具有芳香性的是（　　）

A. （吡啶结构式，N）　B. （吡喃结构式，O）　C. （环己二烯结构式）　D. （环戊二烯结构式）

5. 卤代烃 S_N1 反应速度不取决于试剂的亲核性大小，是因为（　　）

A. 亲核试剂的亲核性差别很小

B. 亲核性试剂始终是过量的

C. 亲核试剂是反应过程各步反应的参加者

D. 亲核试剂不是第一步慢反应的参加者

6. 化合物：①苯磺酸　②环己硫醇　③环己醇　④硫酚，酸性由大到小的排列顺序为（　　）

A. ①>④>②>③　B. ②>③>①>④

C. ③>②>①>④　D. ④>③>②>①

7. 下列自由基中最稳定的是（　　）

A. $(CH_3)_3C\cdot$　B. $Ph_3C\cdot$　C. $(CH_3)_2CH\cdot$　D. $CH_3\cdot$

8. 医学上具有抗菌作用的磺胺类药物，其基本化学结构是（　　）

A. 嘌呤　B. 对甲基苯磺酰胺

C. 对氨基苯磺酰胺　D. 巴比妥酸

9. γ-羟基酸加热易生成（　　）

A. 交酯　B. 内酯　C. 酸酐　D. 聚酯

10. 在 pH=8 的溶液中，主要以阳离子形式存在的是（　　）

A. 色氨酸（$pI=5.89$）　B. 谷氨酸（$pI=3.22$）

C. 丝氨酸（$pI=5.75$）　D. 赖氨酸（$pI=9.74$）

六、合成题（3×6分）

1. 由丙炔合成 H_3C—CH=CH—$CH_2CH_2CH_3$（顺式：两个H在同侧）

2. 由1-丁醇合成2-溴丁烷

3. 由乙酰乙酸乙酯合成2-己酮

七、推断题（16分）

1. 化合物A和B分子式均为$C_3H_7O_2N$，都能与HCl或NaOH反应成盐，与亚硝酸反应都能放出氮气，与醇反应都生成酯。A具有旋光性，而B无旋光性。试推断A和B的结构式，并写出A与HCl、NaOH和亚硝酸的反应式。（6分）

2. 有一旋光性的氯代烃，分子式为C_5H_9Cl(A)，A能被高锰酸钾氧化，也能被氢化得$C_5H_{11}Cl$(B)，B无旋光性。试推断A、B的结构式，并写出A的所有相关反应式。（4分）

3. 柳树皮中存在一种糖苷叫水杨苷，与$FeCl_3$不发生显色反应，当用苦杏仁酶水解时得到D-(+)-葡萄糖和水杨醇（邻羟基苯甲醇）。试写出水杨苷的结构式及有关反应式。（要求写出推导过程）（6分）

参考答案

一、

1. 2,5-二甲基-1,3-环己二烯　2. 6-甲基-1-氯萘　3. (2*R*,3*R*)-3-羟基-2-氯丁酸
4. (*E*)-3-甲基-2-乙基-2-戊烯-1-醇　5. γ-丁内酯　6. 3-苯基丙烯酸
7. *N*,*N*-二甲基苯胺　8. 环己基甲醛肟　9. 2,3,4,5-四碘吡咯或四碘吡咯
10. 1,4-萘醌

二、

1. （椅式环己烷，CH_3 与 $C(CH_3)_3$ 取代）
2. （双环结构：六元环与四元环稠合）
3. （N-溴代丁二酰亚胺，五元环含两个C=O，NBr）
4. Fischer投影式：上 CH_3；H—C—Cl；H—C—Cl；下 CH_3
5. H、CH_3 / H_3C、H（反式2-丁烯）
6. C_6H_5—$COOCH_2$—C_6H_5
7. CH_3CH=$CHCH(CH_2CH_3)CH(OH)CH_3$
8. （吡啶-3-甲酰胺，$CONH_2$，N）
9. Fischer投影式：上 COOH；H—C—OH；下 CH_3
10. $NH_2CH_2CONHCH(CH_3)COOH$

三、

1. $(CH_3)_2CHCH_2CH_2Br$　2. $C_2H_5C{\equiv}CNa$　$C_2H_5C{\equiv}C—CH_3$　3. Cl—C_6H_4—CH_2OH
4. （环己烯）　5. H_3C—$C_6H_3(NO_2)$—$NHCOCH_3$　6. CH_3CH_2COONa + CHI_3

7. $CH_3CHOHCH_2CHO$　$CH_3CH{=}CHCHO$

8. 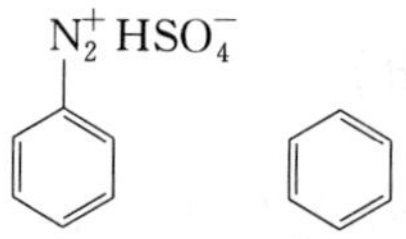 (苯重氮硫酸氢盐 $N_2^+HSO_4^-$ 结构)　(苯结构)

9. 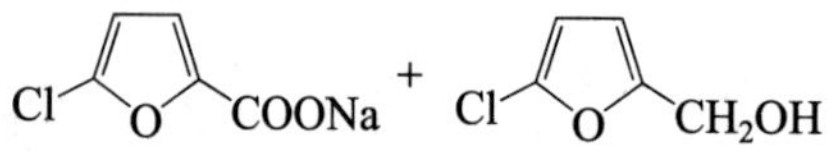 5-氯-2-呋喃甲酸钠（Cl–呋喃–COONa） + 5-氯-2-呋喃甲醇（Cl–呋喃–CH_2OH）

10. 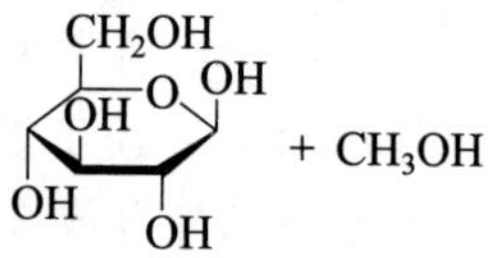 (吡喃葡萄糖结构：CH_2OH, OH, OH, OH, OH) + CH_3OH

四、

1. 水杨酸、乙酰乙酸乙酯、苯甲醛、苯乙酮 $\xrightarrow{FeCl_3}$

	$FeCl_3$	$NaHCO_3$ / $I_2/NaOH$
水杨酸	紫色	气体
乙酰乙酸乙酯	紫色	(－)
苯甲醛	(－)	(－)
苯乙酮	(－)	黄色沉淀

（紫色者 $\xrightarrow{NaHCO_3}$；(－)者 $\xrightarrow{I_2/NaOH}$）

2. 丙醇、异丙醇、叔丁醇、丙三醇 $\xrightarrow{Cu(OH)_2}$

	$Cu(OH)_2$	无水 $ZnCl_2$/浓 HCl	△
丙醇	(－)	(－)	(－)
异丙醇	(－)	(－)	出现浑浊
叔丁醇	(－)	立即浑浊	
丙三醇	深蓝色溶液		

3. 苯甲醇（$C_6H_5CH_2OH$）、苯甲醚（$C_6H_5OCH_3$）、苯甲酸（C_6H_5COOH） $\xrightarrow{NaHCO_3}$

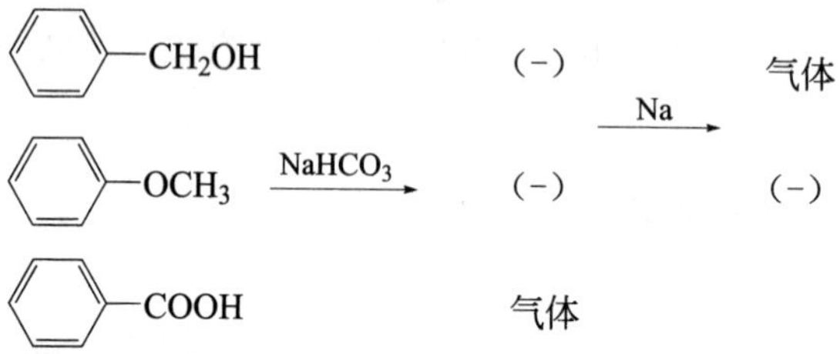

	$NaHCO_3$	Na
$C_6H_5CH_2OH$	(－)	气体
$C_6H_5OCH_3$	(－)	(－)
C_6H_5COOH	气体	

4. 酪氨酸、色氨酸、赖氨酸 $\xrightarrow{浓\ HNO_3}$

	浓 HNO_3	$OHCCOOH$/浓 H_2SO_4
酪氨酸	黄色	(－)
色氨酸	黄色	紫色
赖氨酸	(－)	

五、

题号	1	2	3	4	5	6	7	8	9	10
答案	C	A	C	A	D	A	B	C	B	D

六、

1. $HC{\equiv}CCH_3 \xrightarrow[\text{Lindlar 催化剂}]{H_2} CH_2{=}CHCH_3 \xrightarrow[ROOR']{HBr} CH_3CH_2CH_2Br$

$HC{\equiv}CCH_3 \xrightarrow{NaNH_2} NaC{\equiv}CCH_3 \xrightarrow{CH_3CH_2CH_2Br} H_3CC{\equiv}CCH_2CH_2CH_3$

$\xrightarrow{Na/NH_3\ (l)}$ 反式 $H_3C(H)C{=}C(H)CH_2CH_2CH_3$

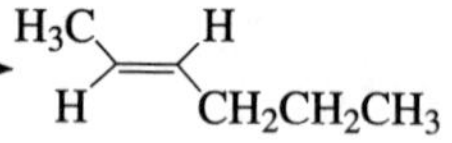

2. $CH_3CH_2CH_2CH_2OH \xrightarrow[\triangle]{H_2SO_4} CH_3CH_2CH{=}CH_2 \xrightarrow{HBr} CH_3CH_2CHBrCH_3$

3. $CH_3COCH_2CO_2C_2H_5 \xrightarrow[2)\ CH_3CH_2CH_2Br]{1)\ NaOEt} CH_3COCH(CH_2CH_2CH_3)CO_2C_2H_5 \xrightarrow{稀\ NaOH\ 溶液} \xrightarrow[\triangle]{-CO_2}$

$CH_3COCH_2CH_2CH_2CH_3$

七、

1. A. $CH_3CH(NH_2)COOH$　　　　B. $NH_2CH_2CH_2COOH$

$$CH_3CH(NH_2)COOH \xrightarrow{HCl} CH_3CH(^+NH_3Cl^-)COOH$$

$$CH_3CH(NH_2)COOH \xrightarrow{NaOH} CH_3CH(NH_2)COO^-$$

$$CH_3CH(NH_2)COOH \xrightarrow{HNO_2} CH_3CH(OH)COOH + N_2\uparrow + H_2O$$

2. A. $CH_2{=}CHCH(Cl)CH_2CH_3$　　　　B. $CH_3CH_2CH(Cl)CH_2CH_3$

$$CH_2{=}CHCH(Cl)CH_2CH_3 \xrightarrow{KMnO_4\ H^+} HOOCCH(Cl)CH_2CH_3 + CO_2\uparrow$$

$$CH_2{=}CHCH(Cl)CH_2CH_3 \xrightarrow{H_2/Pt} CH_3CH_2CH(Cl)CH_2CH_3$$

3.

反应式：

水杨苷 $\xrightarrow{\text{苦杏仁酶}}$ β-D-葡萄糖 + 水杨醇

推导过程：水杨苷与 $FeCl_3$ 不发生显色反应说明结构中无酚-OH，推断水杨苷是由 D-(+)-葡萄糖中的半缩醛羟基和邻羟基苯甲醇中的酚-OH 脱水而形成的。

用苦杏仁酶水解时得到 D-(+)-葡萄糖和水杨醇，说明水杨苷为 β-型苷键。

有机化学水平测试卷（三）

一、用系统命名法命名下列化合物（10×1分）

1. 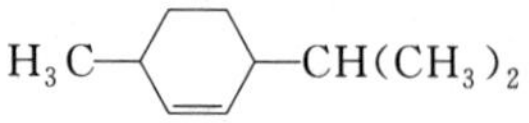 H_3C—(环己烯)—$CH(CH_3)_2$

2. CH_3；H—OH；Cl—Ph；CH_3　(R/S)

3. 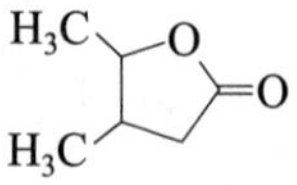 H_3C，O，O，H_3C

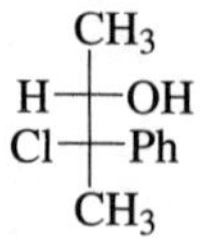

4. 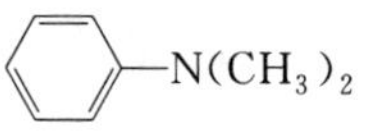 (苯)—$N(CH_3)_2$

5. 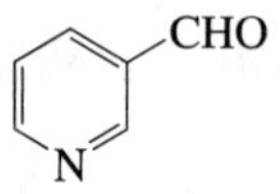 CHO，N

6. 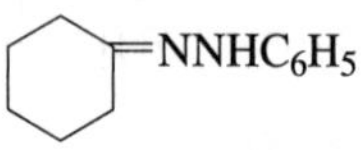 (环己基)=$NNHC_6H_5$

7. 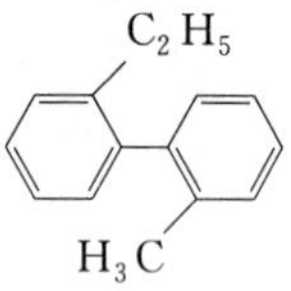 C_2H_5，H_3C

8. 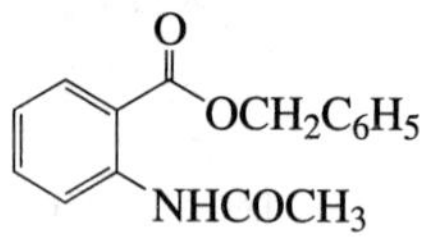 O，$OCH_2C_6H_5$，$NHCOCH_3$

9. 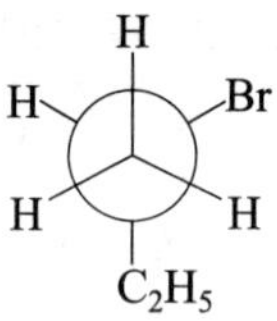 H，H，Br，H，H，C_2H_5　(*R*/*S*)

10. 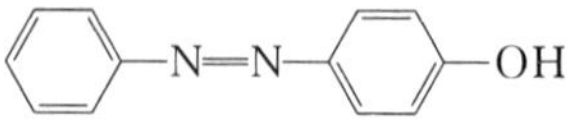 (苯)—N═N—(苯)—OH

二、写出下列化合物的结构式（10×1分）

1. 甲基环己烷的优势构象　2. 烯丙基溴　3. 苯胺盐酸盐　4. T. N. T
5. 3-乙基-4-己烯-2-醇　6. 内消旋的酒石酸　7. 4-甲基咪唑　8. ω-己内酰胺
9. *N*,*N*-二甲基-2,4-二乙基苯胺　10. 甘丙丝肽

三、完成下列反应方程式（10×2分）

1. $(CH_3)_2CHCH{=}CH_2 + HBr \longrightarrow$

2. 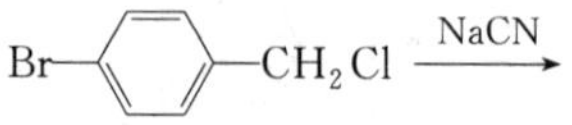 Br—(苯)—$CH_2Cl \xrightarrow{NaCN}$

3. H_3C—(苯)—$NHCOCH_3 \xrightarrow[H_2SO_4]{HNO_3}$

4. 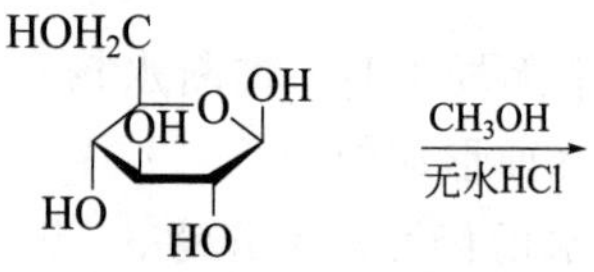 HOH_2C，OH，O，OH，HO，HO　$\xrightarrow[\text{无水HCl}]{CH_3OH}$

5. 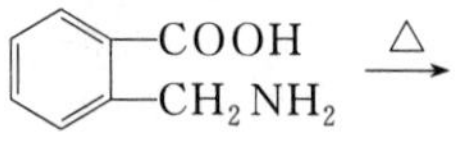 (苯)—COOH，—CH_2NH_2　$\xrightarrow{\triangle}$

6. 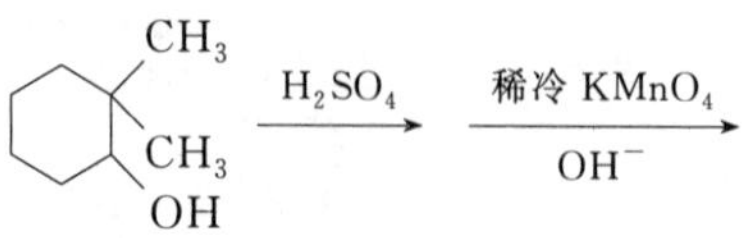 CH_3，CH_3，OH　$\xrightarrow{H_2SO_4}$　$\xrightarrow[OH^-]{\text{稀冷 }KMnO_4}$

7. 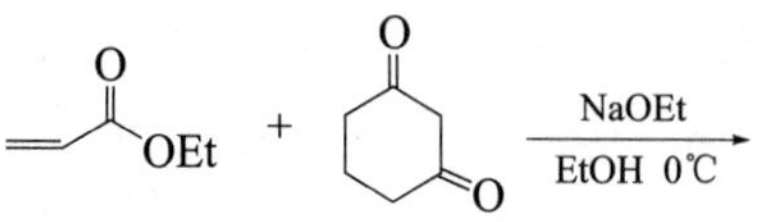 O，OEt　+　O，O　$\xrightarrow[EtOH\ 0℃]{NaOEt}$

8. 1-甲氧基萘（OCH_3） $\xrightarrow[H_2SO_4]{HNO_3}$

9. $H_3C-C_6H_4-OCH_3$ $\xrightarrow[\triangle]{HI}$

10. PhCH═CHCOOEt $\xrightarrow[2,H_3^+O]{1,LiAlH_4}$

四、鉴别题（4×4分）

1. 水杨酸　乙酰乙酸乙酯　苯甲醛　苯乙酮
2. 半乳糖　果糖　蔗糖　淀粉
3. 酪氨酸　苯丙氨酸　甘氨酸　脯氨酸
4. 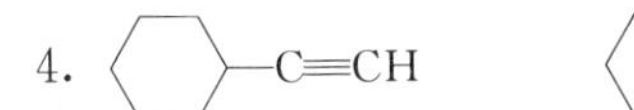 

$C_6H_{11}-C≡CH$　　$C_6H_{11}-CH═CH_2$　　$C_6H_{11}-C_2H_5$

五、选择题（10×1分）

1. 某分子的结构是 $(CH_3)_2C═CHCH_2CH_2C(CH_3)═CHCH_2CH_2C(CH_3)═CHCH_2OH$ 它属于哪一类结构（　　）

A. 糖类化合物　　B. 萜类化合物　　C. 甾族化合物　　D. 生物碱

2. 下列化合物中进行亲核加成反应的活性顺序为（　　）

a. 乙醛　　b. 丙酮　　c. 苯乙酮　　d. 二苯甲酮

A. d＞c＞b＞a　　B. b＞c＞d＞a　　C. a＞b＞c＞d　　D. c＞d＞b＞a

3. 最容易发生分子内脱水的醇是（　　）

A. 1-丁醇　　B. 2-丁醇　　C. 2-甲基-1-丙醇　　D. 叔丁醇

4. $(CH_3)_3C^+$ 稳定的因素是（　　）

A. σ-p 超共轭效应　　B. σ-π 超共轭效应　　C. π-π 共轭　　D. p-π 共轭

5. 糖类化合物：①蔗糖、②麦芽糖、③甘露糖、④葡萄糖苷，分别将它们溶于水后均有变旋现象的是（　　）

A. ①和②　　B. ①和③　　C. ②和③　　D. ②和④

6. 下列化合物不与羰基试剂发生反应的是（　　）

A. $H_3C-C_6H_4-COCH_3$　　B. 环己酮　　C. CH_3COCH_2COOEt　　D. CH_3CH_2COOH

7. 临床上常用来作为镇静剂和安眠药的巴比妥类药物，它的母体是（　　）

A. 磺酰胺　　B. 丙二酰脲　　C. 胍　　D. 偶氮苯

8. 蛋白质变性时，一般不会改变的键是（　　）

A. 酯键　　B. 二硫键　　C. 肽键　　D. 盐键

9. 下列化合物中具有芳香性的是（　　）

A. 环戊二烯　　B. 薁型稠环　　C. 含 H H 的桥环轮烯　　D. 环庚三烯正离子（+）

10. 下列化合物中哪一个不是脑磷脂的水解产物（　　）

A. 甘油　　B. 胆碱　　C. 胆胺　　D. 脂肪酸

六、合成题（3×6分）

1. 由甲苯合成对硝基二苯基甲烷 C_6H_5—CH_2—C_6H_4—NO_2

2. 由 环己酮（=O） 合成 2-乙基环戊酮（O，C_2H_5）

3. 由苯合成 间氯溴苯（Cl，Br）

七、推断题（16分）

1. 分子式为 $C_4H_6O_2$ 的化合物 A 和 B 都具有水果香味，均不溶于氢氧化钠溶液。将 A 和 B 与氢氧化钠共热后，A 生成一种羧酸盐和乙醛，B 除生成甲醇外，其反应液酸化后蒸馏得到的馏出液显酸性，并使溴水褪色。试推测 A、B 的结构，并写出相关化学反应式。（5分）

2. 某烃 A，分子式为 C_9H_8，它能与氯化亚铜氨溶液反应生成红棕色沉淀，A 催化加氢得 B（C_9H_{12}），B 用酸性高锰酸钾氧化得 C（$C_8H_6O_4$），C 加热得 D（$C_8H_4O_3$）。A 与 1,3-丁二烯作用得 E，E 脱氢得 2-甲基联苯。写出 A～E 的结构式。（5分）

3. D 型戊糖 A，B 和 C，分子式均为 $C_5H_{10}O_5$。A 和 B 能与溴水反应，C 则不能。A 和 B 分别与 HNO_3 反应生成的糖二酸都是内消旋体，无旋光性。A、B、C 分别与过量苯肼反应，A 和 C 能生成相同的糖脎。试写出 A、B、C 可能的开链式结构（用费歇尔投影式表示）及 A 被硝酸氧化和 C 与过量苯肼反应的反应式。（6分）

参考答案

一、

1. 3-甲基-6-异丙基环己烯　2. (2*S*,3*R*)-3-苯基-3-氯-2-丁醇　3. 3,4-二甲基-γ-丁内酯
4. *N*,*N*-二甲基苯胺　5. β-吡啶甲醛　6. 环己酮苯腙　7. 2-甲基-2′-乙基联苯
8. 邻乙酰氨基苯甲酸苄酯　9. (*R*)-2-溴丁烷　10. 对羟基偶氮苯

二、

1. （甲基环己烷椅式构象）CH_3　2. CH_2=$CHCH_2Br$　3. $C_6H_5\overset{+}{N}H_3Cl^-$　4. CH_3，O_2N，NO_2，NO_2（2,4,6-三硝基甲苯）

5. CH_3CH=$CHCH(C_2H_5)CH(OH)CH_3$　6. COOH，H—OH，H—OH，COOH　7. H，N，N，H_3C（4-甲基咪唑）　8. O，NH（己内酰胺）

9. C_2H_5—(苯环)—$N(CH_3)_2$，邻位 C_2H_5

10. $NH_2CH_2CONHCH(CH_3)CONHCH(CH_2OH)COOH$

三、

1. $(CH_3)_2CHCH(Br)CH_3$

2. Br—C_6H_4—CH_2CN

3. H_3C—C_6H_3(NO_2)—$NHCOCH_3$

4. CH_2OH，O，OCH_3，OH，OH，OH

5. O，NH

6. CH_3，CH_3；CH_3，OH，OH，CH_3

7. O，O，O，OEt

8. OCH_3，NO_2

9. C_6H_5—OH + CH_3I

10. $C_6H_5CH═CHCH_2OH$

四、

1. 水杨酸、乙酰乙酸乙酯、苯甲醛、苜乙酮 $\xrightarrow{FeCl_3}$ 紫色、紫色、(—)、(—)

紫色 $\xrightarrow{NaHCO_3}$ 气体、(—)；(—) $\xrightarrow{I_2/NaOH}$ (—)、黄色沉淀

2. 半乳糖、果糖、蔗糖、淀粉 $\xrightarrow{I_2}$ (—)、(—)、(—)、蓝色

(—) $\xrightarrow{银氨溶液}$ 银镜、银镜、(—)

银镜 $\xrightarrow{Br_2/H_2O}$ 褪色、(—)

3. 酪氨酸、苯丙氨酸、甘氨酸、脯氨酸 $\xrightarrow{HNO_3}$ 黄色、黄色、(—)、(—)

黄色 $\xrightarrow{FeCl_3}$ 紫色、(—)；(—) $\xrightarrow{NaNO_2/HCl}$ 气体、(—)

4. (环己基)—C≡CH、(环己基)—$CH═CH_2$、(环己基)—C_2H_5 $\xrightarrow{Br_2/H_2O}$ 褪色、褪色、(—)

褪色 $\xrightarrow{银氨溶液}$ 白色沉淀、(—)

五、

题号	1	2	3	4	5	6	7	8	9	10
答案	B	C	D	A	C	D	B	C	D	B

六、

1. $C_6H_5CH_3 \xrightarrow[H_2SO_4]{HNO_3} p\text{-}O_2N\text{-}C_6H_4\text{-}CH_3 \xrightarrow[光照]{Cl_2} p\text{-}O_2N\text{-}C_6H_4\text{-}CH_2Cl$

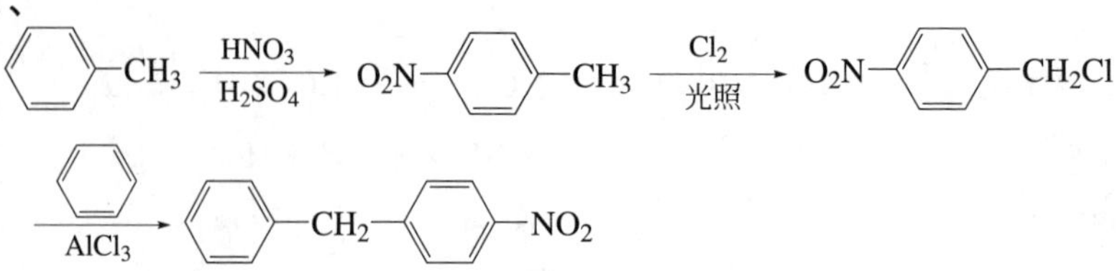

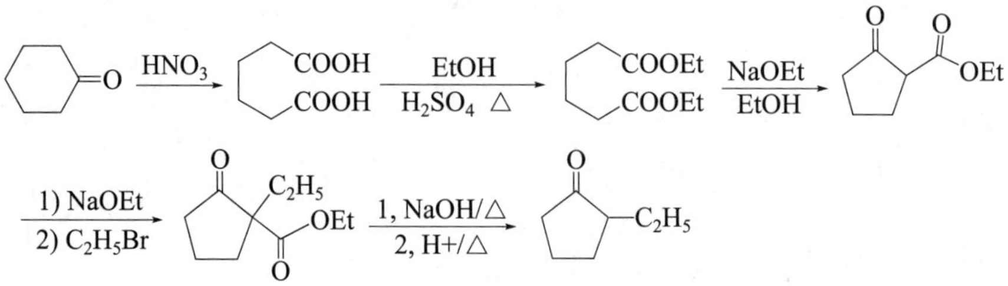

$\xrightarrow[AlCl_3]{C_6H_6} C_6H_5\text{-}CH_2\text{-}C_6H_4\text{-}NO_2$

2. 环己酮 $\xrightarrow{HNO_3}$ $HOOC(CH_2)_4COOH$ $\xrightarrow[H_2SO_4\ \triangle]{EtOH}$ $EtOOC(CH_2)_4COOEt$ $\xrightarrow[EtOH]{NaOEt}$ 2-氧代环戊烷甲酸乙酯

$\xrightarrow[2)\ C_2H_5Br]{1)\ NaOEt}$ 1-乙基-2-氧代环戊烷甲酸乙酯 $\xrightarrow[2,\ H+/\triangle]{1,\ NaOH/\triangle}$ 2-乙基环戊酮

3. $C_6H_6 \xrightarrow[H_2SO_4]{HNO_3}$ $m\text{-}C_6H_4(NO_2)_2$ $\xrightarrow{(NH_4)_2S}$ $m\text{-}NH_2C_6H_4NO_2$ $\xrightarrow[HCl]{NaNO_2}$ $m\text{-}N_2ClC_6H_4NO_2$ $\xrightarrow[CuCl]{HCl}$ $m\text{-}ClC_6H_4NO_2$

$\xrightarrow[HCl]{Zn}$ $m\text{-}ClC_6H_4NH_2$ $\xrightarrow[HBr]{NaNO_2}$ $m\text{-}ClC_6H_4N_2Br$ $\xrightarrow[CuBr]{HBr}$ $m\text{-}ClC_6H_4Br$

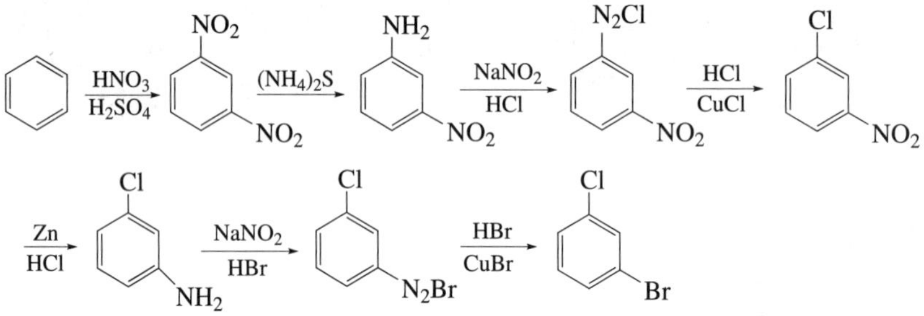

七、

1. A. $CH_3\overset{O}{\overset{\|}{C}}OCH{=}CH_2$　　B. $CH_2{=}CH\overset{O}{\overset{\|}{C}}OCH_3$

$$\underset{A}{CH_3\overset{O}{\overset{\|}{C}}OCH{=}CH_2} \xrightarrow[\triangle]{NaOH} CH_3\overset{O}{\overset{\|}{C}}ONa + \overset{OH}{\overset{|}{CH}}{=}CH_2 \xrightarrow{重排} CH_3CHO$$

$$\underset{B}{CH_2{=}CH\overset{O}{\overset{\|}{C}}OCH_3} \xrightarrow[\triangle]{NaOH} CH_2{=}CHCOOH + CH_3OH$$

2. A. 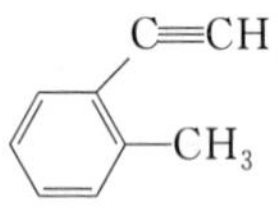 邻甲基苯乙炔（苯环上 $C{\equiv}CH$ 与 CH_3 邻位）　B. 邻甲基乙苯（C_2H_5 与 CH_3 邻位）　C. 邻苯二甲酸（COOH，COOH）

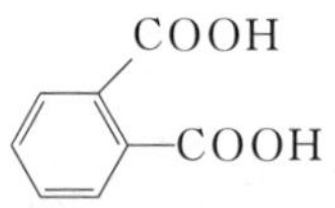

D. 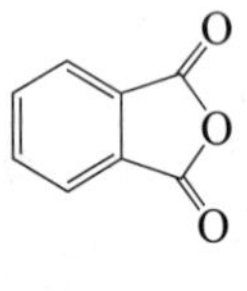 邻苯二甲酸酐　E. 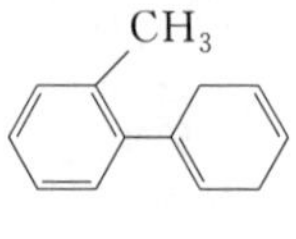 苯环上 CH_3 与环己二烯基邻位

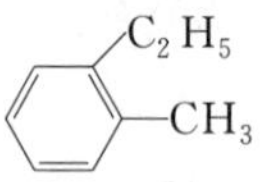

3. A.  CHO / CH₂OH　B. 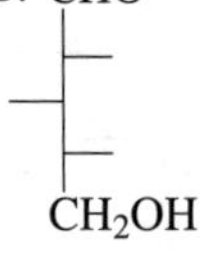 CHO / CH₂OH　C. 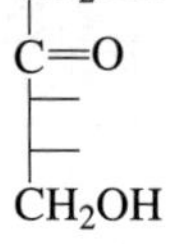 CH_2OH, $C{=}O$, CH_2OH （Fischer 投影式）　或　A. 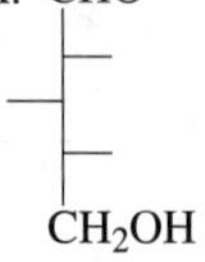 CHO / CH₂OH　B. 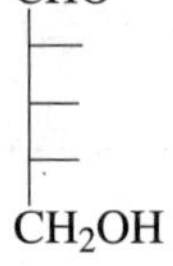 CHO / CH₂OH　C. 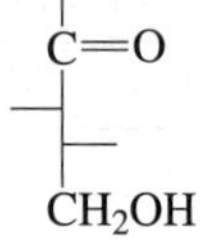 CH_2OH, $C{=}O$, CH_2OH

A 被硝酸氧化的反应式：

$$\begin{array}{l} CHO \\ \vdash \\ \vdash \\ \vdash \\ CH_2OH \end{array} \xrightarrow{HNO_3} \begin{array}{l} COOH \\ \vdash \\ \vdash \\ \vdash \\ COOH \end{array} \quad 或 \quad \begin{array}{c} CHO \\ -\!\!\vdash \\ \vdash \\ CH_2OH \end{array} \xrightarrow{HNO_3} \begin{array}{c} COOH \\ -\!\!\vdash \\ \vdash \\ COOH \end{array}$$

C 与过量苯肼反应的反应式：

$$\begin{array}{l} CH_2OH \\ | \\ C{=}O \\ \vdash \\ \vdash \\ CH_2OH \end{array} \xrightarrow[过量]{H_2NNHC_6H_5} \begin{array}{l} CH{=}NNHC_6H_5 \\ | \\ C{=}NNHC_6H_5 \\ \vdash \\ \vdash \\ CH_2OH \end{array} \quad 或 \quad \begin{array}{l} CH_2OH \\ | \\ C{=}O \\ -\!\!\vdash \\ \vdash \\ CH_2OH \end{array} \xrightarrow[过量]{H_2NNHC_6H_5} \begin{array}{l} CH{=}NNHC_6H_5 \\ | \\ C{=}NNHC_6H_5 \\ -\!\!\vdash \\ \vdash \\ CH_2OH \end{array}$$

有机化学水平测试卷（四）

一、用系统命名法命名下列化合物（10×1 分）

1. 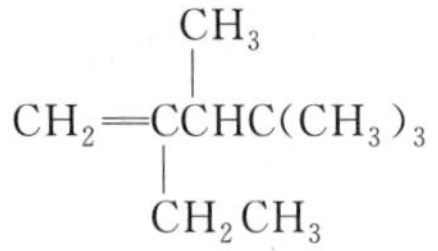 $CH_2{=}\overset{CH_3}{\underset{CH_2CH_3}{C}}CHC(CH_3)_3$

2. OH OH

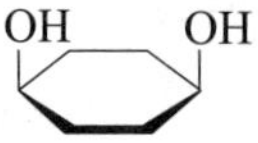

3. $-CH_2\underset{NH_2}{C}HCOOH$

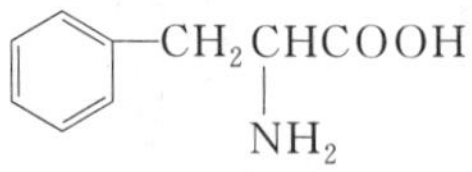

4. 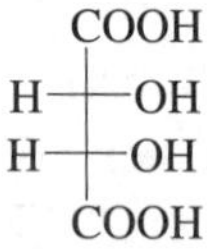 COOH
H—OH
H—OH
COOH (R/S)

5. 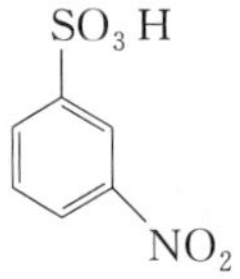 SO_3H
NO_2

6. 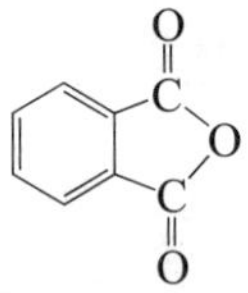 O
C
O
C
O

7. $CH_3CH_2\overset{O}{\overset{\|}{C}}N(CH_3)_2$

8. $(CH_3)_4N^+Cl^-$

9. 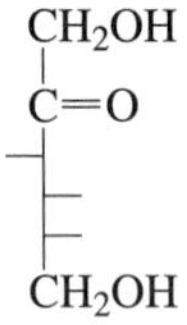 CH_2OH
C=O
CH_2OH

10. 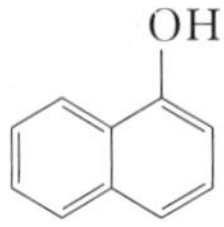 OH

二、写出下列化合物的结构式（10×1 分）

1.（E）-3-甲基-2-戊烯　2. 反-1,4-二甲基环己烷的优势构象　3. 邻甲氧基苯胺

4. 2-羟基-6-溴-环己酮　5. β-吡啶甲酸　6. 乙二酸二乙酯

7. 间二硝基苯　8. 2,4,6-三溴苯胺　9. THF

10. 8-羟基喹啉

三、完成下列反应方程式（10×2 分）

1. 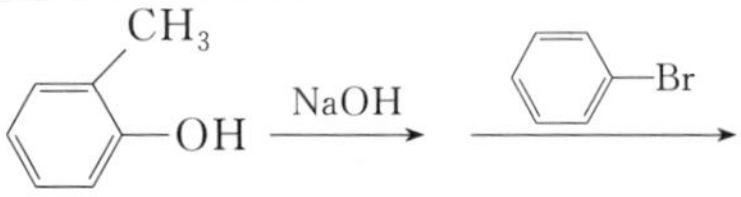 CH_3 —OH $\xrightarrow{NaOH}$ $\xrightarrow{\text{—Br}}$

2. $CH_3CH_2C{\equiv}CH \xrightarrow[HgSO_4,H_2SO_4]{H_2O}$

3. 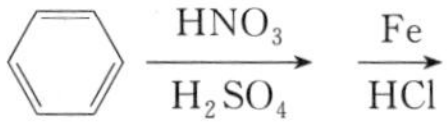 $\xrightarrow[H_2SO_4]{HNO_3}$ $\xrightarrow[HCl]{Fe}$

4. $-CH_2Br \xrightarrow[\text{无水乙醚}]{Mg} \xrightarrow[2)H_3^+O]{1)HCHO}$

5. 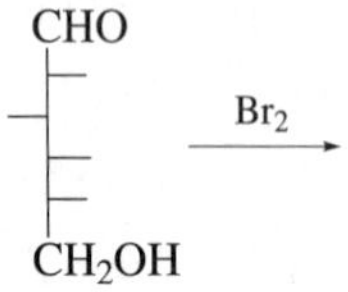 CHO
CH_2OH $\xrightarrow{Br_2}$

6. 2 CHO $\xrightarrow{\text{浓NaOH}}$
O

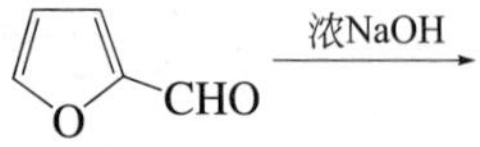

7. 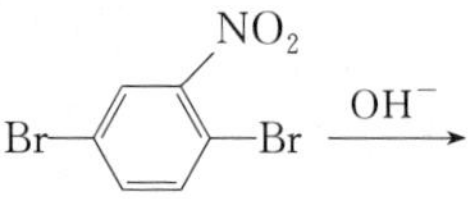 NO_2
Br— —Br $\xrightarrow{OH^-}$

8. $H_3CCH{=}CHCOOC_2H_5 \xrightarrow[2.\ H_2O/H^+]{1.\ LiAlH_4}$

9. (喹啉) $\xrightarrow[H_3O^+,\ 100℃]{KMnO_4}$

10. $\left[PhCH_2CH_2{-}\overset{\displaystyle CH_3}{\underset{\displaystyle CH_3}{N}}{-}CH_3 \right]^+ OH^- \xrightarrow{\triangle}$

四、鉴别题（4×4 分）

1. 苄基氯、苯甲酸、苯甲醇、苯酚
2. 丙烷、丙烯、丙炔、环丙烷
3. 丁醇、丁醛、丁酮、丁酸
4. 苯胺、*N*-甲基苯胺、*N*,*N*-二甲基苯胺

五、选择题（10×1 分）

1. 属于亲电取代反应历程的是（　　）

A. 甲烷在光照下的卤代反应　　B. 甲苯的硝化反应

C. 乙醛与 HCN 的反应　　D. 溴乙烷的碱性水解

2. 下列化合物具有芳香性的是（　　）

A. 环戊烯　　B. 环戊二烯　　C. 吡咯　　D. 四氢吡咯

3. 不能使 $FeCl_3$ 溶液变色的是（　　）

A. 苯酚　　B. 水杨酸　　C. 乙酰水杨酸　　D. 乙酰乙酸乙酯

4. 不能使 $KMnO_4/H^+$ 溶液褪色的是（　　）

A. 苯甲酸　　B. 苯甲醛　　C. 苯甲醇　　D. 甲苯

5. 丙二烯分子中，碳原子的杂化形式为（　　）

A. sp^2 和 sp^3　　B. sp 和 sp^3　　C. sp^2　　D. sp 和 sp^2

6. 下列化合物中 α-H 活性最强的是（　　）

A. $CH_2(COOC_2H_5)_2$　　B. $C_2H_5COOC_2H_5$　　C. $C_2H_5CON(CH_3)_2$　　D. $CH_3COCH_2COCH_3$

7. 下列化合物中，碱性最强的是（　　）

A. 苯胺　　B. *N*-甲基苯胺　　C. 对硝基苯胺　　D. 乙酰苯胺

8. 能发生歧化反应的是（　　）

A. 2-甲基丙醛　　B. 乙醛　　C. 2-戊酮　　D. 2,2-二甲基丙醛

9. D-己醛糖可形成的糖脎数为（　　）

A. 2 种　　B. 4 种　　C. 6 种　　D. 8 种

10. 有两种蛋白质 A 和 B，其相对分子质量相近，等电点分别为 6.7 和 4.7，当两者在 pH=7.5 的缓冲溶液中电泳时，A 和 B 的电泳情况是（　　）

A. A 和 B 以同样速度移向阳极　　B. A 和 B 都移向阳极，且 B 比 A 快

C. A 和 B 都移向阳极，且 A 比 B 快　　D. A 和 B 都移向阴极，且 A 比 B 快

六、合成题（3×6 分）

1. 由甲苯为原料合成邻硝基甲苯
2. 由甲苯合成 1-苯基-2-丙醇
3. 由丙二酸二乙酯合成 $C_2H_5CH(CH_3)COOH$

七、推断题（16 分）

1. 化合物 A，分子式为 $C_5H_{12}O$，经氧化生成化合物 B，分子式为 $C_5H_{10}O$。B 能起碘仿反应，但与银氨溶液无反应。A 与浓 H_2SO_4 加热脱水生成化合物 C，C 能使溴水褪色，但无顺反异构体，试写出 A、B、C 的结构式及反应式。（5 分）

2. 有 A、B 和 C 三种芳香烃，分子式皆为 C_9H_{12}，当以酸性高锰酸钾氧化后，A 变为一元酸，B 变为二元酸，C 变为三元酸，将它们进行硝化反应时，A 和 B 分别生成两种一硝基化合物，而 C 只得一种一硝基化合物。试写出 A、B、C 的结构式以及 A，B，C 进行硝化反应的反应式。（5 分）

3. 化合物 A 和 B 分子式均为 $C_5H_{13}N$，A 有旋光性，B 则没有，它们与盐酸反应都能成盐，且在室温下都可与亚硝酸反应放出 N_2，主要产物是分子式（$C_5H_{12}O$）相同的 C 和 D，C 经 $KMnO_4$ 氧化得到 E（$C_5H_{10}O$），C 和 E 都可发生碘仿反应，与托伦试剂不反应，但 C 和 D 的氧化产物与锌-汞齐浓盐酸反应都得正戊烷。试推断写出 A、B、C、E 的结构式及反应式。（6 分）

参考答案

一、

1. 3,4,4-三甲基-2-乙基-1-戊烯
2. 顺-1,4-环己二醇
3. 苯丙氨酸
4. (2*R*,3*S*)-二羟基丁二酸
5. 间硝基苯磺酸
6. 邻苯二甲酸酐
7. *N*,*N*-二甲基丙酰胺
8. 氯化四甲基铵
9. D-果糖
10. *α*-萘酚

二、

1. H_3C、CH_3、C=C、H、CH_2CH_3
2. H_3C、CH_3
3. NH_2、OCH_3
4. Br、O、OH
5. COOH、N
6. $COOC_2H_5$ | $COOC_2H_5$
7. NO_2、NO_2
8. NH_2、Br、Br、Br
9. O
10. N、OH

三、

1. 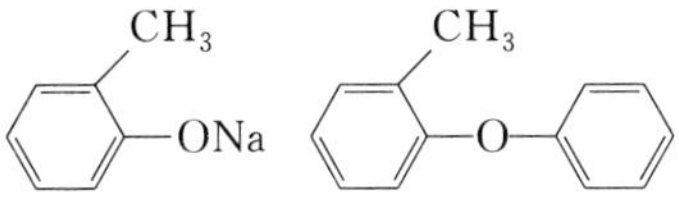 CH_3, —ONa　　CH_3, —O—

2. $CH_3CH_2\overset{O}{\overset{\|}{C}}—CH_3$

3. 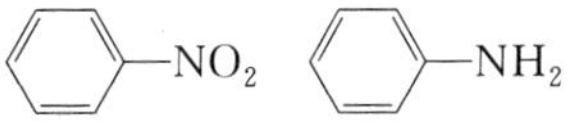 —NO_2　　—NH_2

4. 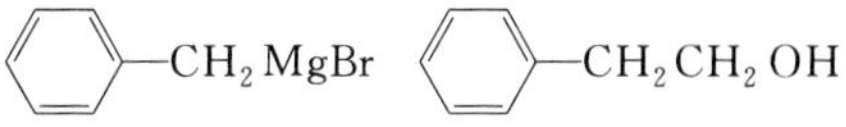 —CH_2MgBr　　—CH_2CH_2OH

5.  COOH … CH_2OH

6. 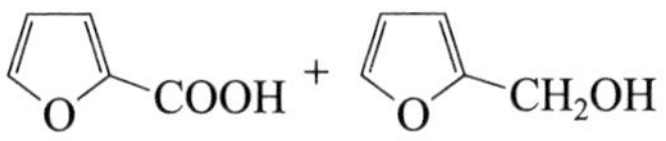 COOH + CH_2OH (O)

7. 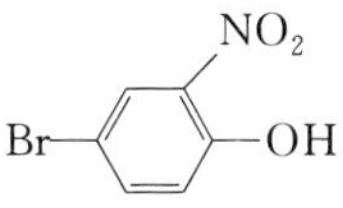 Br— —OH, NO_2

8. $H_3CCH═CHCH_2OH$

9. 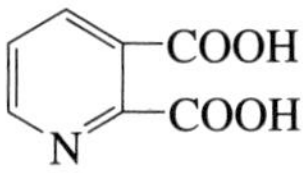 COOH, COOH, N

10. $PhCH═CH_2 + (CH_3)_3N$

四、

1.

	$\xrightarrow{AgNO_3}$	$\xrightarrow{FeCl_3}$	$\xrightarrow{NaHCO_3}$
苄基氯	白色沉淀		
苯甲酸	(—)	(—)	气体
苯甲醇	(—)	(—)	(—)
苯酚	(—)	紫色	

2.

	$\xrightarrow{Br_2/CCl_4}$	$\xrightarrow{KMnO_4 溶液}$	$\xrightarrow{银氨溶液}$
丙烷	(—)		
丙烯	褪色	褪色	(—)
丙炔	褪色	褪色	灰白色沉淀
环丙烷	褪色	(—)	

3.

	$\xrightarrow{NaHCO_3}$	$\xrightarrow{I_2/NaOH}$	$\xrightarrow{银氨溶液}$
丁醇	(—)	(—)	(—)
丁醛	(—)	(—)	银镜
丁酮	(—)	黄色沉淀	
丁酸	气体		

4.

	$\xrightarrow{C_6H_5SO_2Cl}$	$\xrightarrow{NaOH}$
苯胺	白色沉淀	沉淀消失
N-甲基苯胺	白色沉淀	(—)
N,N-二甲基苯胺	(—)	

五、

题号	1	2	3	4	5	6	7	8	9	10
答案	B	C	C	A	D	D	B	D	B	B

六、

1. 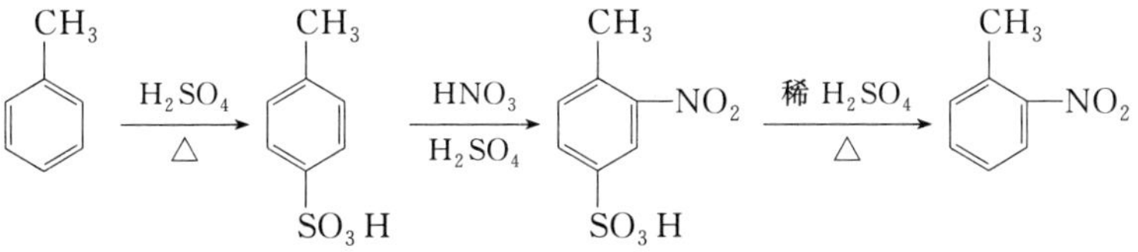 CH_3 $\xrightarrow[\triangle]{H_2SO_4}$ CH_3, SO_3H $\xrightarrow[H_2SO_4]{HNO_3}$ CH_3, —NO_2, SO_3H $\xrightarrow[\triangle]{稀 H_2SO_4}$ CH_3, —NO_2

2. CH_3 $\xrightarrow[h\nu]{Br_2}$ CH_2Br $\xrightarrow[无水乙醚]{Mg}$ CH_2MgBr $\xrightarrow[2)\ H_3^+O]{1)\ CH_3CHO}$ $CH_2\overset{OH}{\overset{|}{C}}HCH_3$

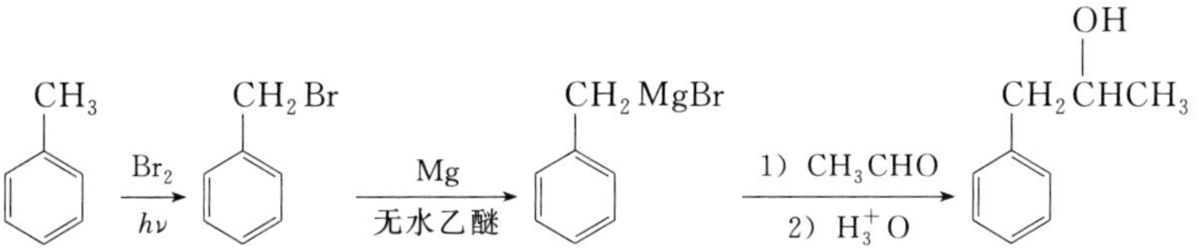

3. $CH_3Br + CH_2(COOEt)_2 \xrightarrow{EtONa} CH_3CH(COOEt)_2 \xrightarrow[BrCH_2CH_3]{NaOEt} CH_3\overset{CH_2CH_3}{\overset{|}{C}}(COOEt)_2$

$\xrightarrow[2)\ HCl\triangle]{1)\ NaOH} CH_3\overset{CH_2CH_3}{\overset{|}{C}}HCO_2H$

七、

1. A. $CH_3\overset{OH}{\overset{|}{C}}HCH(CH_3)_2$　　B. $CH_3\overset{O}{\overset{\|}{C}}CH(CH_3)_2$　　C. $CH_3CH{=}C(CH_3)_2$

$\underset{A}{CH_3\overset{OH}{\overset{|}{C}}HCH(CH_3)_2} \xrightarrow[\triangle]{浓\ H_2SO_4} \underset{C}{CH_3CH{=}C(CH_3)_2}$

$\underset{B}{CH_3\overset{O}{\overset{\|}{C}}CH(CH_3)_2} \xrightarrow{I_2 + NaOH} (CH_3)_2CHCOONa + CHI_3\downarrow$

2. A. $C_6H_5CH_2CH_2CH_3$　或　$C_6H_5CH(CH_3)_2$　　B. CH_3, CH_2CH_3　　C. CH_3, CH_3, CH_3

$C_6H_5CH_2CH_2CH_3 \xrightarrow[浓\ H_2SO_4]{浓\ HNO_3}$ $CH_2CH_2CH_3$, NO_2 + $CH_2CH_2CH_3$, NO_2

$C_6H_5CH(CH_3)_2 \xrightarrow[浓\ H_2SO_4]{浓\ HNO_3}$ $CH(CH_3)_2$, NO_2 + $CH(CH_3)_2$, NO_2

CH_3, CH_2CH_3 $\xrightarrow[浓\ H_2SO_4]{浓\ HNO_3}$ CH_3, NO_2, CH_2CH_3 + CH_3, NO_2, CH_2CH_3

CH_3, CH_3, CH_3 $\xrightarrow[浓\ H_2SO_4]{浓\ HNO_3}$ CH_3, NO_2, CH_3, CH_3

3. A. $CH_3\overset{NH_2}{\overset{|}{C}}HCH_2CH_2CH_3$　　B. $CH_3CH_2\overset{NH_2}{\overset{|}{C}}HCH_2CH_3$　　C. $CH_3\overset{OH}{\overset{|}{C}}HCH_2CH_2CH_3$

E. $CH_3\overset{\overset{O}{\|}}{C}CH_2CH_2CH_3$

$$CH_3\overset{\overset{NH_2}{|}}{C}HCH_2CH_2CH_3 \xrightarrow{NaNO_2 + HCl} CH_3\overset{\overset{OH}{|}}{C}HCH_2CH_2CH_3 + N_2\uparrow$$

$$CH_3\overset{\overset{O}{\|}}{C}CH_2CH_2CH_3 \xrightarrow[HCl]{Zn\text{-}Hg} CH_3CH_2CH_2CH_2CH_3$$

有机化学水平测试卷（五）

一、用系统命名法命名下列化合物（10×1分）

1. $C_2H_5(Cl)C=CH(C_2H_5)$ （Z/E）

2. 1,2-二氨基萘结构（NH_2，NH_2）

3. C_2H_5、H、I、CH_3 手性碳 （R/S）

4. 丁二酸酐结构（O、O、O）

5. 5-甲基-γ-丁内酯结构（O、O、CH_3）

6. $Ph(H_3C)C=NNHC_6H_5$

7. $[Et_4N]^+OH^-$

8. 吡啶-3-$COOCH_3$（N）

9. $CH_3CH=CHCHO$

10. $COOCH_3$—$COOCH_3$

二、写出下列化合物的结构式（10×1分）

1. 3-己烯-1-炔　　2. 8-羟基异喹啉　　3. 甘丙肽
4. 偶氮二异丁腈　　5. 苦味酸　　6. 邻苯二甲酰亚胺
7. DMF　　8. 9*H*-嘌呤　　9. D-甘油醛
10. β-D-葡萄糖的 Haworth 式（吡喃型）

三、完成下列反应方程式（10×2分）

1. 环己基$-CH=CH_2$ $\xrightarrow[\text{过氧化物}]{HBr}$

2. $(H_3C)_2C=CHCH_3$ $\xrightarrow[2,Zn/H_2O]{1,O_3}$

3. 呋喃-2-CHO + CH_3COCH_3 $\xrightarrow{10\%\ NaOH}$

4. $C_6H_5-CHO + HCHO$ $\xrightarrow{\text{浓 }NaOH}$

5. $H_3C-C_6H_4-OCH_3$ $\xrightarrow[H_2SO_4]{HNO_3}$

6. $C_6H_5-MgBr + CH_3CHO$ $\xrightarrow[2,H_2O/H^+]{1,\text{无水 }Et_2O}$

7. $C_6H_5-C(CH_3)(OH)-C(CH_3)(OH)-C_6H_5$ $\xrightarrow{H^+}$

8. t-Bu$-C_6H_4-CH(CH_3)_2$ $\xrightarrow[H^+]{KMnO_4}$

9. C_6H_5-OH + $C_6H_5-\overset{+}{N}\equiv NCl^-$ $\xrightarrow[0℃]{OH^-}$

10. 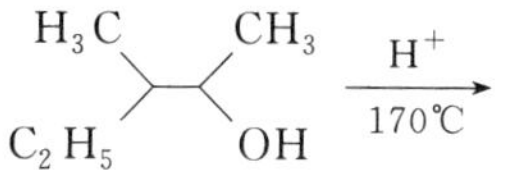 H_3C / C_2H_5 — C = C — CH_3 / OH $\xrightarrow[170℃]{H^+}$

（骨架式：H_3C、C_2H_5 连于同一碳原子，CH_3、OH 连于相邻碳原子）

四、鉴别题（4×4 分）

1. 苯甲醇　　苯甲酸　　苯甲醛　　苯酚
2. 丙醛　　苯甲醛　　丙酮　　3-戊酮
3. 苯胺　　*N*-甲基苯胺　　*N*,*N*-二甲基苯胺
4. D-葡萄糖　　D-果糖　　蔗糖　　淀粉

五、选择题（10×1 分）

1. 下列卤代烃中，氯原子最活泼的是（　　）

A. $CH_3CH_2CH_2CH_2Cl$　　B. $CH_3CH{=}CHCH_2Cl$

C. $CH_2{=}CHCH_2CH_2Cl$　　D. $CH_2{=}C(Cl)CH_2CH_3$

2. 下列化合物中羰基活性最大的是（　　）

A. HCHO　　B. CH_3CHO　　C. CH_3COCH_3　　D. 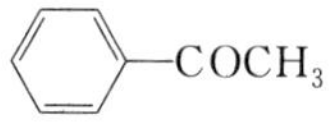 C_6H_5—$COCH_3$（苯环—$COCH_3$）

3. 下列化合物中酸性最强的是（　　）

A. CH_2ClCH_2COOH　　B. $CH_3CHClCOOH$

C. Cl_3CCOOH　　D. CH_3CH_2COOH

4. 有旋光性的化合物是（　　）

A. COOH—CH_2—CHOH—COOH

B. COOH—CH=CH—COOH

C. 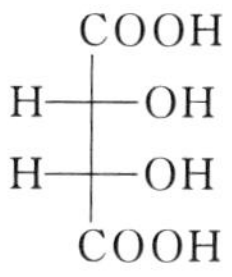 （费歇尔投影式）COOH / H—C—OH / H—C—OH / COOH

D. 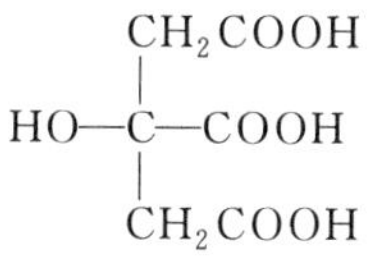 CH_2COOH / HO—C—COOH / CH_2COOH

5. 甲基葡萄糖苷的特性是（　　）

A. 具有还原性　　B. 具有变旋光现象　　C. 可使溴水褪色　　D. 可水解

6. 按 S_N2 反应历程，活性最大的是（　　）

A. CH_3CH_2Br　　B. CH_3Br　　C. $(CH_3)_3CBr$　　D. $(CH_3)_2CHBr$

7. 下列化合物中，具有芳香性的是（　　）

A. 环丁二烯　　B. 环戊二烯　　C. 吡咯　　D. 四氢吡咯

8. 下列三个化合物进行亲电取代反应，其反应活性顺序为（　　）

① 吡啶　　② 苯　　③ 甲苯

A. ③>②>①　　B. ③>①>②　　C. ①>③>②　　D. ②>③>①

9. 下列化合物中碱性由强到弱排列正确的是（　　）

① 氨　② 吡啶　③ 苯胺　④ 六氢吡啶　⑤ 吡咯

A. ①>②>④>⑤>③　　B. ④>②>①>③>⑤

C. ④>①>②>③>⑤　　D. ①>④>③>②>⑤

10. 将鱼精蛋白（p*I*=12.0～12.4）溶于 pH=6.8 的缓冲液中，欲使其沉淀，最佳的沉淀剂是（　　）

A. AgCl　　B. $CuSO_4$　　C. CCl_3COOH　　D. $HgCl_2$

六、合成题（3×6分）

1. 由甲苯合成 $—CH_2COOH$

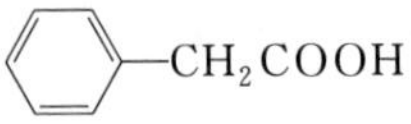

2. 由苯合成 Cl Br

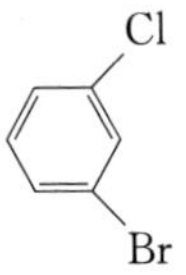

3. 由丙二酸二乙酯合成 —COOH

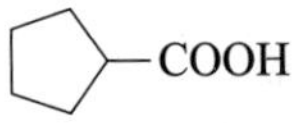

七、推断题（16分）

1. 某酮酸还原后，依次用HBr、KCN处理，生成的腈水解后得到α-甲基戊二酸。试推测这个酮酸的结构，并写出各步反应式。（4分）

2. 环丙烷二羧酸有A、B、C和D四个异构体，A和B具有旋光性，对热稳定；C和D均无旋光性，C加热时脱羧而得到E，D加热失水而得到F。试写出A～F的结构。（6分）

3. 某化合物分子式为$C_{11}H_{12}O_3$（A），A能与$FeCl_3$水溶液显色，能与溴水发生加成反应。（A）与浓NaOH水溶液共热生成一分子醋酸钠和一分子苯丙酸钠。A加热生成化合物B和二氧化碳。B能与$NaHSO_3$发生加成反应，生成无色晶体C；B也能与NH_2OH反应生成化合物D；B还能发生碘仿反应，生成碘仿和化合物E。E也可由$C_6H_5CH_2CH_2CN$在碱性条件下水解得到。试推测A、B、C、D和E的结构式。（6分）

参考答案

一、

1. *Z*-3-氯-3-己烯　2. 1,2-萘二胺　3. *R*-2-碘丁烷　4. 丁二酸酐
5. γ-甲基-γ-丁内酯　6. 苯乙酮苯腙　7. 氢氧化四乙基铵　8. β-吡啶甲酸甲酯
9. α-丁烯醛　10. 乙二酸二甲酯

二、

1. $HC\equiv CCH=CHCH_2CH_3$　2. 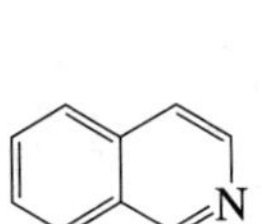 N OH　3. $NH_2CH_2CONHCH(CH_3)COOH$

4. 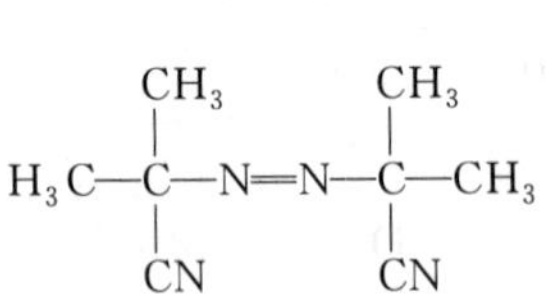 $H_3C—C(CH_3)(CN)—N=N—C(CH_3)(CN)—CH_3$　5. 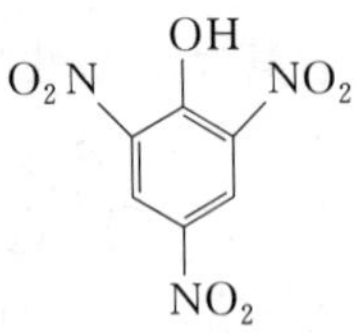 OH O_2N NO_2 NO_2　6. 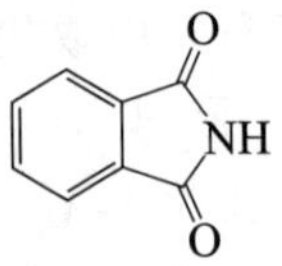 O NH O　7. 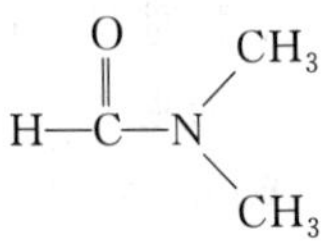 $H—C(=O)—N(CH_3)_2$

8. 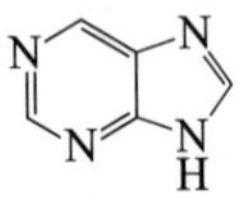 N N N N H　9. 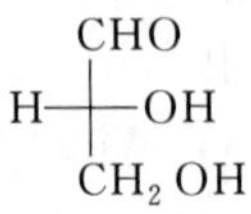 CHO H—|—OH CH_2OH　10. 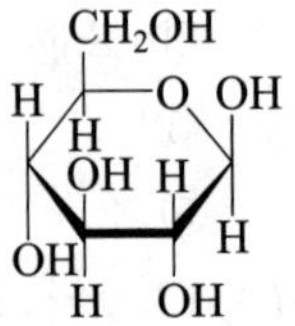 CH_2OH H O OH H OH H OH H OH H OH

三、

1. 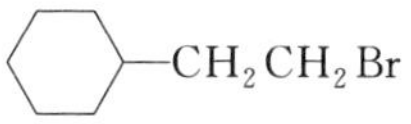 —CH_2CH_2Br　　2. $CH_3COCH_3 + CH_3CHO$　　3. 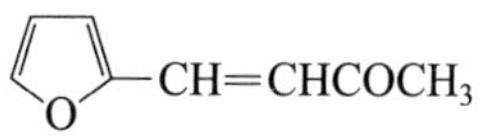 —$CH{=}CHCOCH_3$ (O)

4. $C_6H_5CH_2OH + HCOONa$　　5. 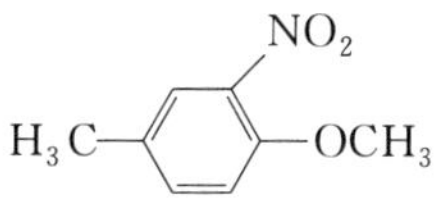 H_3C— —OCH_3 (NO_2)　　6. 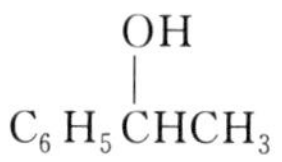 $C_6H_5\underset{}{C}HCH_3$ (OH)

7. 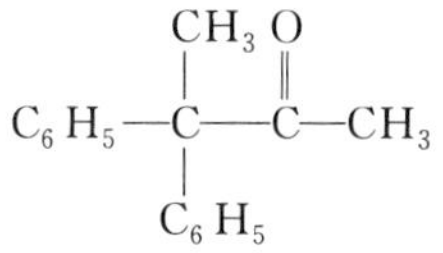 C_6H_5—C(CH_3)(C_6H_5)—C(=O)—CH_3　　8. 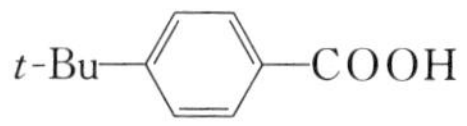 t-Bu— —COOH　　9. 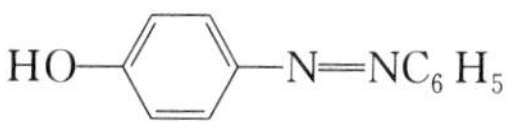 HO— —$N{=}NC_6H_5$

10. 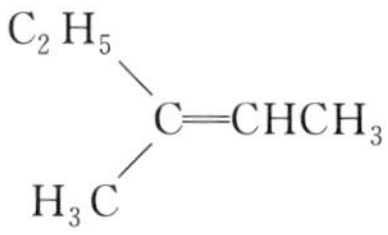 (C_2H_5)(H_3C)$C{=}CHCH_3$

四、

1.
苯甲醛 $\xrightarrow{FeCl_3}$ (—) $\xrightarrow{托伦试剂}$ 银镜
苯甲醇 $\xrightarrow{FeCl_3}$ (—) $\xrightarrow{托伦试剂}$ (—) $\xrightarrow{Na_2CO_3}$ (—)
苯甲酸 $\xrightarrow{FeCl_3}$ (—) $\xrightarrow{托伦试剂}$ (—) $\xrightarrow{Na_2CO_3}$ 气体
苯酚 $\xrightarrow{FeCl_3}$ 紫色

2.
丙醛 $\xrightarrow{托伦试剂}$ 银镜 $\xrightarrow{斐林试剂}$ 砖红色沉淀
苯甲醛 $\xrightarrow{托伦试剂}$ 银镜 $\xrightarrow{斐林试剂}$ (—)
丙酮 $\xrightarrow{托伦试剂}$ (—) $\xrightarrow{饱和\ NaHSO_3}$ 白色晶体
3-戊酮 $\xrightarrow{托伦试剂}$ (—) $\xrightarrow{饱和\ NaHSO_3}$ (—)

3.
苯胺 $\xrightarrow{C_6H_5SO_2Cl}$ 白色沉淀 $\xrightarrow{NaOH}$ 沉淀消失
N-甲基苯胺 $\xrightarrow{C_6H_5SO_2Cl}$ 白色沉淀 $\xrightarrow{NaOH}$ (—)
N,*N*-二甲基苯胺 $\xrightarrow{C_6H_5SO_2Cl}$ (—)

4.
D-葡萄糖 $\xrightarrow{2,4-二硝基苯肼}$ 黄色沉淀 $\xrightarrow{Br_2/H_2O}$ 褪色
D-果糖 $\xrightarrow{2,4-二硝基苯肼}$ 黄色沉淀 $\xrightarrow{Br_2/H_2O}$ (—)
蔗糖 $\xrightarrow{2,4-二硝基苯肼}$ (—) $\xrightarrow{I_2}$ (—)
淀粉 $\xrightarrow{2,4-二硝基苯肼}$ (—) $\xrightarrow{I_2}$ 蓝色

五、

题号	1	2	3	4	5	6	7	8	9	10
答案	B	A	C	A	D	B	C	A	C	C

六、

1. $C_6H_5CH_3 \xrightarrow[h\nu]{Br_2} C_6H_5CH_2Br \xrightarrow{KCN} C_6H_5CH_2CN \xrightarrow{H^+} C_6H_5CH_2CO_2H$

2. 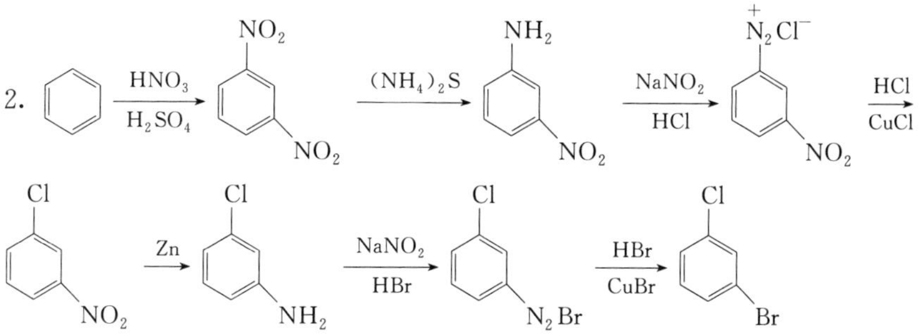 苯 $\xrightarrow[H_2SO_4]{HNO_3}$ 间二硝基苯 (NO_2, NO_2) $\xrightarrow{(NH_4)_2S}$ (NH_2, NO_2) $\xrightarrow[HCl]{NaNO_2}$ ($\overset{+}{N_2}Cl^-$, NO_2) $\xrightarrow[CuCl]{HCl}$ (Cl, NO_2) $\xrightarrow{Zn}$ (Cl, NH_2) $\xrightarrow[HBr]{NaNO_2}$ (Cl, N_2Br) $\xrightarrow[CuBr]{HBr}$ (Cl, Br)

3.

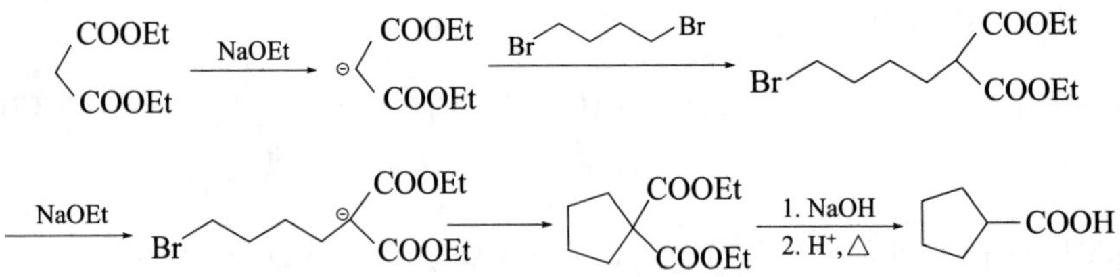

$$CH_2(COOEt)_2 \xrightarrow{NaOEt} {}^{\ominus}CH(COOEt)_2 \xrightarrow{Br(CH_2)_4Br} Br(CH_2)_4CH(COOEt)_2$$

$$\xrightarrow{NaOEt} Br(CH_2)_4\overset{\ominus}{C}(COOEt)_2 \longrightarrow \text{环戊烷-1,1-}(COOEt)_2 \xrightarrow[2.\ H^+,\triangle]{1.\ NaOH} \text{环戊基}-COOH$$

七、

1. $CH_3COCH_2CH_2COOH$

$$CH_3COCH_2CH_2COOH \xrightarrow{[H]} CH_3CH(OH)CH_2CH_2COOH \xrightarrow{HBr} CH_3CHBrCH_2CH_2COOH \xrightarrow{KCN}$$

$$CH_3CH(CN)CH_2CH_2COOH \xrightarrow{H^+} CH_3CH(COOH)CH_2CH_2COOH$$

2. A. 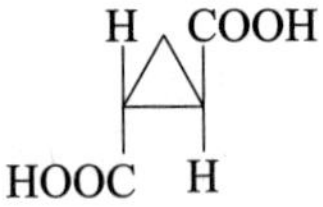 H, COOH / HOOC, H（环丙烷） B. 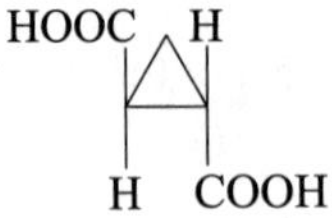 HOOC, H / H, COOH（环丙烷） C. 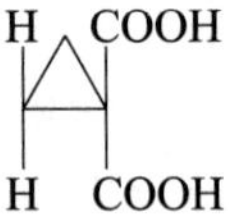 H, COOH / H, COOH（环丙烷） D. 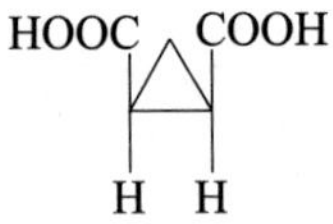 HOOC, COOH / H, H（环丙烷）

E. 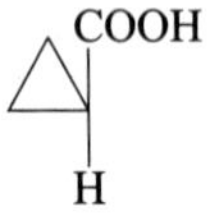 COOH / H（环丙烷） F. 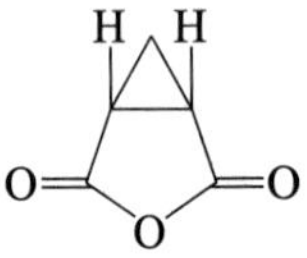 H, H（环丙烷并环状酸酐，O=C–O–C=O）

3. A. 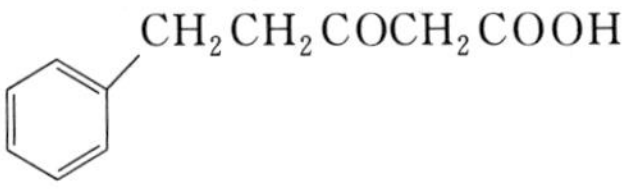 $C_6H_5CH_2CH_2COCH_2COOH$ B. $C_6H_5CH_2CH_2COCH_3$ C. $C_6H_5CH_2CH_2C(OH)(SO_3Na)CH_3$

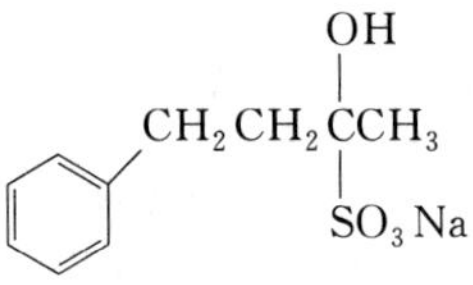

D. 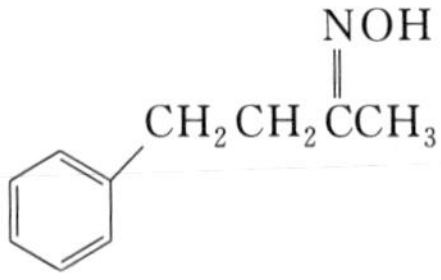 $C_6H_5CH_2CH_2C(=NOH)CH_3$ E. 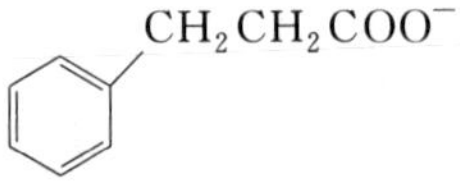 $C_6H_5CH_2CH_2COO^-$

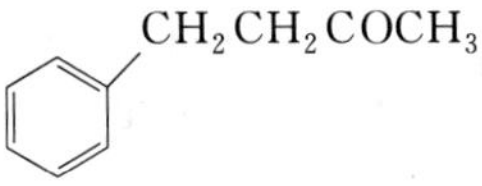

有机化学水平测试卷（六）

一、用系统命名法命名下列化合物（10×1分）

1. 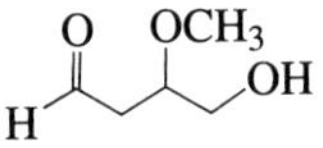 O OCH_3 H OH

2. 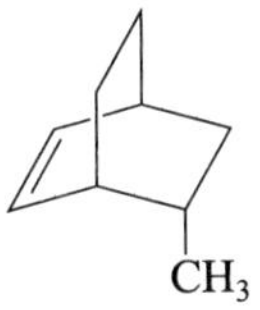 CH_3

3.

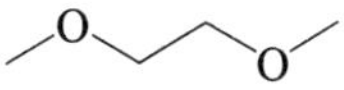

4. 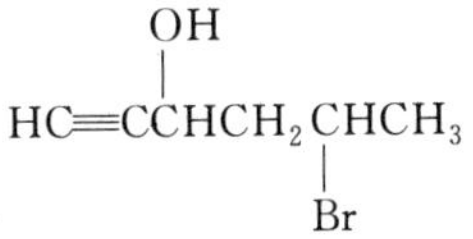 $HC\equiv CCHCH_2CHCH_3$（OH，Br）

5. 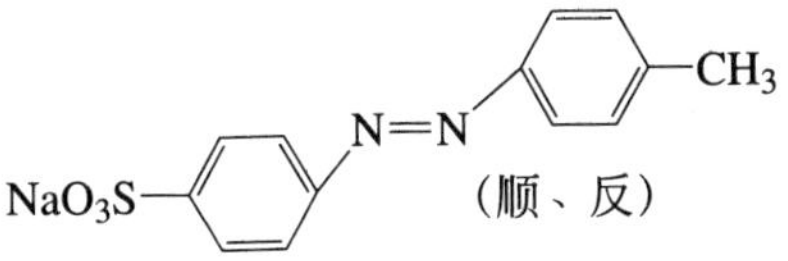 NaO_3S N=N CH_3（顺、反）

6. 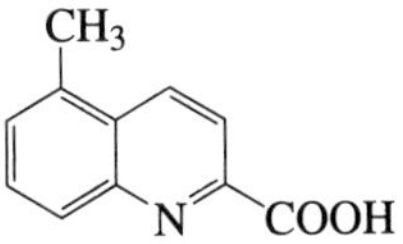 CH_3 N COOH

7. 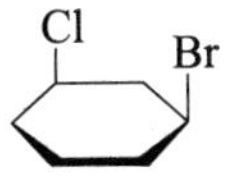 Cl Br (R/S)

8. 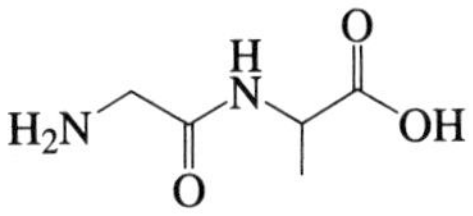 H_2N O H N O OH

9. 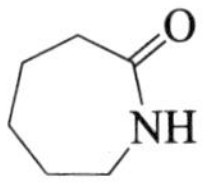 O NH

10. 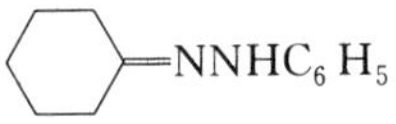 $=NNHC_6H_5$

二、写出下列化合物的结构式（10×1分）

1.（Z）-5-异丙基-5-壬烯-1-炔　　2.反-1-甲基-3-异丙基环己烷的优势构象

3. 8-甲基螺［2,5］-4-辛烯　　4. 3-甲基戊内酯

5.（2S,3S）-2-羟基-3-氯丁酸　　6.三苯基膦

7.没食子酸　　8.樟脑　　9.对乙酰基苯磺酰氯　　10. DMF

三、完成下列反应方程式（10×2分）

1. 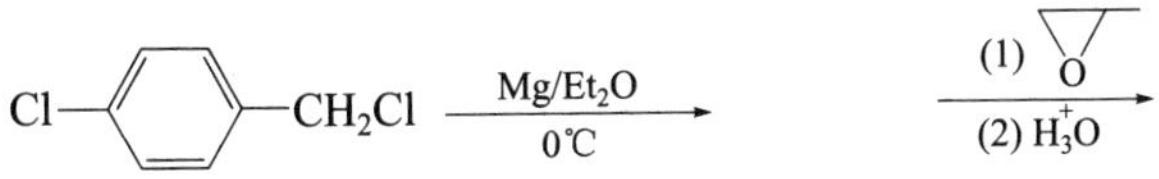 Cl—C₆H₄—CH_2Cl $\xrightarrow[0℃]{Mg/Et_2O}$ $\xrightarrow[(2)\ H_3^+O]{(1)\ \text{环氧丙烷}}$

2. + $COOCH_3$（丙炔酸甲酯） $\xrightarrow{\triangle}$

3. O + $CH_2(COOCH_2CH_3)_2$ $\xrightarrow[(3)\triangle]{(1)NaOEt\quad(2)H_3^+O}$

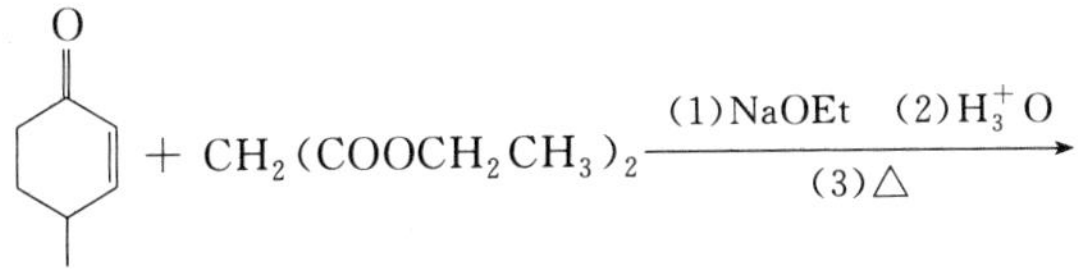

4. 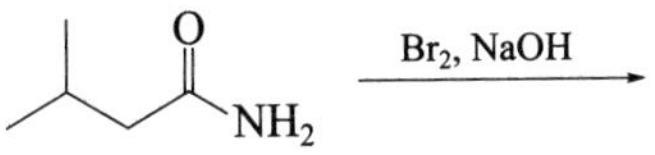 O NH_2 $\xrightarrow{Br_2,\ NaOH}$

5. 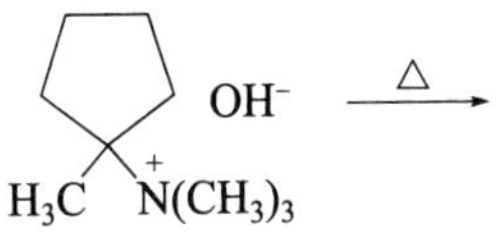 OH^- H_3C $\overset{+}{N}(CH_3)_3$ $\xrightarrow{\triangle}$

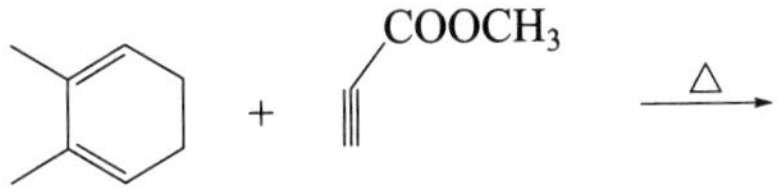

6. $H_2N-C_6H_4-Br \xrightarrow{NaNO_2/HCl}$ （1-萘胺）$\longrightarrow$

7. （环戊烯基）$-C\equiv C-CH_3 \xrightarrow[\text{Lindlar催化剂}]{H_2}$

8. （1-甲基环己烯，CH_3）$\xrightarrow[(2)H_2O_2/OH^-]{(1)B_2H_6}$

9. $H_2C{=}CHCH_2CH(OH)CH_3 + CH_3COCH_3$（过量）$\xrightarrow{[(CH_3)_2CHO]_3Al}$

10. （苯并噻吩，S） + HCHO + HCl $\xrightarrow{\text{无水}ZnCl_2}$

四、选择题（10×1分）

1. 下列各组化合物进行硝化反应时由易到难的次序是（　　）

(a) 对苯二甲酸（COOH，COOH）　(b) 对甲基苯甲酸（CH_3，COOH）　(c) 苯甲酸（COOH）　(d) 甲苯（CH_3）

A. (a)>(b)>(c)>(d)　　B. (d)>(a)>(b)>(c)

C. (d)>(b)>(c)>(a)　　D. (a)>(c)>(b)>(d)

2. 下列化合物中碱性最弱的是（　　）

A. 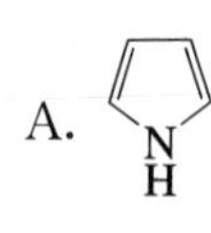（吡咯，N–H）　B. （吡啶，N）　C. （4-甲基吡啶，CH_3，N）　D. （苯胺，NH_2）

3. 下列化合物与溴加成反应，速率最快的是（　　）

A. $C_2H_5CH{=}CH_2$　B. $(CH_3)_2C{=}CH_2$　C. $C_2H_5\text{-}C\equiv CH$　D. $H_3C\text{-}C\equiv CCH_3$

4. 下列化合物中具有手性的是（　　）

A. $CH_3CH{=}C{=}CHCH_3$　B. （Fischer投影式：CH_3；H—Cl；H—Cl；CH_3）　C. （1,2-二溴环戊烷，Br，Br）　D. （Br—环己烷—Br）

5. 下列化合物中具有芳香性的是（　　）

A. （环辛四烯）　B. （环庚三烯）　C. （薁）　D. （双环庚三烯稠环）

6. 下列四个 C_6H_{10} 的异构体，燃烧时放热最少的是（　　）

A. （CH_3，CH_3 取代的双环结构）　B. （丙烯基环丙烷）　C. （顺,顺-2,4-己二烯）　D. （反,反-2,4-己二烯）

7. 在室温和光照下，乙苯和氯发生取代反应，主要产物是（　　）

A. 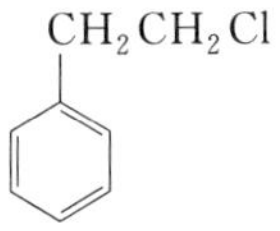 $C_6H_5CH_2CH_2Cl$　　B. $C_6H_5CHClCH_3$　　C. 1-CH_2CH_3-2-Cl-苯　　D. 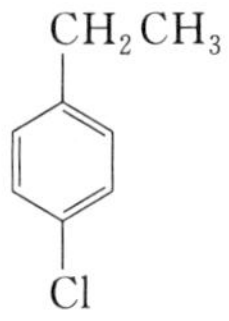 1-CH_2CH_3-4-Cl-苯

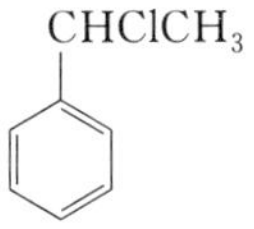

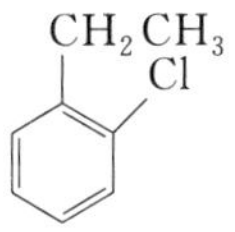

8.下列化合物沸点最低的是（　　）

A. CH_3COOH　　B. CH_3CH_2OH　　C. $CH_3CH_2NH_2$　　D. CH_3OCH_3

9.下列化合物既能发生碘仿反应，又能与托伦试剂反应的是（　　）

A. CH_3CH_2CHO　　B. $CH_3CH(OH)CH_3$

C. CH_3CHO　　D. CH_3COCH_3

10.反应 (含两个CH_3的共轭多烯) $\xrightarrow{?}$ (顺-7,8-二甲基环辛三烯，CH_3、H、CH_3、H) 正常进行的条件是（　　）

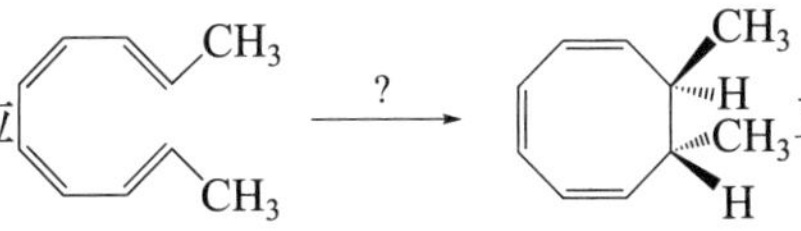

A.加热顺旋　　B.光照对旋　　C.加热对旋　　D.光照顺旋

五、简答题（2×5分）

1.试解释为什么环戊二烯（$K_a=10^{-16}$）比环庚三烯（$K_a=10^{-45}$）酸性强得多？

2.简述氨基酸的两性和等电点的含义。

六、写出下列反应的机理（2×5分）

1. 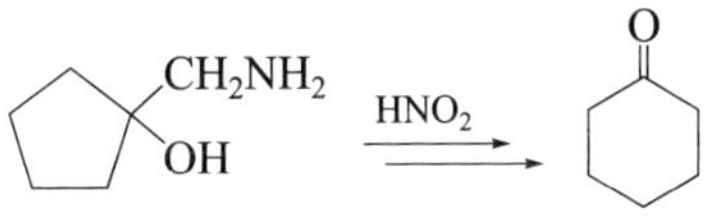 1-(氨甲基)环戊醇（CH_2NH_2，OH） $\xrightarrow{HNO_2}$ 环己酮（O）

2. 螺环醇（OH） $\xrightarrow[\triangle]{H_2SO_4}$ 八氢萘

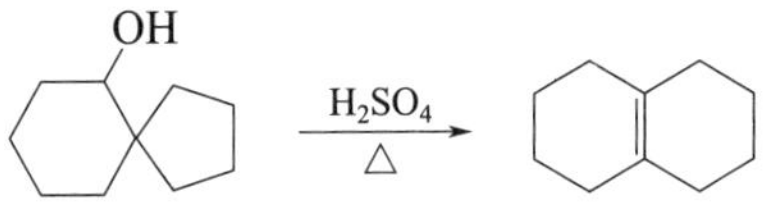

七、合成题（3×5分）

1.以环己酮为原料合成1-乙基环己基甲酸（COOH，CH_2CH_3）

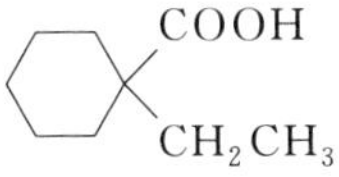

2.以对氨基苯酚为原料合成4-甲基-2-氨基-6-甲氧基喹啉（CH_3，H_3CO，N，NH_2）

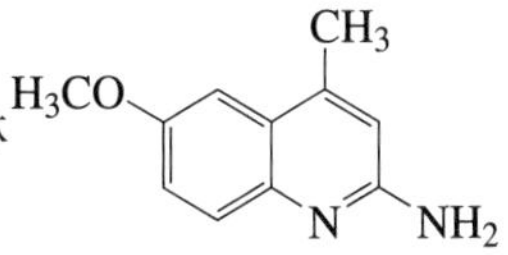

3.以苯胺为原料合成1-氯-3-溴-5-碘苯（Cl，Br，I）

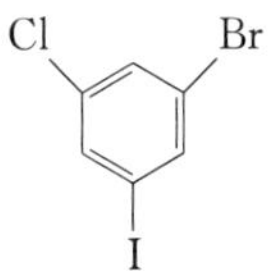

八、推断题（15分）

1.某烃C_3H_6(A)在低温时与氯作用生成$C_3H_6Cl_2$(B)，在高温条件下则生成$C_3H_5Cl_5$(C)。(C)与乙基碘化镁反应得C_5H_{10}(D)，后者与NBS作用生成C_5H_8Br(E)。(E)与氢

氧化钾的乙醇溶液共热，主要生成 C_5H_8(F)，后者又可与顺丁烯二酸酐反应得到（G）。试推出（A)～(G）的结构式和各步反应式。(10 分)

2. 某化合物 A（$C_8H_{17}N$），其核磁共振无双峰，它与 2mol 碘甲烷反应，然后与 Ag_2O（湿）作用，接着加热，则生成一个中间体 B，其分子式为 $C_{10}H_{21}N$。B 进一步甲基化后与湿的 Ag_2O 作用，转变为氢氧化物，加热则生成三甲胺、1,5-辛二烯和 1,4-辛二烯的混合物。写出混合物 A 和 B 的结构式。(5 分)

参考答案

一、

1. 4-羟基 3-甲氧基丁醛
2. 5-甲基二环 [2.2.2]-2-辛烯
3. 乙二醇二甲醚
4. 5-溴-1-己炔-3-醇
5. 反-对甲基偶氮苯磺酸钠
6. 5-甲基-2-喹啉甲酸
7. (1*R*,3*S*)-1-氯-3-溴环己烷
8. 甘氨酰丙氨酸
9. 己内酰胺
10. 环己酮苯腙

二、

1.

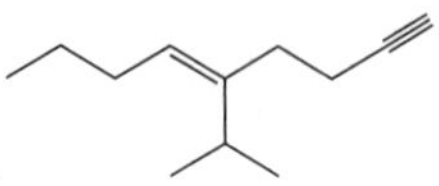

2.

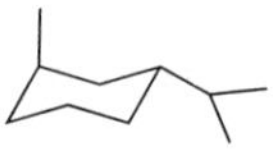

3.

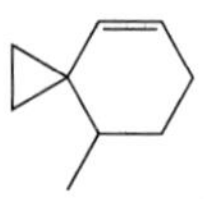

4. 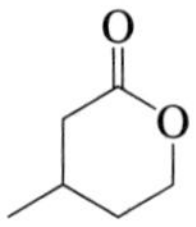 O O

5. 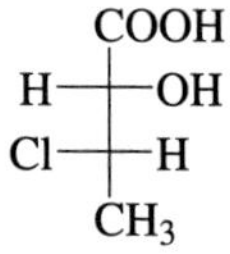 COOH H OH Cl H CH_3

6. $(C_6H_5)_3P$

7. 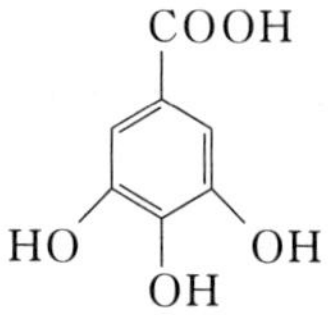 COOH HO OH OH

8. 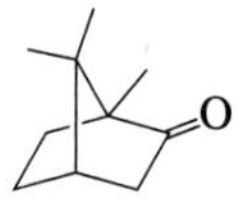 O

9. 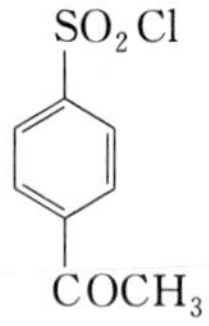 SO_2Cl $COCH_3$

10. $HCON(CH_3)_2$

三、

1. 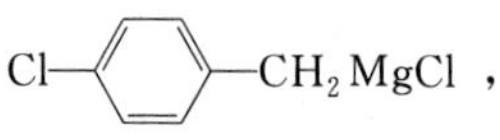 Cl—⟨苯环⟩—CH_2MgCl，Cl—⟨苯环⟩—$CH_2CH_2CHCH_3$（OH）

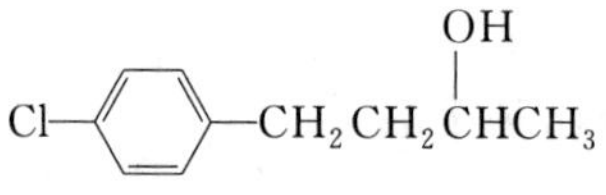

2. $COOCH_3$

3. O COOH

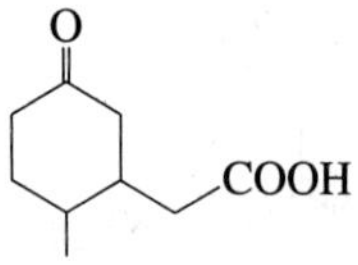

4. 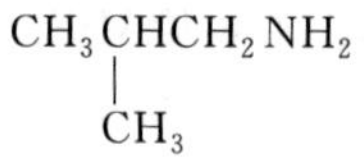 $CH_3CHCH_2NH_2$（CH_3）

5. 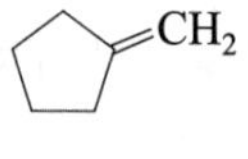 CH_2

6.  Br $N_2^+Cl^-$，H_2N—N=N—Br

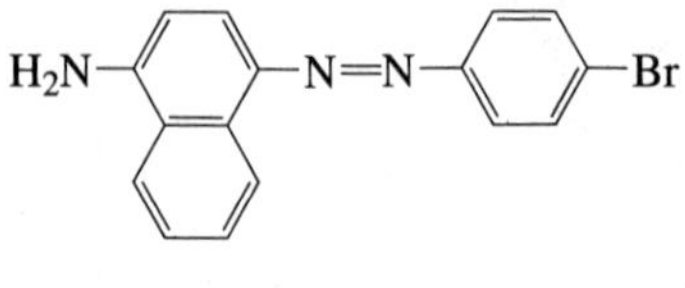

7. 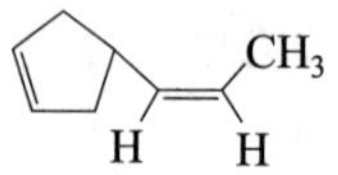 CH_3 H H

8. 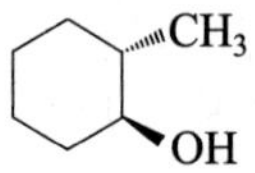 CH_3 OH

9. 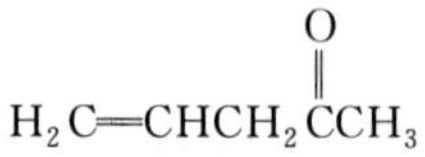 $H_2C{=}CHCH_2CCH_3$（O）

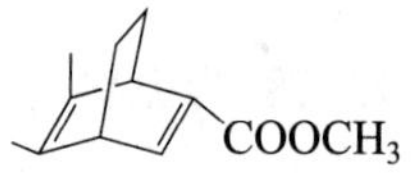

10. 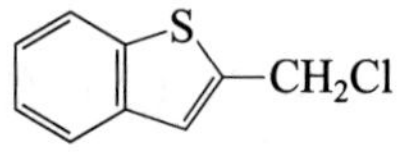 S CH_2Cl

四、

题号	1	2	3	4	5	6	7	8	9	10
答案	C	A	B	A	C	D	B	D	C	A

五、1. 环戊二烯负离子具有闭合的平面单环共轭体系，且 π 电子数符合休克尔规则，因此具有芳香性，结构稳定，所以环戊二烯容易电离出氢离子和环戊二烯负离子，显示一定的酸性。环庚三烯负离子也具有闭合的平面单环共轭体系，但 π 电子数不符合休克尔规则，因此没有芳香性，结构不稳定，所以环庚三烯不容易电离为氢离子和环庚三烯负离子，酸性很弱。

2. 氨基酸结构中既有碱性的氨基又有酸性的羧基，所以氨基酸既能与酸成盐又能与碱成盐，是两性物质。调节氨基酸溶液的 pH 使氨基酸的碱性和酸性基团的电离度相等，这时候的 pH 值就是该氨基酸的等电点。

六、

1.

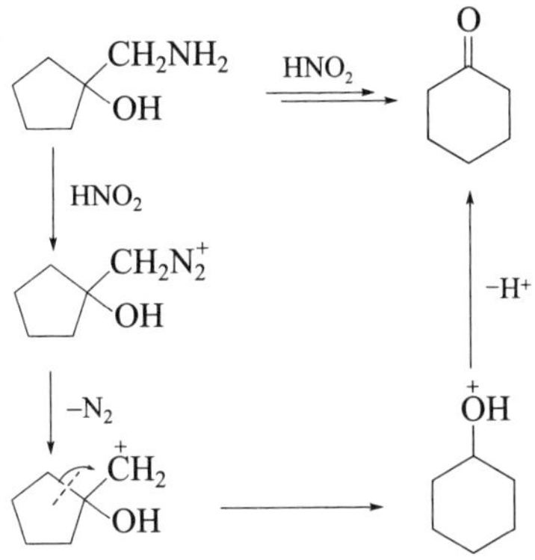

CH_2NH_2 OH HNO_2 O

HNO_2 $CH_2N_2^+$ OH $-H^+$

$-N_2$ $\overset{+}{C}H_2$ OH $\overset{+}{O}H$

2.

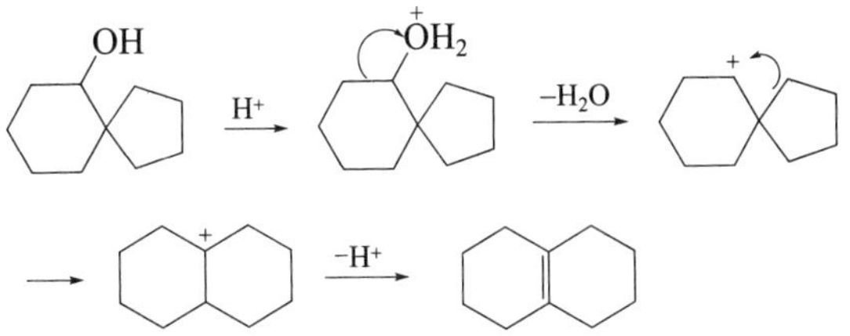

OH H^+ $\overset{+}{O}H_2$ $-H_2O$ +

+ $-H^+$

七、

1. O $\frac{(1)\ CH_3CH_2MgBr}{(2)\ H_3O^+}$ OH CH_2CH_3 HBr Br CH_2CH_3

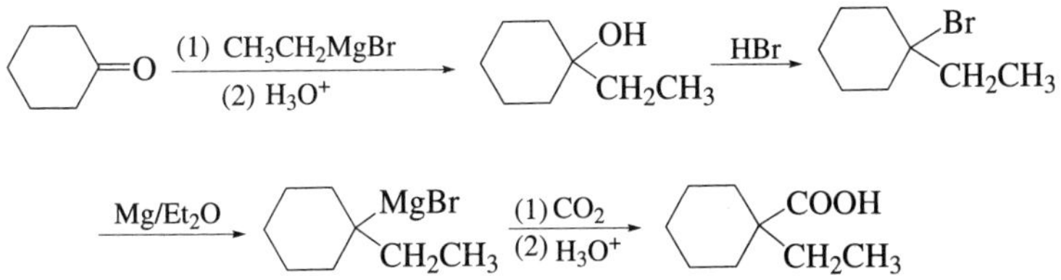

Mg/Et_2O MgBr CH_2CH_3 $\frac{(1)\ CO_2}{(2)\ H_3O^+}$ COOH CH_2CH_3

2. OH NH_2 $(CH_3)_2SO_4$ OCH_3 NH_2 $CH_2{=}CHCOCH_3$ CH_3 H_3CO N

$NaNH_2$ CH_3 H_3CO N NH_2

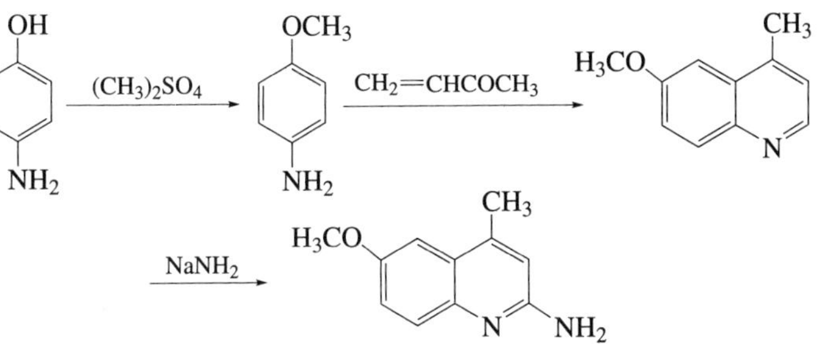

3. NH_2-苯 $\xrightarrow{(CH_3CO)_2O}$ $C_6H_5NHCOCH_3$ $\xrightarrow{Br_2}$ 4-Br-$C_6H_4NHCOCH_3$ $\xrightarrow{Cl_2}$ 2-Cl-4-Br-$C_6H_3NHCOCH_3$ $\xrightarrow{H_3O^+}$

2-Cl-4-Br-$C_6H_3NH_2$ $\xrightarrow{I_2}$ 2-I-6-Cl-4-Br-$C_6H_2NH_2$ $\xrightarrow{NaNO_2/H_2SO_4}$ 2-I-6-Cl-4-Br-$C_6H_2\overset{+}{N}_2\overset{-}{SO_4}H$ $\xrightarrow{HPO_2}$ 1-I-3-Cl-5-Br-苯

八、

1.（A）$CH_3CH{=}CH_2$　　（B）$CH_3CHClCH_2Cl$

（C）$CH_2ClCH{=}CH_2$　　（D）$CH_3CH_2CH_2CH{=}CH_2$

（E）$CH_3CH_2CHBrCH{=}CH_2$　　（F）$CH_3CH{=}CHCH{=}CH_2$

（G）（含 CH_3 取代的四氢苯酐结构）

$CH_3CH{=}CH_2$ (A) $\xrightarrow{Cl_2}$ $CH_3CHClCH_2Cl$ (B)

$CH_3CH{=}CH_2$ (A) $\xrightarrow[\text{高温}]{Cl_2}$ $CH_2ClCH{=}CH_2$ (C) $\xrightarrow{C_2H_5MgI}$ $CH_3CH_2CH_2CH{=}CH_2$ (D) $\xrightarrow{NBS}$ $CH_3CH_2CHBrCH{=}CH_2$ (E) $\xrightarrow{KOH/EtOH}$ $CH_3CH{=}CHCH{=}CH_2$ (F) $\xrightarrow{\text{顺丁烯二酸酐}}$ (G)

2. A：（2-丙基哌啶）　　B：$H_2C{=}CHCH_2CH_2CH(N(CH_3)_2)CH_2CH_2CH_3$

参考文献

[1] 邢其毅，裴伟伟，徐瑞秋，裴坚. 基础有机化学.第四版. 北京：北京大学出版社，2017.

[2] 胡宏纹. 有机化学.第四版. 北京：高等教育出版社，2013.

[3] 李景宁. 有机化学.第六版. 北京：高等教育出版社，2018.

[4] 李景宁. 有机化学学习指导.第二版. 北京：高等教育出版社，2014.

[5] 陆阳. 有机化学学习指导与习题集.第二版. 北京：人民卫生出版社，2018.

[6] 董宪武. 有机化学学习指导与习题解析. 北京：化学工业出版社，2018.

[7] 陆阳，罗美明，李柱来，李发胜. 有机化学.第九版. 北京：人民卫生出版社，2018.

[8] 史达清，赵蓓. 有机化学. 北京：高等教育出版社，2019.

[9] 邹建平，王璐，曾润生. 有机化合物结构分析. 北京：科学出版社，2012.

[10] 张文勤，郑艳. 有机化学.第五版. 北京：高等教育出版社，2014.

[11] 虞虹，张振江，陈维一，等.有机化学.北京：化学工业出版社，2020.